U0249055

世界发达国家
工程教育国别研究

上册

林健 等 编著

清华大学出版社
北京

内 容 简 介

本书是国家工程教育多学科交叉创新引智基地的研究成果，作者选取了工程教育领域最具代表性的 14 个发达国家为研究对象，这些国家覆盖全球五大洲，在工程教育领域均有较长的历史和丰厚的积淀，值得我们学习和借鉴。各国研究均包括工程教育发展概况，工业与工程教育发展现状，工程教育与人才培养，工程教育研究与学科建设，政府作用：政策与环境，工程教育认证与工程师制度，特色及案例，总结与展望 8 个部分，各国之间的不同表现在具体内容上。工程教育国别研究既要有利于国家间的互鉴，也要彰显各自的特色，本书特点主要体现在研究内容的前沿性、研究结构的系统性、数据信息的权威性和参考比较的价值性。本书的读者对象主要是工程教育研究领域和高等教育国际比较研究的学者、工程教育政策的制定者和建议者，以及对发达国家工程教育发展感兴趣的读者。

图书在版编目（CIP）数据

世界发达国家工程教育国别研究 / 林健等编著 .—— 北京：清华大学出版社，2025.2
ISBN 978-7-302-66076-7

Ⅰ . ①世… Ⅱ . ①林… Ⅲ . ①工程技术—教育研究—世界 Ⅳ . ① TB-4

中国国家版本馆 CIP 数据核字（2024）第 072438 号

责任编辑： 王如月
装帧设计： 何凤霞
责任校对： 王荣静
责任印制： 丛怀宇

出版发行： 清华大学出版社
　　　　　网　　址：https://www.tup.com.cn, https://www.wqxuetang.com
　　　　　地　　址：北京清华大学学研大厦 A 座　　邮　编：100084
　　　　　社 总 机：010-83470000　　　　　　邮　购：010-62786544
　　　　　投稿与读者服务：010-62776969, c-service@tup.tsinghua.edu.cn
　　　　　质量反馈：010-62772015, zhiliang@tup.tsinghua.edu.cn
印 装 者： 三河市春园印刷有限公司
经　　销： 全国新华书店
开　　本： 185mm×260mm　　**印　张：** 55　　**字　数：** 978 千字
版　　次： 2025 年 2 月第 1 版　　**印　次：** 2025 年 2 月第 1 次印刷
定　　价： 299.00 元（全 2 册）

产品编号：100229-01

前　言

　　中国工程教育的体量决定了其在中国高等教育的地位和影响。我国 92% 的本科院校开设了工科专业，我国本科 92 个专业类中工科专业类占 33.7%，全国 5.8 万多个本科专业点中工科专业点占 33%，全国学术硕士和专业硕士学位点中工学分别占 32.9% 和 24.4%，全国学术博士和专业博士学位点中工学分别占 36.8% 和 61.5%；全国本科在校生中工科生占 33.3%，全国硕士和博士在校生中工学学生分别占 34.7% 和 42.3%。这些数据充分说明，工程教育的发展对整个高等教育的发展有着至关重要的作用和影响，也进一步说明了工程教育的改革与发展对党的二十大报告提出的教育强国、科技强国和人才强国建设的重要性。

　　工程教育的发展对国家工业化和现代化进程有着至关重要的影响和作用。中国是全球工程教育规模最大的国家，中国工程教育对国家经济建设、社会发展和民族复兴事业作出了重要贡献。自新中国成立以来，在中国共产党的领导下，中国在百废待兴的局面下开展了经济建设，从一穷二白发展为世界第二大经济体，从落后的农业国发展成世界第一大工业国，从工业基础薄弱国家发展成目前世界上唯一拥有完整工业体系的国家，创造了经济快速发展的奇迹。中国在诸如"两弹一星"、载人航天、探月工程、深海探测、超级计算、卫星导航、国产 C919 大飞机、高速铁路、三代核电、5G 技术等领域的自主创新成绩斐然、举世公认。以上这些成就的取得都离不开中国工程教育几十年培养出来的一批又一批工程科技人才的不懈努力和终身奉献。

　　助力实现中华民族伟大复兴的宏伟目标需要加快中国工程教育强国建设，需要学习和借鉴发达国家工程教育的成果和经验。尽管中国工程教育取得了举世瞩目的成就，但离具有中国特色的工程教育强国建设目标还有一定的距离，需要结合中国国情和具体实际，认真研究、学习和借鉴世界主要发达国家在工程教育方面所取得的突出成果和成功经验。始于晚清洋务运动兴办的各种西式学堂的近代中国工程教育仅有 140 余年的历史，而世界发达国家工程教育却已有几百年的发展历史，它们在各自国家经济社会发展背景驱动下以及长期的工程教育研究与实践中，经历了失败、改进、挫折和成功的不断反复循环过程，从而积淀了丰富多彩、形式多样、内容各异、各具特色的工程教育成果和经验。作为人类文明成果的一部分，发达国家工程教育成果和经验理应得到共享，只是这种共享要在注重中国本土化的前提下，既要以开放、包容的态度积极学习，又要结合中国国情批判性地借鉴，进而为中国工程教育界向世界输出工程教育的中国模式、中国智慧、中国经验做到知己知彼打下基础。

清华大学成立于 2020 年年初的"国家工程教育多学科交叉创新引智基地"（以下简称"引智基地"），是为推动中国工程教育学科交叉创新、支持工程教育强国建设、服务国家重大战略需要而采取的具体行动，是清华大学第一个文科引智基地，也是全国到目前为止在工程教育领域唯一的引智基地。引智基地的战略定位是：立足清华，扎根中国，面向世界，成为在全球工程教育领域具有重大影响力并发挥引领作用的工程教育思想库、高端人才培养基地和国际著名学术交流平台。

引智基地的主要目标是：构建由多国工程教育一流专家、工科院系知名教授、工程教育研究人员组成的多学科交叉团队；建设具有世界一流水平的工程教育学学科；培育若干名在国际工程教育领域具有重要影响力的领军人物、具有国际学术竞争力和重要政策影响力的中青年学者；产生一批国际工程教育界广泛认可的、高水平学术研究成果，在若干方向形成高端学术品牌，发表高水平专著和论文；主动服务联合国 2030 年可持续发展战略、中国工程教育强国建设和"双一流"建设等国家重大战略需求。

引智基地的多国工程教育专家中包括 1 位中国政府友谊奖获得者、3 位工程教育戈登奖获得者、3 位国际工程教育组织负责人和 4 位中外工程院院士。引智基地国际团队强调高影响、代表性和多元性，由来自 6 个国家的 12 位外方专家组成，其中包括中、美、英、俄等国的院士、世界著名工程教育专家、麻省理工学院福特工程讲席教授爱德华·F·克劳利（Edward F. Crawley[①]），美国工程院院士、中、美、英三国"全球重大挑战峰会"发起人之一、世界著名工程教育专家、欧林学院创校校长、麻省理工学院教授理查德·米勒（Richard Miller）等。

[①] 为便于读者直接参考阅读外文文献资料以及避免翻译不一致，本书前言部分直接使用国外学者原名。正文部分按照出版规范，采用"译名+（原文）"方式，供需要的读者参考。

引智基地清华团队强调跨学科、重交叉、强互补，成员包括中国工程院院士、清华大学原副校长、华中科技大学校长及引智基地主任尤政教授，以及中国科学院院士、航天航空学院教授郑泉水等共计15位教育专家。

本书是引智基地继2021年出版《面向未来的新工科建设——新理念新模式新突破》专著之后，出版的又一本得到引智基地国际团队指导和支持、由引智基地清华团队共同努力、团队教师分工负责完成的著作。本书由上、下两部分构成，分别包括德国、英国、法国、西班牙、爱尔兰、丹麦、瑞典和比利时共8个欧洲国家，以及美国、加拿大、巴西、日本、南非和澳大利亚6个国家的内容。这14个国家的选择基于两方面的考虑：一是先进性，所选国家基本是发达国家，它们在工程教育领域均有较长的历史和丰厚的积淀，有值得学习和借鉴之处；二是代表性，所选国家在全球工程教育领域最具代表性，覆盖全球五大洲，其中巴西作为世界第七大经济体入选，南非作为非洲经济最发达的国家入选。

本书是由我负责总体策划、组织和统稿的。各个国家内容编著任务的安排主要基于与引智基地各组外方专家国别的一致性考虑，以期在数据资料收集、有价值信息的识别、核心问题的讨论、国情把握，以及在编写过程中能更好地得到外方专家的指导，在此基础上结合了中方专家的学习经历和工作背景，终于完成了本书的编著。14个国家按照引智基地四个组的分工如表1所示。

表1　14个国家按照引智基地四个组的分工

组　别	研 究 任 务	中方专家	外 方 专 家
第一组	英国、法国、日本、加拿大、澳大利亚	林健 徐立辉 余继	Edward Crawley（MIT，美国） Richard Miller（欧林，美国） Jason Woodard（欧林，美国）
第二组	德国、爱尔兰和西班牙	刘惠琴 李锋亮 吴倩	Reinhart Poprawe（亚琛，德国） Mike Murphy（都柏林，爱尔兰） Luis M. S Ruiz（瓦伦西亚，西班牙）
第三组	美国、南非、巴西	唐潇风 赵海燕 谢喆平	William C. Oakes（普渡，美国） Jennifer Case（弗吉尼亚，美国） Brent K. Jesiek（普渡，美国）
第四组	丹麦、比利时、瑞典	李曼丽 乔伟峰 徐芦平	Anette Kolmos（奥尔堡，丹麦） Greet Langie（鲁汶，比利时） Aida O. Guerra（奥尔堡，丹麦）

具体分工负责每个国家内容编著任务的中方专家如表2所示。

表 2　中方专家的编著任务分工

国　　家	执笔 / 编著者
英国、法国、日本	余继
加拿大、澳大利亚	徐立辉
德国、爱尔兰、西班牙	吴倩、刘惠琴、李锋亮
美国、南非、巴西	唐潇风
丹麦、比利时、瑞典	李曼丽、乔伟峰

在本书的具体编著过程中引智基地外方专家也作出了积极贡献并给予了毫无保留的支持，如欧洲工程教育学会前主席、爱尔兰都柏林理工大学 Mike Murphy 教授对爱尔兰部分的积极投入，德国亚琛工业大学前副校长、弗劳恩霍夫激光研究所所长 Reinhart Poprawe 教授对德国部分的参与，欧洲工程教育学会副主席、瓦伦西亚大学副教务长 Luis Manuel Sánchez Ruiz 教授对西班牙部分的参与等。

对一个国家工程教育的总体研究既要从国家层面考虑构成一个国家工程教育的主要部分，又要考虑各国工程教育的共同部分以利于国家间工程教育的比较。因此，在研究伊始，经会议讨论，我给出了一个供引智基地成员开展国别研究的参考性提纲，如表 3 所示。

表 3　开展国别研究的参考性提纲

章　　节	说　　明
一、工程教育发展概况	主要针对各国近 5 年工程教育的发展情况进行数据资料的梳理、分析和概括
二、工业与工程教育发展现状	工业对工程人才的需求可直接促进工程教育的发展，工程教育的发展也会推动工业的发展，二者之间存在相互作用关系。重点把握当前的状况
三、工程教育与人才培养	工程教育的主要任务是人才培养，工程教育改革与发展的成效最终要落实在人才培养质量上。重点在工程教育对人才培养的促进以及人才培养对工程教育的要求两方面
四、工程教育研究与学科建设	学科建设主要包括人才培养、科学研究和队伍建设。开展学科建设是工程教育不断完善和走向成熟的必要条件，其中工程教育研究是工程教育学科建设的核心
五、政府作用：政策与环境	虽然国情不同会导致各国政府促进本国工程教育发展的方式不尽相同，但通过相关政策和制度环境作用工程教育是各国共同的主要方式

章　节	说　明
六、工程教育认证与工程师制度	工程教育认证与工程师制度的联系可反映出工程人才培养类型及其标准与行业企业工程师任职资格的关联程度，是学校在多大程度上能够按照工业界要求培养各类工程人才的衡量尺度，也是学校与工业界在工程人才培养要求上一致性的体现
七、特色及案例	每个国家的工程教育均有各自的特色和优势，这些正是最值得其他国家学习和借鉴的地方。对这些特色不仅需要有准确的凝练和阐述，更需要通过案例，如一些学校得到业界公认的具体做法，予以充分说明
八、总结与展望	对整个国家工程教育的发展情况进行系统的总结，并依据官方发布的工程教育发展规划等资料对该国工程教育的未来发展做出展望

虽然强调上述提纲的参考性是基于各国工程教育发展情况及相关数据信息获取可能存在的较大差异而提出的，但是最终呈现给读者的各国工程教育研究的一级标题基本上与上述提纲一致，各国之间的不同主要表现在二级和三级标题上。

本书的成书过程历经 2 年 10 个月共 14 次引智基地工作例会。每次会议既是对各国工程教育研究进展的推进会，也是对发达国家工程教育发展历史、现状和特点的研讨和交流会，对清华团队成员全方位把握发达国家工程教育、扩大工程教育国际视野以及会后完善和推进国别研究等也起到了重要的作用。在国别研究的整个过程中，引智基地各组中方成员与本组外方专家保持着经常性的沟通和交流，就研究相关国家工程教育发展中的重要内容展开了不定期的讨论，以寻求他们在主要数据资料、观点结论等方面的支持和确认。

期望本书的出版能够为中国工程教育界系统地呈现世界主要发达国家工程教育发展的整体情况，其特点主要体现在以下几方面。

（1）权威性。主要表现在两方面：一是数据资料，所采用数据资料不仅是第一手的，而且是基于相关国家官方或权威机构的发布或确认；二是外方专家全程参与指导，尤其在重要问题、核心概念和重要数据等可能存在不确定因素或争议的情况下听取了他们的意见。

（2）系统性。主要表现在两方面：一是内容的系统性，即覆盖了一个国家工程教育应该具有的主要内容；二是数据的系统性，强调数据的连续、完整和全周期。考虑到获取相关国家工程教育数据的滞后性，除了德国、爱尔兰和西班牙采用 2022 年最新数据外，其他国家主要采用的是2016—2020 年 5 年的数据，包括少量 2021 年的数据。

（3）前沿性。各国工程教育发展研究着眼和面向前沿发展，通过选择最新的信息、提供最新的内容、展现最新的进展，力求勾画出各国工程教育发展的最新画面。

（4）价值性。能够为中国工程教育界的研究者、实践者及其他读者提供的价值主要表现在两方面：一是参考价值，通过权威性、系统性和前沿性，提供有价值、可参考的发达国家工程教育的信息；二是比较价值，提供可与中国工程教育进行比较的发达国家工程教育的较为完整的内容。

当然，限于编著者们的能力和水平，本书必然存在这样或那样的缺陷和不足，我们真诚期望能够得到广大读者的批评和指正，以便日后继续修改和完善。

本书的顺利出版首先要感谢引智基地清华团队全体成员，尤其是负责各国研究的各位成员，他们的孜孜不倦工作是本书得以顺利出版的关键；其次要感谢引智基地国际团队的专家们，正是他们的悉心指导确保了本书的权威性；最后必须感谢清华大学教育研究院党委书记刘惠琴研究员、院长石中英教授及分管科研的副院长韩锡斌教授，他们对引智基地的重视和支持是本书得以顺利出版的保障。

作为后续相关的系列研究，目前引智基地全体成员正在按照既定研究计划和任务安排开展《世界工程教育发展报告》和《中国工程教育发展报告》的编著工作，相信这两本发展报告能够尽快与读者见面，并与本书一道共同为推动中国工程教育的研究和发展、工程教育国际比较和借鉴提供有价值、有权威性、有影响的参考。

林　健

清华大学教育研究院教授

清华大学公共管理学博士生导师

清华大学教育研究院学术委员会主任

全国高校工程教育学学科建设联盟理事长

国家工程教育多学科交叉创新引智基地执行主任

Preface

The volume of China's engineering education determines its position and influence in China's higher education. In China, 92% of undergraduate colleges and universities offer engineering majors, engineering accounts for 33.7% among 92 bachelor major categories, engineering accounts for 33% among more than 58,000 bachelor programs, engineering accounts for 32.9% and 24.4% of academic and professional master programs respectively, engineering accounts for 36.8% and 61.5% of academic and professional doctoral programs respectively; There are 33.3% of Chinese undergraduates enrolled in engineering programs, with the proportions for master's and doctoral engineering students being 34.7% and 42.3% nationwide. These data fully illustrate that the development of engineering education has a crucial role and influence on the development of the whole higher education, and further demonstrate the importance of the reform and development of engineering education to the construction of a powerful country in education, science and technology, and human resources proposed at the 20th National Congress of the Communist Party of China (CPC).

The development of engineering education plays a vital role in the process of national industrialization and modernization. China is the country with the largest scale of engineering education in the world, and engineering education in China has made important contributions to national economic construction, social development, and national rejuvenation. Since the founding of the People's Republic of China, under the leadership of the Communist Party of China, the economic construction in China has shifted from poverty to the world's second-largest economy, from a backward agricultural country to the world's largest industrial country, and from a country with a weak industrial foundation to the only nation in the world with a complete industrial system, creating a miraculous rapid economic development. China has made remarkable achievements in independent innovation in fields such as the "Two Bombs and One Satellite" Project, manned spaceflight, lunar exploration project, deep sea exploration, supercomputing, satellite navigation, domestically produced C919 large aircraft, high-speed railway, Gen III nuclear power, 5G technology, which are recognized worldwide. All the above are inseparable from the unremitting efforts and lifelong dedication of engineering science and technology talents batch after batch trained by China's engineering education for decades.

To help realize the great rejuvenation of the Chinese nation, we need to speed up the construction of China as a powerful country in engineering education, and learn from the achievements and experiences of engineering education in developed countries. Although China has made remarkable achievements in engineering education, it is still far from the goal of building a strong country in engineering education with Chinese characteristics, and it is essential to study and draw on the outstanding achievements and successful experiences in engineering education made by major developed countries in the world, taking into account the national conditions and specific realities of China. Engineering education in modern China, which started from various Western-style schools set up by the Westernization Movement in the late Qing Dynasty, has a history of only over 140 years, while engineering education in developed countries in the world has a history of several hundred years. In their long-term research and practice of engineering education driven by the background of economic and social development in their respective countries, they have experienced the repeated cycle of failure, improvement, frustration and success, thus accumulating rich engineering education achievements and experiences with various forms, contents and characteristics. As part of the achievements of human civilization, the achievements and experience of engineering education in developed countries should be shared, but such sharing should not only be actively learned with an open and inclusive attitude, but also be critically learned from China's national conditions on the premise of paying attention to China's localization. At the same time, it lays a foundation for the Chinese engineering education community to export the Chinese model, Chinese wisdom, and Chinese experience of engineering education to the world.

The "National Talent Introduction Base for the Interdisciplinary Innovation of Engineering Education" (hereinafter referred to as "Talent Introduction Base"), established by Tsinghua University in early 2020, is an action taken to promote interdisciplinary innovation in engineering education in China, to support the construction of a strong country in engineering education, and serve the country's major strategic needs. It is the first liberal arts talent introduction base at Tsinghua University and the only talent introduction base in the field of engineering education in China so far. The strategic positioning of the base is grounded on Tsinghua University, rooted in China, facing the world, it will become an engineering education think tank, a high-end talent training base and a famous international academic exchange platform with great influence and playing leading role in the field of global engineering education.

The main objectives of the talent introduction base are: to build a multidisciplinary team composed of top experts in engineering education from many countries, well-known professors in engineering departments and researchers in engineering education; to build a world-class engineering education discipline; to cultivate many leading figures with significant influence in the field of international engineering education and young and middle-aged scholars with international academic competitiveness and important policy influence; to produce a number of high-level academic research achievements widely recognized by the international engineering education community, form high-end academic brands in several directions, and publish high-level monographs and papers; to actively serve the United Nations 2030 Agenda for Sustainable Development, the construction of China as a powerful country in engineering education and the construction of the double first-class project.

The multinational engineering education experts at the Talent Introduction Base include one recipient of the Chinese Government Friendship Award, three recipients of the Gordon Award for Engineering Education, three leaders of international engineering education organizations, and four academicians of Chinese and foreign engineering academies. The international team of the Talent Introduction Base emphasizes great influence, representativeness, and diversity. It is composed of 12 foreign experts from 5 major countries in Europe and the United States, including academicians from 5 countries including the United States, Britain, China, and Russia, world-renowned engineering education experts, and Edward F. Crawley[①], Ford Engineering Chair Professor of at MIT, academician of the American Academy of Engineering, Richard Miller, one of the initiators of the "Global Major Challenge Summit" among China, the United Kingdom, and the United States, a world-renowned engineering education expert, founding president of the Olin Institute of Technology and professor at the Massachusetts Institute of Technology. The Tsinghua team of the Talent Introduction Base emphasizes interdisciplinary and strong complementarity, with 15 teachers, including You Zheng, an academician of the CAE (Chinese Academy of Engineering) Member, the former vice president of Tsinghua University, the president of Huazhong University of Science and Technology, the director of the talent introduction base, Zheng Quanshui, an academician of the CAS (Chinese Academy of Sciences) Member, and a professor of the School of Aerospace Engineering, Tsinghua University.

Following the publication of the monograph "New Engineering Construction Facing the Future-New Ideas, New Models and New Breakthroughs" in 2021, this book is a set of works published by the Talent Introduction Base and was supported by the international team of the Talent Introduction Base, and completed by the joint efforts of the Tsinghua team of the Talent Introduction Base. This book consists of two parts. The first part includes eight European countries, namely: Germany, Britain, France, Spain, Ireland, Denmark, Sweden and Belgium, and the second part includes six countries, namely: the United States, Canada, Japan, South Africa, Australia and Brazil. The selection of these fourteen countries is based on two considerations: first, Progressiveness. The selected countries are mostly developed countries, with long history and rich accumulation in the field of engineering education, and are worth learning from; The second is representativeness. The selected countries are the most representative in the field of engineering education globally, covering five continents. South Africa was selected as one of the most economically developed countries in Africa, and Brazil was selected as the world's seventh-largest economy and one of the BRICS countries.

I am responsible for the overall planning, organization and compilation of this book. The arrangement of compilation tasks for each country mainly considers the

---

① To facilitate readers in directly referencing foreign language literature and to avoid inconsistencies in translation, the Preface of this book uses the original names of foreign scholars. In the main text, following publishing conventions, the translated names are presented alongside the original names in parentheses for readers who may need them.

consistency with the foreign experts in each group of the Talent Introduction Base, to better receive guidance from foreign experts in data collection, identification of valuable information, discussion of core issues, understanding of national conditions, and compilation. Based on this, the study experience and work background of Chinese experts are combined. The division of labor among fourteen countries according to the four groups of talent introduction base is Shown in Table 1.

Table 1

Group	Research tasks	Chinese experts	Foreign experts
Group 1	UK, France, Japan, Canada, Australia	Lin Jian Xu Lihui Yu Ji	Edward Crawley (MIT, the United States) Richard Miller (Olin, the United States) Jason Woodard (Olin, the United States)
Group 2	Germany, Ireland and Spain	Liu Huiqin Li Fengliang Wu Qian	Reinhart Poprawe (Aachen, Germany) Mike Murphy (Dublin, Ireland) Luis M. S Ruiz (Valencia, Spain)
Group 3	The United States, South Africa, Brazil	Tang Xiaofeng Zhao Haiyan Xie Zheping	William C. Oakes (Purdue, the United States) Jennifer Case (Virginia, the United States) Brent K. Jesiek (Purdue, the United States)
Group 4	Denmark, Belgium and Sweden	Li Manli Qiao Weifeng Xu Luping	Anette Kolmos (Aalborg, Denmark) Green Langie (Leuven, Belgium) Aida O. Guerra (Aalborg, Denmark)

The Chinese experts responsible for the specific division of labor for each country's editorial tasks are Shown in Table 2.

Table 2

Country	Author/Editor
UK, France and Japan	Yu Ji
Canada, Australia	Xu Lihui
Germany, Ireland, Spain	Wu Qian, Liu Huiqin, Li Fengliang
the United States, South Africa, Brazil	Tang Xiaofeng
Denmark, Belgium and Sweden	Li Manli, Qiao Weifeng

Foreign experts from the Talent Introduction Base also gave active contributions and unreserved support in the process of compiling this book, such as Mike Murphy, former chairman of the European Society for Engineering Education (SEFI), Professor of TU Dublin, Ireland, who actively contributed to the Irish part; Professor Reinhart Poprawe, the former vice president of the RWTH Aachen University in Germany, the director of the Fraunhofer Institute for Laser Technology ILT, Aachen, Germany, who actively contributed to the German part; and Professor Luis Manuel Sánchez Ruiz, vice president of the European Society for Engineering Education (SEFI), Deputy Dean of the University of Valencia, who actively contributed to the Spanish part.

The overall research on engineering education in a country should not only consider the main components of engineering education at the national level, but also consider the common parts of engineering education in various countries to facilitate the comparison of engineering education between countries. Therefore, at the beginning of the research, after discussion at the meeting, I provided a reference outline for members of the Talent Introduction Base to conduct national research, as shown in Table 3.

Table 3 Reference Outline for Country Studies

Chapter	Description
1. Overview of Engineering Education Development	It mainly sorts out, analyzes and summarizes data on the development of engineering education in various countries in the past five years
2. Current status of industrial and engineering education development	The demand for engineering talents in the industry directly promotes the development of engineering education, and the development of engineering education will also promote the development of the industry. There is an interactive relationship between the two, focusing on grasping the current situation
3. Engineering education and talent cultivation	The main task of engineering education is talent cultivation, and the effectiveness of engineering education reform and development ultimately depends on the quality of talent cultivation. Emphasis is placed on the promotion of engineering education to talent cultivation and the requirements of talent cultivation for engineering education
4. Engineering education research and discipline construction	Discipline construction mainly includes talent cultivation, scientific research, and team building. Discipline construction is an inevitable trend of continuous improvement and maturity of engineering education, among which engineering education research is the core of engineering education discipline construction
5. The role of the government: policy introduction and environment creation	Although different national conditions lead to different ways for governments to promote the development of engineering education in their own countries, it is a common main way for all countries to promote engineering education through relevant policies and institutional environment

Chapter	Description
6. Engineering education certification and engineer system	The relationship between engineering education certification and the engineer system reflects the degree of correlation between the types and standards of engineering talent training and the qualifications of engineers in industrial enterprises. It is a measure of the extent to which the school can train various engineering talents according to the requirements of the industry, and also a reflection of the consistency of engineering talent training requirements between universities and industry
7. Features and cases	Engineering education in each country has its own characteristics and advantages, which are the most worthy of learning and reference from other countries. These characteristics should not only be accurately condensed and elaborated, but also fully illustrated through cases, such as some schools' specific practices recognized by the industry
8. Summary and Outlook	This book systematically summarizes the development of engineering education in China, and make prospects for the future development of engineering education in China based on official released engineering education development plans and other materials

Although it is emphasized that the reference of the above outline is based on the possible differences in the development of engineering education in various countries and the acquisition of relevant data and information, the first-level titles of engineering education research in various countries that are finally presented to readers are consistent with the above outline, and the differences between countries are mainly reflected in the second and third level titles.

The whole process of this set of books has gone through fourteen regular meetings of the Talent Introduction Base in two years and ten months. Each meeting is not only a meeting to promote the research progress of engineering education in various countries, but also a discussion and exchange meeting on the development history, status quos and characteristics of engineering education in developed countries, which plays an important role for Tsinghua team members to comprehensively grasp the engineering education in developed countries, expand the international vision of engineering education and promote national research after the meeting. During the whole process of country research, Chinese members of each group in the Talent Introduction Base kept regular communication and exchanges with foreign experts, and held irregular discussions on important topics related to the development of engineering education in relevant countries, seeking their support and confirmation in terms of main data, viewpoints, and conclusions.

The publication of this book aims to systematically present the overall development of engineering education in major developed countries in the world to the engineering education circle in China, and its characteristics are mainly reflected in the following aspects:

(1) Authority. It is mainly manifested in two aspects: one is the data materials, which are not only first-hand, but also published or confirmed by the official or authoritative institutions of relevant countries; second, foreign experts participate in the whole process of guidance, especially when there may be uncertainties or disputes about important issues, core concepts and important data.

(2) Systematicity. It is mainly manifested in two aspects: one is the systematization of content, which covers the main content that a country's engineering education should have; the other is the systematization of data, emphasizing the continuity, completeness and full cycle of data. For this reason, considering the lag in obtaining engineering education data of relevant countries, except Germany, Ireland and Spain, which use the latest data up to 2022, other countries mainly use the data from 2016 to 2020, including a small amount of information in 2021.

(3) Cutting-edge. The research on the development of engineering education in various countries focuses on and faces the cutting-edge development of engineering education in various countries. By selecting the latest information, providing the latest content, and showcasing the latest progress, we strive to outline the latest picture of the development of engineering education in various countries.

(4) Value. The value that can be provided to researchers, practitioners, and other readers in the field of engineering education in China is mainly reflected in two aspects: firstly, reference value, which provides valuable and reference information on engineering education in developed countries through authority, systematicity, and cutting-edge approaches; The second is comparative value, which provides a relatively complete content of engineering education in developed countries that can be compared with engineering education in China.

However, limited to the abilities of the editors, this book will inevitably have some flaws and shortcomings, and we sincerely hope to get criticism and correction from the readers to continue to revise and improve it in the future.

The smooth publication of this book is first of all thanks to all the members of the Tsinghua team of the Talent Introduction Base, especially the members in charge of research in various countries. Their tireless efforts are the key to the publication of this book; secondly, thanks to the experts of the international team of the Talent Introduction Base, since it is their careful guidance that ensures the authority of this book; finally, we must express our gratitude to Professor Liu Huiqin, Director of the Administration of Institute of Education, Professor Shi Zhongying, Dean of Institute of Education, and Professor Han Xibin, Vice Dean in charge of scientific research. Their unwavering attention and support to the Talent Introduction Base are the guarantees for the publication of this book.

As a follow-up series of related research, all members of the Talent Introduction Base are currently compiling the "Report on the Development of Engineering Education in the World" and "Report on the Development of Engineering Education in China" under the established research program. We believe that these two specialized development reports can be published as soon as possible. Together with this book, they will provide valuable, authoritative, and influential references for promoting the research and development of engineering education in China, and for international comparison and reference of engineering education.

Lin Jian

Professor of Institution of Education, Tsinghua University

Director of Engineering Education Division, Tsinghua University

Director of the Academic Committee of the Institution of Education, Tsinghua University

Chairman of the National Alliance for the Construction of Engineering Education Discipline in Colleges and Universities

Executive Director of National Talent-Introduction Base for the Interdisciplinary Innovation of Engineering Education

目　录

第二章　英　国

第五章　爱尔兰

第七章　瑞　典

第八章　比利时

第一章

德　国

工程教育发展概况

一、第一次工业革命前：开端阶段

德国的工程教育历史悠久，其开端早在第一次工业革命之前。18 世纪 60 年代前，受到法国工程师培养模式的影响，德国开始重视工程教育的发展。当时的德国通过富有政治色彩的工程师军团以及技术学校等工程师培养模式，培养了大批技师人才。这些也成为德国开展工程教育的典型模式，为德国工程教育之后的发展打下了坚实基础。

德国高等教育的办学历史虽可追溯至 14 世纪中期，但是直到 19 世纪初，德国工程教育都不属于高等教育。1817 年，柏林建立了中央工业学校（柏林工业大学的前身），并在普鲁士管理的 25 个辖区内建立了 20 所左右专业从事工程教育的地方工业学校。在此基础上，又逐渐形成了一批多科性技术学校。这些多科性技术学校便是德国工业大学（德语：Technische Universität，TU 或 Technische Hochschule，TH）的前身。不同于传统大学，这些多科性技术学校属于中等教育，主要培养的是面向私有经济或工业界的工程技术人才，在组织建设、课程设置、毕业标准乃至入学条件等方面都未形成统一的规范。

二、前两次工业革命与两次世界大战时期：大发展阶段

19 世纪德国工程教育的迅速起步与当时普鲁士政府内外交困的社会环境密不可分。从外因角度来看，1806 年普法战争以普鲁士失败告终，被迫签订的《提尔西特合约》（*Till Sitte Contract*）使得德国的民族危机日益加深；同时大批大学割让或倒闭，高等教育体系遭到毁灭性打击。从内部因素来看，到 19 世纪初期，英法两国由于工业革命，已基本完成从工场手工业向机器大工业时代的过渡，经济实力与工业水平迅速增强，综合国力已经远超当时的德国；德国非常有必要利用工程教育推动工业革新并迅速增强综合国力。在内外因素双重作用下，德国开始陆续建立了包括慕尼黑、斯图加特及亚琛等在内的大批工程学校，以培养社会急需的工程师人才。这些工程学校主要为国家部门培养工程师，并逐步形成了国家公务员式的工程师培养模式。这种模式对德国工程师培养模式的系统化发挥了

重大作用。

19世纪60年代，世界发生了第二次工业革命。这一革命对德国工程人才的培养提出了新的要求。为了更好地发展本国的工程教育，培养大批适应新时代新情况的工程师，德国开始建立一批高等及中等技术学校，并成立了多个工程师协会，包括冶金工程师协会、电气工程师协会等。19世纪70年代后，德国地方的多科性技术学校逐步从中等教育上升为高等教育——"工业大学"（TU）。这些工业大学的学术与行政权力都与德国传统大学相同。德国的工程教育因此进入工业大学与传统大学并驾齐驱的新纪元。德国在第二次工业革命至"一战"前后这段时期迅速崛起，引领着世界工程师培养模式的发展趋势。同时，德国工程教育的大发展也使得德国经济实力不断增强，特别是国内一些新兴领域快速发展，使德国成为当时欧洲工业经济最发达的国家。

两次世界大战期间，德国工程教育的发展主要围绕军事需要而展开，培养出了大批战时所需的工程技术人才。纳粹德国出于疯狂发动战争的需要，加强了政府对工程人才的重视程度，工程教育也因此取得巨大的进展，形成了双轨制工程师培养模式的雏形。[①]

三、"二战"后：结构丰富阶段

大力培养高水平应用型人才成为"二战"后德国高等教育改革的主要诉求。当时的德国呈现两派不同的工程教育发展模式。联邦德国受到第三次工业革命以及美国工程教育培养模式的影响，工程教育在培养内容及培养方式上开始趋于综合化与国际化；而民主德国主要受到苏联模式的影响，国家对于工程教育干预程度较高，促成了工程教育规模跨越式的发展。东西两德虽培养模式上有所不同，但都非常重视工程教育的发展，进而培养了大批工程师。而在这一时期，德国工程教育的结构得到了丰富，主要归功于联邦德国为此做出的贡献。

20世纪60年代至70年代，德国工业大学（TU）培养的工程人才数量远无法满足工业经济的急速发展，这促使德国工程教育结构发生了巨大变革。1964年，联邦德国政府发布了《关于协调、统一工程师教育的规定》（德语：über die Koordinierung und vereinheitlichung der bestimmungen der Bildung）。这一规定极大地促进了工程教育在德国的发展，工程师学校因此增至100余所。1968年，联邦德国各州联合签订了《关于统一各州专科学校的规定》（德语：Die bestimmungen

---

① 于淼. 美国与德国工程师培养模式比较研究 [D]. 大连：大连理工大学，2010.

über die einheitliche Staatliche Schulen）。该规定使得联邦德国各州的工程师学院（德语：Ingenieurakademie）与高等专业学院（德语：Hohere Fachschule）合并，形成新的高等教育办学形式——应用科学大学（德语：Fachhochschule，FH），并从法律层面确立了应用科学大学（FH）在整个高等教育体系中的地位。工业大学（TU）与应用科学大学（FH）这两类工程教育高校也成为推动德国"二战"后工业经济恢复与发展的强大引擎。

1974 年 10 月 1 日，联邦德国巴登—符腾堡州成立了第一所职业学院（德语：Berufsakademie，BA），其最初原型源于 1972 年戴姆勒—奔驰汽车有限公司（Daimler Benz AG）、罗伯特—博世公司（Robert Bosch GmbH）、洛仑兹标准电器公司（Standard Elektrik Lorenz）与管理与经济学院（德语：Verwaltungs und Wirtschafts-Akademien，VWA）联合培养工程人才的模式。当年该职业学院联合 35 家合作培训机构开始对 122 名大学生在经济和技术领域进行双元制培训。此后，学校发展速度迅猛，规模不断扩展至巴登—符腾堡州的其他城市。[①] 1982 年 4 月巴登—符腾堡州州议会通过"巴登—符腾堡州职业学院法"，该职业学院正式升级为该州高等教育体系的一员。由此，德国高等工程教育体系形成了工业大学（TU）、应用科学大学（FH）与职业学院（BA）三足鼎立的局面。

职业学院（BA）的规模不断发展壮大，就读于职业学院（BA）的学生数不断增多，在读学生数从 1985 年的 5 000 人左右增至两德统一前的 12 140 人。1990 年，两德统一后，德国的职业学院（BA）更是从巴登—符腾堡州扩展至柏林、图林根和萨克斯等多个联邦州。1995 年，德国 16 州的文教部长联席会议（德语：Kultusminister Konferenz，KMK）向各州建议，职业学院（BA）毕业生等同于应用科学大学（FH）毕业生。

四、20 世纪末以来：接轨世界阶段

从 20 世纪末开始，高等教育不再是精英教育，高等教育在全球范围内日益普及。全球化时代到来，使高等教育的国际化程度不断加深。再加之，以工业网络化、信息化和智能化为核心的第四次工业革命席卷全球。这些都对德国的工程教育提出了变革性的要求。德国工程教育体制急需改革，这也成为建立德国工程

---

① Bildungsklick. Die Berufsakademie Baden-Württemberg auf dem Weg zur Hochschule [EB/OL]. [2022-12-26]. https://bildungsklick.de/hochschule-und-forschung/detail/die-berufsakademie-baden-wuerttemberg-auf-dem-weg-zur-hochschule.

教育认证制度的必要条件。德国工程教育体制在世界范围内独一无二，具有教学质量高的优势。但是工程教育学制长、辍学率高，特别是其学位制度的独特性，造成了德国工程教育文凭与别国文凭互认困难的问题，非常不利于工程人才的国际流动，使得德国工程教育在国际中处于明显劣势地位。

在这种大背景下，《华盛顿协议》（Washington Accord）和博洛尼亚进程（Bologna Process）成为促成德国工程教育认证制度建立的直接外部因素。

美国、英国、加拿大等是世界上最早一批形成工程教育认证制度的国家。1989年9月28日，由美国、英国、加拿大等六国的工程教育认证机构结盟签署了一项国际协议——《华盛顿协议》。该协议旨在通过成员国工程教育专业认证制度的建立与完善形成学历互认，从而促成专业工程师的跨国交流；同时，通过构建实质等效和国际可比的认证标准，来形成各成员国认可的国际化工程教育质量保障框架[①]。该协议的影响力不断扩大，其成员国数量也不断增加，进一步加速了工程人才的国际交流与合作，提高了成员国工程教育在国际上的竞争优势。这种工程教育认证全球化的趋势，使得德国建立其工程教育认证制度的迫切性凸显。

面对建立国际兼容的工程教育的巨大压力，德国选择以积极的姿态应对。德国是博洛尼亚进程的倡议国和积极推动者。1999年6月19日，以德国等为首的29个欧洲国家签署了《博洛尼亚宣言》（Bologna Declaration），正式启动了博洛尼亚进程。博洛尼亚进程旨在建立欧洲高等教育区（European Higher Education Area，EHEA），保障欧洲高等教育质量，实现欧洲高等教育一体化，促进师生和学术人员流动[②]。正是在多种外部因素的促使下，德国工程教育开始了重大改革。德国联邦政府分别于1998年和2002年通过了《高等教育框架法》（HRG）的修订，将德国工程教育从传统的理工硕士（德语：Diplom）—博士（Doctor）两级学位体系调整为国际通行的本科（Bachelor）—硕士（Master）—博士（Doctor）三级学位体系，并要求全国在2010年左右完成学位制度改革。

德国工程教育专业认证制度体系也在学位制度改革的过程中应运而生。1993年，德国科学委员会在《高等教育政策十点建议》（德语：Thesen des Wissenschaftsrates zur Hochschulpolitik）中，特别强调了高校外部评估的重要性，

---

① International Engineering Alliance. Washington Accord [EB/OL]. [2022-02-09]. https://www.ieagreements.org/accords/washington/.

② The Bologna Declaration of 19 June 1999 [R/OL]. [2022-02-09]. http://ehea.info/Upload/document/ministerial_declarations/1999_Bologna_Declaration_English_553028.pdf.

并首次提出在工程专业试点专业认证的工作[①]。1994 年，在《欧洲高等教育区质量保障标准和指南》[简称《欧洲标准和指南》（The Standards and Guidelines for Quality Assurance in the European Higher Education Area，ESG）]的指引下，德国首次将"质量评估"作为提升其高等教育质量的有效工具。1998 年 6 月，德国高校校长联席会议（德语：Hochschulrektorenkonferenz，HRK）提议构建专业认证制度。1998 年 12 月，德国 16 个州的文教部长联席会议（KMK）通过了该提议，并决定成立联邦认证委员会（AR）来协调德国高校的认证工作。一批认证代理机构（AA）随之成立[②]。至此，德国本科和硕士层次工程教育专业认证组织系统形成。

2005 年，主题为"构建欧洲知识社会的博士项目"的博洛尼亚研讨会，提出了博洛尼亚进程中改革博士生教育的"萨尔茨堡原则"（涉及原创研究、责任、多样化、早期研究人员、监督评估、临界量、年限、创新结构、增加流动性、适度资助等内容），推动了德国博士层次工程教育的质量保证。2010 年，在"萨尔茨堡原则"的基础上，欧洲大学协会（EUA）发布了"萨尔茨堡建议"，内容包括三个方面：①博士生教育因其不同于学士和硕士生教育的研究本质，在欧洲研究区和欧洲高等教育区具有特殊的地位。②要让博士生独立、灵活地成长和发展。博士生教育应高度个人化且具有原创性。就科研项目和个人专业发展而言，每个博士生的发展路径都不同。③博士生教育必须由自治且负责任的机构来培养，主要培养其研究思维。机构需要通过灵活的监管来创建特殊的高校结构[③]。这两大欧洲博士生教育改革纲领性文件的提出，促成了德国博士层次工程教育专业认证制度的形成，认证代理机构在 2010 年后便开始了对德国博士层次工程教育专业的认证工作。

---

① Wissenschaftsrat. 10 Thesen des Wissenschaftsrates zur Hochschulpolitik-Gezielte Impulse für überfällige Hochschulreform [EB/OL]. (1993-01-26) [2022-02-14]. https://www.wissenschaftsrat.de/download/archiv/pm_0193.pdf.

② ACQUIN. History [EB/OL]. [2022-04-20]. https://www.acquin.org/en/about-acquin/.

③ EUA. Salzburg II—Recommendations [EB/OL]. (2010-10-29) [2022-04-19]. https://eua.eu/resources/publications/615:salzburg-ii-%E2%80%93-recommendations.html.

小结

德国工程教育历史悠久，可以追溯至第一次工业革命之前。18 世纪 60 年代前，受到法国工程师培养模式的影响，德国通过工程师军团以及技术学校等工程师培养模式，培养了大批技师人才。但是直到 19 世纪初，德国工程教育都不属于高等教育。1817 年，德国建立了 20 所左右的专业从事工程教育的地方工业学校，并在之后发展成多科性技术学校，即德国工业大学（TU）的前身。19 世纪，受到当时普鲁士政府内外交困的影响，德国工程教育迅速起步，并陆续成立了大批工程学校，培养社会急需的工程人才。第二次工业革命对德国工程人才的培养提出了新的要求。为此，德国开始建立一批高等及中等技术学校，并成立了多个工程师协会。19 世纪 70 年代后，德国地方的多科性技术学校逐步从中等教育上升为高等教育——"工业大学"（TU）。两次世界大战期间，德国工程教育的发展主要围绕军事需要而展开，从而培养出了大批战时所需的工程技术人才。战后，大力培养多样化的应用工程科技人才成为德国高等教育改革的主要诉求。20世纪 60 年代至 70 年代，德国工业大学（TU）培养的工程人才数量远无法满足工业经济的急速发展，联邦德国各州的工程师学院与高等专业学院为此合并成为应用科学大学（FH）。1974 年，联邦德国巴登—符腾堡州成立了第一所职业学院（BA）。由此，工业大学（TU）、应用科学大学（FH）与职业学院（BA）成了德国高等工程教育体系的主要结构。

德国工程教育体制在世界范围内独一无二，具有教学质量高的优势，但是其学制长、辍学率高，且德国工程教育文凭与别国的文凭互认困难，不利于工程人才的国际流动。20 世纪末，高等教育普及化以及第四次工业革命对德国的工程教育体制提出了变革性要求。《华盛顿协议》和博洛尼亚进程成为促成德国工程教育认证制度建立的直接外部因素。在多种外因推动下，德国工程教育为实现欧洲高等教育一体化，分别于 1998 年和 2002 年通过了《高等教育框架法》（HRG）的修订，将其传统的二级学位体系调整为国际通行的本科—硕士—博士三级学位体系。德国工程教育专业认证制度体系也在学位制度改革的过程中应运而生。

为顺应时代发展，德国寻求变革，不断与世界接轨，调整学位体制，同时形成工程教育专业认证制度体系，实现工程教育的实质等效与国际互认。德国工程教育的基础更加坚实。

第二节

工业与工程教育发展现状

一、工业现状

（一）工业发展概况

德国是高度发达的工业国家。截至 2022 年 9 月，依据名义国内生产总值来计算，德国是欧洲最大的经济体，其经济总量居欧洲首位，有欧洲经济"火车头"之称；同时其经济总量居世界第四[①]。受到新冠疫情和供应链瓶颈的双重影响，2021 年德国国内生产总值 4.26 万亿美元，人均国内生产总值 5.12 万美元。虽然相比 2020 年，德国经济实现了缓慢复苏，国内生产总值同比增长率为 2.6%，但是尚未恢复新冠疫情前的高水平。[②]

工业是德国经济的主导行业。2018 年德国工业企业（不含建筑业）总产值为 8 742 亿欧元，占国内生产总值的 25.8%。2018 年工业就业人数（不含建筑业）为 833.5 万人，占国内总就业人数（4 620 万人）的 18%。[③] 德国工业有四大特色：①侧重于重工业。德国工业的支柱产业包括汽车和机械制造、化工、电气等部门。汽车产业是德国经济的中流砥柱，所有内部支出的 30% 用于研发。机械工程行业则拥有大约 6 000 家公司。电气行业专注创新，研发投资占整个行业的 20%。其他制造行业如食品、纺织与服装、钢铁加工、采矿、精密仪器、光学以及航空航天业也非常发达。②高度外向型。德国是世界第三大出口国，主要工业部门的产品一半以上用于出口。德国擅长制造和出口复杂的工业产品，尤其是资本货物和创新生产技术。③主要由中小企业组成。德国雇员数量少于 100 人的企业被定义为中小企业。德国工业企业中约有三分之二为中小企业，中小企业数量达 360 万家，雇用了超过 2 500 万人。众多中小企业专业化程度强，技术水平高，为该产业的全球领军企业。④垄断程度高。德国 1 000 人以上的大企业仅占工业企业

---

① 中华人民共和国外交部. 德国国家概况 [EB/OL]. （2022-09）[2022-12-27]. https://www.fmprc.gov.cn/web/gjhdq_676201/gj_676203/oz_678770/1206_679086/1206x0_679088/.

② The World Bank. Germany Economic Indicator [EB/OL]. (2022-09) [2022-12-28]. https://data.worldbank.org/country/germany.

③ 中华人民共和国商务部. 德国经济基本情况 [EB/OL]. （2020-06-30）[2022-12-28]. http://www.mofcom.gov.cn/article/tongjiziliao/sjtj/xyfzgbqk/202006/20200602978847.shtml.

总数的 2.5%，但占工业就业人数 40% 以及一半以上的营业额。[1][2]

（二）工业发展战略重点

目前德国工业发展战略重点集中在智能化变革以及保持工业竞争力，主要通过"工业 4.0"战略以及《国家工业战略 2030：德国和欧洲产业政策的战略指南》呈现。

1."工业 4.0"战略

"工业 4.0"即第四次工业革命，是利用信息化技术促进产业变革的革命，也就是智能化革命[3]。"工业 4.0"的概念最早出现在德国[4]，问世于 2011 年 4 月在德国举办的汉诺威工业博览会，成型于 2013 年 4 月德国"工业 4.0"工作组发表的《保障德国制造业的未来：关于实施"工业 4.0"战略的建议》的报告，进而于 2013 年 12 月 19 日由德国电气电子和信息技术协会细化为"工业 4.0"标准化路线图[5]。德国政府随后将"工业 4.0"列入《德国 2020 高技术战略》中所提出的十大未来项目之一。该项目由德国联邦教研部与联邦经济技术部联手资助，在德国工程院、弗劳恩霍夫协会、西门子公司等德国学术界和产业界的建议和推动下形成，投资达两亿欧元，旨在提升制造业的智能化水平，建立具有适应性、资源效率及基因工程学的智慧工厂，在商业流程及价值流程中整合客户及商业伙伴，其技术基础是网络实体系统及物联网[6]。简言之，德国"工业 4.0"是以提高德国工业竞争力为主要目的再工业化国家战略。

德国"工业 4.0"的核心是智能以及网络化，即通过虚拟—实体系统（Cyber-Physical System，CPS），构建智能工厂，实现智能制造的目的。基于虚拟—实体系统（CPS），德国"工业 4.0"通过采用"智能生产的使用者和供应商"以及"整合国内制造业市场"双重战略，来提升制造业的竞争力。双重战略的实施由三大

① 中华人民共和国外交部. 德国国家概况 [EB/OL].（2022-09）[2022-12-27]. https://www.fmprc.gov.cn/web/gjhdq_676201/gj_676203/oz_678770/1206_679086/1206x0_679088/.

② MORACE C, MAY D, TERKOWSKY C, et al. Effects of globalisation on higher engineering education in Germany–current and future demands [J]. European Journal of Engineering Education, 2017, 42 (2): 142–155.

③ 中华人民共和国中央人民政府. 李克强为什么要提工业 4.0 [EB/OL].（2014-10-11）[2022-12-29]. http://www.gov.cn/xinwen/2014-10/11/content_2763019.htm.

④ 同上.

⑤ 丁纯，李君扬. 德国"工业 4.0"：内容、动因与前景及其启示 [J]. 德国研究，2014，29（4）：49-66+126.

⑥ 同③.

集成来支撑，分别是"智能工厂内联网建成生产的纵向集成""产品整个生命周期不同阶段间的工程数字化集成"以及"德国制造业的横向集成"。德国"工业4.0"还提出了八项具体举措，分别是：①实现技术标准化和开放标准的参考体系；②建立模型来管理复杂的系统；③提供一套综合的工业宽带基础设施；④建立安全保障机制；⑤创新工作的组织和设计方式；⑥注重培训和持续的职业发展；⑦健全规章制度；⑧提升资源效率。

2.《国家工业战略2030：德国和欧洲产业政策的战略指南》

在全球化趋势不断发展、创新进程极大加快、其他国家扩张性和保护主义工业政策日益抬头的背景下，德国开始思考如何持久维护与提升本国的富裕水平，如何捍卫与赢回本国的工业全球竞争力。德国联邦经济与能源部于2019年2月发布《国家工业战略2030：德国和欧洲产业政策的战略指南》（简称《国家工业战略2030》），旨在为德国以及欧洲的产业政策制定战略性指导方针。[①]

《国家工业战略2030》的核心是为德国对产业结构的干预行为提供合法性，以实现五大战略目标，分别是：①与工业利益相关者一道，努力确保或重夺所有相关领域在国内、欧洲乃至全球的经济技术实力、竞争力和工业领先地位；②长久确保与扩大德国整体经济实力、国民就业与繁荣；③到2030年，逐步将工业在德国和欧盟的增加值总额（GVA）中所占的比重分别扩大到25%和20%；④选择实现目标的方式来源于市场经济、私营部门及其相关途径；国家行为目前只作为例外来讨论，并且只有在其他方式都不适用的关键情况下，才可以考虑国家行为；⑤德国与欧盟也长期致力于推动全球社会市场经济的发展，系统地保护德国的经济利益，从而给全球带来更大的市场、更繁荣的经济[②]。

《国家工业战略2030》文件指出了德国仍处于领先地位的十大关键工业领域，包括：钢铁、铜及铝工业，化工产业、设备和机械制造、汽车产业、光学产业、医学仪器产业、环保技术产业、国防工业、航空航天工业以及增材制造（3D打印）。但文件特别提到"基础创新"和"创新速度"是"游戏规则改变者"（came-changer），并警告德国不能在未来技术领域，从"规则制定者"（rule-maker）沦为"规则接受者"（rule-taker）。最重要的基础创新领域是数字化以及人工智能应用，具体包括平台经济、自主驾驶和医学诊断。除此之外，还有一些其他"改

① Bundesministerium für Wirtschaft und Energie. Nationale Industriestretegie 2030: Strategische Leitlinien für eine deutsche und europäische Industriepolitik [R/OL]. (2019-02) [2022-12-29]. https://www.bmwk.de/Redaktion/DE/Downloads/M-O/nationale-industriestrategie.pdf?__blob=publicationFile.

② 同上。

变游戏规则"的未来技术，包括"工业4.0"技术（机器与互联网之间的联网）、纳米与生物技术、新材料、轻结构技术以及量子计算机的研发。

二、工程教育现状

德国工程教育规模庞大，闻名于世，学生愿意学习工程学科。博洛尼亚进程给德国工程教育带来了颠覆性改革。德国工程教育目前由综合性大学（U）、工业大学（TU）、应用科学大学（FH）与职业学院（BA）这四类高校提供，且每类高校提供的工程教育特色和导向性有显著差异。德国工程教育的发展重点在于本科层次。

（一）博洛尼亚进程带来的工程教育改革

德国是《博洛尼亚宣言》的首批签署国，同样也是博洛尼亚进程的倡议国和积极推动者。博洛尼亚进程给德国高等工程教育带来了翻天覆地的变化，这些变化主要包括以下四个方面。

1. 建立三级学位体系

德国传统的工程教育学位体系分为两级：第一级学位是理工硕士学位（德语：Diplom），其学制四年至五年不等，综合性大学一般为四年至五年，应用科学大学（FH）一般为四年；第二级学位即为博士学位（Doctor）。在博洛尼亚进程的推动下，德国将传统的理工硕士学位（德语：Diplom）分解为学士学位（Bachelor）—硕士学位（Master）两级，开始推行国际通行的学士学位（Bachelor）—硕士学位（Master）—博士学位（Doctor）三级学位体系。在新的学位体系下，学士学位的修业年限一般为三年至四年，硕士学位的学习年限一般为一年至二年，本硕连读一般不超过五年[1]，结构化博士学位（Structured PhD）的年限一般为三年至四年，个人师徒制博士（Individual Doctorate）无固定学习期限[2]。

2. 引入欧洲学分转换体系（ECTS）

博洛尼亚进程之前，德国高校实行的是"成绩证明制"，即根据教学条例和考试条例的要求，收集所有课程及教学活动的成绩证明（德语：Schein），才能

---

① 林健，胡德鑫.国际工程教育改革经验的比较与借鉴——基于美、英、德、法四国的范例[J].高等工程教育研究，2018（2）：96-110.

② KMK (Hrsg.). Das Bildungswesen in der Bundesrepublik Deutschland 2008 [R]. Bonn: KMK, 2009.

达到毕业要求。这种评价体系对学习内容做出了明确的要求，但是没有制定统一的可测量、可比较的量化规定。博洛尼亚进程将欧洲学分转换体系（European Credit Transfer System，ECTS）引入了德国高等工程教育。欧洲学分转换体系对高校各个学位和专业的学习强度进行了量化规定，提供了一种在高校间测量、比较和转换学习成绩的方法。这种学分转换体系的引入，形成了高校学习成绩互认，促成了学生的国际流动。

3. 推动人员的国际流动

博洛尼亚进程大大推动了学生和学者的国际流动。在学生国际流动方面，德国联邦政府修订了《教育促进改革法》（德语：Gesetz zur Reform und Verbesserung der Ausbildungsförderung—Ausbildungsförderungsreformgesetz，AföRG），其中规定德国学生在国外学习也可以继续获得教育补助。同时，还鼓励高校开设英语授课的国际化课程和专业，以吸引国际学生到德国留学。德国标准化德语考试"德福"入驻国外，使得外国学生能够在本国完成德语入学资格考试。德国联邦政府通过德意志学术交流中心（德语：Deutscher Akademischer Austauschdienst，DAAD）等机构，推出了一系列促进学生国际流动的资助项目，如欧盟教育项目"苏格拉底 / 伊拉斯谟斯计划（SOKRATES/ERASMUS）"和"列奥纳多计划（LEONARDO）"、联邦教育研究部"'东进'倡议（德语：Die Initiative Go East）""自由行动者（Free Mover）"计划等。在学者国际流动方面，德国联邦教育研究部于 2002 年设立了总资助额达 1 000 万欧元的"索菲娅·柯瓦列夫斯卡娅奖（Sofja Kovalevska ja Award）"，以吸引外国专家学者到德国工作。这个奖项是德国目前资助额度最高的科学奖，学术成绩突出的学者每人将可获得最高达 120 万欧元的资助。洪堡基金会在联邦教育研究部支持下成立了德国流动中心（德语：Das Deutsche Mobilitätszentrum），为国外学者提供在德国高校、研究机构、企业研发机构从事研究工作的信息及中介服务。[①]

4. 完善工程教育质量保障体系

博洛尼亚进程首次将每五年一次的教学评估引入了德国高等工程教育中。德国工程教育教学评估包括五大阶段，分别是院系自评、评估组进校评估、评估组提交结论报告、院系就报告开展讨论并提出书面意见、评估机构提交最终评估报告。该教学评估主要涉及工程专业的教学条件、教学内容、教学管理、教学过程、师资队伍、就业机会及专业的优势、弱势与特色分析。德国工程教育教学评估与

---

① 徐理勤. 博洛尼亚进程中的德国高等教育改革及其启示 [J]. 德国研究，2008（3）: 72–76+80.

德国工程教育专业认证相辅相成，相得益彰，构成了德国工程教育质量保障体系。

（二）德国终身学习国家资格框架（QDR）

德国于 2013 年 5 月 1 日宣布实施德国终身学习国家资格框架（德语：Der Deutsche Qualifikationsrahmen für lebenslanges Lernen，QDR，又称德国国家资格框架）。德国终身学习国家资格框架（QDR）基于学习成果，将教育系统中的资格划分等级[①]。直至 2022 年 8 月 1 日的最新版本，德国终身学习国家资格框架（QDR）已更迭了 11 版。最新版的德国终身学习国家资格框架（QDR）（见表 1–1），以欧洲资格框架（European Qualifications Framework，EQF）作为元框架（meta-framework）[②]，由纵向上从低到高划分的八个"资格等级"（德语：Niveau）与横向上涵盖了普通教育、职业教育、继续教育和高等教育领域的 31 种"资格类型"（德语：Qualifikationstyp）构成[③]。资格等级是依据资格的纵向发展属性，对资格进行从低到高的等级水平的划分；而资格类型则是依据资格来源及应用范畴多样化的属性，根据所在部门或学科、专业、职业不同的类型对资格进行划分[④]。与高等工程教育相关的学士及同等学历、硕士及同等学历、博士这三种资格为学历资格，分别被定为资格等级六级、七级和八级。

表 1–1　2022 年 8 月 1 日版德国终身学习国家资格框架（QDR）

资格等级	资 格 类 型
1	职业培训准备 职业预备教育措施（BvB，BVB-Reha） 职业预备教育年（BVJ）
2	（1）职业培训准备 　　职业预备教育措施（BvB，BVB-Reha） 　　职业预备教育年（BVJ） 　　入学资格（EQ） （2）全日制职业学校（职业基础教育） （3）初中毕业证书（ESA）/ 主体中学毕业证书（HSA）

① Bundesministerium für Bildung und Forschung. Was ist ein Qualifikationsrahmen? [EB/OL]. [2023-01-02]. https://www.dqr.de/dqr/de/der-dqr/was-ist-ein-qualifikationsrahmen/was-ist-ein-qualifikationsrahmen_node. html.

② 同上.

③ Bundesministerium für Bildung und Forschung, Kultusminister Konferenz. Liste der zugeordneten Qualifikationen (Aktualisierter Stand: 1. August 2022)-DQR [EB/OL]. [2023-01-02]. https://www.dqr.de/dqr/ de/der-dqr/dqr-niveaus/dqr-niveaus_node.html.

④ 谢莉花，余小娟. 德国资格框架的资格标准构建：内容、策略与启示 [J]. 高教探索，2019（5）：39–48.

资格等级	资 格 类 型
3	（1）双元制职业教育（两年制） （2）全日制职业学校（中学毕业证书） （3）中学毕业证书（MSA）
4	（1）双元制职业教育（三年制或三年半制） （2）全日制职业学校（州法律规定的职业教育） （3）全日制职业学校（卫生部门和老年护理专业的联邦培训条例） （4）全日制职业学校（依据《职业教育法》/《手工业条例》，完整资格的职业教育） （5）应用科学大学入学资格（FHR） （6）专业限制的高校入学资格（FgbHR） （7）一般高校入学资格（AHR） （8）职业转行（依据《职业教育法》，第四等级） 空中交通专业地勤服务（认证）
5	（1）IT专家（通过认证的） （2）服务型技术员（通过考试的） （3）其他职业进修资格（依据《职业教育法》第53条/《手工业条例》第42条）（五级） （4）职业培训资格（依据《职业教育法》第54条/《手工业条例》第42条）（五级）
6	（1）学士及同等学历 （2）商务专家（通过考试的） （3）专科学校（州法律规定的继续教育） （4）商业管理人（通过考试的） （5）师傅 （6）操作型专长者（IT领域）（通过考试的） （7）其他职业进修资格（依据《职业教育法》第53条/《手工业条例》第42条）（六级） （8）职业进修资格（依据《职业教育法》第54条/《手工业条例》第42条）（六级）
7	（1）硕士及同等学历 （2）策略型专长者（IT领域）（通过考试的） （3）其他职业进修资格（依据《职业教育法》第53条/《手工业条例》第42条）（七级） 职业教育者（通过考试的） 企业管理人员（依据《职业教育法》，通过考试的） 企业管理人员（依据《手工业条例》，通过考试的） 技术型企业管理人员（通过考试的）
8	（1）博士、同等艺术类毕业证书

资料来源：Bundesministerium für Bildung und Forschung，Kultusminister Konferenz. Liste der zugeordneten Qualifikationen (Aktualisierter Stand: 1. August 2022)-DQR [EB/OL]. [2023-01-02]. https://www.dqr.de/dqr/de/der-dqr/dqr-niveaus/dqr-niveaus_node.html.

德国终身学习国家资格框架（QDR）包含了以上八个资格等级。每个资格等级都有"等级指标"，主要描述了在获得相关级别的资格时必须满足的要求。等级指标关注毕业生能够在多大程度上应对复杂性和不可预见的变化，以及他们在专业领域或科学学科中能够独立行动的程度。每个资格等级包含两大维度，专业素质（德语：Fachkompetenz）和个人素质（德语：Personale Kompetenz）。专业素质又分为两个子维度——知识和技能。专业素质在这个资格框架中指的是毕业生所掌握知识的深度和广度，以及掌握技能的程度。具体包括使用与开发仪器和方法的能力，以及评估工作结果的能力。个人素质也分为两个子维度——社交技能和独立性。个人素质包括团队和领导能力、帮助塑造自己的学习或工作环境的能力，以及沟通技巧、独立性和责任感、反思能力和学习能力。

（三）提供工程教育的高校

德国工程教育的载体包括四类高校，分别是综合性大学（德语：Universität，U）、工业大学（TU）、应用科学大学（FH）与职业学院（BA）。依据德国高校校长联席会议（HRK）"大学指南"（德语：Hochschul Kompass）数据库截至2023年1月3日的统计数据，德国共有各类高校423所。其中，有103所综合性大学（U）、17所工业大学（TU）、205所应用科学大学（FH）以及52所职业学院（BA）提供工程教育。

这四类高校都开设学士、硕士以及博士学位的工科专业或工学专业，但不同类型高校提供工程教育的特色鲜明，导向性不同（见图1-1）。综合性大学（U）和工业大学（TU）同属研究型大学（德语：forschungs universitaet），秉承"精英教育"的历史传统，培养过程偏重于科学与研究方法，理论教学占比大，毕业生有较强的理论基础和科研开发能力。不同于综合性大学（U），工业大学（TU）工程人才培养模式的一个显著特点就是注重理论与实践相结合，学生必须去工业界去接受实践训练，以获得足够的解决工程实际问题的能力。故工业大学（TU）工程教育的实践导向性更强。应用科学大学（FH）的工程人才培养模式是半理论性、半实践性导向，强调培养具有一定理论基础，又能解决工程实际问题的应用型技术人才。学生在这类高校接受工程教育，大约有一半时间学习通识性知识，另一半时间学习专业性知识。为增强学生实践和应用能力，应用科学大学（FH）通常还会组织学生去工业企业实习。职业学院（BA）属于应用技术类高校，培养工程人才的重点放在实际生产与运用上，以培养中层及以下的技术应用人员为目标。"双元制"教育模式是这类高校工程教育主要采取的培养方式，常常以产业需求为导向，强调通过学校和企业通力合作的方式来进行学校的教育教学和日常管理。

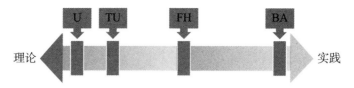

图 1-1　德国高校提供工程教育的导向性

2006 年，德国最领先的 9 所工业大学（TU）构成了德国理工大学联盟（TU9），成为欧洲理工学科科研实力强劲的大学联盟之一，被誉为欧洲理工院校的常青藤。该联盟以推动工程和自然科学领域的发展、培养卓越的工程技术人才为战略目标，并通过规划和协调联盟成员之间的战略合作，最终促进德国工程品牌的全球影响力。该联盟中的 9 所大学分别是亚琛工业大学（德语：Rheinisch-Westfälische Technische Hochschule Aachen，RWTH Aachen）、柏林工业大学（德语：Technische Universität Berlin，TU Berlin）、布伦瑞克工业大学（德语：Technische Universität Braunschweig，TU Braunschweig）、达姆施塔特工业大学（德语：Technische Universität Darmstadt，TU Darmstadt）、德累斯顿工业大学（德语：Technische Universität Dresden，TUD）、汉诺威莱布尼兹大学（德语：Gottfried Wilhelm Leibniz Universität Hannover，LUH）、卡尔斯鲁厄理工学院（德语：Karlsruher Institut für Technologie，KIT）、慕尼黑工业大学（德语：Technische Universität München，TUM）、斯图加特大学（德语：Universität Stuttgart）[①]。联盟中先后有亚琛工业大学（RWTH Aachen）、慕尼黑工业大学（TUM）、德累斯顿工业大学（TUD）、柏林工业大学（TU Berlin）以及卡尔斯鲁厄理工学院（KIT）这 5 所高校获得德国大学"卓越计划"（德语：Exzellenzinitiative）中的精英大学称号[②]。

德国理工大学联盟（TU9）的优势主要体现在以下九个方面：①擅长在工程和自然科学领域开展开创性与创造性的研究；②开展从基础研究到应用研究的多种合作，包括跨学科领域；③通过与众多跨国公司、中型企业和初创企业合作，推动突破性创新；④在全球范围内推广德国工程技术并吸引最优质的人才；⑤汇集不同学科的专业知识，为来自世界各地的研究人员创造具有国际化且鼓舞人心的理想工作环境；⑥使用创新的教学形式，培养优秀的青年人才，让他们在科学、商业和社会中发挥关键作用；⑦促进与顶级国际机构的战略联盟；⑧作为研究商业和政策制定方面的重要合作伙伴；⑨作为区域经济强国和国家创新驱动力。

---

① TU9. TU9 Alliance [EB/OL]. [2023-01-03]. https://www.tu9.de/en/.

② DFG. Die Exzellenzstrategiedes Bundes und der Länder [EB/OL]. [2023-01-03]. https://www.dfg.de/sites/exu-karte/de.html.

（四）工程教育的规模

德国工程教育规模庞大，学生对工程教育的学习热情高涨。德国联邦统计局（德语：Destatis）将德国所有学科分为九大类，分别是人文，体育，法律、经济和社会科学，数学、自然科学，人类医学，农业、林业和食品科学、兽医学，工程，艺术，其他学科。德国联邦统计局依据以上分类，在 2022 年 8 月 5 日发布的数据显示，工程学科的在读学生数一直稳定在 774 000～782 000 人（2019/2020 学年冬季学期，774 687 人；2020/2021 学年冬季学期，782 679 人；2021/2022 学年冬季学期，776 744 人），占德国所有学科在读学生总数的 26% 左右，常年位列德国所有学科的第二，与位列第一的法律、经济与社会科学学科的在读学生数（2019/2020 学年冬季学期，1 082 326 人；2020/2021 学年冬季学期，1 128 572 人；2021/2022 学年冬季学期，1 138 785 人）还存在较大差异，但远高于其他学科的在读学生数[①]。世界经合组织（OECD）对学科的分类与德国联邦统计局有所不同，依据的是联合国教科文组织（UNESCO）最新发布的国际教育分类标准（ISCED-F 2013），将所有教育与培训的学科领域分为十一大类[②]。依据该分类，德国工程、制造与建设（Engineering, Manufacturing, and Construction）学科的毕业生数位列德国所有学科之首（2016 年，26%），明显高于世界经合组织（OECD）工程、制造与建设学科的平均水平（17%)[③]，可见工程教育在德国非常受欢迎。

小结

德国是世界闻名的工业大国及工业强国。德国经济的主导行业是工业，特别是重工业，且出口比例占全国出口量一半以上。德国工业企业中，中小企业约占三分之二；而大企业虽占比极低，却雇用了大量就业人口，同时产生了全国工业一半以上的营业额。当前，德国工业发展主要通过"工业 4.0"战略以及《国家工业战略 2030：德国和欧洲产业政策的战略指南》呈现，其发展重点集中在智能化变革以及保持工业竞争力这两方面。德国是最早提出"工业 4.0"概念的国

[①] Destatis. Institutions of higher education: Students by area of study-total by area of study [EB/OL]. [2023-01-06]. https://www.destatis.de/EN/Themes/Society-Environment/Education-Research-Culture/Institutions-Higher-Education/Tables/total-area-study-winter-term.html.

[②] UNESCO Institute for Statistics. International standard classification of education: Fields of education and training 2013 (ISCED-F 2013)-Detailed field descriptions [R]. Montreal: UNESCO, 2015.

[③] Destatis. Share of the population with tertiary qualification in engineering above OECD average in 2016 [EB/OL]. (2017-09-13) [2023-01-06]. https://www.destatis.de/EN/Press/2017/09/PE17_322_217.html.

家，可见德国预见了智能化变革的潮流，试图采取有效的战略措施，维护其在欧洲乃至全球的工业领先地位。德国经济在 2022 年已经找到了复苏的节奏，德国工业在其中扮演了重要的角色。但是 2022 年俄乌战争引发的欧洲能源危机，可能会使德国经济复苏速度放缓。作为最早开始智能化变革的国家之一，目前是德国应对欧洲能源危机，检验智能化进程的重要时刻。如果德国工业不再严重依赖传统化石燃料，智能化程度已较高，那么德国经济势必在今后几年快速复苏，重新占据世界工业强国的宝座；反之，德国工业大国和工业强国的地位将岌岌可危。

德国工程教育的规模庞大。从提供工程教育的高校数量上来说，包括 103 所综合性大学（U）、17 所工业大学（TU）、205 所应用科学大学（FH）以及 52 所职业学院（BA）。从工程学科学生数量上来说，在读学生数一直稳定在 774 000～782 000人。依据德国联邦统计局（德语：Destatis）的学科分类，工程学科常年位列德国所有学科的第二；而依据联合国教科文组织（UNESCO）最新发布的国际教育分类标准（ISCED-F 2013），德国工程、制造与建设学科的毕业生数位列德国所有学科之首，且明显高于世界经合组织（OECD）统计的平均水平。

博洛尼亚进程给德国工程教育带来了颠覆性改革，主要包括建立国际通行的学士学位（Bachelor）—硕士学位（Master）—博士学位（Doctor）三级学位体系、引入欧洲学分转换体系（ECTS）、推动学生和学者的国际流动、引入教学评估这四个方面。德国虽已全面推广三级学位体系，但是遇到了不小的阻碍。德国高校师生和民众普遍不愿接受这种三级学位体系，因为传统的理工硕士（德语：Diplom）是德国工程教育最为显著的特色之一，被民众广为接受，德国也以此为荣。三级学位体系改革后，学生们消极应对，大部分获得学士学位的学生，利用已有的思维惯性去攻读硕士学位。也有学生认为，学士学位不足以寻求到好工作，转而攻读硕士学位。所以目前德国的学士学位是一个空构架，大多数获得学士学位的学生会继续攻读硕士学位。在未来的一段时间，如何改变民众已有的教育思维，理性升级学位，以及如何让学士学位真正发挥应有的作用，将成为德国工程教育改革的重点和难点。成功的工程教育改革必将促进德国工业的大踏步发展。

德国于 2013 年 5 月 1 日宣布实施德国终身学习国家资格框架（QDR）。该框架以欧洲资格框架（EQF）作为元框架，由纵向上从低到高划分的八个"资格等级"与横向上涵盖了普通教育、职业教育、继续教育和高等教育领域的 31 种"资格类型"构成。与高等工程教育相关的学士及同等学历、硕士及同等学历、博士这三种资格为学历资格，分别被定为资格等级六级、七级和八级。每个资格等级都有"等级指标"，主要描述了在获得相关级别的资格时必须满足的要求，包含两大维度，专业素质和个人素质。专业素质又分为两个子维度——知识和技能。个人素质也分为两个子维度——社交技能和独立性。

德国工程教育目前由综合性大学（U）、工业大学（TU）、应用科学大学（FH）与职业学院（BA）这四类高校提供。其中，德国最领先的九所工业大学（TU）构成了德国理工大学联盟（TU9）。这四类高校都开设学士学位、硕士学位以及博士学位的专业，但专业侧重性不同，各自定位明晰。另外，每类高校提供的工程教育特色和导向性有显著差异。综合性大学（U）和工业大学（TU）培养过程偏重于科学与研究方法。其中，工业大学（TU）工程人才培养模式的一个显著特点就是注重理论与实践相结合，实践导向性更强。应用科学大学（FH）的工程人才培养模式是半理论性、半实践性导向。职业学院（BA）是实践导向性最强的高校。德国各类高校清晰的工程教育办学定位，非常值得他国借鉴，是世界工程教育的典范。

第三节

工程教育与人才培养

德国工程人才培养模式主要分两类，分别涉及本科与硕士的双元制工程人才培养模式，以及工业博士培养模式。这两种工程人才培养模式在全世界范围内都具有开创性与引领性。

一、双元制工程人才培养

德国双元制工程人才培养模式是高校与企业双方合作、互利共赢、联合培养工程人才的一种模式。该模式注重工科学生实践能力的培养，工程理论学习在高校，实践培训在企业。不同于传统工程教育的人才培养模式，双元制人才培养模式的实践性非常强[1]，实践环节时间最少不低于 12 个月，最多可以达到学

---

[1] HOFMANN S, HEMKES B, LEO-JOYCE S, et al. AusbildungPlus: Duales Studium in Zahlen 2019—Trends und Analysen [R]. Bonn: BIBB, 2020.

时的一半。[①]

德国工程教育双元制人才培养模式的双元特性主要表现在以下七大方面。两个学习场所：高校与企业。两类教师：高校教师与企业教师。两种学习内容：理论与实践。两类教材：理论教材与实训教材。两类指导文件:《教学大纲》与《培训条例》。两个主管单位：联邦政府与州文教部。两条经费渠道：国家与企业。

德国工程教育双元制人才培养模式从创立至今，已有近50年历史。1974年德国巴登—符腾堡州成立了第一所职业学院（BA），标志着德国工程教育双元制人才培养模式的正式建立。巴登—符腾堡州职业学院（德语：Berufsakademie Baden-Württemberg，BABW）培养了大量高水平工程应用人才，获得了当时社会的广泛认可。此后，德国各州纷纷成立职业学院，推广工程教育双元制人才培养模式，为当地培养高水平工程应用型人才。21世纪初，德国工程教育双元制人才培养模式进入历史性突破阶段。2009年3月1日，巴登—符腾堡州职业学院正式升格为巴登—符腾堡双元制大学（德语：Duale Hochschule Baden-Württemberg，DHBW）[②]，职业学院与综合性大学本科学历正式完全等值，可以证明双元制人才培养模式和双元制大学办学质量被高度认可。双元制人才培养模式更是成为众多工科专业的主导培养模式，形成了一大批双元制专业。

目前，工程教育双元制专业已经延伸至德国各类高校，包括综合性大学（U）、工业大学（TU）、应用科学大学（FH）与职业学院（BA）；同时还扩展至不同学历层次，包括学士学位和硕士学位。

（一）双元制本科工程人才培养

1. 双元制本科工程人才培养现状

德国联邦职业教育研究所（德语：Bundesinstitut für Berufsbildung，BIBB）在2020年发布了一份题为《AusbildungPlus：2019年双元制教育统计——趋势与分析》（德语：AusbildungPlus: Duales Studium in Zahlen 2019—Trends und Analysen）的报告，对德国双元制教育现状做了详细分析。

该报告提到，近些年，德国大多数双元制本科专业开设在工程领域，约占所有双元制本科专业的36%（2019年）。如表1–2所示，2016年之前，双元制本科工程专业数量稳步提升，2016年（600个）已经达到2011年（357个）的近一倍；

---

① Gensch K. Dual Studierende in Bayern–Sozioökonomische Merkmale, Zufriedenheit, Perspektiven [M]. München: Bayerisches Staatsinstitut für Hochschulforschung und Hochschulplanung, 2014.

② DHBW. Die Duale Hochschule Baden-Württemberg [EB/OL]. [2023-01-16]. https://www.dhbw.de/die-dhbw/wir-ueber-uns.

但双元制本科工程专业数在 2019 年有所回落，为 595 个；相较于 2016 年下滑了 8%。在工程领域，开设最多的双元制本科工程专业是机械工程 / 过程工程本科专业，远高于位列第二的电气工程本科专业。[①]

表 1–2　2011 年至 2019 年德国双元制本科工程各专业数量　　　单位：个

专　　业	2011	2012	2013	2014	2015	2016	2019
一般工程	58	75	78	91	91	93	110
工业工程	35	42	46	75	80	83	82
电气工程	87	91	98	127	132	129	117
机械工程 / 过程工程	140	150	169	232	233	231	222
土木工程	37	43	46	58	62	64	64
合计	357	401	437	583	598	600	595

资料来源：HOFMANN S，HEMKES B，LEO-JOYCE S，et al. AusbildungPlus: Duales Studium in Zahlen 2019—Trends und Analysen. [R]. Bonn: BIBB, 2020.

该报告还分析了德国双元制本科专业学生分布。虽然大多数双元制本科专业开设在工程领域，但是仅有 24.6%（2019 年）的双元制本科学生就读于该领域，另有近一半的学生就读于经济领域（2019 年，45.2%）。如表 1–3 所示，相较于 2016 年，2019 年的双元制本科工程专业在读学生总数呈小幅下滑趋势，下降了 2.9%。作为开设最多的双元制本科工程专业，机械工程 / 过程工程本科专业的在读学生数位列第一，电气工程位列第二。[②]

表 1–3　2016 年和 2019 年德国双元制本科工程各专业在读学生数　　　单位：个

专　　业	2016	2019
一般工程	3 126	3 661
工业工程	4 848	3 640
电气工程	6 657	6 887
机械工程 / 过程工程	10 196	9 235
土木工程	2 583	3 202
合计	27 410	26 625

资料来源：HOFMANN S，HEMKES B，LEO-JOYCE S, et al. AusbildungPlus: Duales Studium in Zahlen 2019—Trends und Analysen. [R]. Bonn: BIBB, 2020.

---

① HOFMANN S, HEMKES B, LEO-JOYCE S, et al. AusbildungPlus: Duales Studium in Zahlen 2019—Trends und Analysen [R]. Bonn: BIBB, 2020.

② 同上.

2. 双元制本科工程人才培养模式

德国联邦职业教育研究所将德国本科工程教育双元制专业分为三类，分别是教育一体化双元制专业（德语：Ausbildungsintegrierender dualer Studiengang）、实践一体化双元制专业（德语：Praxisintegrierender dualer Studiengang）、职业一体化双元制专业（德语：Berufsintegrierender dualer Studiengang）。后者属于继续教育范畴，且规模明显小于前两类双元制专业，故本节只讨论前两类双元制专业。

1）教育一体化双元制专业

教育一体化双元制专业将职业教育和培训系统地整合到该专业的学习中[①]。该类型双元制专业针对未接受过职业教育的学生，入学条件包括高中毕业证书以及与企业签订的培训合同。高校与企业之间存在结构—制度上的联系，理论课程在高校，实践课程在企业或组织机构内完成，高校学习和职业培训交叉进行，实践部分计入学业成绩。毕业生除了获得工科学士学位证书外，还可获得相关职业培训的职业资格证书。双重证书增强了毕业生的就业竞争力。[②]

工科教育一体化双元制专业以北莱茵—威斯特法伦州模式（简称"北威模式"）与巴伐利亚州模式（简称"巴伐利亚模式"）最为知名。这两种培养模式主要由应用科学大学（FH）与企业提供，少数综合性大学（U）、工业大学（TU）与职业学院（BA）也开设这两种模式的专业。这两种模式深受高校和企业的欢迎。

北威模式以克雷费尔德（德语：Krefelder）本科专业为例。学制为四年。前四学期每周的学习安排为三天在企业接受职业培训，两天在高校学习理论知识，直到行会考试结束。行会考试后，学生将进行全日制的高校学习，企业培训则在假期和实践学期中开展。[③] 参与该双元制专业的学生和普通学生混班上课。

巴伐利亚模式本科工科专业的学制为四年半。第一年为职业培训，并完成行会组织的第一次职业资格考试。从第二年开始，进行高校理论学习，并在假期中继续穿插进行职业培训。在实践学期中完成行会组织的第二次职业资格考试。[④] 与

---

① AusbildungPlus. Rund um das Thema Duales Studium—Studienformate [EB/OL]. [2023-01-17]. https://www.bibb.de/ausbildungplus/de/34706.php.

② HOFMANN S, HEMKES B, LEO-JOYCE S, et al. AusbildungPlus: Duales Studium in Zahlen 2019—Trends und Analysen [R]. Bonn: BIBB, 2020.

③ WACHENDORF N M, RATH M, LENT M. Die Verbindung von beruflicher und akademischer Bildung am Beispiel des dualen Studiums nach dem "Krefelder Modell": Das Erfolgsmodell der Hochschule Niederrhein [J/OL]. Akademisierung der Berufsbildung, 2012 (23): 1–14 [2023-01-17]. http://www.bwpat.de/ausgabe23/wachendorf_etal_bwpat23.pdf.

④ Gensch K. Dual Studierende in Bayern–Sozioökonomische Merkmale, Zufriedenheit, Perspektiven [M]. München: Bayerisches Staatsinstitut für Hochschulforschung und Hochschulplanung, 2014.

北威模式相同，参与该双元制专业的学生和普通学生混班上课。

2）实践一体化双元制专业

实践一体化双元制专业针对拥有高中毕业证书、但未接受过职业教育的学生。该类型双元制专业的实习部分具有系统性。同时实习时间较长，比常规专业的实习时间至少要长 50%。另外，实践部分在结构上和制度上与理论课程相互关联。实践部分计入学业成绩。[1][2]学生和企业只签订实习或见习合同，不签订职业培训合同。学生从该专业毕业，将获得工科学士学位证书。该类型与教育一体化双元制专业的区别在于，其学生通常不接受具体职业教育，只进行高校学习和企业实习[3]。近一半的双元制专业都是以这种形式提供的。[4]

工科实践一体化双元制专业有巴登—符腾堡模式和巴伐利亚模式。

巴登—符腾堡模式的学制为三年，教学安排以三个月为一个周期，企业实践三个月，大学学习三个月，轮流进行，循环往复。该双元制专业为学生专门设班。高校学习与企业培训结合非常紧密，主要体现在三方面：①巴登—符腾堡模式的师资队伍以特聘讲师（德语：Lehrbeauftragter）为主，高校教授为辅。高校中特聘讲师的数量远大于高校教授。特聘讲师主要来自企事业单位且具有异质性。既有大型跨国公司的董事长，也有新兴公司的总裁；既有律师，也有研发工程师。②教学内容用于实践。高校学习的任务不仅包括专业知识的传授，而且包括专业知识在实践中的运用和反思，以及对伦理问题的审视。③企业实践的学分占总学分的比例大，以巴登—符腾堡双元制大学（DHBW）为例，本科采用巴登—符腾堡模式的工科专业，企业实习拥有 48 个学分。这种培养模式主要由职业学院（BA）、双元制大学及企业提供。

巴伐利亚模式的学制为三年半。与巴登—符腾堡模式相比，采用巴伐利亚模式的专业中，高校理论学习和企业实践在内容上的衔接没有那么紧密，并且企业实践时长短、学分少，只有 24 个学分。以巴伐利亚州兰茨胡特应用科学大学（德语：Hochschule für angewandte Wissenschaften Landshut，HAW Landshut）为例。在进入该高校前，学生先进行一个半月的企业实践。之后开始大学理论学习，在

① Gensch K. Dual Studierende in Bayern–Sozioökonomische Merkmale, Zufriedenheit, Perspektiven [M]. München: Bayerisches Staatsinstitut für Hochschulforschung und Hochschulplanung, 2014.

② HOFMANN S, HEMKES B, LEO-JOYCE S, et al. AusbildungPlus: Duales Studium in Zahlen 2019—Trends und Analysen [R]. Bonn: BIBB, 2020.

③ 高松. 德国高等教育领域双元制培养模式发展评析 [J]. 国家教育行政学院学报，2012（5）：89–93.

④ HOFMANN S, HEMKES B, LEO-JOYCE S, et al. AusbildungPlus: Duales Studium in Zahlen 2019—Trends und Analysen [R]. Bonn: BIBB, 2020.

假期中穿插职业培训。参与这类双元制专业的学生和普通学生混班上课。提供这种培养模式的办学机构包括应用科学大学（FH）、少数综合性大学（U）、工业大学（TU）及企业。①

（二）双元制硕士工程人才培养

德国双元制硕士工程人才培养以应用科学大学（FH）最具特色。

在德国的应用科学大学（FH）中，双元制硕士工程人才培养的指导思想和教育目标在于通过高阶的理论和实践学习，学生有能力和资格在相关研究领域，独立实施以科学为基础并面向应用的研究与开发，满足企业对工程人才的要求；并且传授与培养学生的分析、创造和设计的技能，重视创新创业训练，从而培养出既具有较高科学应用素养又具备项目革新能力的应用型创新创业工程人才。

双元制应用型工学硕士专业招收具备更高技能水平的本科毕业生。以雷根斯堡应用科学大学（德语：Ostbayerische Technische Hochschule Regensburg，OTH Regensburg）为例。工程科学应用研究硕士入学资格包括本科在电气工程、信息技术、机电一体化或相关学科获得至少 210 个学分且考试总成绩 2.5 及以上，或在同领域同批次的本校毕业生中成绩位列前 35%。如果申请者的本科成绩达到 180 个学分，但不足 210 个学分时，申请人拥有过渡准备课程的结业证书或相关专业的职业实操证书等，亦可入学。在满足入学要求后，学生根据自身特长和偏好确定自己的专业和方向，同时从相应高校网站中找到与该校合作的企业名单，对照自身实力与企业的用工需求和员工资质要求，挑选出合适的企业，并与之取得联系，进行双向沟通，最终确立合作关系。只有在同时满足企业及学校的相应入学要求和资格审核后，学生才能正式被学校录取。每一位注册入学的硕士研究生都需与企业签订一份"进阶实践培养合同"，以确保企业在学生硕士期间每月支付给学生实习工资报酬、在毕业时授予证书、学生毕业后直接进入该企业工作等条例被双方遵守。②

双元制应用型工学硕士专业的入学时间为每年的 3 月至 4 月（春季）和 9 月至 10 月（秋季）。专业绑定研究项目，因此学生在硕士学习期间，需在选定的研究项目规定的教学模块中实践与学习。双元制应用型工学硕士专业学制一般为三个学期左右③，其中总共包含约九个月的高校理论学习以及八个半月至九个半月

---

① 陈莹. 德国双元制高等教育体系研究 [J]. 外国教育研究，2015，42（6）：119–128.

② 史秋衡，陈志伟. 德国双元制应用型硕士培养机制探究 [J]. 国家教育行政学院学报，2016（4）：3–11.

③ fh-studiengang. Duales Studium in Bayern [EB/OL]. [2023-01-20]. http://www.duales.de/studium/bayern/index.html.

的企业实践学习,休假压缩至每年不超过一个月①。第一个半年在高校进行四个半月的理论学习,企业实习两个月;第二个半年的高校理论学习时间与第一个半年相同,企业研发实践时长为一个月;第三个半年主要在企业内部,包括完成硕士论文的四个半月以及一个月至两个月的实习,硕士论文选题同样是在所在研究项目涵盖的主题下开展的。硕士研究生虽然选定了专业大类下的研究对象与应用范围,但并不拘泥于此,而是强调跨专业、跨领域的互通性学习和整体研究,为学生创造更多的就业可能与发展前景。另外,德国各应用科学大学(FH)之间共享资源,共同开发课程,协同发展,所以硕士研究生有机会到伙伴高校中进行学习进修。

绝大多数学生从双元制应用型工学硕士专业毕业,按照合同规定到对应企业就业,就业稳定且有保障。这类毕业生主要到企业和公司的研发或创新管理等部门担任高级管理和企业拓展的职务,经过一段时间的适应与开拓后,都逐渐成长为企业的中高层骨干。由于双元制硕士工程人才培养体系并非双元制本科工程学习与博士研究的过渡,而是为了培养学生在未来工作岗位中的突出表现和技术上的创新开拓能力,故大约仅有 3% 至 5% 的毕业生选择攻读博士学位。相较于非双元制工学硕士的纯学术性进修,双元制应用型工学硕士具有理论结合实际的实用知识背景,对相关博士专业项目的学习,特别是工业博士的学习,有极大的帮助。②

二、工业博士培养

德国工业博士(Industrial Doctorate,I.PhD)项目的本质在于高校与企业联合培养工学博士。具体而言,工业博士(I.PhD)是在企业开展,由企业资助,由高校导师指导学生定期完成博士学位论文的一种工程人才培养模式。不同于一般的校企联合培养,学生在攻读工业博士期间,接受企业直接资助,与企业签订定期(一般为三年)工作合同;同时企业是联合培养的主导者,只有大型企业才能参与其中。③

许多企业会将招收工业博士的信息公布在其网站上,通常包含研究课题内

---

① RATERMANN M, MILL U. Das duale Studium: eine neue Akteurskonstellation [M]// KRONE S. Dual Studieren im Blick: Entstehungsbedingungen, Interessenlagen und Umsetzungserfahrungen in Dualen Studiengängen. Wiesbaden: Springer VS, 2015: 89–126.

② 史秋衡,陈志伟. 德国双元制应用型硕士培养机制探究 [J]. 国家教育行政学院学报,2016(4):3–11.

③ 王世岳. 大学和企业如何联合培养博士:欧洲四国工业博士培养的比较分析 [J]. 教育发展研究,2021,41(17):9–16.

容。有意向的申请人通常需要向该公司的网站上传简历、学历学位证书、推荐信、求职信等。申请人通常需要自己联系高校相同领域的未来导师，但有些企业会帮助申请人联系高校导师；另一些企业则已与高校形成合作，所以已有导师人选[1]。企业通常独立选拔工业博士候选人，包含面试。在面试中，企业与申请人就博士课题、指导教授与高校进行商定。企业也会推荐兼职导师，指导工业博士候选人完成项目要求的工作。当这些内容达成一致后，企业将与申请人签订工作合同。

对于博士研究生申请人来说，除了选定导师之外，是否能够获得稳定的收入，成为申请人能否开始攻读博士学位的关键。只有获得稳定的经济支持，才能使学生更专注于博士项目。工业博士充分满足了博士申请人的这一需求。同时，候选人能够在攻读工业博士学位期间，获得重要的工作经验。因此，工业博士在德国颇受青睐，大约有 5% 的博士候选人选择攻读工业博士学位。[2]

对于企业来说，工业博士是一种灵活有效且低投入的用人模式。这种雇用关系非常灵活且有效。具体而言，企业可以在候选人攻读工业博士期间，对其工作及日常表现进行考查。[3] 如候选人表现优异，在完成工业博士后，可能会被该企业雇用。企业在这种模式中选择合适员工的有效性，远超任何一场求职[4]。同时，相对于正式雇员，工业博士的工资相对较低，企业经济压力较小。因此，工业博士培养模式深受德国企业的欢迎。

小结

德国工程人才培养模式主要分为涉及本科与硕士的双元制培养模式，以及工业博士培养模式。

德国双元制工程人才培养模式是高校与企业双方合作、互利共赢、联合培养工程人才的模式。该模式的实践性强，实践环节时间最少不低于 12 个月，最多可以达到学时的一半。这种双元特性主要体现在学习场所、教师、学习内容、教材、指导文件、主管单位以及经费渠道这七大方面。德国大多数双元制本科

① BMBF. Doing a PhD in Germany [R]. Bonn: DAAD Deutscher Akademischer Austauschdienst, 2019.

② 同①.

③ 同①.

④ GRIMM K. Assessing the Industrial PHD: Stakeholder Insights [J]. Journal of Technology and Science Education, 2018, 8 (4): 214–230.

专业开设在工程领域，但是仅有 24.6% 的双元制本科学生就读于该领域。开设最多的双元制本科工程专业是机械工程 / 过程工程本科专业，在读学生数也是最多的。

在高等教育范畴中，德国本科工程教育双元制专业分为教育一体化双元制专业与实践一体化双元制专业。教育一体化双元制专业将职业教育和培训系统地整合于该专业的学习中。该类型的特色是学生与企业签订培训合同，且在毕业时获得职业资格证书。该类型以北威模式与巴伐利亚模式最为知名，主要由应用科学大学（FH）与企业提供。北威模式本科学制四年。前四学期每周有三天在企业接受职业培训，两天在高校学习理论知识。行会考试后，进行全日制的高校学习，企业培训则在假期和实践学期中开展。巴伐利亚模式本科工科专业的学制为四年半。第一年为职业培训，并完成行会考试。第二年开始进行高校理论学习，并在假期中继续穿插进行职业培训。在实践学期中完成行会组织的第二次职业资格考试。参与这两种双元制专业的学生都和普通学生混班上课。实践一体化双元制专业的特点是：①实习时间较长；②学员和企业只签订实习或见习合同；③毕业时只获得工科学士学位证书。工科实践一体化双元制专业有巴登—符腾堡模式和巴伐利亚模式。巴登—符腾堡模式的学制为三年，以三个月为一个周期，企业实践三个月，大学学习三个月，循环往复。同时，该双元制专业为学生专门设班。巴伐利亚模式的学制为三年半。在进入该高校前，学生先进行一个半月的企业实践。之后开始大学理论学习，在假期中穿插职业培训。参与这类双元制专业的学生和普通学生混班上课。

德国双元制硕士工程人才培养，是以培养出既具有较强科学应用素养又具备项目革新能力的应用型创新创业工程人才为己任。该人才培养模式以应用科学大学（FH）最具特色。学生与企业签订"进阶实践培养合同"，且在硕士期间，由企业每月支付实习工资报酬，毕业后直接进入该企业工作。双元制应用型工学硕士专业绑定研究项目，学生需在选定的研究项目规定的教学模块中实践与学习。学制为三个学期左右，其中包含约九个月的高校理论学习以及八个半月至九个半月的企业实践学习，休假压缩至每年不超过一个月。学习强调跨专业、跨领域的互通性和整体研究；同时硕士研究生有机会到伙伴高校中进行学习进修。

德国工业博士是在企业开展，由企业资助，由高校导师指导学生定期完成博士学位论文的一种工程人才培养模式。企业是联合培养的主导者，只有大型企业才能参与其中。学生需与企业签订工作合同，一般为三年。申请人通常需要自己联系高校相同领域的未来导师。企业通常独立选拔工业博士候选人。在面试中，企业与申请人就博士课题、指导教授与高校进行商定。工业博士因能为博士候选人提供稳定的经济支持与工作经验，深受博士候选人的欢迎。工业博士项目又因用人的灵活有效且低投入，深受企业青睐。

这两种工程人才培养模式对我国工程人才培养具有很大的借鉴意义。

我国应用型院校的定位过低，招收的是学习基础和学习能力较弱的学生；且在本科与硕士研究生的教学过程中，不太注重实践操作，所以很难培养出应用型工程人才，更难形成工业创新。德国经验告诉我们，双元制工程本科和硕士专业招生应具有优质生源，双元制工程教育应是偏向"精英"的教育，而非"次等"教育。同时，校企联合培养能够使得学生的实践能力大幅提高，从而提升毕业生的就业率。因此，我国应用型高校有必要开设双元制工程本科和硕士专业，真正实现这类高校培养应用型人才的本质。

在工程学科领域，我国拥有两种类型的博士学位，即工学博士以及工程博士。我国工学博士以培养高层次学术型工程人才为目标，培养场所也具有唯一性，即高校，从而造成了与企业、行业的隔绝状态。学生学到的知识以理论为主，实际实践操作能力未得到良好培养，无法满足企业与行业对于高层次工程人才的需求。在这种模式下培养出来的工学博士，就业渠道也颇为狭窄，绝大多数博士生毕业后继续在高校或科研院所从事科研工作，去企业就业的工学博士非常少。在"中国制造2025"重要战略举措以及第四次工业革命的推动下，我国为进一步提升在高端工程领域的竞争力，于2011年开始开设了工程博士专业学位。不同于工学学术学位博士专业，工程博士专业学位强调实践性、创新性与协作性的博士生教育，致力于培养工程领域的高层次创新应用型人才。但是至今，在工程博士专业学位的人才培养中，校企深度合作尚未形成，企业力量参与度低，使得工程博士的实践属性得不到保障。德国工业博士培养模式给我国提供了很好的借鉴。以企业需求为主导，以企业培养为主、高校培养为辅的工业博士培养模式，能够真正培养出高层次应用型工程人才，从而很好地解决我国工业企业目前面临的这类工程人才短缺的问题。

第四节

工程教育研究与学科建设

一、工程学科建设

（一）工程学科分类与数量

德国联邦统计局将德国所有学科分为九大类，分别是人文，体育，法律、经济和社会科学，数学、自然科学，人类医学（德语：Humanmedizin），农业、林业和食品科学、兽医学，工程，艺术，以及其他学科，但并未对工程学科再做统一详细划分[①]。

My GUIDE 是由德意志学术交流中心（DAAD）为未来学生提供的、寻找合适的德国高校本科和硕士学位课程的免费服务平台。该平台由德国联邦教育及研究部（德语：Bundesministerium für Bildung und Forschung，BMBF）资助。[②] 2023年1月，在 My GUIDE 网站中搜索"工程科学"（Engineering Sciences），发现德国高校共开设了 2 111 个本科层次工程专业，1 786 个硕士层次工程专业[③]。

（二）工程学科布局

根据泰晤士高等教育（Times Higher Education，THE）2023 年提供的信息，德国提供工程教育的高校主要开设五大类工程学科，分别是化学工程（Chemical Engineering）、土木工程（Civil Engineering）、电子与电气工程（Electrical and Electronic Engineering）、一般工程（General Engineering）以及机械与航天工程（Mechanical and Aerospace Engineering）[④]。

德国不同层次工程教育主要由不同类型的高校来提供。依据 My GUIDE 网站的搜索数据显示，应用科学大学（FH）和职业学院（BA）是德国本科层次工

---

① Destatis. Bildung und Kultur: Studienverlaufsstatistik 2021 [R]. Destatis, 2022.

② My GUIDE. About My GUIDE [EB/OL]. [2023-01-06]. https://www.myguide.de/en/about-my-guide/.

③ My GUIDE. Degree programmes search results [EB/OL]. [2023-01-06]. https://www.myguide.de/en/degree-programmes/?hec-subjects=56&hec-degrees=-1&hec-languages=1&hec-subjectGroup=56&hec-degreeType=37, 24.

④ THE. World University Rankings 2023 by subject: engineering [EB/OL]. [2023-01-26]. https://www.timeshighereducation.com/world-university-rankings/2023/subject-ranking/engineering-and-it?site=cn#!/page/0/length/25/locations/DEU/sort_by/rank/sort_order/asc/cols/stats.

程教育的主要提供方。其中开设本科层次工科专业最多的高校是亚琛应用科学大学（Aachen University of Applied Sciences，FH Aachen），共拥有 56 个工科专业；其次是巴登—符腾堡双元制大学（DHBW），开设了 48 个本科层次工科专业。[①]而德国硕士层次工程教育主要由工业大学（TU）和综合性大学（U）来提供，其中开设硕士层次工学专业最多的高校是柏林工业大学（TU Berlin），开设了 50 个硕士研究生层次工学专业；紧随其后的是慕尼黑工业大学（TUM）以及斯图加特大学，分别拥有 42 个硕士研究生层次工学专业[②]。

（三）工程学科师资队伍

依据德国联邦教育及研究部（BMBF）2022 年 9 月 22 日发布的数据显示，2021 年，德国工程学科师资队伍有 85 051 人，占所有学科师资总人数的 19.89%，位列所有学科的第二。但是工程师资队伍的性别比例严重失衡，男教师的数量远高于女教师。而这种师资性别不均衡的情况正在逐渐缓解，从 2000 年的 7∶1 降至 2021 年的 3.6∶1（见表 1–4）。[③]

表 1–4　2000—2021 年德国工程学科师资队伍数量　　　　　单位：人

年　　份	性　　　别		总　　　数
	男	女	
2000	30 659	4 377	35 036
2010	41 124	9 098	50 222
2015	61 938	14 690	76 628
2016	61 357	14 683	76 040
2017	63 264	15 778	79 042
2018	64 511	16 062	80 573
2019	64 879	16 649	81 528
2020	65 816	17 690	83 506
2021	66 585	18 466	85 051

资料来源：BMBF. Education and Research in Figures 2021—Higher education staff, by subject groups and sex [EB/OL]. [2023-01-27]. https://www.datenportal.bmbf.de/portal/en/B25.html.

[①] My GUIDE. Bachelor Degree programmes search results [EB/OL]. [2023-01-06]. https://www.myguide.de/en/degree-programmes/?hec-subjects=56&hec-degrees=-1&hec-languages=1&hec-subjectGroup=56&hec-degreeType=24.

[②] 同上 37.

[③] BMBF. Education and Research in Figures 2021—Higher education staff, by subject groups and sex [EB/OL]. [2023-01-27]. https://www.datenportal.bmbf.de/portal/en/B25.html.

德国工程学科师资队伍强调实践性，主要体现在四个方面。

（1）教师聘任标准严格。德国法律对应用科学大学（FH）教授聘任条件的规定极其严格：除了高校毕业具有教学才能和科学研究能力外，一般要有博士学位，同时至少要有 5 年以上的工程实践经验或 3 年以上的校外工作经验。

（2）教师来源渠道多样化。高校从整个欧洲乃至世界范围内公开选任所需的相关专业老师。其中，兼职教师队伍庞大，占到高校全体教师的 60% 及以上，且绝大多数来自企业。兼职教师在高校中主要担任获取一定报酬的客座教授以及免费义务授课的名誉教授的职务，但承担超过 80% 的教学任务。与此同时，德国企业界也将这一交流当作对个人和企业崇高地位与影响力的承认，从而积极应聘。

（3）教师专业知识不断更新。政府部门积极组织教师培训工作，教育部门明确规定高校教师要不断接受继续教育，并成立专门的进修学院，负责高校教师的进修培训，使教师能够不断更新自己的专业知识。

（4）重视"双师型"知识结构培养。德国高校，特别是工业大学（TU）极其重视教授"双师型"知识结构的培养。一方面允许知名企业在校内开设办事处，为其推广产品和合作科研提供方便；另一方面鼓励教师到企业挂职，直接参与企业产品设计、开发和评价；同时还允许教授在不影响教学的前提下创办企业。这样，教师能够获得在高校所不能得到的生产第一线的设计、工艺等知识与经验。[①]

二、工程教育研究

德国依托其发达的工业基础和健全的制造业体系，在工程教育研究方面占据了鲜明的优势地位。德国对本国及国际工程教育的研究可以通过三个层次的划分来归纳：宏观层次上，基于工程教育双元制人才培养模式，探讨德国工程教育对学生学习、就业以及国际化流动的影响。中观层次上，面对工程教育认证制度的不断发展，从而引发对本国职业教育和高等教育关系变化的思考。微观层次上，由于工程教育的落脚点在培养卓越工程师，因此工程师的全球责任成为德国工程教育关注的重点问题。

（一）宏观层次

与英国和美国等工业强国不同，德国的工程教育由高等工程教育和职业工程

---

① 林健，胡德鑫.国际工程教育改革经验的比较与借鉴——基于美、英、德、法四国的范例 [J]. 高等工程教育研究，2018（2）：96–110.

教育两种体系构成。由于德国一直存在理论与实践相对的二元论哲学传统，因而德国高等工程教育也被划分为研究型大学 [综合性大学（U）和工业大学（TU）] 与实践型大学 [应用科学大学（FH）和职业学院（BA）]。这也导致德国高等工程教育出现了一个显著特点，即基础研究课程和应用导向课程的分离。与研究型大学相比，应用科学大学（FH）的工程教育具有鲜明的实践导向，它们的教育目标是传授在职业实践中能够直接运用的方法和技术的理论和实践问题。根据苏珊·肯尼迪（Suzanne Kennedy）的研究，由于应用科学大学（FH）的实践性质较强，毕业生在就业时往往比研究型大学工程专业的毕业生更受青睐，并且有应用科学大学（FH）学习背景的工程师数量是有研究型大学背景的两倍之多。更为重要的是，毕业于应用科学大学（FH）的工程师在各个行业中都占据绝对的数量优势[①]。这表明，德国高等工程教育本质上是产业导向的，在这种模式下培养出来的工程师不仅负有推进产业应用研究的义务，还与工业界（特别是中小企业）保持了密切的合作关系。

在职业教育培训方面，双元制人才培养模式为德国工程教育的国际化注入了新的优势，并且这种双元制专业加入了更高水平的学术性教育和内部培训阶段，从而克服了职业教育培训和高等教育之间的制度鸿沟，成为德国国家教育体系的标志。实践性是双元制专业的核心，参加这种项目的学生可以同时获得公认的职业培训证书和学位证书，较好地弥补了理论与实践的割裂。德国的高等教育机构必须满足国家对国际化的政治期望，以及学生对国际流动性日益上升的兴趣。国际学生在双元制专业中流动性的增加有助于雇主招募国际学生作为技术工人，以满足德国工业进一步变革的需求。因此，卢卡斯·格拉夫（Lukas Graf）等学者指出，一种新的德国学习迁移途径正在出现，因为与企业的紧密联系，有助于将国际学生留在德国从事劳动生产工作[②]。对德国工程教育的国际化来说，尽管德国双元制教育模式的传统对工程教育国际化构成一定的挑战，但无论是德国政治需求还是高等教育实际，都在热切呼吁并支持工程教育的国际化。虽然流向国际的德国学生和流入德国的国际学生对双元制专业展现了越来越强的兴趣，但人数比例仍然相对较小，这将成为德国工程教育今后亟须解决的问题。

---

① KENNEDY S. Engineering education in Germany [J]. Industrial Robot, 1996, 23 (2): 21–24.

② GR AFL, POWELL J, FORTWENGELJ, et al. Integrating international student mobility in work-based higher education: The case of Germany [J]. Journal of Studies in International Education, 2017, 21 (2): 156–169.

（二）中观层次

从德国双元制工程人才培养发展历史来看，高等教育与职业教育一直存在泾渭分明的特征。而如今，随着德国教育体制改革的深入，双元制的严格区分正在被逐渐打破，不仅职业学院（BA）通过双元制专业培养人才，双元制专业更是被列入研究型大学和应用科学大学（FH）人才培养的重要模式。改革的动因主要在于传统的工程教育认证制度面临压力，因为职业培训机构的工作在一定程度上失去了吸引力，越来越多的年轻人决定转学接受高等教育，这一趋势导致了教育参与向学术学习的明显转变。这对德国工程教育的影响是深远的，一方面，由于人口结构的变化，德国适龄劳动力人口在逐步下降，因而对高素质的工程师而非职业培训下的技术工人的需求在不断增加；另一方面，由于社会经济结构的调整，传统工业社会正在向后工业型、知识型和人力资本密集型经济转型，从长期角度来看，德国学术就业水平仍在不断上升，传统技术型工作正在转化为知识型工作，这都需要提升工程师的知识水平。当然，除了政治和社会因素外，双元制专业也起到了促进高等教育与职业教育相互渗透的作用。与普通学生相比，除了最本质的学生身份外，选择双元制专业的学生还具有另一种的公司"学徒"身份，通常能够获得一定的工作报酬。在安德拉·沃尔特（Andrä Wolter）和克里斯蒂安·科斯特（Christian Kerst）看来，德国双元制人才培养模式的相互渗透并不是高等教育"学术狂热"所引发的结果，而是一种基于理性选择的结果，因为家长和学生已经现实地认识到教育和培训的社会分配功能，他们的选择行为也完全验证了这一功能[1]。

（三）微观层次

近年来，面向国际的工程教育受到越来越多的关注，黛安·罗弗（Diane Rover）等学者提出全球化语境下工程教育改革与发展的问题[2]。克里斯托夫·莫拉斯（Christophe Morace）等人进一步指出，德国要培养工程师的社会和跨文化能力，以适应未来全球化挑战的要求[3]。不难发现，工程师正在扮演日益重要的角

---

① WOLTER A, KERST C. The 'academization' of the German qualification system: Recent developments in the relationships between vocational training and higher education in Germany [J]. Research in Comparative & International Education, 2015 (4): 510–524.

② ROVER D T. Engineering education in a global context [J]. Journal of Engineering Education, 2008, 97 (1): 105–108.

③ MORACE C, MAY D, TERKOWSKY C, et al. Effects of globalisation on higher engineering education in Germany—current and future demands [J]. European Journal of Engineering Education, 2017, 42 (2): 142–155.

色，并成为应对全球挑战解决方案的关键，这引发了工程师的全球责任问题。威利·福克斯（Willi Fuchs）对这一问题进行了深刻阐述，他指出：工程师需要创造出尖端技术难题的解决方案，以此来应对当前和未来的挑战。工程师必须继续推动技术创新，并履行责任，为其运作的社会共同利益做出贡献。工程教育必须尽可能地让他们为这项重要的任务做好准备，这一目标需要从改变大学工程教育课程开始。当下，可持续发展与工程的融合比以往任何时候都应成为工程师培训和教育的核心要素，更多地利用可再生能源、提高资源运用效率以及商业活动的经济、生态和面向社会必须成为工程教育的组成部分。工程师不能把自身的思维局限在技术问题上，而是应当采取更全面的方法，从全球角度重新介绍他们的工作对经济、生态和社会的影响[①]。

为了培养新一代的工程师，世界各地的研究者必须越来越关注可持续发展、国际化和跨学科的教学方法。至少在工业化国家中，工程教育的教学方法需要做出改变。现代工程教学法必须识别新的需求，并确保它们在技术教育的设计中得到解决。为此，企业、大学、职业学校和其他教育设施的工程教育教师需要讨论和测试修改后的或新的技术教育概念。弗里德赫尔姆·艾克（Friedhelm Eicker）提出了一种新的工程教育方法，重点在于课程内容的合作发展，以及教学和学习的区域相关性。他认为，工程和其他技术教育培训必须由需求驱动，而非供应导向，并在此基础上讨论了关于促进技术教育和教师培训的区域和国际项目的经验[②]。

除了前述几项德国工程教育研究主题外，也有学者关注影响德国工程教育质量的因素。如卡佳·德尔（Katja Derr）及其团队研究预科课程学习对学位课程学习的影响，研究发现，领域相关的先验知识和中学成绩对工程专业的学习成绩起主导作用[③]。迪特玛·塔茨尔（Dietmar Tatzl）等人关注外语流利程序对工程专业学习的影响，结果表明，对于在大学入学时精通英语的国际学生而言，他们在英语中级难度的本科生书面工程考试中，不需要增加额外的考试时间或借助特定的语言辅助工具[④]。

① FUCHS W. The new global responsibilities of engineers create challenges for engineering education [J]. ESD in Higher Education, the Professions and at Home, 2012 (2): 111–113.

② EICKER F. Teaching and learning methods in modern engineering education: experiences from regional and international projects [J]. Industry & Higher Education, 2006 (12): 421–432.

③ DERR K, HÜBL R, AHMED M Z. Prior knowledge in mathematics and study success in engineering: informational value of learner data collected from a web-based pre-course [J]. European Journal of Engineering Education, 2018, 43 (6): 911–926.

④ TATZL D, MESSNARZ B. Testing foreign language impact on engineering studentsa scientific problem-solving performance [J]. European Journal of Engineering Education, 2013, 38 (6): 620–630.

总的来看，作为传统工业强国，德国的工程教育研究不仅扎根本国，而且具有较为宽广的国际视野。对我国工程教育而言，德国工程教育研究具有较为重要的借鉴意义，值得我们深入探索。

小结

德国联邦统计局（德语：Destatis）将德国所有学科分为九大类，工程学科为其中之一，但并未对工程学科再做进一步详细划分。依据 2023 年 1 月的数据，德国高校共开设了 2 111 个本科层次工程专业，1 786 个硕士层次工程专业。德国提供工程教育的高校主要开设化学工程、土木工程、电子与电气工程、一般工程、机械与航天工程这五大类工程学科。德国不同层次工程教育主要由不同类型高校来提供，本科层次工程教育主要由应用科学大学（FH）和职业学院（BA）提供，硕士层次工程教育主要由工业大学（TU）和综合性大学（U）提供。德国工程学科师资人数位列所有学科第二，但其师资性别比例严重失衡，男教师远多于女教师，这种性别不均衡的状况正逐步改善。德国工程学科师资队伍特点鲜明，具有很强的实践性：一是教师聘任标准严格；二是教师来源渠道多样化，兼职教师队伍庞大，承担主要教学任务；三是教师专业知识不断更新；四是重视"双师型"知识结构培养。德国工程教育研究较丰富，热点主要集中在双元制工程人才培养模式及其对学生就业的影响、工程教育认证制度变迁下的职业教育与高等工程教育关系变化、工程师的个人伦理与全球责任等方面。

德国工程学科师资队伍建设非常值得我国借鉴。我国需要全面提升工程人才的实践操作能力，改革的关键是提升工程教育师资队伍的实践能力，只有具有较多实践经历的教师才能将更多的工业企业实操经验传授给学生。我国有不少企业家作为高校的客座教授或名誉教授，向工科学生传授企业中的实操经验。但是这类教师的比例还非常小，且往往是"友情客串"。高校有必要与企业形成深度合作，构建互利共赢局面，鼓励更多的工程师、高级技术人员到高校任教。企业也有必要为这类人员提供"教学时间"，让实践经验丰富的工程师有时间到高校授课。另外，高校教学应成为企业的"福利"项目之一，只有经验丰富且到达一定职级的员工才有资格到高校任教，以激发员工到高校任教的积极性。

政府作用：政策与环境

一、工程教育中的政府责任

德国工程教育取得瞩目成绩，除了与工程教育成熟的学科建设体系密切相关之外，德国政府的大力支持、协调工程教育发展也发挥了重要作用。德国实行联邦制，联邦政府和各州政府联合承担工程教育的政府责任，但承担的责任有所差异。

德国联邦政府仅对工程教育进行间接性宏观调控。联邦政府设联邦教育及研究部（BMBF）作为协调机构，主要负责为德国高等教育的发展提供指导性的法律或政策意见，但无权领导各州的教育工作。德国联邦政府主要资助德国顶尖大学，包括综合性大学（U）和工业大学（TU）这两类高校，但并不资助应用科学大学（FH）与职业学院（BA）。近些年，德国联邦政府对工程教育的主要资助都用于德国大学的"卓越计划"（德语：Exzellenzinitiative）。2005年，以联邦教育及研究部（BMBF）为代表的德国联邦政府，连同德国科学基金会（德语：Deutsche Forschungsgemeinschaft，DFG）发起了"卓越计划"。从2019年1月开始，"卓越计划"的第二阶段更名为"卓越战略"（德语：Exzellenzstrategie）。预计从2006年至2026年，"卓越计划"将斥巨资前后资助17所"卓越大学"（德语：Exzellenzuniversität），一大批"卓越集群"（德语：Exzellenzcluster）以及"大学研究生院"（德语：Graduiertenschule）[1][2]，旨在提升德国大学科研水平和国际竞争力。

德国各个联邦州（德语：Bundesländer）的教育部门直接领导与管理工程教育，工程教育责任完全由各州承担[3]。各州政府同时负责该州各类高校的基本资金，不仅资助综合性大学（U）和工业大学（TU），同时也资助应用科学大学（FH）

---

① DFG. Die Exzellenzstrategiedes Bundes und der Länder [EB/OL]. [2023-01-30]. https://www.dfg.de/sites/exu-karte/de.html.

② Head Office of the German Science and Humanities Council (Wissenschaftsrat / WR). Excellence Initiative [R]. Cologne: WR, 2022.

③ MORACE C, MAY D, TERKOWSKY C, et al. Effects of globalisation on higher engineering education in Germany–current and future demands [J]. European Journal of Engineering Education, 2017, 42 (2): 142–155.

与职业学院（BA）。各州政府对高等教育的资助力度非常大。《联邦基本法》规定，各州可以根据本州文化、历史、地理和社会的具体情况自主进行教育立法。据此，德国每个州都有自己管理高等教育的法律，建立了教育地方自治制度，各州政府掌握高等教育的管理权。各州政府在《高等教育框架法案》的基本规定和保证学术自由的前提下，全面负责本州的高等教育管理，具体包括高等教育立法权、高等教育发展规划（包括高校设置、专业设置、教育拨款、招生规模等）、高校日常管理（包括校长任命、教授聘用以及财务管理等）以及促进科学研究等职能。但是州政府并非主导各州的工程教育，高校依旧拥有非常大的自治权力，如在课程设置、学习目标设定等方面，高校不受州政府干预及影响[1]。工程教育系统的实际结构和组织可因州而异[2]。

同时，为了使联邦与州之间以及各州之间的教育、科学、文化政策相互协调，德国专门设置了一些政府间的协调机构，其中在教育领域最为出名的就是 16 州的文教部长联席会议（KMK）。

二、工程教育发展重要政策

（一）卓越计划

为解决德国高校在世界大学排名中不占优势、尖端科研的国际竞争力弱、与研究所的科研合作缺失等问题，德国于 2005 年 7 月 18 日开始实施大学"卓越计划"。"卓越计划"旨在巩固德国作为卓越研究基地的地位，提升其国际竞争力，并提高一流大学和研究领域的知名度。[3]

迄今为止，德国大学"卓越计划"经历了两个阶段。第一阶段为"卓越计划"，分为 2006—2012 年与 2012—2017 年这两个资助周期，以及"大学研究生院""卓越集群"和"未来计划"（德语：Zukunftskonzepte）这三条资助路径。"大学研究生院"路径主要资助包括工程专业在内的博士研究生，为他们提供优质的科学支持并营造良好的政策环境。"卓越集群"路径将优秀科学家聚集在一起，共同研究，加速促进顶级研究。"未来计划"路径加强大学间项目的合作，加强德国

① MORACE C, MAY D, TERKOWSKY C, et al. Effects of globalisation on higher engineering education in Germany–current and future demands [J]. European Journal of Engineering Education, 2017, 42 (2): 142–155.

② HRK. Higher Education in Germany [EB/OL]. [2023-01-30]. https://www.hrk.de/activities/higher-education-system/.

③ Head Office of the German Science and Humanities Council (Wissenschaftsrat / WR). Excellence Initiative [R]. Cologne: WR, 2022.

大学和国际学术机构、大学的合作研究。以未来理念获奖的高校被称为"卓越大学","卓越大学"至少需获得一个"卓越集群"项目和一个"大学研究生院"项目。在 2006 年 11 月至 2012 年 10 月的资助周期中，分别在 2005 年至 2006 年以及 2006 年至 2007 年开展过两期评选。[①] 在第一期的评选中，德国联邦政府和州政府共资助了 18 个"大学研究生院"、17 个"卓越集群"及 3 所"卓越大学"；在第二期的评选中，共资助了 21 个"大学研究生院"、20 个"卓越集群"及 6 所"卓越大学"。在 2012 年至 2017 年的资助周期中，共资助了 45 个"大学研究生院"项目、43 个"卓越集群"项目以及 11 个"卓越大学"项目。[②]

第二阶段为 2019 年 1 月开始资助的"卓越战略"，将原有的三条资助路径转变为两条，保留了"卓越集群"，但取消了"大学研究生院"和"未来计划"，同时新增了"卓越大学"项目。不同于第一阶段，第二阶段根据入选大学在"卓越集群"上的总体表现，遴选出若干所大学，通过"卓越大学"项目予以重点资助。"卓越集群"的资助周期为 7 年。从 2019 年 1 月开始，有 56 个"卓越集群"获得 7 年资助。10 所大学以及一个大学联盟从 2019 年 11 月开始获得"卓越大学"项目资助。[③]

从"卓越计划"到"卓越战略"，被评选为"卓越大学"的全部为综合性大学（U）和工业大学（TU），工科在"卓越集群"项目中所占比例较多。可见"卓越计划"在近十几年来促进德国工程教育发展中起到了举足轻重的作用。

（二）应用科学大学（FH）研发行动

德国应用科学大学（FH）长期以来被定义为教学型高校，以教学为主，公共财政对其应用型研究的支持力度不大，这使得应用科学大学（FH）的科研发展受到很大限制。应用科学大学（FH）的教授无充足的资金来源，也无合适的申请渠道以及足够的时间精力来申请第三方资金。

在这种背景下，德国联邦及州政府开展了一系列应用科学大学（FH）研发行动，旨在支持应用科学大学（FH）的科研发展，进一步彰显应用科学大学（FH）研究的独特性，特别是通过与企业或其他实践伙伴的合作，促进应用型知识和

---

① Head Office of the German Science and Humanities Council (Wissenschaftsrat / WR). Excellence Initiative [R]. Cologne: WR, 2022.

② DFG. Excellence initiative at a glance: The programme by the German federal and state governments to promote top-level research at universities (the second phase 2012—2017) [R]. Bonn: DFG, 2013.

③ BMBF. Die Exzellenzstrategie [EB/OL]. [2023-01-30]. https://www.bmbf.de/bmbf/de/forschung/das-wissenschaftssystem/die-exzellenzstrategie/die-exzellenzstrategie.html.

技术的转移。从 1992 年起，德国联邦教育及研究部（BMBF）针对应用科学大学（FH）专门设立了"应用导向研究与发展"基金，当时总额度为年均 250 万马克。从 2004 年起，以企业为中心，设立后续基金"与经济界联合的应用研究"。2008 年，德国宪法规定联邦和州政府协作为应用科学大学（FH）提供科研资助。年度预算一路攀升。[①]一系列资助项目包括用于促进应用科学大学（FH）与公司之间研发合作的"FHprofUnt"项目；支持在应用科学大学（FH）中建立研究型工程团队的"年轻工程师"（德语：IngenieurNachwuchs）资金项目；使应用科学大学（FH）能够在社会领域开展研究的"提高老年人生活质量的社会创新（SILQUA-FH）"主题资助项目，等等。

应用科学大学（FH）研发行动取得了一定的效果。德国联邦政府带头资助应用科学大学（FH）开展科研，联邦政府的资金已占应用科学大学（FH）第三方资金的一半。另外，许多应用科学大学（FH）已成为地方中小企业的重要合作伙伴机构，在这些企业的科研中起到重要作用。

三、工程教育政府投入

从资金来源上看，联邦各州是德国高校工程教育资金的主要提供者，资助所有提供工程教育的高校。德国提供工程教育的高校中近 90% 的资金来自政府，其中绝大部分来自联邦各州政府（约 75%）；联邦政府通过资助研究项目、特殊项目以及研究设施的建设等，为高等教育提供资金支持（约为 15%）。[②]

近年来，联邦政府和各州政府共同资助与工程教育相关的科研项目，不断增加研究经费。德国联邦和各州在"卓越计划"中斥巨资，共同扶持工程教育发展：在"卓越计划"的第一个资助周期，共投资 19 亿欧元；在"卓越计划"的第二个资助周期，共投入 27 亿欧元。这其中 75% 的资金来自联邦政府，另外 25% 的资金由州政府支付。[③]在"卓越战略"中，联邦政府和各州政府每年计划投入 5.33 亿欧元，其中 3.85 亿欧元用于"卓越集群"项目，1.48 亿欧元用于"卓越大学"，联邦政府和州政府投入依旧为 3:1。2007 年，为了满足对高等教育的巨大需求，联邦政府和州政府启动了《高等教育协定》，该协定的两大重要支柱

① 彭湃. 德国应用科学大学的 50 年：起源、发展与隐忧 [J]. 清华大学教育研究，2020，41（3）：98–109.

② HRK. Higher education finance [EB/OL]. [2023-01-30]. https://www.hrk.de/activities/higher-education-finance/.

③ Head Office of the German Science and Humanities Council (Wissenschaftsrat / WR). Excellence initiative [R]. Cologne: WR, 2022.

之一便是资助高校的高水平科研项目，即向已经获得德国科学基金会（DFG）资助的高校科研项目提供额外的项目经费（德语：programmpauschale）。经费完全由联邦政府单独拨付，经费的数额为已获得的课题资助额的 20%，联邦政府在第一阶段（2007 年 1 月 1 日—2010 年 12 月 31 日）共需为此提供 7.04 亿欧元；在第二阶段（2011 年 1 月 1 日—2015 年 12 月 31 日）提高到 17 亿欧元。德国联邦政府及州政府也协助资助开展一系列的应用科学大学（FH）研发行动，年度预算从 2005 年之前的 1 000 万欧元增加到 2016 年的 4 800 万欧元，再攀升至 2018 年的近 6 000 万欧元，并至少持续至 2023 年。

德国工程学科学生获得的资助较少，而工程学科的科研人员获得的资助较多。联邦统计局（德语：destatis）将德国所有学科分为八大类（除去其他学科），其中工程学科在读学生人均仅获得 7 170 欧元的资助，仅位列所有学科的第六，远少于位列前五的学科[1]；而工程学科的科研人员获得的政府资助（2019 年，162 800 欧元）以及第三方资助（2019 年，210 320 欧元）都较多，分别位列所有学科的第三与第四[2]。

小结

德国联邦政府和各州政府联合但承担有差别的工程教育的政府责任。联邦政府间接宏观调控工程教育，主要资助德国顶尖的综合性大学（U）和工业大学（TU）。近些年，德国联邦政府对工程教育的资助主要用于德国大学"卓越计划"。德国各州教育部门直接领导与管理工程教育，但州政府并不主导各州的工程教育，高校依旧保留较大的自治权。

德国政府为发展工程教育提出的重要政策主要包括"卓越计划"以及"应用科学大学（FH）研发行动"。为提升德国综合性大学（U）和工业大学（TU）的科研水平以及国际竞争力，德国于 2005 年开始实施大学"卓越计划"。第一阶段为"卓越计划"，包括 2006—2012 年与 2012—2017 年这两个资助周期，以及"大

---

① Destatis. Expenditure on education and culture-current funding per student by areas of study-1 000 Euro-[EB/OL]. (2021-09-08) [2023-01-06]. https://www.destatis.de/EN/Themes/Society-Environment/Education-Research-Culture/Educational-Finance-Promotion-Education-Training/Tables/current-funding-student-areas-study.html.

② Destatis. Expenditure on education and culture-current funding and third party funds per scientific personnel and professor by areas of study-1 000 Euro [EB/OL]. (2021-09-08) [2023-01-06]. https://www.destatis.de/EN/Themes/Society-Environment/Education-Research-Culture/Educational-Finance-Promotion-Education-Training/Tables/sscientific-personnel-professor-areas-study.html.

学研究生院""卓越集群"和"未来计划"这三条资助路径。德国在 2006—2012 年的资助周期中，共资助了 18 个"大学研究生院"、17 个"卓越集群"，以及 3 所"卓越大学"；第二期"卓越计划"评选出 21 个"大学研究生院"、20 个"卓越集群"，以及 6 所"卓越大学"。德国在 2012—2017 年的资助周期中，共资助了 45 个"研究生院"项目、43 个"卓越集群"项目以及 11 个"卓越大学"项目。第二阶段为"卓越战略"，分为"卓越集群"和"卓越大学"这两条资助路径，且从 2019 年开始，评选出 56 个"卓越集群"获 7 年资助，10 所大学以及 1 个大学联盟获"卓越大学"项目资助。为支持德国应用科学大学（FH）的科学研究，德国联邦政府及州政府开展了一系列的应用科学大学（FH）研发行动，包括从 1992 年起，德国联邦教育及研究部（BMBF）针对应用科学大学（FH）专门设立的"应用导向研究与发展"基金；从 2004 年起，以企业为中心，设立的后续基金"与经济界联合的应用研究"；2008 年，德国宪法规定联邦和州政府协作为应用科学大学（FH）提供科研资助。

德国提供工程教育的高校中近 90% 的资金来自政府，其中约 75% 来自各州政府，15% 来自联邦政府。联邦政府和各州政府共同资助与工程教育相关的科研项目，不断增加研究经费。从"卓越计划"到"卓越战略"，联邦政府和州政府投入比例一直为 3:1。政府共向"卓越计划"投资 46 亿欧元，向"卓越战略"每年计划投入 5.33 亿欧元。联邦政府和州政府共同启动了《高等教育协定》。联邦政府单独资助高校的高水平科研项目，第一阶段资助了 7.04 亿欧元，第二阶段提高至 17 亿欧元。德国联邦政府及州政府也资助开展一系列的应用科学大学（FH）研发行动，年度预算从 2005 年之前的 1 000 万欧元，攀升至 2018 年的近 6 000 万欧元，计划资助至 2023 年。相较于德国工程学科学生获得少量的资助，工程学科的科研人员获得的资助较多。

"卓越计划"资助德国综合性大学（U）和工业大学（TU）的工程教育发展；应用科学大学（FH）的工科科研也由政府牵头，缓慢前行。但是德国联邦政府及州政府并未对职业学院（BA）的工程教育及科研提供重要的政策，这也许会影响工程教育中各类高校的平衡发展。

工程教育认证与工程师制度

一、工程教育认证

德国工程教育认证制度形成较晚，肇始于 20 世纪末期。德国工程教育认证制度体系的形成是在外部因素的冲击下，一种由政府主导自上而下"强制性制度变迁"的过程。

（一）工程教育认证类型

德国工程教育认证分为三类，分别是认证代理机构认证（德语：agenturakkreditierung）、系统认证（又称体系认证，德语：systemakkreditierung）以及专业认证（德语：programmakkreditierung）。这三类是依据认证对象进行区分的，俗称德国工程教育认证制度的"三驾马车"。这也构成了德国工程教育的"三认证"体系。认证代理机构认证是联邦认证委员会对认证代理机构的执业资格进行的审查和认证，考察对象是认证代理机构。系统认证是由认证代理机构对高校的教学质量保障体系进行的认证，考察对象是高校。专业认证是认证代理机构对高校专业培养目标的设置、达成情况、质量保障机制等进行的评估和认证，考察对象是高校中的专业。

本节将着重介绍专业认证。

（二）工程教育专业认证组织系统

德国工程教育具有成熟的专业认证组织系统。德国工程教育专业认证组织系统多方参与，自上而下分别是联邦教育及研究部（BMBF）、各州文教部长联席会议（KMK）、高校校长联席会议（HRK）、联邦认证委员会（AR）、认证代理机构（AA）和高校中的专业。前三者是德国工程教育认证组织系统中的认证引领方。联邦认证委员会（AR）和认证代理机构（AA）是认证评估组织。高校中的专业是认证对象，如图 1-2 所示。

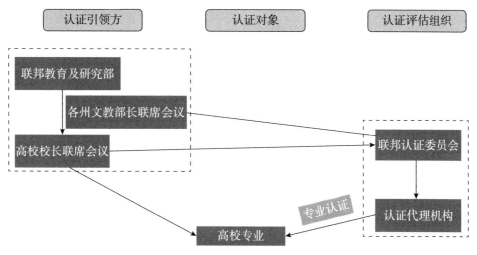

图1-2　德国工程教育专业认证组织系统

德国工程教育专业认证组织体系中的互动机制为：联邦教育及研究部制定高等教育发展宏观政策以及提供配套资金，并作为联邦政府代表，对工程教育专业认证进行间接的宏观调控。代表州政府的各州文教部长联席会议及高校校长联席会议，是联邦认证委员会的主管部门。依据2022年2月的数据，高校校长联席会议共由268个高校成员组成[①]，包括工业大学TU、应用科学大学（FH）和职业学院（BA），能够代表德国工程教育的共同利益。高校校长联席会议（HRK）有三大职能。首先，与政府在高等教育政策制定和执行方面进行对话，所以高校校长联席会议也被称作政府和高校之间的"缓冲器"。其次，制定高等教育系统的规范和标准。最后，向高校提供国际化课程与教学等服务。联邦认证委员会是全国认证代理机构的统一管理、审查和评估机构，主要负责组织、协调和管理全国专业认证事务，决定专业认证的结果，同时对认证代理机构的专业认证过程进行监督[②]。高校校长联席会议、各州政府、企业人员、学生、外国人、认证代理机构的代表组成了联邦认证委员会[③]。认证代理机构（AA）主要负责具体认证高校专业。该专业认证组织体系中的联邦认证委员会（AR）和绝大多数认证代理机构（AA），都是欧洲高等教育质量保障协会（European Association for Quality

① HRK. The HRK structure [EB/OL]. [2022-02-17]. https://www.hrk.de/hrk-at-a-glance/structure/.

② German Accreditation Council. Tasks of the German Accreditation Council [EB/OL]. [2022-02-17]. https://www.akkreditierungsrat.de/en/german-accreditation-council/tasks-german-accreditation-council.

③ German Accreditation Council. Accreditation Council [EB/OL]. [2022-02-18]. https://www.akkreditierungsrat.de/en/german-accreditation-council/accreditation-council/accreditation-council.

Assurance in Higher Education，ENQA）[①]，以及国际高等教育质量保障认证机构网络（International Network for Quality Assurance Agencies in Higher Education，INQAAHE）[②]的成员。另外，所有认证代理机构（AA）都在欧洲高等教育质量保障注册处（European Quality Assurance Register for Higher Education，EQAR）注册[③]。由此证明，德国工程教育专业认证已经得到欧洲乃至全世界的认可。

（三）德国工程教育专业的认证代理机构（AA）

截至 2022 年年底，德国联邦认证委员会（AR）共授权 11 家认证代理机构（AA）认证德国的高校专业[④]。其中有 3 家是特定专业的认证代理机构（AA），不认证工程教育专业。其他 8 家认证工程教育专业。这 8 家中，有两家是来自德国以外的认证代理机构（AA），分别是瑞士质量保障认证机构（Swiss Agency for Accreditation and Quality Assurance，AAQ）和奥地利质量保障和认证机构（Agency for Quality Assurance and Accreditation Austria，AQ Austria）；工程、信息科学、自然科学和数学专业认证机构（Accreditation Agency for Study Programmes in Engineering，Informatics，Natural Sciences and Mathematics，ASIIN）和国际工商管理认证基金会（Foundation for International Business Administration Accreditation，FIBAA）是德国国家级的认证代理机构（AA）；其余 4 家是德国地区性的认证代理机构（AA），分别是认证、授权和质量保障机构（Accreditation，Certification and Quality Assurance Institute，ACQUIN）、基于专业认证的质量保障机构（Agency for Quality Assurance through Accreditation of Study Programmes，AQAS）、巴登—符腾堡评估机构（Evaluation Agency Baden-Württemberg，evalag）及中央评估和认证机构（Central Evaluation and Accreditation Agency，ZEvA）。

全球高等教育质量保障网络包含一批高等教育质量保障机构。这些高等教育质量保障机构分为不同层级，分别是国际级、欧洲级和国家级。这 8 家德国工程教育专业的认证代理机构（AA）分别是多家高等教育质量保障机构的会员，如表 1–5 所示。

---

① ENQA. Member and affiliate database [EB/OL]. [2022-02-18]. https://www.enqa.eu/membership-database/.

② INQAAHE. Full members list [EB/OL]. [2022-02-18]. https://www.inqaahe.org/full-members-list.

③ EQAR [EB/OL]. [2022-02-18]. https://www.eqar.eu/.

④ German Accreditation Council. Agencies [EB/OL]. [2022-02-18]. https://www.akkreditierungsrat.de/index. php/en/accreditation-system/agencies/agencies.

表 1-5 德国工程教育专业的认证代理机构（AA）

认证代理机构（AA）	地域	所属高等教育质量保障机构
工程、信息科学、自然科学和数学专业认证机构（ASIIN）	国家	亚太质量网络（APQN），中东欧质量保证机构网络（CEENQA），欧洲工程教育认证网络（ENAEE），评估协会（DeGEval），欧洲高等教育质量保障协会（ENQA），欧洲化学主题网络协会（ECTNA），国际高等教育质量保证机构网络（INQAAHE），奥地利联邦科学研究和经济部（BMWFW），欧洲高等教育质量保障注册处（EQAR）等
国际工商管理认证基金会（FIBAA）	国家	欧洲高等教育质量保障协会（ENQA），欧洲高等教育质量保障注册处（EQAR）等
认证、授权和质量保障机构（ACQUIN）	地区	欧洲高等教育质量保障协会（ENQA），欧洲高等教育质量保障注册处（EQAR），中东欧质量保证机构网络（CEENQA），高等教育质量保证机构国际网络（INQAAHE）等
基于专业认证的质量保障机构（AQAS）	地区	欧洲高等教育质量保障协会（ENQA），欧洲高等教育质量保障注册处（EQAR），高等教育质量保证机构国际网络（INQAAHE）
巴登-符腾堡评估机构（Evalag）	地区	中东欧质量保证机构网络（CEENQA），评估协会（DeGEval），欧洲高等教育质量保障协会（ENQA），欧洲高等教育质量保障注册处（EQAR），高等教育质量保证机构国际网络（INQAAHE）等
中央评估和认证机构（ZEvA）	地区	欧洲高等教育质量保障协会（ENQA），欧洲高等教育质量保障注册处（EQAR）等
瑞士质量保障认证机构（AAQ）	德国以外	欧洲高等教育质量保障协会（ENQA），欧洲高等教育质量保障注册处（EQAR），欧洲工程教育认证网络（ENAEE），高等教育质量保证机构国际网络（INQAAHE）等
奥地利质量保障和认证机构（AQ Austria）	德国以外	欧洲高等教育质量保障协会（ENQA），欧洲高等教育质量保障注册处（EQAR），中东欧质量保证机构网络（CEENQA），高等教育质量保证机构国际网络（INQAAHE），评估协会（DeGEval）等

　　这 8 家德国工程教育专业的认证代理机构完全市场化运营，相互之间是竞争关系。德国高校基于认证标准选择专业认证代理机构。比如，高校如果希望未来专业标注欧洲标准认证，便会选择能够授权欧洲标准的专业认证代理机构对专业进行认证。从高校的角度来说，考虑到费用和时间，一个工程教育专业一般只获得一家专业代理机构的认证。

（四）工程教育专业认证制度

所有 8 家认证德国高校工程教育专业的代理机构的认证制度系统都较为类似。ASIIN 是德国最早建立的工程教育专业认证代理机构，同时也是世界最权威、知名度最高的代理机构之一。并且，ASIIN 有权授予认证专业欧洲工程教育认证网络（European Network for Accreditation of Engineering Education，ENAEE）管理的、具有国际及欧洲影响力的 EUR-ACE 标签。因此，下文选择 ASIIN 为例呈现德国工程教育专业认证制度系统。

1. ASIIN 概况

1999 年 7 月，ASIIN 在德国最大的工程师团队组织——德国工程师协会（德语：Verein Deutscher Ingenieure，VDI）的倡导下成立。它的性质是非营利机构，并得到了由大学、教师协会、科技协会、职业组织以及工商业组织组成的联盟的支持[①]。ASIIN 认证体系具有两大目标：一是通过认证服务确保和加强高等教育质量；二是通过创造提升高等教育质量透明度来促进学术和职业流动性[②]。ASIIN 认证体系的特点是实现了德国工程教育人才培养质量的实质等效，同时建立了具有国际可比性的工程教育体系。

2. ASIIN 组织架构

ASIIN 作为德国工程教育专业认证的执行组织，具有非常完备的组织构架，包括 ASIIN 成员大会（Members of ASIIN e.V.）、ASIIN 理事会（Board of ASIIN e.V.）、（学位专业）认证委员会（Accreditation Commission）、14 个技术委员会（Technical Committees）、审查组（Audit）、上诉与申诉委员会（Appeals and Complaints Committee）、（非学位专业或课程）认证委员会（Certification Commission）、ASIIN 咨询有限公司顾问委员会（Advisory Board of ASIIN Consult GmbH）、伦理顾问委员会（Ethics Advisory Board）以及经济顾问委员会（Economic Advisory Board）。其中前两者是 ASIIN 的日常管理机构，最后三者是 ASIIN 的顾问机构，其余的都是 ASIIN 的专业认证执行机构，如图 1–3 所示。ASIIN 认为专业认证必须反映学术界和工业界双方的声音，所以 ASIIN 所有的委员会都由综合性大学、应用科学大学（FH）和职场人士三方代表组成。共有超过 200 位来自学术界和工业界的专家支持配合 ASIIN 工程教育专业认证的工作[③]。

---

① ASIIN. About ASIIN [EB/OL]. [2022-02-25]. https://www.asiin.de/en/about-asiin.html.

② ASIIN. Culture of quality [EB/OL]. [2022-02-25]. https://www.asiin.de/en/culture-of-quality.html.

③ ASIIN. Structure [EB/OL]. [2022-02-26]. https://www.asiin.de/en/structure.html.

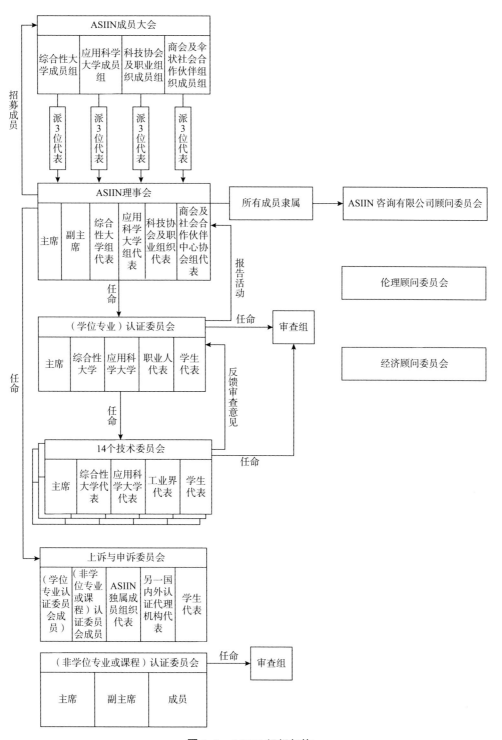

图1–3 ASIIN 组织架构

ASIIN 成员大会是 ASIIN 的最高权力机构，负责重大事务的决策。它是由 4 个地位平等的成员组组成的，分别是综合性大学成员组（成员 1 个）、应用科学大学（FH）成员组（成员 3 个）、科技协会及职业组织成员组（成员 15 个），以及商会及伞状社会合作伙伴组织成员组（成员 7 个）。[①] ASIIN 成员大会的每个成员组各派 3 位代表，共计 12 位代表组成了 ASIIN 理事会。ASIIN 理事会的任务包括挑选成员组成（学位专业）认证委员会、挑选成员组成上诉与申诉委员会、招募 ASIIN 成员大会新成员等。ASIIN 理事会设有执行委员会，其中包括主席、副主席、综合性大学组代表、应用科学大学组代表、科技协会及职业组织组代表、以及商会及社会合作伙伴中心协会组代表。ASIIN 理事会的执行委员会每三年选举一次，可连任一次。主席和副主席由大学和工业界代表任命[②]。

（学位专业）认证委员会和（非学位专业或课程）认证委员会都负责专业认证工作。不同之处在于，（学位专业）认证委员会认证授予学位的专业，而（非学位专业或课程）认证委员会认证证书课程、培训课程、继续教育课程或独立课程[③]。本节主要关注授予学位的工程教育专业认证，故对（非学位专业或课程）认证委员会及其任命的审查组不作解释。

（学位专业）认证委员会由主席（2 人）、综合性大学人员（6 人）、应用科学大学（FH）人员（7 人）、职业人代表（6 人）和学生代表（2 人）组成。其主要职能包括建立专业认证程序的原则和标准，为专业认证挑选成员组成审查组，依据审查组专家意见和技术委员会意见决定专业认证的结果，发布专业认证结论列表，挑选成员组成技术委员会，向 ASIIN 理事会报告本委员会的活动情况等[④]。（学位专业）认证委员会下设 14 个技术委员会，分别包括 14 个学科领域。这其中有 7 个属于工程学科领域，分别是：①机械工程 / 过程工程（Mechanical Engineering/Process Engineering）；②电气工程 / 信息技术（Electrical Engineering/Information Technology）；③土木工程、大地测量学及建筑学（Civil Engineering, Geodesy and Architecture）；④信息学 / 计算机科学（Informatics/Computer Science）；⑤物理技术、材料和工艺（Physical Technologies, Materials and Processes）；⑥工程

① ASIIN. Members of ASIIN e.V. [EB/OL]. [2022-02-26]. https://www.asiin.de/en/members.html.

② ASIIN. Board of Directors of ASIIN e. V. [EB/OL]. [2022-02-26]. https://www.asiin.de/en/board.html.

③ ASIIN. Certification for the acquisition of the ASIIN further education certificate (for certificate courses, training courses, further education courses or individual modules) [EB/OL]. [2022-02-26]. https://www.asiin.de/en/certification.html.

④ ASIIN. Accreditation Commission [EB/OL]. [2022-02-26]. https://www.asiin.de/en/accreditation-commission.html.

与管理、经济学（Engineering and Management，Economics）；⑦农业、营养科学与风景园林学（Agriculture，Nutritional Sciences and Landscape Architecture）。这些技术委员会的主要任务是负责专业认证程序的准备和监督，以确保认证过程公平。其具体任务包含为专业认证过程挑选审查员，确定专家发言人，处理专业认证中与学科相关的问题，确认和回顾审查组报告，反馈审查意见给（学位专业）认证委员会等。每个技术委员会都包括主席、综合性大学代表、应用科学大学（FH）代表、工业界代表以及学生代表①。综合性大学代表、应用科学大学（FH）代表、工业界代表和学生代表，各自份额约分别占三分之一，从而最大限度确保决策的公平。决策时，三方都具有一票否决权。审查组按照需要临时组建②，每组4人至5人，包括综合性大学、应用科学大学（FH）和工业界人士。审查组主要审查高校的自评报告，并现场考察高校二天至三天，进而与高校磋商后，递交认证考察报告给技术委员会。上诉与申诉委员会的任务是评估高校对于正在进行的认证的投诉以及对相应决定的上诉。其成员包括（学位专业）认证委员会成员、（非学位专业或课程）认证委员会成员、ASIIN独属成员组织代表、另一国内外认证代理机构代表以及学生代表，各1人③。

ASIIN组织体系中有三大顾问委员会。ASIIN咨询有限公司完全归ASIIN所有。ASIIN咨询有限公司顾问委员会主席在股东大会上代表了ASIIN的利益。所有ASIIN理事会成员都隶属于ASIIN咨询有限公司顾问委员会。该顾问委员会是以顾问身份支援管理层和股东④。伦理顾问委员会由5位成员组成，其主要职能是帮助解释在ASIIN认证过程中有待解决的伦理问题，并提供建议，进一步推进ASIIN的各个委员会或办公室的工作⑤。经济顾问委员会的主要作用是促进ASIIN和企业之间，就有关专家和高管未来所需的能力进行直接交流沟通。其具体的职责包括从工商业的角度对认证政策问题提供建议、参与与高等教育和认证政策相关的战略和定位文章的写作、参与学科相关的资质框架的修订、参与ASIIN专

---

① ASIIN. Technical Committees [EB/OL]. [2022-02-26]. https://www.asiin.de/en/technical-committees.html.

② ASIIN. Structure [EB/OL]. [2022-02-26]. https://www.asiin.de/en/structure.html.

③ ASIIN. Appeals and complaints committee [EB/OL]. [2022-02-26]. https://www.asiin.de/en/appeals-and-complaints-committee.html.

④ ASIIN. Shareholder and advisory board of ASIIN Consult GmbH [EB/OL]. [2022-02-26]. https://www.asiin.de/en/advisory-board.html.

⑤ ASIIN. Ethics advisory board [EB/OL]. [2022-02-26]. https://www.asiin.de/en/ethics-advisory-board.html.

家库在工业界的扩展，以及填补 ASIIN 委员会的空缺。[①]

3. ASIIN 工程教育专业认证标准

德国本科和硕士研究生层次工程教育专业通过 ASIIN 认证，将被同时授予 ASIIN 和 EUR-ACE 这两个质量标签；而德国博士研究生层次工程教育专业通过 ASIIN 认证，却仅被授予 ASIIN 质量标签。这些质量标签通过认证标准来反映认证专业的高质量。ASIIN 工程教育专业认证标准，遵循国际兼容的欧洲资格框架（European Qualifications Framework）以及《欧洲标准和指南》（ESG）的要求，以学习成果为导向（learning outcomes-oriented），以专业旨在影响的知识、能力、素质（knowledge，skills，competences）为核心考察点设计而成[②③]。

ASIIN 工程教育专业认证标准分为通用标准和专业标准。本科、硕士和博士层次工程教育专业认证的通用标准相同，但是专业特定标准不同。

ASIIN 通用标准是所有学位层次中的所有学科专业要获得 ASIIN 认证，都必须达到的最低质量标准。该通用标准既适用于德国本科层次工程教育专业认证，也适用于德国研究生层次工程教育专业认证。该认证标准分为 5 个维度，分别是学位专业：理念、内容和实施（Degree Programme: Concept，Content and Implementation）；考试：制度、理念和组织（Exams: System，Concept and Organisation）；办学资源（Resources）；透明度与文凭提供（Transparency and Documentation）；质量管理：质量评估与发展（Quality Management: Quality Assessment and Development）。在这 5 个维度之下，又设计了具体标准。各具体标准与《欧洲标准和指南》（ESG）中的指标相对应[④]（见表 1-6）。

[①] ASIIN. Economic Advisory Board [EB/OL]. [2022-02-26]. https://www.asiin.de/en/economic-advisory-board. html.

[②] ASIIN. Criteria for the Accreditation of Degree Programmes–ASIIN Quality Seal: Engineering, Informatics, Natural Sciences, Mathematics, Medicine Individually and in Combination with other Subject Areas [R/OL]. (2021-12-07) [2022-03-01]. https://www.asiin.de/files/content/kriterien/0.3_Criteria_for_the_Accreditation_ of_Degree_Programmes_2021-12-07.pdf.

[③] ASIIN. Quality Seal [EB/OL]. [2022-02-21]. https://www.asiin.de/en/programme-accreditation/quality-seals. html.

[④] ASIIN. Criteria for the Accreditation of Degree Programmes–ASIIN Quality Seal: Engineering, Informatics, Natural Sciences, Mathematics, Medicine individually and in combination with other Subject Areas [R/OL]. (2021-12-07) [2022-03-01]. https://www.asiin.de/files/content/kriterien/0.3_Criteria_for_the_Accreditation_ of_Degree_Programmes_2021-12-07.pdf.

表 1–6　ASIIN 通用标准

维　　度	具 体 标 准	对应的《欧洲标准和指南》（ESG）
学位专业：理念、内容和实施	学位专业目标和学习成果	ESG 1.2 ESG 1.3 ESG 1.7 ESG 1.8 ESG 1.9
	学位专业名称	
	课程（内容、模块、学生可流动性、评估）	ESG 1.2 ESG 1.3
	入学要求	ESG 1.4
	学生工作量和学分系统	ESG 1.4
	教学法	
考试：制度、理念和组织	考试：制度、理念和组织	ESG 1.2 ESG 1.3 ESG 1.4
办学资源	教师与教师发展	ESG 1.5
	资金与设备	ESG 1.6
透明度与文凭提供	模块描述	ESG 1.7 ESG 1.8
	毕业文凭与文凭补充	ESG 1.4
	相关规章制度	ESG 1.4 ESG 1.7
质量管理：质量评估与发展	质量管理：质量评估与发展	ESG 1.1 ESG 1.2 ESG 1.9 ESG 1.10

资料来源：ASIIN. Criteria for the Accreditation of Degree Programmes–ASIIN Quality Seal: Engineering, Informatics, Natural Sciences, Mathematics, Medicine Individually and in Combination with other Subject Areas [R/OL]. (2021-12-07) [2022-03-01]. https://www.asiin.de/files/content/kriterien/0.3_Criteria_for_the_Accreditation_of_Degree_Programmes_2021-12-07.pdf.

　　由于考虑到高校之间的差异和专业之间的不同，ASIIN 通用标准只提供了一个较为宽泛的质量标准框架。与工程学科领域相关的 7 个技术委员会根据各自学科领域的实际情况制定了专业标准（Subject-Specific Criteria，SSC），这是各个专业必须达到的特殊标准。这 7 个工程学科领域的专业标准分别是：①机械工程 / 过程工程专业标准；②电气工程 / 信息技术专业标准；③土木工程、大地测量学及建筑学专业标准；④信息学 / 计算机科学专业标准；⑤物理技术、材料和工艺专业标准；⑥工程与管理、经济学专业标准；⑦农业、营养科学与风景园林学专业标准。每个学科的专业标准（SSC）都分为学士和硕士两个层次。每个学科的专业标准（SSC）都不相同，且差异较大。以机械工程／过程工程专业标准为例，其本科层次和硕士层次都重点考察了 6 个维度，分别是知识与理解、工程分析、工程设计、调查与评估、工程实践、可迁移技能。在每个专业，硕士层次的专业标准（SSC）都是本科层次的专业标准（SSC）的延伸，比本科层次的专业标准（SSC）更高，这符合工程教育国际培养惯例[①]。ASIIN 大多数的专业标准（SSC）还包含一系列的示范性课程，这为专业的目标和结果设置提供了方向性指导。[②]

　　ASIIN 认证结构化博士工程教育专业已有大约 10 年的时间。在 2021 年 3 月之前，结构化博士工程教育专业认证仅基于研究生层次工程教育专业认证通用标准。从 2021 年 3 月 16 日开始，ASIIN 同时依据已有的工程教育专业认证通用标准，以及新制定的《结构化博士专业的附加标准》（简称《附加标准》），对结构化博士工程教育专业进行认证。结构化博士专业认证标准是基于欧洲大学协会（European University Association，EUA）发布的"萨尔茨堡建议"（Salzburg II-Recommendations）[③]以及德国科学与人文委员会（德语：Wissenschaftsrat）的建议制定的，包含七大标准，分别是研究、年限与学分、软技能与可流动性、指导与评估、基础设施、资金、质量保障。相比本科和硕士层次工程教育专业认证专业特定标准，博士层次工程教育专业认证附加标准不仅仅针对工程教育，还适用于 ASIIN 认证的所有学科领域。另外博士层次工程教育专业认证附加标准较为宽泛，只是一个简单的标准，并未提出能力要求与示范性课程。ASIIN（学位专业）认证委员会及其所有的技术委员会已经对该认证标准进行了进一步的调整和修订。德国另一种形式的博士，个人师徒制博士（Individual Doctorate）由于无法使用已有的专业认证程序进行认证，所以尚未开始专业认证[④]。

---

① ASIIN. ASIIN Criteria for the Accreditation of Study Programmes [EB/OL]. [2022-03-02]. https://www.asiin. de/en/programme-accreditation/quality-criteria.html.

② ASIIN. Criteria for the Accreditation of Degree Programmes—ASIIN Quality Seal: Engineering, Informatics, Natural Sciences, Mathematics, Medicine Individually and in Combination with other Subject Areas [R/OL]. (2021-12-07) [2022-03-01]. https://www.asiin.de/files/content/kriterien/0.3_Criteria_for_the_Accreditation_ of_Degree_Programmes_2021-12-07.pdf.

③ EUA. Salzburg II–Recommendations [EB/OL]. (2010-10-29) [2022-04-19]. https://eua.eu/resources/ publications/615:salzburg-ii-%E2%80%93-recommendations.html.

④ ASIIN. ASIIN Criteria for the Accreditation of Study Programmes [EB/OL]. [2022-03-02]. https://www.asiin. de/en/programme-accreditation/quality-criteria.html.

4. ASIIN 工程教育专业认证程序

ASIIN 提供了四种工程教育专业认证程序。

（1）单个专业认证程序（Individual Procedure），该程序适用于认证单个学士学位或硕士学位或博士学位专业。

（2）群组专业认证程序（Cluster Procedure），主要用来同时认证一组相关学科专业。

（3）两阶段专业认证程序（Two-stage Procedure），特别适用于交叉学科专业项目。认证的第一阶段由特派审查组初步检查专业结构特征或模式。在该阶段，如果交叉学科中含有 ASIIN 无法认证的学科，则 ASIIN 将与其他专业认证机构组成联合小组对该交叉学科进行评估。第一阶段的结果将是一份评估报告。第二阶段将基于该评估报告，进行群组专业认证，给出最终认证结论。

（4）二级认证程序（Second Tier Accreditation Procedure），又称补充认证程序（Complementary Procedure）。进行二级认证的专业已经获得了外部认证或者类似外部认证的结论，因此 ASIIN 对该专业进行认证时将简化步骤，并不一定在认证程序中开展实地考察。

以上四种工程教育专业认证程序都是围绕着基本程序展开的。如表 1–7 所示，ASIIN 工程教育专业认证基本程序包含三个阶段，11 个环节。准备阶段包括提交申请、准备提案、接受提案 / 签订认证合同三个环节；认证阶段包含预认证、组建审查组、实地考察、形成考察报告四个环节；结论阶段有审查组建议结论、技术委员会建议结论、（学位专业）认证委员会给出最终结论、通知和发布最终认证结论四个环节。由于新冠疫情影响，实地考察移至线上展开[①]。

---

① ASIIN. Criteria for the Accreditation of Degree Programmes–ASIIN Quality Seal: Engineering, Informatics, Natural Sciences, Mathematics, Medicine Individually and in Combination with other Subject Areas [R/OL]. (2021-12-07) [2022-03-01]. https://www.asiin.de/files/content/kriterien/0.3_Criteria_for_the_Accreditation_of_Degree_Programmes_2021-12-07.pdf.

表 1–7　ASIIN 工程教育专业认证基本程序

阶　　段	环　　节	执 行 机 构	详 细 步 骤
准备阶段	提交申请	高校	向 ASIIN 办公室提交专业认证申请（明确说明专业内容的认证申请和课程概览）
	准备提案	ASIIN	（1）确定 ASIIN 的责任及其各自技术委员会的责任，以及适用的认证程序模式和类型 （2）在适用的标准有明显差异的时候，（学位专业）认证委员会决定是否以及在何种条件下提案可以发布。必要的时候，ASIIN 办公室提供这个环节的相应标准 （3）主管技术委员会决定审查组成员的类型、数量以及考察的总时间 （4）ASIIN 办公室来计算和转发提案，其中包括认证程序的时间表
	接受提案 / 签订认证 合同	ASIIN 和高校	签订认证合同。如果有需要的话，合同可以是新订立的
认证阶段	预认证	高校和 ASIIN	（1）高校准备自我评估报告 （2）ASIIN 办公室对自我评估报告草案正式预认证 （3）（可选）在 ASIIN 办公室对自我评估报告草案的预认证进行初步讨论 （4）高校提交自我评估报告终稿
	组建审查组	ASIIN	ASIIN 办公室、技术委员会和（学位专业）认证委员会提名和任命审查组
	实地考察 （因为新冠 疫情影响， 实地考察在 线开展）	ASIIN 和高校	（1）实地考察行程安排和准备 （2）审查组和 ASIIN 办公室对自我评估报告做评估 （3）审查组将审查高校的初步印象、任何额外的要求和任何准备的问题反馈到 ASIIN 办公室 （4）根据认证程序类型以及高校所在国家，在必要时，在审查组或者邀请高校召开准备会议或电话会议。在必要时，ASIIN 办公室提供这个环节的相应标准 （5）确定高校实地考察日期，包括日程表 （6）审查组和 ASIIN 代表对高校进行实地考察，一位审查组成员担任审查组发言人
	形成考察 报告	ASIIN	认证报告提交给高校，由高校来检查报告中存在的事实性错误并给出意见
		高校	如果认证报告有任何事实性错误，高校给予反馈意见，并纠正以及修订报告

阶　　段	环　　节	执 行 机 构	详 细 步 骤
结论阶段	审查组建议结论	ASIIN	审查组成员给出有关认证建议
	技术委员会建议结论	ASIIN	相关技术委员会给出有关认证建议
	（学位专业）认证委员会给出最终结论	ASIIN	（1）模式一：ASIIN（学位专业）认证委员会给出最终认证结论以及授予相应的认证标签的决定 （2）模式二：如果认证专业所属高校在国外，ASIIN（学位专业）认证委员会有关认证报告和建议的决定将被提交给主管的国外工程教育专业认证机构 （3）模式三：结合模式一和模式二
	通知和发布最终认证结论	ASIIN和高校	（1）将最终认证结论通知高校 （2）将最终版本的专业认证报告传送给高校。如果最终认证结论是通过，那么将授权使用的标签印章/证书也一并发给高校 （3）将最终版本的专业认证报告传送给任何附加标签印章的所有人，例如：联邦认证委员会 （4）根据《欧洲标准和指南》（ESG）的要求，将最终认证结论摘要和认证报告发布在ASIIN网站上

资料来源：ASIIN. Criteria for the Accreditation of Degree Programmes – ASIIN Quality Seal: Engineering, Informatics, Natural Sciences, Mathematics, Medicine Individually and in Combination with Other Subject Areas [R/OL]. (2021-12-07) [2022-03-01]. https://www.asiin.de/files/content/ kriterien/0.3_Criteria_for_the_Accreditation_of_Degree_Programmes_2021-12-07.pdf.

5. ASIIN 工程教育专业认证结论

ASIIN 工程教育专业认证通过，将获得认证有效期。除此之外，所有认证专业都将获得基于符合欧洲资格框架，以及《欧洲标准和指南》（ESG）的 ASIIN 质量标签授权。通过认证的本科和硕士研究生层次工程教育专业，还将被授予国际和欧洲质量印章 EUR-ACE 标签。

专业首次认证结论及所有标签使用的有效期是 5 年。5 年后，专业需要进行再次认证，再次认证结论及所有标签使用的有效期是 7 年。这是 2018 年实施的德国高等教育认证体系新规。

专业认证结论分为四种，分别是无条件通过认证、保留资格认证、延缓通过、不通过。

（1）无条件通过认证意味着专业认证正式通过，获得首次认证的 5 年有效期或者再次认证的 7 年有效期，同时获得同样有效期的质量标签加注。

（2）保留资格认证是在基本认证程序全过程完成后，只获得了一部分的认证有效期。如果是首次认证，则获得少于 5 年的有效期；如果是再次认证，则获得少于 7 年的有效期。专业在规定时间内改进，以满足某些之前无法满足的要求，保留资格认证将转为认证正式通过，获得全部的认证有效期，同时获得同样有效期的质量标签加注。

（3）延缓通过指的是在基本认证程序开展过程中，专业被发现有明显需要改进的部分，认证过程暂停，专业将有一段暂停期进行改进。改进后，专业认证程序将从头开始，并最终给出认证结论，同时获得同样有效期的质量标签加注。

（4）不通过即专业未通过认证，并且不授权使用质量标签印章。①

二、工程师制度与工程师协会

（一）工程师制度

德国工程师制度与世界上大多数国家相比，具有很大的异质性，享有国际盛誉。德国推行的是文凭工程师制度。所谓的文凭工程师制度，指的是凡是高等教育机构工程教育专业的毕业生，在获得学位的同时，就已经是一名合格的工程师了，有资格独立从业。德国没有专门组织颁发工程师的从业许可证或执照。

德国在博洛尼亚进程前后，执行的都是文凭工程师制度。在博洛尼亚进程之前，德国共有四种类型的文凭工程师，分别是职业学院文凭工程师 [德语：Diplom-Ingenieur（BA），Dipl.-Ing.（BA）]、应用科学大学文凭工程师 [又称高专文凭工程师，德语：Diplom-Ingenieur（FH），Dipl.-Ing.（FH）]、文凭工程师（德语：Diplom-Ingenieur，Dipl.-Ing.）以及博士工程师（德语：Doktor-Ingenieur，Dr.-Ing.）。学生在职业学院（BA）完成学制为三年的实践性工科文凭，便被授予职业学院文凭工程师 [Dipl.-Ing.(BA)]。应用科学大学（FH）则要求学生完成四年以实践为导向的工科文凭，才能成为应用科学大学文凭工程师 [Dipl.-Ing.(FH)]。应用科学大学（FH）和职业学院（BA）对于学生的培养偏重实践应用，所以培养出的职业学院文凭工程师 [Dipl.-Ing.（BA）] 和应用科学大学文凭工程师 [Dipl.-Ing.（FH）] 都属于应用型工程师。而综合性大学和工业大学（TU）则要求学生完成 5 年以研究为导向的工科文凭，才能成为文凭工程师（Dipl.-Ing.）。

---

① ASIIN. Criteria for the Accreditation of Degree Programmes—ASIIN Quality Seal: Engineering, Informatics, Natural Sciences, Mathematics, Medicine Individually and in Combination with Other Subject Areas [R/OL]. (2021-12-07) [2022-03-01]. https://www.asiin.de/files/content/kriterien/0.3_Criteria_for_the_Accreditation_of_Degree_Programmes_2021-12-07.pdf.

综合性大学和工业大学（TU）将博士工程师（Dr.-Ing.）授予完成工学博士学位的毕业生。综合性大学（U）和工业大学（TU）对于学生的培养注重研究，其工科学生毕业后被授予的文凭工程师（Dipl.-Ing.）和博士工程师（Dr.-Ing.）都属于研究型工程师。[①]

博洛尼亚进程给德国的学位制度带来了较大变化，文凭工程师制度中的工程师类型也有所改变。博洛尼亚进程之后，德国的博士工程师（Dr.-Ing.）并无变化，而 3 年的工程学士（Bachelor of Engineering）和 5 年的工程硕士（Master of Engineering）分别取代了博洛尼亚进程之前的职业学院文凭工程师 [Dipl.-Ing. (BA)]、应用科学大学文凭工程师 [Dipl.-Ing.(FH)]、文凭工程师（Dipl.-Ing.）。

由此可以看出，德国工程师制度具有两大鲜明的特色，分别是德国各个层级的工程教育都是完整的成才教育，以培养成品工程师为目标；同时工程教育与工程师制度融为一体，大学教育与工业培训一体化。

（二）德国工程师协会

德国工程师协会（VDI）历史悠久，成立于 1856 年 5 月 12 日，是世界最大的技术导向的协会组织，同时也是德国乃至西欧最大的工程师协会。截至 2023 年年中，德国工程师协会（VDI）拥有大约 145 000 名会员，包括来自各个不同专业领域的工程师、自然科学家等[②]，其中大学生和青年工程师占 1/3。德国工程师协会（VDI）同时也是世界工程组织联合会（WFEO）的正式成员，下设 45 个区分会和 18 个专业协会。该协会是非营利的公益性组织，在政治上和经济上保持相对独立。

与世界上大多数国家的工程师协会的主要职能不同，工程师职业资格的评定并非德国工程师协会（VDI）的职能，因为德国执行的是文凭工程师制度。德国工程师协会（VDI）一系列的职能包括搭建工程师社交网络，传播工程技术知识，出版新闻报和专业期刊，组织国际会议、论坛、研讨会、专业会展等形式的活动，专人指导会员的学习、工作和创业，以及为会员提供工程相关产品和服务的价格优惠。

德国工程师协会（VDI）还有一项重要职能，即建立起一套覆盖范围非常广泛的技术框架，这些是开创性和以实践为导向的技术法规，为许多行业和工业部

---

① MORACE C, MAY D, TERKOWSKY C, et al. Effects of globalisation on higher engineering education in Germany—current and future demands [J]. European Journal of Engineering Education, 2017, 42 (2): 142–155.

② VDI. VDI membership-The strong partnership for engineers [EB/OL]. [2023-07-22]. https://www.vdi-adc.de/vdi-membership.

门设定了质量标准。德国工程师协会（VDI）至今已有 2 100 多个 VDI 标准（德语：VDI-Richtlinien），且每年发布 200 个到 250 个新的标准或修订的标准。这些标准是由来自超过 600 个委员会的近万名工程领域的专家制定而成。这一职能使得德国工程师协会（VDI）成为德国最重要的标准化权威机构之一。[①]

小结

德国工程教育认证制度的形成始于 20 世纪末期。德国工程教育认证制度拥有"三驾马车"，分别是代理机构认证、系统认证以及专业认证。德国工程教育具有多方参与的专业认证组织系统，其中德国联邦认证委员会（AR）授权了 8 家认证代理机构（AA）认证德国的工程教育专业。选择世界最权威的工程教育专业认证代理机构（AA）之一的 ASIIN 为例，来呈现德国工程教育专业认证制度系统。

ASIIN 工程教育专业认证实质等效且国际可比。ASIIN 具有完备的组织构架，包括日常管理机构、专业认证执行机构以及顾问机构。ASIIN 所有的委员会都由综合性大学、应用科学大学（FH）和职场人士三方代表组成，共有超过 200 位来自学术界和工业界的专家支持配合 ASIIN 工程教育专业认证的工作。ASIIN 专业认证执行机构中的（学位专业）认证委员会下设 14 个技术委员会，其中 7 个属于工程学科领域。德国本科和硕士研究生层次工程教育专业通过 ASIIN 认证，将被同时授予 ASIIN 和 EUR-ACE 这两个质量标签；而德国博士研究生层次工程教育专业通过 ASIIN 认证，将仅被授予 ASIIN 质量标签。ASIIN 工程教育专业认证标准分为通用标准和专业标准。本科、硕士和博士层次工程教育专业认证的通用标准相同，但是专业特定标准不同。ASIIN 通用标准是所有学位层次中的所有学科专业要获得 ASIIN 认证，都必须达到的最低质量标准，分为五个维度，又下设具体标准。7 个工程学科领域又制定了各自的专业标准（SSC），这是各个专业必须达到的特殊标准。每个学科的专业标准（SSC）都分为学士和硕士两个层次。在每个专业，硕士层次的专业标准（SSC）都是本科层次的专业标准（SSC）的延伸，比本科层次的专业标准（SSC）更高。从 2021 年 3 月 16 日起，ASIIN 同时依据已有的工程教育专业认证通用标准，以及新制定的《结构化博士专业的附加标准》，对结构化博士工程教育专业进行认证。德国尚未开始认证个人师

---

① VDI. VDI-Standards: Setting state-of the-art benchmarks [EB/OL]. [2022-06-23]. https://www.vdi.de/en/home/vdi-standards.

徒制博士。ASIIN 提供了四种工程教育专业认证程序，都围绕着基本程序展开。ASIIN 工程教育专业认证基本程序包含三个阶段，11 个环节。ASIIN 工程教育专业认证通过，将获得认证有效期以及 ASIIN 质量标签。通过认证的本科和硕士研究生层次工程教育专业，还将被授予国际和欧洲质量印章 EUR-ACE 标签。专业认证结论包括无条件通过认证、保留资格认证、延缓通过、不通过。

德国工程师制度具有两大鲜明的特色，分别是德国各个层级的工程教育都是完整的成才教育，以培养成品工程师为目标；同时工程教育与工程师制度融为一体，大学教育与工业培训一体化。德国工程师协会（VDI）历史悠久，工程师职业资格的评定并非其职能，其职能包括建立覆盖范围广泛的技术框架等。

世界上大多数国家仅对本科层次的工程教育专业进行认证，也有少部分国家拥有硕士层次工程教育专业认证制度。德国是世界上为数不多的、拥有本硕博全方位三层次的工程教育专业认证制度的国家，引领着世界工程教育专业认证的发展方向。我国目前仅有本科层次的工程教育专业认证制度。德国的启示告诉我们，建立起我国研究生层次工程教育专业认证制度具有必要性与迫切性。另外，我国的研究生层次工程教育专业认证应是实质等效、国际互认的，同时也应具备中国特色。

第七节

特色及案例

一、工程教育特色

（一）产学一体化、标准化、规模化

德国工程教育最大的特点是工程教育与产业界深度融合，形成产学一体化。工程教育紧密联系产业已成为世界各国工程教育的发展趋势，其中最为成功的便是德国工程教育，其产学结合程度最深入，已成为世界工程教育之典范。双元制工程人才培养模式是产学一体化的形式，而其背后提供工程教育的高校与企业双向深入合作，是促成产学一体化的真正根源。高校需要具备丰富企业经历的教师

为工科学生传授实践性知识与一线工作经验，同时高校需要企业为工科学生提供实习场所；而企业需要与高校合作开发和研制新产品、新技术，或解决生产上的技术困难等。德国双元制人才培养模式促成了产学之间的深入融合。具体而言，德国企业的高级工程师等工作经验丰富的工作人员积极应聘成为德国高校的名誉教授或客座教授，因为德国企业界已将这一交流视为个人和企业的崇高荣誉及影响力。由于企业人员的积极参与，高校工程教育中一半以上的教学任务，由企业的名誉教授或客座教授这样的兼职教师承担。高校的财政压力得以缓解，同时还使得授课的内容实践性更强，教学质量更高。另外，企业能够从实习的学生中提前物色表现优异的未来员工，这使得企业能够争取到最合适的员工，同时也减轻了员工入职后的培训成本。这种高校与企业互利共赢的局面不断加深着德国产学一体化的深入程度。

德国产学融合还具有世界范围内鲜有的标准化和规模化的特点。德国已形成一大批双元制专业，这些双元制专业采用标准化的特点，相对统一的教学目标、学制、教学结构等，故形成了双元制工程人才培养模式，且这种人才培养模式已成为德国众多工科专业的主导培养模式。德国工程教育双元制专业已经延伸至德国各类高校，还扩展至不同学历层次，形成了规模化的双元制工程人才培养体系。

（二）注重工程人才分类培养

德国将提供工程教育的高校进行合理分类，使不同类型的高校培养不同类型的工程人才。综合性大学（U）属于研究型大学，沿袭"精英教育"的传统，强调学生的理论学习，理论课程占比大，毕业生的理论知识丰富，具有较强的科研能力。工业大学（TU）提供的工程教育具有较强的实践导向性，学生除了学习大量的理论知识外，还需要去企业实习，获得解决实际工程问题的能力。毕业生具有扎实的理工知识功底，同时也能解决实际问题。应用科学大学（FH）提供的工程教育既强调理论性，又强调实践性，学生有一半时间学习通识性知识，另一半时间学习专业知识以及专业实习。职业学院（BA）提供的工程教育培养应用技术性工程人员，学习的重点是实践与实际运用。

（三）工程教育与工程师制度融为一体

与世界上大多数国家相比，德国工程师制度具有很大的异质性，德国推行的是文凭工程师制度。毕业生在获得工科学位时，就成为一名工程师。工科学位证书代表着工程师从业资格，无须评定工程师资格。工程教育与工程师制度在德国融为一体。德国各个层级的工程教育都是完整的成才教育，以培养优质的成品工程师为目标。德国成品工程师的质量通过工程教育专业认证予以保障。多家第三方认证代理机构认证德国的工程专业，既包括国家级的认证代理机构，也包括欧洲级乃至国际级的认证代理机构。工程教育专业认证过程及结果同时反映学术界和工业界双方的声音。不同的工程学科领域拥有不同的专业认证标准。获得认证的工程教育专业实质等效、国际互认。这种工程教育专业认证确保了工程师成才教育的质量。

二、工程教育案例

（一）慕尼黑工业大学

1. 慕尼黑工业大学简介

慕尼黑工业大学（德语：Technische Universität München，TUM）创立于1868 年。该校是欧洲乃至世界最顶尖的工科研究型大学之一，是国际科技大学联盟、德国理工大学联盟（TU9）成员之一，与亚琛工业大学（德语：Rheinisch-Westfälische Technische Hochschule Aachen）并称为德国"工科双雄"，在德国每期的"卓越计划"和"卓越战略"中都被评为"卓越大学"。TUM 在 2022 年泰晤士高等教育世界大学排名中位列第 38，在 2022 年 QS 世界大学排名中位列第50。TUM 培养出了多位诺贝尔奖、莱布尼茨奖等顶尖奖项的得主。该校的工程教育与众多欧洲著名核心企业有着紧密联系，持续为社会培养出了大批工程师。今天，TUM 仍继承着 19 世纪以来"应对明天的挑战"的学校目标，并以"人才是我们的资产，声誉是我们的回报"为使命[①]。

2. 慕尼黑工业大学工程教育特色

1）"工业 4.0"背景下的三阶段渐进式专业课程模式

为应对"工业 4.0"，TUM 工程教育采取了三阶段渐进式（大工科—活模块—精方向）的专业课程改革模式。以机械工程专业的本科与硕士研究生课程为例。TUM 机械工程专业本科学制为 3 年，包含 6 个学期，修满 180 学分即可获得学士学位。专业课程设置包括核心专业基础课程和先进技术研究这两大模块。TUM 专业课程模式的第一阶段和第二阶段为本科阶段。第一阶段为大工科阶段，包括第 1 学期至第 4 学期，开设了机械专业基础课程，共 24 门课程。第二阶段

---

① TUM. Our Mission Statement [EB/OL]. [2022-06-13]. https://www.tum.de/en/about-tum/our-university/mission-statement.

为活模块阶段，包括第 5 至第 6 学期。该阶段开设了先进技术研究模块课程，包括 5 个本科学位模块课程、两门补充科目课程、一门数学工具课程、一个项目课程模块和论文模块等 10 个模块课程，共 60 学分。[①]学生可依据兴趣及未来拟继续深造的方向，分别在第 5 学期的学位模块课程中任选两门、第 6 学期的学位模块课程中任选 3 门进行学习。第三阶段为精方向阶段，对应 TUM 机械工程专业硕士阶段。TUM 机械专业将能源与工艺技术、核技术等 10 个研究方向整合重构为能源与工艺技术、机械制造领域的研发生产与管理等 7 个研究方向。整合后的研究方向，精准对接德国机械设备制造业联合会学会（德语：Verband Deutscher Maschinen-und Anlagenbau E.V.，VDMA）强调的智能制造系统架构师、智能装备与产线开发工程师，以及系统、创新、复合型人才的培养。TUM 三阶段渐进式专业课程模式，既保证了扎实的专业基础，兼顾了学生的兴趣，也保证了"工业 4.0"需要的专业性、跨学科和系统级高层次人才的培养。[②]

2）创业型大学理念下的人才培养模式

TUM 的战略目标定位是"创业型大学"。在 2006—2012 年资助周期的"卓越计划"中，TUM 就通过建立新的研究领域、改革教师招聘与管理制度、网络世界一流人才等一系列措施，展现了其"创业型大学"的内涵[③]。TUM 创新创业教育的特色主要体现在以下三方面：①广泛的创业合作网络。TUM 与企业、科研机构等建立了广泛的创业合作网络。在合作网络中，创业者可以向成功的创业者获取创业经验，以此不断完善创业计划；TUM 向企业提供服务，实现学校内部科研成果商业化。学校与企业互利共赢。此外，TUM 还在合作网络中邀请行业领袖担任学校的创业导师。②创新性的激励机制。TUM 创新性地规定学校内部高水平的教学与高水平的研究享受相同的待遇，并且从企业招聘教师，将他们在工业界的经验等同于大学的经历。该创新激励机制，吸引了企业界的大量优秀人才，使学校与欧洲的大量知名企业建立了紧密的合作关系。[④]③以实践能力为导向的，多层次、系统化的创新创业课程体系。TUM 的创新创业教育课程体系，

① TUM. Studiengangdokumentation [EB/OL]. [2020-08-06]. https://www.mw.tum.de/fileadmin/w00btx/mw/Studium/Studiengangsdokumentationen/Studiengangsdokumentation_Bachelor_Maschinenwesen.pdf.

② 师慧丽，李泽宇，陈明. 应对智能制造：德国高校专业课程的改革及启示——以慕尼黑工业大学和安贝格应用技术大学为例 [J]. 高等工程教育研究，2021（6）：133–139.

③ 赵亚平，王梅，安蓉. 慕尼黑工业大学教师队伍建设经验及启示 [J]. 职业技术教育，2015，36（23）：75–79.

④ 张玉，周强，李福华，等. 国外创新创业教育对我国的启示——以麻省理工学院和慕尼黑工业大学为例 [J]. 中国高校科技，2017（3）：59–61.

以 Start TUM 为代表。作为一个集成式的创新创业教育模式，Start TUM 以实践能力为导向、市场需求为基础，设置理论与实践相结合的课程，为学生创新创业过程提供了纵向分布式的全方位、全过程创业教学指导，包括认知、接触、评估、识别、实践、深入认知这 6 个阶段教学模块，每个模块的课程设置对应不同阶段不同的主导问题和创业知识课程，帮助学生逐步了解和实践整个创新创业过程。[①]

3）多样化的优质教师队伍结构

在 2012—2017 年资助周期的"卓越计划"中，TUM 聚焦 21 世纪社会面临的能源资源、气候、环境、健康和营养等领域的重大挑战，强调需要更多跨学科顶尖人才，关注建立科学网络与多元研究合作体系。为此，TUM 更加注重多样化人才的引进与培养，主要体现在三个方面：①为了构建年龄结构合理的教师队伍，TUM 重视对青年科学家的培养，提供良好的工作条件和激励政策，促使他们产出最具有创造性的成果。②TUM 关注性别平等，提出要成为"德国对女性科学家和女学生最具吸引力的工业大学"的口号。为此，TUM 通过多种创新性的教师招聘措施，增加科研领域女性的数量与比例。截至 2023 年 1 月，TUM 女教授的比例已增至 20.9%[②]；TUM 的目标是到 2025 年，女教授人数增至所有教授人数的 1/4。③为构建由学术大师、领军专家、青年才俊组成的"人才金字塔"，TUM 还设置了一系列特殊教授岗位，例如，特聘教授、联合聘任教授、客座教授、名誉教授和名誉退休教授的返聘。[③]

（二）亚琛工业大学

1. 亚琛工业大学简介

亚琛工业大学（德语：Rheinisch-Westfälische TechnischeHochschule Aachen，RWTH Aachen）成立于 1870 年，源自普鲁士王储腓特烈三世的一笔"建立技术学校"的捐赠，有"增强这一地区经济的创造性力量"[④]的意图。RWTH Aachen 从一开始，就与强调纯知识纯学术的"洪堡传统"不同，反映了一种注重实用和技术的德国教育传统。

---

① 张超, 张育广. 国外高校创新创业教育系统培育的经验和启示——基于生态位理论视角 [J]. 中国高校科技, 2018（Z1）: 147–149.

② TUM. Faculty [EB/OL]. [2023-01-31]. https://www.professoren.tum.de/en/.

③ 赵亚平, 王梅, 安蓉. 慕尼黑工业大学教师队伍建设经验及启示 [J]. 职业技术教育, 2015, 36（23）: 75–79.

④ RÜDIGER U. 150 Years of RWTH [EB/OL]. (2022-05-18) [2022-08-06]. https://www.rwth-aachen.de/cms/root/Die-RWTH/Aktuell/~ryee/Hochschuljubilaeum/lidx/1/.

RWTH Aachen 是欧洲乃至全世界顶尖理工类大学之一。该校是德国理工大学联盟（TU9）的成员之一，也是第二批德国大学"卓越计划"评选和"卓越战略"中"卓越大学"之一。该校在 2022 年泰晤士高等教育世界大学排名中列第108 位。RWTH Aachen 拥有超过 4 万名学生和 6 万名教师。RWTH Aachen 覆盖了所有工科专业，其优势学科包括机械工程、计算机工程、电气工程、电子通信、经济管理等。该校拥有世界上最大的机械工程专业。截至 2010 年年底，共有 6 000 名学生在读机械工程专业。

2. 亚琛工业大学工程教育特色

1）科研与产业协同创新发展

RWTH Aachen 成立之初的宗旨是与工业生产保持紧密联系，并一直保持至今。许多厂商资助 RWTH Aachen 各项研究，与学校各科系进行密切合作。以材料系下属塑胶研究所为例，该系就得到了 320 多家企业的资助，如宾士、宝马、福特等。很多在工业领域取得相当成就的专家到 RWTH Aachen 成为教授。企业与学校的界限已越来越模糊。RWTH Aachen 是德国高校中获得第三方资金最多的高校，此类资金占大学经费预算的 1/4 以上。RWTH Aachen 在最近几十年中渐渐发展为亚琛市及周围地区的一大经济中心。世界上有近百个跨国知名企业在这个只有 25 万人口的中等城市及周边设立分支机构，还有无数拥有国际专利的世界最尖端专业技术的快速发展型中小型公司分布于此。①

RWTH Aachen 联合其校区周围的众多科研机构、企业研发部门和行业协会组织等形成科研与产业协同共生的创新集群。RWTH Aachen 于 2009 年启动了"校区"（科学园区）项目建设战略，分为三个阶段。"校区"建设第一个阶段重点是创建 16 个长期性的研究集群。这些研究集群又分为多个负责具体运营的创新中心，其中跨学科研究团队和产业联盟在此联合分析可预见的技术难题，形成具有前瞻性的解决方案。第二个阶段的目标是建设"灯塔项目"（Lighthouse Projects）。"灯塔项目"主要是在创新中心科研成果和服务的基础上，开展面向市场的产品快速研发以及经济且高效的生产制造。第三个阶段主要建设一批专门致力于创新项目的发明与开发场所，即"创新工厂"（Innovation Factory）。创新工厂的目标是让工业企业更好、更快、更精益地研发创新产品。超过 6 万平方米的创新工厂为迁入的研发团队提供基础设施以及相关专业知识支援②。

① 郭熠然. 德国亚琛工业大学：世界工程师的摇篮 [J]. 教育与职业，2010（13）: 88–90.

② RWTH. About us [EB/OL]. [2022-08-06]. https://www.rwth-ca mpus.com/en/about-us/.

此外，2007 年，RWTH Aachen 与德国亥姆霍兹国家研究中心联合会（Helmholtz Association）成员机构之一的于利希研究中心（德语：Forschungszentrum Julich）强强联手，成立了协同创新联盟——于利希亚琛研究联盟（Jtilich Aachen Research Alliance，JARA）[①]。于利希研究中心主要从事信息、能源和生物经济等领域的研究，拥有超过 7 000 名研究人员，是欧洲最大的多领域交叉学科研究中心之一[②]。这种强强联手模式在德国独一无二，克服了合作伙伴在研究与教学上的简单并置，同时开辟了新的研究机会，将 RWTH Aachen 基于学科的研究与于利希研究中心以项目为导向的研究相结合，促成了单个合作伙伴无法实现的科研项目。因此，这种世界一流的科研环境吸引到了最优秀的科学家。JARA 由五大研究部门组成，分别是大脑研究（JARA-BRAIN）、可持续能源（JARA-ENERGY）、粒子物理学与反物质（JARA-FAME）、未来信息技术（JARA-FIT）以及软物质研究（JARA-SOFT）。这些部门已为解决社会面临的重大问题作出了巨大贡献。自 2016 年以来，RWTH Aachen 在校内建立了多个跨学院 JARA 研究所，作为于利希研究中心的子研究所，由 JARA 的教授共同领导。这些 JARA 的教授必须拥有 RWTH Aachen 的 W3 教授（正教授）职位，同时还是 JARA 研究所或子研究所的负责人。目前，JARA 已经发展成为规模浩大的研究机构，截至 2022 年 8 月，JARA 共拥有教授和研究所负责人 190 余名，研究人员及工作人员超过 4 800 余名，科研经费预算总额约 5 亿欧元。[③]

2）跨学科的教学与科研体系

RWTH Aachen 的跨学科教学体系以计算工程科学专业为例。计算工程科学本科与硕士阶段的学习课程主要由机械工程学院，数学、计算机科学与自然科学学院，地球资源与材料工程学院这三个学院联合设置。课程致力于培养学生的解决问题能力与跨学科能力[④]。

RWTH Aachen 跨学科研究体系中最具代表性的是计算高级工程研究中心（AICES）。采用工程导向的跨学科研究组织模式。该中心聚焦各类新兴综合技术与挑战性课题，目的是超越当前建模与仿真领域的一般性方法，以推进计算工程科学的三个关键综合领域。这三个领域分别是基于模型实验支持的模式识别与发

---

① JARA. About JARA [EB/OL]. [2022-08-06]. https://www.jara.org/en/jara.
② Forschungszentrum Jülich. About us [EB/OL]. [2022-08-06]. http://www.fz-juelich.de/portal/EN/AboutUs/node.html.
③ JARA. About JARA [EB/OL]. [2022-08-06]. https://www.jara.org/en/jara.
④ 张炜，钟雨婷. 亚琛工业大学的跨学科战略实践及其变革 [J]. 高等工程教育研究，2017（5）：120–124.

现；理解规模的交互与集成；工程系统优化设计与运作。在任何研究中，这 3 个关键领域都密切联系、交叉循环。该中心集合了 47 位研究人员，他们分别来自学校的 8 个学术部门、马普学会杜塞尔多夫钢铁研究所与于利希研究中心。这些研究者按专业知识领域构成若干研究课题的工作小组，各工作小组之间采用开放式的交流模式。[①]

（三）柏林工业大学

1. 柏林工业大学简介

柏林工业大学（德语：Technische Universität Berlin，TU Berlin）创立于 1770 年，是柏林地区唯一的理工科大学，是德国的第一所工业大学，是世界顶尖理工大学之一。TU Berlin 是德国"卓越战略"评选出的 2019—2026 年"卓越大学"之一、德国理工大学联盟（TU9）成员之一、T.I.M.E.（欧洲顶尖工业管理者高校联盟）德国七所高校之一、欧洲航空航天大学联盟（PEGASUS）成员之一。2022 年泰晤士高等教育世界大学排名中位列第 139，在 2022 年 QS 世界大学工程与技术学科中排名第 55。TU Berlin 科研实力雄厚，其将纯理论研究与应用研究置于同等重要的地位。建校 200 余年以来，为德国乃至世界培养了一大批人才。其校友和教授中有 10 位诺贝尔奖、7 位莱布尼茨奖、1 位普利兹克奖获得者。

2. 柏林工业大学工程教育特色

1）以有教养、守伦理的工程师作为人才培养目标

TU Berlin 注重培养有教养的、符合伦理道德观念的高质量工程师，而不只是工厂的工人。学校要求学生接受过一定的专业教育培训与实习后，能够"术业有专攻"，成为一名高质量的工程师；同时也要求学生接受通识教育，具有多面的知识储备，开阔的视野，能够善于从多角度思考问题。例如，TU Berlin 设有文学院，学院设置的任务即"搭建人文与技术、自然科学知识之间的桥梁"，其专业领域被称为"人文的技术、科学的世界"。学生在学习了解文化与科学之间的哲学史、科技史等主要科目后，再深入学习专业科目，有利于发散学生的思维，激发学生的创造活力和创新精神。TU Berlin 以培养学生的实践技能为中心，扩充文理之间的联系，塑造有教养的工程师，不断适应社会的需求。

2）创建灵活与创新并存、满足社会需求的课程体系

作为欧洲创新与技术研究院的"知识创新社区"，TU Berlin 积极构建灵活创

---

① 张炜，钟雨婷. 亚琛工业大学的跨学科战略实践及其变革 [J]. 高等工程教育研究，2017（5）: 120–124.

新的课程体系。各个院系设置的课程善于从实际应用出发，并灵活根据社会发展所面临的难题和学生的需求进行调整。例如，根据德国人爱喝黑啤酒的喜好，TU Berlin 在过程科学学院中积极开设啤酒、饮料技术和酿造等课程，以调试啤酒加工程序，不断提高啤酒质量并大力推广。学校为解决一般人群安全、健康、舒适及效率等问题，开设认知机器人、神经计算机科学等创新课程，使互联网技术研究向纵深发展并促进对现状问题的跨学科研究。

TU Berlin 非常重视产业与社会需求。学校与来自产业界和社会的"消费者"对话，商讨有关课程设置和改进的相关问题[1]，使学校培养出的学生在技能上能够满足社会需求。教师在课堂上传授的内容主要来源于生产实践，很多都结合了企业界正在使用的新技术、新管理方法和营销手段。

3）形成理论与应用相结合、重视科研训练的教学方法

TU Berlin 重视理论与实际应用的关系。理论课程教学注重建立知识体系以及应用理论；教师主要从经济咨询、政策分析和理论研究等真实数据中提炼与归纳出各种典型的模型，这有助于学生理解所学知识，同时使学生领会所学知识的实用价值；而习题课在不脱离课程知识的基础上，大多取自实际项目的应用领域。TU Berlin 理论课程与实践课程相辅相成，使学生的理论知识适用于现实世界。TU Berlin 还设立了德国研究会的合作研究中心、跨学科研究组、研究生院，以及独立研究所和跨学科研究协会等多种形式的跨学科教育和科研机构[2]。学生接受了出色的学术准备，就业市场对该校的毕业生的需求量非常大。

TU Berlin 在培养工程人才的过程中，重视科研训练，突出培养学生的实践能力与创造能力。以"创新实验室"计划为例。TU Berlin 鼓励学生积极参与科研，还为学生提供创业启动资金。通过这样的孵化作用，学生在大学就开始从事科研。TU Berlin 的核心愿景即为解决社会难题提供方案。比如，面对气候变暖、城市供水短缺以及资源日益减少等难题，TU Berlin 增加了能源工程、城市发展、水工程研究项目。学生在教授的带领下，实地调查取样，积极开发太阳能、风能和海水淡化资源，并通过回收饮用水，进行可持续过滤和生产过程，以优化资源、创新再生能源，确保整个社会的能源供应，为维持未来生活水平做准备。

---

① 黄崴，杨文斌.研究型大学自主创新能力建设：来自国外名校的实践 [J].复旦教育论坛，2010，8（3）：70-75+89.

② 同上.

（四）汉堡应用科学大学

1. 汉堡应用科学大学简介

汉堡应用科学大学（德语：Hochschule für Angewandte Wissenschaften Hamburg，HAW Hamburg）是德国的一所公立应用技术大学。HAW Hamburg 成立于 1970 年，由四所工程技术学院和六所高等专科学校合并而成。HAW Hamburg 是汉堡地区规模第二大的大学，且是德国第四大的应用科学大学（FH）。

2. 汉堡应用科学大学工程教育特色

1）多主体支持的创业教育合作网络

作为创新与科学的所在地，汉堡市及其周边地区是知识型商业初创企业的重要来源地。HAW Hamburg 与汉堡大都会地区的众多高校、研究机构与商业、政治机构在"创业港"（Startup Port）网络中联手，形成了汉堡大都会地区创新教育网络。该合作网络除了 HAW Hamburg 外，还包括汉堡工业大学（德语：Technischen Universität Hamburg，TUHH）、汉堡大学（德语：Universität Hamburg，UHH）、赫尔穆特施密特大学（德语：Helmut-Schmidt-Universität，HSU）、洛伊法纳吕讷堡大学（德语：Leuphana Universität Lüneburg）、韦德尔应用科学大学（德语：Fachhochschule Wedel gGmbH）等高校。该创新教育网络得到了汉堡创新有限公司（Hamburg Innovation GmbH，HI）的支持，公司负责促进该市所有公立大学的知识转移。德国电子同步加速器（德语：Deutsches Elektronen-Synchrotron，DESY）和亥姆霍兹吉斯达赫研究中心（德语：Helmholtz-Zentrum Geesthacht，HZG）以及私营部门诺德美特尔（Nordmetall）和康迪泰（ContiTech）也参与其中。这一网络的政治合作伙伴是汉堡经济创新局（德语：Behörden für Wirtschaft，Verkehr und Innovation，BWVI），汉堡科学、研究与平等局（德语：Behörden für Wissenschaft，Forschung und Gleichstellung，BWFG）以及下萨克森州科学、研究和艺术部（德语：Ministerium für Wissenschaft，Forschung und Kunst，MWK）项目的出资人。[①]

"创业港"网络通过三个项目品牌来加强大学中的创业热情。"创业港口学院"（Startup Port Academy）为学生和科学家提供证书课程以及继续培训，并为初创企业在咨询中心提供咨询。"创业港口伙伴"（Startup Port Mates）为汉堡大都会地区所有大学和研究机构中的初创企业之间创造跨学科的交流机会。"创新港口

---

① HAW Hamburg. Start für Hamburger Existenzgründungs-initiative "Startup Port" [EB/OL]. (2020-07-30) [2022-08-06]. https://www.haw-hamburg.de/detail/news/news/show/start-fuer-hamburger-existenzgruendungs-initiative-startup-port/.

商业联盟"（Startup Port Business）将初创企业与商界联系起来，为初创企业提供种子投资和市场途径，并促进初创企业与利益相关者之间的知识转移。这三大项目增加了初创企业的市场机会。此外，作为一个区域社区，"创业港"形成了一个学术、商业和政治的利益相关者的活跃交流对话平台。越来越多的学生和科学家选择创业。[①]

2）推出"进一步发展数字化变革技能"项目

作为一家教育机构，HAW Hamburg 正面临着数字化转型，并希望在面对数字化变革时促进其成员，尤其是学生的技能发展。为此，HAW Hamburg 推出了"进一步发展数字变革技能"（德语：Kompetenzen Weiterentwickeln im Digitalen Wandel，KOMWEID）这一副校长项目，作为数字化加强大学教学计划的一部分。这一项目由大学教学创新基金会资助，资助时间为 2021 年 8 月 1 日至 2024 年 7 月 31 日。项目指引学生参与和设计数字化生活与工作环境，以此培养他们将这两者相统一的能力。项目计划始终将教学、学习和考试实践与课程发展和组织层面的战略结构框架联系起来。为了开发创新和面向未来的课程，开发过程将数字变革的技能和学习内容与使用数字场景（如混合学习、协作形式、项目学习）和数字工具（如 EMIL/ Moodle 学习平台和 ERNA/Mahara）相结合，不断改进新媒体服务器。该项目对整个大学产生积极影响，有助于大学巩固在结构和可持续方面取得的成绩。[②]

（五）巴登—符腾堡双元制大学

1. 巴登—符腾堡双元制大学简介

巴登—符腾堡双元制大学（德语：Duale Hochschule Baden-Württemberg，DHBW）成立于 2009 年 3 月 1 日，是在巴登—符腾堡州职业学院（BABW）的基础上发展而来的以双元制命名的大学。DHBW 是德国第一所双元制大学，目前已发展为包含三大校区、九个办学点的高校。在经济、技术、健康和社会工作领域，DHBW 与超过 9 000 家企业和社会机构合作，提供国家和国际认可的各种学士学位课程和部分硕士课程。截至 2022 年 8 月，DHBW 共有 34 000 名学生和超过 20 万名校友，是巴登—符腾堡州规模最大的大学。[③]

---

① Hamburg News. Hamburg's "Startup Port" Launches [EB/OL]. (2020-09-03) [2022-06-13]. https://hamburg-news.hamburg/en/innovation-science/hamburgs-startup-port-launches.

② HAW Hamburg. KOMWEID—Kompetenzen weiterentwickeln im digitalen wandel [EB/OL]. [2022-08-06]. https://www.haw-hamburg.de/hochschule/qualitaet-in-der-lehre/komweid/.

③ DHBW. About us [EB/OL]. [2022-08-06]. https://www.dhbw.de/english/dhbw/about-us.

2. 巴登—符腾堡双元制大学工程教育特色

1）以区域经济发展需求为导向的工程专业设置

DHBW 是职业学院（BA）发展而来的院校，因此沿袭了职业学院的办学定位，以服务区域经济发展，培养高级应用型技术人才为宗旨，其工程专业设置坚持适应性、应用性和区域性的原则。在开设专业最多的工程技术领域，设置了建筑工程、化学技术、电气工程、信息技术、集成工程、机械制造、机电一体化等13 个专业，51 个方向。总的来看，DHBW 的专业设置以工程技术领域为主，同时兼顾经济、健康等领域，与德国产业结构相匹配。DHBW 的专业设置充分体现了为区域经济发展服务的办学定位，同时以产业界需求为导向，不断调整专业设置。①

2）模块化、双元制的课程设计

DHBW 的工程教育普遍采用模块化与双元制的课程设计。以土木工程专业（项目管理方向）的课程设置为例。课程采取模块化设计，依照知识性质，分为理论模块与实践模块；依据知识专业层级，分为核心模块、通识方向模块、区域模块。核心模块属于专业的核心内容，是所有专业方向的必修公共课，主要在前两学年教授，占总学分的 28.6%，包含实践模块。通识方向模块是专业方向的必修课程，主要在第二、第三学年教授。区域模块为专业方向课，由 DHBW 各分校根据不同的专业方向与区域经济的实际需求确定与补充的学习内容。②

DHBW 的双元制课程设置颇具特色，并每隔大约 3 个月进行理论与实践交替，这种交替从学生入学的第一年开始，一直持续到毕业。这种理论与实践的往复交替强调的是学生将理论知识转变为职业能力、行动能力与社会能力③。在就读DHBW 的 6 个学期中，学生理论学习共占 76 周，企业实践共占 82 周，企业实践占总学习时间的比例为 52%。④

DHBW 双元制教学计划的理论与实践内容相互协调，并与经济、技术与社会的实际发展紧密相连。DHBW 在办学理念上充分考虑企业的兴趣、企业的运行机制等诸多因素，并且基于这些因素开展教育，学生完成学业后便有能力直接

① 徐涵. 德国巴登符腾堡州双元制大学人才培养模式的基本特征——兼论我国本科层次职业教育人才培养模式重构 [J]. 职教论坛，2022，38（1）：121–128.

② DHBW. Bauingenieurwesen-Projektmanagement [EB/OL]. [2023-01-31]. http//www.mosbach.dhbw.de/-bauingenieurwesen/biwprojektmanagement/studienverlauf.html.

③ 陈莹. 德国双元制高等教育体系研究 [J]. 外国教育研究，2015，42（6）：119–128.

④ DHBW. Bauingenieurwesen-Projektmanagement [EB/OL]. [2023-01-31]. http//www.mosbach.dhbw.de/-bauingenieurwesen/biwprojektmanagement/studienverlauf.html.

进入企业工作。DHBW 的毕业生中大约 85% 在大学期间就已经与企业签订了正式的劳动合同，毕业后最终成为该企业的正式员工，学业与职业的转换非常成功。

小结

德国工程教育发展至今，已形成相当鲜明的特色，在世界范围内享有盛誉，引领世界工程教育潮流。德国工程教育最大的特点在于工程教育与产业界深度融合，形成产学一体化，营造了高校与企业互利共赢的优良局面。同时，产学融合形成了双元制工程人才培养模式，且这种模式已经延伸至德国各类高校不同学历层次，构成了规模化的双元制工程人才培养体系。目前世界上，德国工程教育的产学一体化最为深入、标准化程度最高且规模最大，是全球工程教育产学融合的典范。德国工程教育的第二大特点是不同类型的高校合理分类，培养不同类型的工程人才。综合性大学（U）培养理论知识丰富的研究型工程人才；工业大学（TU）培养具有扎实的理工知识功底，同时也能解决实际问题的工程人才；应用科学大学（FH）培养理论与实践并重的高级应用型工程技术人才；职业学院（BA）培养中层及以下的应用技术性工程人员。工程教育与工程师制度合二为一，培养优质成品工程师是德国工程教育的另一大特色。德国推行文凭工程师制度，即工科毕业生获得的毕业证书既是学位，也代表着工程师从业资格。成品工程师的质量通过严苛的工程教育专业认证制度予以保障。德国提供工程教育的综合性大学（U）和工业大学（TU）中最具代表性的高校是慕尼黑工业大学（TUM）、亚琛工业大学（RWTH Aachen）以及柏林工业大学（TU Berlin）。汉堡应用科学大学则作为德国应用科学大学（FH）的代表，德国职业学院（BA）的代表是巴登—符腾堡双元制大学（DHBW）。这五所高校提供工程教育的共性在于强调产学研紧密结合，协同创新发展。后两所高校更强调立足于所在地区，服务区域经济发展。

德国作为世界工程教育的典范，无疑对我国工程教育的发展具有很强的指导与借鉴意义。德国工程教育产学深度融合培养出了企业及社会所需的具有极强实践能力的高级应用型工程人才。目前，我国工程教育产学联系的程度还需大幅提升。德国工程教育在这方面提供了优秀的蓝本。我国可以吸收德国的优秀经验，同时将这些经验进行本土化改造，从工程教育相关的专业学位开始试点，逐渐推广至所有工程教育专业，以实现我国培养实践能力强、专业知识扎实的工程人才的目标。另外，德国成品工程师培养制度的背后是严苛的工程教育专业认证的大力保障。我国工程教育专业认证尚处于起步阶段。德国第三方的认证代理机构、专业认证过程反映多方声音、专业认证实质等效与国际互认的特性都非常值得我国借鉴。

第八节
总结与展望

一、总结

德国作为最早提出"工业 4.0"概念的国家，同样也是第一批开启智能化、网络化、数字化变革的国家之一。德国急于步入"工业 4.0"时代背后的原因是德国并非地大物博，自然资源较为匮乏，但其工业生产却主要依靠能源，大部分能源来自国外。德国虽然作为世界工业大国与工业强国，但其有限的自然资源以及依附型的工业生产模式较难持续。为了继续保持德国工业在世界范围内的竞争力，德国产学研各界共同制定了"工业 4.0"战略。德国目前正在围绕"工业 4.0"的核心开展智能化转型，因为德国深知智能化转型的成功与否，直接关系到其工业大国和强国的地位。

博洛尼亚进程改变了德国工程教育的理工硕士学位（德语：Diplom）—博士学位（Doctor）的两级学位体系，引入了学士学位（Bachelor）—硕士学位（Master）—博士学位（Doctor）的三级学位体系。这种三级学位体系与国际充分接轨，学位具有国际互认与可比性，使得德国工科毕业生的国际流动性更强，同时也将吸引更多的国际学生到德国接受工程教育。德国工程教育国际化程度的加深，无疑有利于德国工程教育的进一步发展。

德国工程教育由时代发展所推动，吸收了洪堡现代大学教育思想与博依特技术教育思想，形成了清晰的办学思维。目前依据偏重理论与实践的比例不同，德国对提供工程教育的高校进行分类定位，分为综合性大学（U）、工业大学（TU）、应用科学大学（FH）以及职业学院（BA）。这种高校办学定位上的分类，并非一流、二流等的等级式垂直化划分，而是水平式的导向性区分。综合性大学（U）提供的工程教育以理论与研究为导向；工业大学（TU）在以理论为主的基础上，结合实践；应用科学大学（FH）则是半理论性、半实践性导向；职业学院（BA）以实践为导向。高校的水平式导向性区分也体现在生源质量上，很多就读于应用科学大学（FH）与职业学院（BA）的学生拥有综合性大学（U）以及工业大学（TU）的入学资格。[①] 德国可谓为全球工程教育办学分类定位的优质典范，值得世界各国学习与借鉴。

二、展望

德国产业界的智能化转型已开始，而"工业 4.0"在德国成功的关键主要依靠工程教育培养工程人才以及形成科研成果。德国政府已意识到需要以"职业教育 4.0"（Vocational Education and Training 4.0, VET 4.0）支撑"工业 4.0"，以"职业教育 4.0"推进"工业 4.0"。"职业教育 4.0"的概念由德国联邦职业教育研究所（BIBB）的莱因霍尔德·韦斯（Reinhold Weiss）教授于 2015 年提出。[②] 2016 年，在德国法兰克福召开的主题为"职业教育 4.0：不断发展的数字化职业教育"的会议上，"职业教育 4.0"的内涵被全面剖析。德国"职业教育 1.0"强调面向日常生活的传统职业品质，"职业教育 2.0"注重工作专业化的职业品质，"职业教育 3.0"注重独立负责的行动过程导向的职业品质，那么"职业教育 4.0"则强调数字化工作世界的经验导向与科学导向的拓展职业品质。德国为推动"职业教育 4.0"数字化进程，已经采取了四方面的措施：①政府通过修订《联邦德国职业教育法》和《联邦德国基本法》等搭建"职业教育 4.0"的法律政策框架；②多元主体参与，形成职业学校、企业和跨企业培训中心协作的运行机制；③依托数字媒体资源，构建以学生为中心的学习情境；④运用信息技术工具，开拓学生职业能力测评 ASCOT 的新方法。[③]

德国"工业 4.0"的智能化转型不能仅仅依靠职业教育培养出的基础工程人才，还需由高等工程教育来输送高精尖工程人才以及科研成果。因此，实现"工程教育 4.0"具有紧迫性与必然性。目前，德国工程教育与"工业 4.0"有一些融合，如德国少数应用科学大学（FH）开设与"工业 4.0"相关的硕士专业及课程，不少提供工程教育的高校将"工业 4.0"相关的概念与思想融入工科教学中。但

---

① KMK (Hrsg.). Das Bildungswesen in der Bundesrepublik Deutschland 2009 [R]. Bonn: KMK, 2010.

② BIBB. Vocational Education & Training 4.0 [EB/OL]. [2023-02-15]. https://www.bibb.de/en/25228.php.

③ 李文静，吴全全.德国"职业教育 4.0"数字化建设的背景与举措 [J]. 比较教育研究，2021，43（5）：98–104.

是目前德国工程教育还未完全起到支撑"工业4.0"的作用，因为工程教育涉及"工业4.0"的教学方面还较少，程度还较浅。德国需要开展"工程教育4.0"变革，具体包括将"工业4.0"理念充分融入双元制工程人才培养中，各类提供工程教育的高校均开设与"工业4.0"相关的本硕博专业，同时将"工程教育4.0"设置为一门工程本科和硕士的必修课程。只有全面发展"工程教育4.0"，德国才能在"工业4.0"时代走在世界前头。

博洛尼亚进程要求的三级学位体系在德国高校推广的过程中，遭到公众的批评，遇到不少障碍，使其推广进展和影响效果大打折扣。德国学生通过罢课和游行等抗议活动反对学位体系改革[①]。与此同时，德国高校联合会（德语：Der Deutsche Hochschulverband，DHV）也对博洛尼亚改革进行了批评[②]。民众对于三级学位体系改革的消极情绪主要来源于三方面：①学士学位层次太低，无法为学生提供相关的优质工作。想要获得好工作，至少需要获得硕士学位。因此，民众认为设立学士学位的意义不大。②学士学位的设立使得民众总体学历层次下降。因为学生进入以往的两级学位体系，获得硕士学位是一种常态。但是三级学位体系使得学生进入硕士阶段前需再次被筛选，只有一部分学生有资格就读硕士学位，另一部分学生的学历就只能停留在学士。③德国传统的理工硕士学位（德语：Diplom）在德国国内以及世界上都享有盛誉，被民众广为接受与认可，德国也以此为荣。德国不应放弃这一传统学位。

为缓解公众的焦虑，又同时推进博洛尼亚改革，全面推广三级学位体系，就需要德国政府为三级学位体系提供相关保障，使得民众信服三级学位体系的优势。三级学位体系的引入，能够有效缩短学生获得第一级学位的修业年限。民众主要是认为学士学位无法给毕业生带来好工作。如果本科毕业生的就业途径被打通，学士学位的价值得到体现，民众的焦虑会自然解除。德国政府、高校与企业需更为紧密地合作。一方面，高校与企业应联手为在读本科生提供更多的双元制教育，提升他们的就业能力；另一方面，政府应加速起草并尽快落实相关政策，为企业提供岗位补贴，鼓励企业招收更多的本科毕业生。

德国的双元制大学是在职业学院（BA）基础上发展而来的一类新型高校。这类大学形成的初衷在于解决就业市场较强实践应用能力的高级管理、技术和服

---

① Der Spiegel. Bildungsstreik: Mehr als 100.000 Schüler und Studenten auf den Straßen [EB/OL]. (2009-06-17) [2023-02-14]. http://www.spiegel.de/unispiegel/studium/0,1518,630965,00.html.

② Der Spiegel. Bachelor und Master: Professoren-Lobby Springt auf die Bremse [EB/OL]. (2008-09-05) [2023-02-14]. http://www.spiegel.de/unispiegel/studium/0,1518,576339,00.html.

务人才断层问题。不同于以上四类高校，这类高校办学核心在于学校的所有专业都采用双元制人才培养模式。巴登—符腾堡双元制大学（DHBW）是德国第一所双元制大学，成立于 2009 年，由企业主导，联合职业学院（BA）创办而成。这所大学创办至今，由于应用性强、企业需求量大、学生就业率高（大约 85% 的学生从该校毕业前就已获得永久工作合同），已得到公众的普遍认可，学生就读热情高涨，是德国双元制大学的典型范例。德国另两所双元制大学也在近些年创立，分别是 2016 年成立的格拉—爱森纳赫双元制大学（德语：Duale Hochschule Gera-Eisenach，DHGE）和 2018 年成立的石勒苏益格–荷尔斯泰因双元制大学（德语：Duale Hochschule Schleswig-Holstein，DHSH）。与巴登—符腾堡双元制大学（DHBW）类似，这两所高校也是由职业学院（BA）发展而来的全双元制专业高校。经过十余年的事实证明，德国双元制大学的确能够培养出实践型高级人才。同时，由于企业参与办学，培养出的人才为企业急需，故这种办学模式已被德国民众和企业双双认可。由此可见，德国更多的职业学院（BA）将依托州立优势，转型成为双元制大学。双元制大学将在未来几年得到蓬勃发展。与此同时，双元制大学数量上的增长，其发展模式将得以稳固，在以上四类高校的基础上，双元制大学将作为另一类提供工程教育的高校。

执笔人：吴倩　刘惠琴　李锋亮　Reinhart Poprawe

第二章

英 国

第一节

工程教育发展概况

英国教育体系的基本结构见表 2-1。学生 4 岁入学前班，5 岁上一年级，小学教育共 6 年。11 岁上七年级，开始中学阶段，16 岁参加中学会考（GCSE），至此 11 年的义务教育结束。11 年的义务教育根据课程目标被划分为 4 个关键阶段（1~4）：关键阶段 1（5~7 岁），关键阶段 2（7~11 岁），关键阶段 3（11~14岁），关键阶段 4（14~16 岁）。16 岁和 18 岁的年轻人面临着关键的教育节点，这一时期，年轻人所做的资格考试和学科选择对他们以后的职业机会有长期的影响。在中等教育普通证书（General Certificate of Secondary Education，GCSE）考试后，学生开始分流：有学术倾向的学生进入第六学级（Six Form）继续学习两年，在 18 岁或 19 岁时参加高级水平普通教育证书考试（A Level，相当于国内高考），成绩合格者升入高等教育阶段（因此，A Level 也被称为后中等教育阶段，作为高等教育的预科）；另一部分学生离开学校准备就业；还有一部分依据自身规划的职业路线，参加国家职业资格证书（GNVQ）课程。

了解英国整体的教育体系非常重要，因为从中学教育起，学生就要选择自己希望学习的课程和未来期待获得的职业资质。如果学生后期希望从事工程职业，他们需要在早期选择相应的 STEM 课程，否则在后期会很难加入。

表 2-1 英国教育体系的基本结构

年龄	年 级	课 程 阶 段	资质或课程	学 制 设 置
3	幼儿班	—		幼儿园（Kindergarten）
4	学前班			学前班（Reception）
5	一年级	关键阶段 1		
6	二年级			
7	三年级	关键阶段 2	—	小学教育（Primary Education）
8	四年级			
9	五年级			
10	六年级			
11	七年级	关键阶段 3 基础课程		中学教育（Secondary Education）
12	八年级			
13	九年级			

年龄	年级	课程阶段	资质或课程	学制设置
14	十年级	关键阶段4 中等教育普通证书（GCSE）；国际中级普通教育证书（IGCSE）	中级国家普通职业资格GNVQ证书；苏格兰普通职业资格证书GSVQ	中学教育 （Secondary Education）
15	十一年级			
16	十二年级	第六学级 高级普通教育证书（GCEA level）或国际中学文凭	高级国家普通职业资格证书GNVQ	延续教育 （Further Education）
17	十三年级			
18	大一	学士学位	高等职业资格类课程：国家高等证书（HNC，一年）；国家高等文凭（HND，两年）	高等教育 （Higher Education）
19	大二			
20	大三			
21	研究生	授课型硕士学位		
22		研究型硕士或博士学位		

一、19 世纪前半期：自由放任阶段

英国工程教育的发展与法国、德国等欧洲国家不同，后者是由国家推进从而推动本国国防和工程教育的发展。对于早期的英国而言，政府在工业革命中并没有对本国工程技术教育直接资助和推动，在很大程度上，是由企业家的首创精神驱动的。工业技术知识在车间和建筑工地的劳动中实实在在地获得和传承，年轻人通过学徒成为工程师。

19 世纪前半期，英国工业革命取得巨大成功，成为发展工业的先进国家，但英国在正式工程教育的推动上做得很少。当法国工程师能用深厚数学基础从事技术的理论研究和实践时，英国人在面对工程问题时却仍只能通过自学。这些人并没有深广的科学知识，而是偏重于用实验方法来解决问题[1]。究其原因，一方面，在英国，工程被视为是低下的行当，原先这类行当是由挖河修路的工人去干的[2]。另一方面，由于受放任学说的影响，教育完全被视为自愿的或私人的事情，因而国家在干预教育事业上踟蹰不前[3]。1850 年前后，职工讲习所发展到 600 所，但

---

[1] Timoshenko, Stephen P. History of Strength of Materials [M]. New York: McGraw-Hill Publishing Co. 1953.

[2] Apelian, D. (1994). Re-engineering Engineering Education: Paradigms and Paradoxes [J]. Advanced Materials&Processess, 145 (6): 110–114.

[3] 王沛民，顾建民，刘伟民. 工程教育基础 [M]. 杭州：浙江大学出版社，1994.

能提供正规工程教育的院校仅有成立于 1827 年的伦敦大学一所。1936 年后，该校改为"伦敦大学学院"独立办学，另在伦敦和全国各地先后又建立若干所"大学学院"。伦敦大学学院在 1841 年开设了土木工艺学，并在 1846 年开设了机械工艺学和机械学三个新的工程学科讲座，因此伦敦大学被认为是（英国）"第一个教授工程学的大学"[①]。

二、19 世纪后半期至 20 世纪初：缓慢发展阶段

19 世纪后半期，随着工业革命的不断深入，社会对科学技术的需求不断提高，古典大学不论是在范围、规模还是教学等方面，都开始与工业革命带来的辉煌成果不相匹配。1854 年前，牛津大学仍沿用 17 世纪由劳德大主教（Archbishop Laud）制定的大学章程；剑桥大学虽然自 16 世纪设立了物理学教习，18 世纪设立了化学、植物学、地质学、解剖学等自然科学教习，但地位与古典七艺课程相差甚远[②]，教授水平参差不齐，学生数量也极不稳定。牛津、剑桥等传统大学，在政府干预下开始缓慢进行改革。

与此同时，受德国近现代大学理念的影响，英国开始了新大学运动，努力将德国的技术教育移植过来，通过对一个或几个专门领域的深入研究来进行教育，培养将科学应用于产业的技术人员、工业管理人员和经营者。一批热心办大学的工业家积极为创办新大学提供资金。1858 年，伦敦大学率先成立理学部，打破了中世纪大学中文、法、神、医一统天下的格局，极大地推动了科学教育的发展。在伦敦大学的带动下，19 世纪下半叶，新型大学在各地应运而生，如曼彻斯特大学、利物浦大学、帝国科学技术学院等，注重实业、职业性科学教育，传播科学技术知识，成为英国新兴工业的工程科技人才培养中心[③]。

三、20 世纪至 21 世纪前十年："二元对立"以伦敦大学为代表的新型大学迅速变革阶段

20 世纪是英国高等教育迅速变革的阶段。伦敦大学和新大学，由于培养目标的职业性和实用性指向，与传统的古典人文学科的"通识教育"形成严重的二

① 张泰金. 英国的高等教育历史·现状 [M]. 上海：上海外语教育出版社，1995.

② 七艺包括语法学、修辞学、逻辑学、算术、几何、音乐和天文学。

③ 孔寒冰，叶民，王沛民. 多元化的工程教育历史传统 [J]. 高等工程教育研究，2013（5）：1-12.

元对立。其间，英国出台了一系列指导工程教育变革的纲领性文件。其中最具影响力的当属 1963 年出台的《罗宾斯报告》（The Robbins Report），该报告对 20 世纪 60—80 年代中期英国高等教育发展所作的预测和规划，是英国高等教育从传统模式走向现代模式、从精英型走向大众型的宣言书。在《罗宾斯报告》的指导下，英国于 1969—1973 年创立了 30 所多科技术学院（Polytechnic）以加强面向各层面人士的非全日制的高等职业技术教育，20 世纪 80 年代英国已形成了包括古典大学、近代大学、多科技术学院教育学院、继续教育学院和开放大学的多层次多规格的高等教育体制。[1]

1992 年，英国通过《继续教育与高等教育法案》（The Further and Higher Education Act，1992），把技术学院升格为大学，技术大学可以自主设立学位，即废除了二元制，建立了统一的高等教育体制。《继续教育与高等教育法案》标志着英国高等教育"双重制"的彻底终结与新型高等教育大众化框架的形成。大众化教育阶段加强工程教育和继续教育已成为英国共识。[2] 1980 年，《费尼斯顿报告》（The Finniston Report）是一份关于当时英国工程行业的报告，提出了对工程专业组织和监管方式的非常彻底的改变，即用英国工程委员会（Engineering Council）取代工程机构委员会（Council of Engineering Institutions）。1997 年，《迪尔英报告》（The Dearing Report）出台，成为继《罗宾斯报告》后第一个全面回顾和反思英国高等教育并对未来进行发展规划的纲领性文件，提出了将学术资格和职业资格统一到一个框架内的建议。这之后，高等教育改为自费，社会各界对工程学位的质量标准和工程师资格的含金量给予了更大的关注。[3] 21 世纪以来，《高等教育与研究法案》（Higher Education and Research Act，2017）出台，英国的工程教育更加注重工业需求、创新、多元化。

四、脱欧以后：应对不确定性和全球挑战

2013 年 1 月 23 日，卡梅伦首次提出脱欧公投；2016 年 6 月 23 日举行全民公投，民众以 51.9% 的比例，选择英国脱离欧盟；2020 年 1 月 30 日，欧盟正式批准英国脱欧，1 月 31 日英国正式脱欧。为期一年的过渡期将持续到 2021 年 1

---

[1] Robbins Report [EB/OL]. [2021-02-27]. https://en.wikipedia.org/wiki/Robbins_Report.

[2] Further and Higher Education Act 1992 Act1992. [EB/OL]. [2021-01-31]. https://en.wikipedia.org/wiki/Further_and_Higher_Education_Act_1992.

[3] 刘晖. 从《罗宾斯报告》到《迪尔英报告》——英国高等教育的发展路径、战略及其启示 [J]. 比较教育研究，2001（02）：24–28.

月 1 日新规则生效，在英国和欧盟完成额外安排的谈判之后。尽管英国脱欧的影响尚无法完全评估，但英国脱欧的决定已经对高等教育部门产生了重要影响。

对于工程教育而言，国际学生人数的潜在减少对工程教育影响尤为重要，因为目前国际学生是英国工程学生的重要组成，特别是在研究生阶段。2018—2019年，共有 12 465 名的欧盟学生在英国学习工程技术相关课程，是欧盟学生 STEM 课程中第二受欢迎的学科（首位是生物科学）。根据相关统计，2019 年 7 月到 2020 年 7 月仅 1 年的时间，有 130 万名外国劳动力离开英国。脱欧正给英国带来食物价格暴涨、燃料短缺等问题，国际学生的下降将会进一步导致英国技能型人才短缺，为未来英国工程发展带来阻碍。

小结

在英国的教育体系中，学生在前 11 年接受统一的义务教育，之后通过中等教育普通证书考试分流，至此，迈入不同的学习轨道：一条是从事学术研究的高等教育路线，另一条是面向就业的职业教育路线。若今后希望从事工程相关的职业，则学生需在早期选修相应的课程，并参与相应的资格考试。这样的模式要求学生在早期就明确自身的职业选择意向，并为之作准备。

19 世纪以来，英国工程教育的发展可划分为四个阶段：自由放任阶段、缓慢发展阶段、"二元对立"迅速变革阶段、脱欧以后。各阶段的演变具有以下几个特征。

（1）英国政府对本国工程教育的干预程度逐步增加：从自由放任阶段对本国工程技术教育的"放养"，到迅速变革阶段出台各类报告与法案为其提供保障，政府在推动本国工程教育发展方面起到越来越重要的作用。

（2）实施工程教育的场所更加多样化、专业化：能提供正规工程教育的院校从 1827 年的仅有一所，到 19 世纪下半叶的遍地开花。无论是在实施规模还是在质量上，英国工程教育都实现了质的飞跃。

（3）工程教育的社会认可度日益提升：从 19 世纪前半期的不被看好，到 20 世纪成为国民认可的、亟待加强的重点领域，工程职业及工程教育的重要作用逐渐受到英国国民认同。

近年来，脱欧导致的国际学生数目减少等问题，将对英国工程教育未来发展带来隐患，也是尚待解决的难题。

第二节

工业与工程教育发展现状

一、工业发展现状

（一）工业发展概况

众所周知，英国当前的支柱产业是服务业，尤其是金融行业，伦敦更是全球三大金融中心之一。自 20 世纪 90 年代英国开启去工业化时代以来，英国工业发展相对停滞，工业较之服务业处于相对弱势地位。2010 年以来，工业增加值占 GDP 比重连续多年下滑，至 2019 年为 17.41%，见图 2-1 所示。英国工业联合会（Confederation of British Industrialists，CBI）[①]发布的工业趋势订单指数，反映了英国制造业管理人员的经济期望，如果小于 0，表明悲观，认为订单量可能下降。自 2019 年以来，英国 CBI 工业趋势订单指数已连续多月小于 0。其主要原因之一在于全球产业转移和产业分工中，英国将大部分中低端制造业转移到其他国家，只保留了高端制造业，同时向服务、金融业等高附加值的行业转型。

尽管工业增加值占比不高，但英国工业中化工、机械、电子、汽车、航空、生物制药等领域的实力仍位居全球前列。近年来，为扭转工业弱势地位，2012 年英国政府科技办公室推出《英国工业 2050 战略》，指出科技改变生产，信息通信技术、新材料等科技将在未来与产品和生产网络相融合，进而改变工业设计及制造，并替代新的产品使用方式。未来工业的趋势是：个性化和低成本产品的需求增大、生产重新分配和制造价值链的数字化。

2017 年 1 月，为应对脱欧困境，英国提出"现代工业战略"，旨在通过提高全国的生产力来提高民众生活水平和经济增长，重点包括加大对科研与创新的投资、提升技能、基础设施升级、支持初创企业、完善政府采购制度、鼓励贸易、吸引境外投资等举措，提高能源供应效率及绿色发展，培育世界领先产业，驱动全国经济增长以及创建合适的体制机制促进产业集聚和地方发展等。

---

① 英国工业联合会的行业动态订单是衡量英国制造业管理人员的经济期望指标，是经营状况的领先指标。

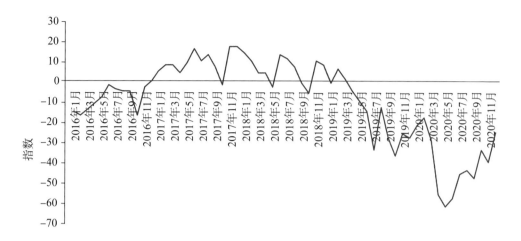

图 2–1 英国 CBI 工业趋势订单指数

在此背景下，当前英国工业发展的主要特点可以概括为：第一，产品定制化趋势加强，数字技术催化供应链变革，生产者可以快速、敏锐地采用新科技响应消费者需求；第二，广泛开拓海外新兴市场，用高科技、高价值产品打开金砖国家和"新钻十一国"等新兴市场；第三，制造业趋向可持续发展，在全球资源匮乏、气候变化、环保管理完善、消费者消费理念变化等背景下，重点关注循环经济；第四，加大力度培养高素质劳动力，提高技术工人整体素质，满足工业发展的需要。

与此同时，英国工业仍面临着以下问题：首先，工业占比仍较低，2019 年，英国制造业占国内生产总值（GDP）的比例为 8.6%，已连续 20 年下滑，而服务业占比则超过 70%，这使得英国容易受到国际金融危机、债务危机以及财政政策的冲击，经济复苏发展缓慢，如图 2–2、图 2–3 所示；其次，产业结构的失衡导致经济结构抗风险能力较弱，2020 年以来，英国服务行业受到新冠疫情的严重打击，工业产量下降，新订单自 2008 年以来以最快的速度收缩，商业活跃度急剧下降。根据英国统计局发布的最新数据，2020 年 6—8 月英国失业率增长至 4.5%。英国智库 Resolution Foundation 预计英国 2020 年经济或仅增长 1%，英国经济正在以至少 20 年来最快的速度收缩。

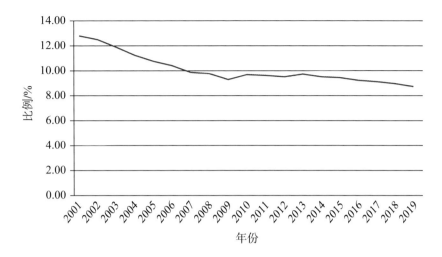

图 2–2　英国制造业增加值占 GDP 的比例

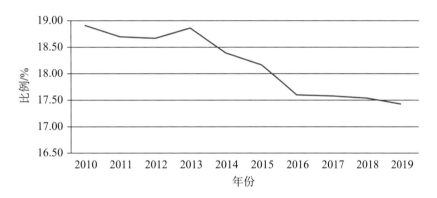

图 2–3　英国工业增加值占 GDP 的比例

（二）各工业领域发展现状

近年来，英国钢铁、化工和汽车等工业细分领域在国内外环境的影响下发展遭受打击，发展动能不足，机械、军工等工业凭借深厚的技术积累依然在世界军工领域保持领先地位。其中，2016 年，英国最大钢铁生产商——印度塔塔钢铁公司宣布出售并关闭其英国钢厂。2020 年上半年，欧盟（包括英国）的粗钢产量为 6 830 万吨，同比下降了 18.7%。2019 年，欧洲化工理事会（Cefic）预计欧盟化学品产量下降 1%，2020 年还将保持这一降幅。2019 年，英国汽车制造商和经销商协会公布的数据显示，英国新车销售 231 万辆，同比下滑 2.4%，为 6 年来最低。英国在脱欧问题上的不确定性深刻地影响了英国汽车工业的发展，汽车制造企业本田在脱欧备选方案未通过的第四天宣布，本田于 2021 年 7 月正式关闭它位于英国西南部斯文顿的汽车工厂，正式结束了本田在欧洲超过 36 年的生产历史。英国很有可能就此失去将近 10% 的汽车产能，对英国本土乃至整个欧洲市场的汽车工业以及整体的经济环境都会造成极为不利的影响。

然而，在高附加值、高技术制造业方面，英国仍然具备强大的产业实力和竞争优势。2018 年，英国工程机械销售额达 130 亿英镑，建筑行业在欧洲排名第一，拥有 24% 的市场份额。2019 年，全球排名前 10 的军工企业中，英国 BAE 防务公司凭借在飞机、导弹、军用电子等领域的技术优势上榜。此外，军工前 15 强企业也纷纷选择将其国外分支机构设立在英国，数目位列世界前列。2020 年，英国首相约翰逊宣布自冷战结束以来最大规模国防投资计划，在未来 4 年，英国国防部将额外获得 241 亿英镑资金，用于投资下一代军事能力。

（三）未来工业发展的战略重点

2017 年，英国政府在《后脱欧时代的工业战略》中提出，英国工业发展的未来战略重点领域主要是环保工业、核工业和生命科学工业。英国工业战略委员会发布报告强调了核电的作用，认为新核电计划将加强英国整个供应链的能力并提高供应链的经济效益，报告表示英国政府应当在未来核电建设项目中持有大量股权，并应在本国建立核供应链。英国民用核工业现有 6.5 万名从业人员，核发电量约占英国总发电量的 20%。核工业协会拥有 260 多个企业会员，包括核电运营商、新建项目开发商和供应商，涉及退役、废物管理、整个核燃料循环、供应链和咨询等业务领域。英国处于小堆技术开发的领先地位，为英国核工业发挥经济和产业潜力提供了重要基础。2016 年来，英国生物医药行业连续 5 年每年获得超 10 亿英镑投资，行业多样性不断增强，细胞和基因疗法等领域不断取得突破，药物开发领域中数据和人工智能的不断深入整合，英国已成为第三个全球生命科学产业集群和全球生物医药最重要的增长市场之一。2020 年 11 月，英国宣布为国家生命科学研发部门拨款 13.6 亿英镑，鼓励产业界和国家卫生系统之间的合作，为患者提供新的医疗技术。

（四）未来工业发展的人才需求

近年来，尽管英国的失业率缓慢提升，但英国的多个产业仍一直面临着工程技术人才短缺的问题，当前英国对人才的需求为特定高精尖领域如生物医药、核工业、交通和通信等领域的技术人才。《后脱欧时代的工业战略》绿皮书中指出，特定领域的技术人才不足"迫使某些雇主寻求海外资源填补空白"。鉴于在科学、技术、工程和数学（STEM）技术人才培养和教育方面存在不足，英国在某些专业领域例如核工业可能存在技术人才缺口。英国"现代工业战略"多处内容涉及对高层次人才的资助，其中提出英国政府将创建适合未接受过高等教育的年轻人的技术教育系统，并投资 1.7 亿英镑建设一批有声誉的技术院校，以满足提升产业技能的需要。2017 年 5 月，英国开始在大专院校层面加大对核技术人才培养的投资，以满足相应的人才需求。2017 年 10 月，英国政府发布《清洁增长战略》，其中提到资助低碳行业体系的高层次创新人才和团队。2017 年 11 月，英国宣布推出每年 2 000 个名额的"杰出人才签证"，吸引全球科学、人文、工程学、医学、数字技术和艺术领域的杰出人才。2018 年以来，英国政府为资助人工智能领域人才培养设立了 1 亿英镑的政府资助、7 800 万英镑的行业资助和 2 300 万英镑的大学承诺，用于人工智能博士培训中心在接下来的 5 年中培训的 1 000 名博士研究生。

二、工程教育发展现状

作为正规教育的最后阶段，高等教育在工程人才培养中发挥关键作用。虽然拥有工学学位并不是必要条件，但根据英国工程委员会（Engineering Council, EC）的章程，"注册工程师的申请过程对于拥有学位资历的人员而言更加直接"[1]。在英国的高等教育体系中，工程学位属于"工程和技术"这个大的学科组，其中包含 10 个单独的工程学科和 8 个技术学科（见表 2-2）。这种大的学科划分使得有志于进入工程学位的学生，能充分地接触到不同类型的工程，并根据他们的喜好和职业抱负进行选择。

表 2-2　英国高等教育工程与技术专业

工 程 科 目	技 术 科 目
（H0）工程和技术领域的广泛基础项目	（J1）矿物技术
（H1）通用工程 / 一般工程	（J2）冶金
（H2）土木工程	（J3）陶瓷和玻璃
（H3）机械工程	（J4）聚合物和纺织品
（H4）航空航天工程	（J5）材料技术
（H5）造船工程	（J6）海洋技术
（H6）电子电气工程	（J7）生物技术
（H7）生产与制造工程	（J8）其他技术
（H8）化工与能源工程	
（H9）其他工程	

资料来源：Higher Education Statistics Agency（HESA）student record.

---

[1] Engineering Council. Chartered Engineer [OL]. accessed 22/01/2020.

2020 年 9 月，英国工程委员会（EC）发表《英国工程劳动力地图》（Mapping the UK's Engineering Workforce）报告，提供了相关工程劳动力的数据[1]。当前，英国总人口约为 6 400 万，劳动人口总数为 3 200 万。大约 18% 的英国劳动人口从事工程工作，即英国近五分之一的工作人口（580 万人）从事工程工作。其中 64% 的工程人员从事专业和技能型职业，这包括焊接行业、IT 工程师、电气和电子行业以及管道和供暖工程师，11% 担任经理、董事或高级官员，13% 是工厂中的机械操作工，11% 是专门的助理或技术操作者。在年龄结构上，74% 的工程人员年龄在 30～59 岁，15%（87 万人）年龄在 16～29 岁，11% 年龄在 60～79 岁。英国整体的劳动人口中女性占 49%，但工程人员中女性所占比例要低得多，只有 14%。

60% 在工程领域工作的人受教育水平达到了 A Level（英国普通中等教育证书考试高级水平课程，也是英国学生的大学入学考试课程）。与非工程行业相比，工程行业最高学历为 A Level 的人数要多 9%。与从事非工程类工作的人相比，从事工程类工作的人不太可能没有资格证书，最高教育水平为 GCSE（普通中等教育证书）的可能性也略低（30%，而非工程类岗位的这一比例为 34%）。按性别分析工程行业的最高教育水平时，会发现明显的差异。虽然女性在工程领域的比例较低，但在工程领域工作的女性比男性更有可能拥有学位或同等的最高教育水平；在工程领域，超过一半的女性拥有学位。在工程领域工作的男性比女性更有可能将 A Level 作为最高教育水平，而拥有 A Level 的可能性略高于学历或同等学历。

在英国各个地区，从事工程工作的人的比例非常一致，最低和最高的地区之间只有 6% 的差异。英国东北部和西米德兰兹郡有五分之一的人从事工程工作，但每个地区至少有 15% 的工作人口从事工程工作。在各个地区，女性从事工程行业的比例也相对一致，女性比例最高的地区是伦敦和苏格兰，分别为 18% 和 15%[2]。

该报告指出，在过去几年里，提高现有劳动力的技能和再技能，以提高生产率，并提升对工程师和技术人员与第四次工业革命和数字化相关的技能的重视程度。工程专业在确保以一种连贯的、结构化的方式在这方面发挥着重要的作用。总体而言，对该行业持乐观态度，教育和技能体系的各个层面都出现了合作的新

---

① 该报告的数据来源于英国国家统计局。

② Mapping the UK's Engineering Workforce [EB/OL]. (2020-09-24) [2021-06-15]. https://www.engc.org.uk/media/3466/mapping-the-uks-engineering-workforce.pdf.

需求。工程公司、雇主代表机构和专业组织有真正的机会确保英国在全球竞争市场中处于最佳位置。①

（一）令人鼓舞的进展

根据英国非营利组织"工程英国"（Engineering UK）2020 年的最新报告，英国工程教育在过去 10 年内取得了可喜的进展，具体内容如下。

第一，在规模上，高等教育工程与技术在校生呈现小幅而稳定的增长，见表 2–3。尽管 2012—2013 学年，曾因为学费上涨，工程与技术专业的在校生人数有所下降，但下降幅度小于总在校生的下降幅度。2015—2016 学年，工程与技术在校生数量不仅恢复到学费上涨前的水平而且还超出不少，而此时总在校生数量却几乎没有变化。2018—2019 学年，工程技术专业在校生 165 180 人，与近几年基本持平②。工程与技术同时是在英国学习的欧盟学生中第二大最受欢迎的 STEM 学科领域。

表 2–3　2010—2019 年工程学生数量及变化

学　　年	工程学科学生人数	较之上一年的变化 /%	所有学生人数	较之上一年的变化 /%
2010—2011	160 885	2.0	2 501 295	0.3
2011—2012	162 885	1.0	2 496 645	0.0
2012—2013	158 115	−2.0	2 340 275	−6.0
2013—2014	159 010	1.0	2 299 355	−2.0
2014—2015	161 445	1.0	2 266 075	−1.0
2015—2016	163 255	1.0	2 280 825	1.0
2016—2017	165 155	1.2	2 317 880	1.6
2017—2018	164 975	−0.1	2 343 095	1.1
2018—2019	165 180	0.1	2 383 970	1.7

数据来源：HESA. "HESA student record 2009/10-2018/19" data.

第二，在英国，在 GCSE 和 A Level 的入学考试中，许多工程相关学科的报考人数一直在上升。从本科一级学位入学人数来看，工程和技术课程的也在上升。技术教育改革的重点在于让学生更好地为未来的工作做好准备，特别是在技术短缺的领域，如 STEM。

---

① Engineering skills for the future The 2013 Perkins Review revisited [EB/OL]. [2019-01]. https://www.raeng.org.uk/publications/reports/engineering-skills-for-the-future:11.

② HESA. "HESA student record 2009/10 to 2018/19" data, 2011 to 2020.

第三，在课程入学人数整体减少的趋势下，工程相关专业的课程入学人数却持续增加。在过去 10 年里，工程和技术专业的本科和研究生第一学位课程的入学人数分别增加了 5.6% 和 10.4%，但其他本科和研究生授课型课程的入学人数却分别减少了 55.5% 和 4.9%。然而，除其他本科生外，2017—2018 学年和 2018—2019 学年，入学人数基本保持不变。

此外，机械工程仍然是 2018—2019 年最受欢迎的第一学位选择（25.5% 学生选择该专业），从 2011—2012 年就一直保持这种态势。在同一时期，通识类工程（General Engineering）的受欢迎程度有所上升，而电气、电子工程课程的入学人数则有所下降。其他本科生最常见的主修科目为通识工程（入学人数的 26.8%），其次为电子及电机工程（21.8%）。研究生阶段，课程的受欢迎程度亦有所不同。在授课型硕士中，最受欢迎的为土木工程（18.9%）、电子或电气工程（18.9%）。研究型硕士中，最受欢迎的科目是通识类工程（27.2%）。

（二）主要存在的问题

近几年，英国工程教育的主要问题体现在以下方面。

第一，结构不平衡。某些群体进入工程行业的人数不足，特别是女性和低社会经济地位的人。数据显示，2018—2019 年女性在高等教育工程与技术领域入学人数占比为 20.7%[①]，在不同学习项目的比例分别为：第一学位（17.6%）、其他本科（12.7%）、授课型硕士（28.1%）、研究型硕士（26.5%）。尽管这一数字仍不如人意，但自 2010 年起，女性参与工程与技术相关专业，各个层次学习的人数逐步上升（从 2010—2014 年增长了 4.8%）。这表明，一些旨在吸引女性进入工程行业的举措可能正在发挥作用。然而，如果这种趋势继续以同样的速度发展，工程教育的性别平等在 30 年内依然无法实现。

第二，学生种族背景的构成也不平衡。少数民族工程和技术专业毕业生的比例持续上升，2018—2019 年的比例为 29.9%。这一比例高于 2018—2019 年的比例（25.6%）。尽管人数的进展令人鼓舞，但与白人学生相比，少数族裔背景的学生不太可能获得良好的学位等级。2018—2019 年，72.9% 的少数民族工程技术人才获得一、二等学位，白人的这一比例为 83.4%。同时，不同种族的学业成就也存在差异，64.3% 的黑人获得一等或二等学位，亚洲学生的这一比例为 75.7%。

此外，残障人士的入学率较低。2018—2019 年，工程技术专业残疾新生的比例较低，仅为 7.5%，而在更广泛的学生群体中占 12.0%。这种代表性不足的

---

① 在整个学生群体的比例为 57.2%。

情况突出表明，需要扩大参与努力，以确保做出合理调整，消除学习障碍。令人担忧的是，新冠疫情期间，学校的关闭很可能会加剧这种社会劣势，并带来新的劣势。我们的重点必须是了解造成代表性不足的原因，并在每个教育阶段加以解决。

从对工程的认知和知识来看，中学阶段工程学的课程很少，年轻人对工程学的认识和理解很有限。工程往往被认为是困难、复杂和肮脏的职业，喜欢科学和工程的年轻人比喜欢人文学科的同龄人受欢迎程度低。在大学里，尽管技术和工程环境发生了巨大的变化，工程课程的结构和内容在过去 20 年里变化相对较小。

第三，STEM（科学、技术、工程、数学）教师严重短缺。数学和物理是本科工程课程的基础，但在这些学科上，全球普遍存在中学教师短缺的问题。在未来的一年里，中学 STEM 教师传统可能会面临新的压力和挑战。我们需要支持教师和学校提供高质量的 STEM 教育和职业指导。

第四，对于扩大工程教育的雄心勃勃的计划严重依赖雇主，在经济动荡、社会疏远的时代，工程实习变得更加困难。

第五，脱欧的影响。英国高等教育对国际员工和学生非常依赖，尤其是工程专业的学生，会受到脱欧条款的影响。在新冠疫情大流行的情况下，这种情况更令人担忧。我们必须分析这些对教育体系的影响，确保它适合培养英国所需的技能。英国在 2020 年 1 月脱离欧盟时，没有针对大学生或教职员工制订明确的实施计划，这意味着英国高等教育的未来前景并不明朗。在 2018—2019 学年，工程与技术是欧盟籍学生（12 465 名注册学生）第二大最受欢迎的 STEM 学科领域。因此，工程部门应该密切关注最新的英国脱欧政策，以及它们可能会如何影响学生的吸收。

三、工业与工程教育发展的交互作用

从历史角度考虑英国高等教育与工业的融合，似乎是一个有趣和重要的问题。从历史上看，英国高等教育与工业的联合始于 19 世纪后期，至此，高等工程教育开始密切考虑工业提出的需求，在这百余年间，英国工业也高度依赖工程教育界的活动。两者的发展相互影响，呈现依存的状态。

在 19 世纪之前的大约 600 年间，英国高等教育承担了多变的角色，但并没有对工业发展产生重大影响。由于工业自身发展的缓慢性，工艺技能是在家庭内部通过长期的学徒制教授的，并不是作为正式教育过程的一部分。在 19 世纪初的快速工业化时期，英国工业和高等教育的脱离仍在延续。尽管工业中的"科学"

越来越受到重视，但人们并不认可大学在其中发挥的作用，因为工业化的创造者们几乎都不是大学生，同时科学发展也鲜少受到大学的支持。即使是在19世纪中叶，英国高等教育和工业之间的联系也显得微不足道。以纽曼、密尔等为代表的自由教育主义者认为，高等教育的目标不是教授法律、金融或工程，而是培养思想和形成智力。[①]

对高等教育与工业关系认识的转折发生于19世纪中后期，两个观念的转变起到了重要的推动作用：首先，人们对职业科目的态度发生了变化，随着公务员考试的出现和公共服务事业的发展，高等教育越来越趋近于一种职业教育；其次，对科学本身的态度发生了变化。人们不再将科学认为是数学等古典学科的"心理训练"，斯宾塞、赫胥黎等学者积极主张在大学学习科学，包括工业科学。在观念之外，直接推动认识转折的契机是国外竞争加剧，英国经济（尤其是工业界）增长受阻。英国每十年工业生产增长的比例从19世纪60年代的33%，降至20世纪初的9%[②]；对比英国与几个主要竞争国在1860—1913年的工业增长率，发现英国的工业增长在各个时期都低于美国和德国，甚至低于世界总体水平[③]。高强度的国际竞争与世界经济萧条同时发生，使得英国人开始反思自身在教育上的弱点和缺陷。

除了工业背景对教育界的影响外，工程教育也会对工业发展起到微妙的作用。一项考察1881—1901年不同工程行业就业人数变化的研究表明[④]，在产业结构变化的过程中，不断扩张的是那些需要并获得大学人才和专业知识供应的产业，其主题在科学上富有价值，足以成为大学学习和研究的一部分。反之，如果没有这种联系，这些工程行业的健康将受到严重威胁。此外，有研究[⑤]发现，在大学工作或从大学培训中受益的男性与未进入大学体系的男性相比，在工程行业的创新能力更强，其影响更深远。从20世纪中叶起，许多具有重大工业生产意义的发现都是从大学研究的纯科学理论中产生的，从业者要么接受过科学方面的培训，要么获得过科学相关的专业学位，因此，需要一种先进的、常规化的高等

① Sparrow J. Mark Pattison and the Idea of a University [M]. London: Cambridge University Press, 1967. P40.

② Aldcroft D. H. & Richardson H. W., Retardation in Britain's Industrial Growth, 1870—1913 [J]. The British Economy 1870—1939, 1969: 101–125.

③ Patel S J. Rates of Industrial Growth in the Last Century, 1860—1958 [J]. Economic Development and Cultural Change, 1961, 9 (3): 316–330.

④ Ashworth, W. J. Changes in the Industrial Structure: 1870—1914 [J]. Yorkshire Bulletin of Economic and Social Research, 1965, 17(1): 61–74.

⑤ Sanderson M. The universities and British industry 1850—1970 [M]. London: Routledge. 2018.

工程教育，来培养能够在工业中提供持续生产力与创造性的人才。结合上述研究，不难发现工程教育对工业发展的影响形成了一个循环：随着工业生产的复杂度和创新性提高，需要工程教育体系培养具备科学知识的专业人才来管理产业；反过来，大学工程专业本身的研究成果则反哺工程行业，进一步发展了这些行业的生产技术。

回顾了工业生产与工程教育融合的历史发展，重新审视21世纪英国工业发展与工程教育之间的交互作用：考虑工业对工程教育的影响，英国工业发展的未来战略重点是环保工业、核工业等高精尖产业，现阶段这些产业存在庞大的技术人才缺口，迫使英国工程教育领域通过加大对高素质技能型人才培养的投资、修订课程目标与人才培养计划等措施来应对行业需求；考虑工程教育对工程产业的影响，工程教育将为工业界输送大量优质的专门人才，同时，高校工程专业的前沿科研成果将会深刻影响业界发展，为工程行业的未来创造更多可能性。

小结

从整体来看，英国工业发展较服务业而言处于相对弱势地位，但它在化工、电子、机械等工业细分领域的实力仍居全球前列。当前英国工业发展的特点为产品定制化加强、积极开拓海外市场、趋向可持续发展以及重视高素质劳动力培养。近年来，英国推出了一系列战略来支持本国工业发展，但仍面临工业占比低、产业结构失衡等现实问题。未来英国工业领域发展的战略重点将是环保工业、核工业和生命科学工业，因此产业急需特定高精尖领域的、掌握专业职业技能的高素质人才。

为工业发展输送优质人才，英国工程教育扮演着不可或缺的角色，近年来也取得了不少令人鼓舞的进展：在校生规模出现小幅度稳定增长、工程学科报考人数上升、工程相关专业受欢迎程度上升。虽然取得了进展，但暴露出来的问题也不可忽视：英国工程教育的结构不平衡，体现在性别、社会经济地位、民族背景等多个维度上，说明现阶段英国工程教育的包容性和适应性仍不足，不能满足所有类型学习者的需求；年轻人对工程学的理解有限，因此在专业选择上会有所倾斜，进而导致工程课程发展相对缓慢；STEM师资短缺；工程实习机会缺乏。此外，脱欧等重要事件也给英国工程教育带来了新的不确定性。未来英国工程教育的路该走向何方，还需结合政策、经济背景逐步探索。

第三节

工程教育与人才培养

一、主要特点

（一）"三明治"模式

"三明治"教育模式是英国工程教育的突出特点，指一种"理论—实践—理论"或"实践—理论—实践"结合的培养模式，是在校学习与企业实习交替的形似"三明治"的课程设置模式。"三明治"教育模式是一种拥有多元化培养目标、开设弹性化课程、具备全过程考核体系的成熟人才培养模式。多元化的培养目标要求学生兼具能力、态度与价值；"三明治"弹性化课程，按照入学和教学类型可分为四种：①学生接受职业技术教育和工作训练的时间各为半年，交替进行；②接受 4 年制课程的学生，两年接受正式学校教育，两年接受工业训练；③在 4 年制课程中，安排学生第 2 年或者第 3 年到企业实习；④在每年的教学计划中安排 9 个月的学校正式教育和 3 个月的实习，或是先进行一年的工业训练，接着实施两年的正式教育，再配合一年的工业实习。全过程考核体系，注重对学生学习过程的考核监督，其考核内容包括企业评估、指导教师评价以及学生自我评价等方面。其中，企业评估最为重要。

（二）加强 STEM 课程建设

工程作为必修科目并没有被明确纳入英国国家课程，在很多学校都是以工程项目的形式引进，作为教学设计与技术、计算、科学和数学的工具。小学和中学主要通过以下几种方式引入工程项目：①小学和中学的教师从提供工程项目的组织中获取教学资源。未来的工程师（Tomorrow's Engineers）便是提供工程资源的重要项目，该项目由英国工程院和英国皇家工程院支持，由教育部（DfE）支持的在线 STEM 目录是教师找到该工程项目，并将其纳入课程或课外俱乐部的另一个关键资源，这些组织可以提供单一课程的想法与材料，也可以与学校合作提供较长久的方案；②学龄儿童可能会通过课外俱乐部或比赛接触工程学；③工程师们通过工程项目自愿进入学校，支持教师传授科学或数学课程、辅导课外俱乐部，90% 的中学每年至少邀请一次 STEM 大使；④学校组织学生参观工程公司；

⑤参与工程博览会等大型活动，学生、工程师和科学家可以一起进行科学研讨。[①]

工程作为一个明确定义的课程科目在英国是缺席的。它是一门跨学科的学科，将科学、数学与设计、艺术和创造力结合起来，以解决复杂的技术问题。英国皇家工程院与温彻斯特大学合作，描述了在学习者中培养一系列工程思维习惯的必要性；在工程师身上可以识别的特征或属性，包括创造性的问题解决、适应和系统思维以及其他重要的行为，如伦理判断。这些技能被认为对 21 世纪很重要，最近在英国部分地区，人们开始认识和培养这些技能。涵盖工程要素的 STEM 学科在英国的所有地方都被认为是至关重要的，并且得到大力推广。英格兰对课程进行了修改，将重点放在确保学生毕业后拥有进入职场所需的技能、经验和知识上。2010 年实施的卓越课程鼓励教师传授跨学科学习，将知识和技能与更广泛的主题联系起来。2017 年，苏格兰推出了 STEM 教育和培训战略（STEM Education and Training Strategy），其中包括基于 STEM 教师培训数量的指标、STEM 基金会学徒人数的增加，以及通过物理和计算机科学考试的女性人数增加的具体目标。威尔士政府根据唐纳森教授（Graham Donaldson）的《成功的未来》报告开发新的课程。该报告提出了威尔士教育的未来愿景，将 3 岁至 16 岁的 STEM 技能培养放在了最重要的位置。揭示科学、数学、计算、设计和技术之间联系，才能使工程学科变得鲜活，易于被学生接受。[②]

（三）强化经验导向的学习

2016 年以来，英国皇家工程院发布的多个报告都表明，将理论知识应用于解决实际工程问题的能力被工程界视为新员工"最重要的能力"，也是工程教育需要加强的内容。皇家工程院指出，行业相关的技能（industry-related skills）大多是"隐性的"（tacit knowledge），即拥有但可能难以详细描述的知识，例如，如何骑自行车，如何产生一个想法。经验导向的学习（experience-led learning），则可以帮助学生获得将理论知识应用于实际工业问题的能力。皇家工程院倡导遵循以下十个原则，在课堂上带领学生开展以经验为导向的学习。

（1）理解和使用合适的学习框架，如 VaNTH 方法。其关键思想是教学必须是以知识为中心的（从基本的事实出发）；以学生为中心的（从学生原有的知识经验出发）；以评估为中心的（每个人都需要反思）；以社区为中心的（每个人都

---

① Thinking like an engineer Implications for the education system [EB/OL]. [2004-05]. https://www.raeng.org.uk/publications/reports/thinking-like-an-engineer-implications-full-report.

② Engineering skills for the future The 2013 Perkins Review revisited [EB/OL]. [2019-01]. https://www.raeng.org.uk/publications/reports/engineering-skills-for-the-future.

要进入一个具体的情景中）。除了 VaNTH 方法，也可以思考并选择合适的教学模式。

（2）课堂活动的设计应考虑到学生的动机。激发学生的内在动机，给予学生足够的自主性，让学生实现技能的不断发展成长。

（3）帮助学生意识到行业相关技能的重要性，如展示专业技能列表，将技能与项目联系起来，展示真实项目的故事或工作面试。

（4）将隐形技能显式发展。即将隐形技能分解为步骤，随着学生熟悉这些步骤，将不需要明确地思考它们，对技能的使用逐渐变得更加默契。通过使用网络资源、相互沟通交流、学习术语、阅读相关书籍等方式，可以帮助学生完成这样的过程。

（5）将项目经验和生活经验结合起来。教师可以在教学中使用交互式课堂技术、检查学生每日所学知识、谨慎提问从而了解学生原有的知识经验水平。

（6）允许学生扮演现实世界中的角色，并与其他学生在特定场景中扮演的角色进行互动。角色扮演需要做好基础准备，如知识储备，脚本准备等。此外，可以与不同专业的人一起进行角色扮演，确保角色扮演的真实性，可适当引入竞争机制。

（7）使用基于项目的学习（PBL）。PBL 项目的设计要素包括具有挑战性的问题、持续的调查、真实性、学生的看法与选择、反思、批评与修订、公共产品。

（8）帮助学生发展组织良好的知识体系。这需要在教学中构建起知识的大框架，明确错误概念、理解知识的层次结构与知识的联系。

（9）使用形成性评价。在评价过程中，引入学生互评、个人自评等多元评价方式。进一步规范教师评价，关注学生对基础概念的理解，重视质量而非数量，并使评价标准公开透明。

（10）使教学环境更接近工作环境。可采取的措施包括在课堂上体现职业价值、跨年级的设计项目、邀请行业企业专家、确保团队内部成员的多样性、学生主导项目、提供给学生需要的支持。[①]皇家工程院同时提供了一系列案例库，供高等教育机构参考，具体参见第七节帝国理工大学的案例介绍。

（四）产学研合作

英国工程教育的产学研合作主要源于 20 世纪 80 年代后的发展。当时，撒切尔主义（The Thatcherism）成为高等教育改革的重要力量，政府推行"大市场、

---

① Experience-led learning for engineers–A good practice guide [EB/OL]. [2016-09]. https://www.raeng.org.uk/publications/reports/experience-led-learning-for-engineers.

小政府"的新自由主义经济政策，减少政府公共开支，削减高等教育经费，一定程度上迫使高校与企业合作，寻求资金投入以供自身发展。1986年，工业与高等教育理事会（Council for Industry and Higher Education，CIHE）成立，该机构是由高级企业领袖和副校长组成的战略领导网络，特别关注企业和大学在哪些方面可以结合起来，共同致力于提高经济竞争力和社会凝聚力。20世纪80年代后，英国出台了一系列政策和计划促进产学研合作，包括教学公司计划、法拉第合作伙伴计划、技术前瞻计划、连接方案计划、共同研究设备方案、科学与工程合作奖励计划等。

英国国家大学和产业中心（National Centre for Universities and Business，NCUB），致力于更紧密地将大学、企业和政府连接起来。该组织每年都会发布报告，对英国产学研合作的情况进行统计和反思，最新的报告（2020年）是对2017/2018年的数据进行分析与总结。总体来看，相较于2016/2017年，2017/2018年大学与企业的互动数据增加了10.2%，互动活动的收入增长了3.9%，超过8.9亿英镑。大学与中小企业的互动次数增长了11.9%，达到85 218次，但收入仅增长了0.5%。大学与大型企业的互动次数增长了5.5%，达到27 645次，收入增长了5.5%。大学与中小企业的互动以及企业对高等教育研发支出的增加尤为明显，总投资增长了8.7%，达到3.89亿英镑。此外，授予英国大学的专利数量增长至1 770项，增长了27.7%。

此外，创立科技园和技术孵化器也是推动工程教育产学研合作的重要举措。例如，牛津大学周边区域已形成了三个不同层次的高科技产业园区，分别为大型的米尔顿科技园（Milton Science Park）、中型的马格达伦科技园（Magdalen Science Park）和小型的贝格布罗克科技园（Begbroke Science Park）。科技园的建立不但为牛津大学提供了教学和科研的实践基地，而且所获取的部分收益会返还到学校的各项建设上，有力促进了产学研的结合，形成了互动多赢、综合发展的良好格局。牛津科技园已形成规范的风险投资运作模式，如与投资机构合作成立"科技投资俱乐部"，定期举办俱乐部形式的聚会，寻求投资机会，帮助入园企业成长，给会员投资人优先投资牛津大学专利技术的权利。此外，牛津科技园强化孵化器功能，提供宽松的环境、政策支持以及优质的服务。入园企业大多有牛津大学教学科研人员的直接参与，企业为学校提供研究资金，学校帮助其解决技术问题，提高研究能力，完善产品质量。学校还会定期就一些新型技术或领域举办研讨会或讲座，确保公司技术的前瞻性。[①]

——————————

① 许长青. 产学新型合作伙伴关系：来自英国的经验 [J]. 高教探索 1,（2009）: 63–69.

近年来，英国主要着力于搭建产学研平台，给个体、企业、组织更多参与前沿创新项目的机会。2018 年，英国商业、能源和产业战略部支持成立"英国研究与创新中心"（UK Research and Innovation），发布前沿创新项目，给个体、企业、组织获得更多参与和贡献的机会。2020—2021 年，英国研究与创新中心共资助各类项目 31 亿英镑，包含 58 280 个个体、3 872 个组织、3 167 个中小型企业。研究与创新中心的一大特点在于不同的个体都有机会申请相关的项目资助，一些项目仅需要具有研究生学位及过往安全使用基金和执行研究的记录即可申请①。

除此之外英国政府近年特别注重发展关键领域技能。2016 年，宣布建立国家学院（National College），在核能，教学技能，高铁、陆上石油、天然气，创意和文化产业几个关键领域开展培训。

（五）注重学术自治

英国工程教育注重学术自治，以根据市场需求灵活调整课程体系。尽管从 20 世纪初开始，政府逐渐加大了对高等教育的管理和监督力度，但英国政府对大学却始终保持着不直接控制的政策。政府对大学的有限干预，主要在拨款、立法、评估三个方面，具体组织实施由第三方机构负责。大学作为自治体，有着较大的自主权，是独立的法人组织。英国大学之所以有如此大的自主权，来源于几个方面的原因。

（1）组织架构运行体制提供保障。英国大学内部一般实行的是理事会决策下的校长负责制，英国大学校长只是虚设的名誉职位，不参与大学任何事务。理事会是学校的最高管理部门，校内的校务委员会是理事会的执行机构，评议会是学校学术事务的最高管理机构和执行机构。理事会和校务委员会中会有相当数量的校外人员，包括学生，社会各界参与程度高，形成了较为严格的约束制，保障大学自治权不被滥用。

（2）大学联盟、联邦大学为协商博弈提供了空间。在大学自治与政府调控之间，不同类型的大学为在政策思想生产和规制框架运作中扮演关键角色，先后自发地形成各类联盟机构。如代表研究型大学的罗素大学集团，代表新兴大学的英国大学联盟、联邦制大学。大学对外统一宣传、扩大影响，形成了大学自治的联盟保障，在英国高等教育政策制定中扮演了博弈一方的角色，一定程度上对支撑和捍卫大学自治起到了重要作用。

（3）充分发挥中介组织的作用，形成治理缓冲空间。英国政府与大学之间存

---

① 参见 https://www.ukri.org/。

在一系列的中介组织，包括大学拨款委员会、高等教育质量保障署、公平入学办公室、学生贷款公司、独立裁决员办公室等机构。这些中介组织充当着协调者的角色，一方面体现着国家的高等教育职能，另一方面又是大学自治权利的维护者，同时，它还协调着国家干预与大学自治之间的关系。以大学拨款委员会为代表，通过专门的中介机构来协调高校、政府、社会之间的供给与需求关系，以此来保证政府更有效地进行宏观调控和高等院校更有效地面向社会自主办学，也有利于各种层次和各种类型的高等教育改革顺利进行[①]。

二、特色人才培养模式

（一）开设工程和计算机硕士转换课程

2014年12月，英国政府邀请高等教育资助委员会（Higher Education Funding Council for England，HEFCE）支持高等教育机构，为非工程学毕业生开发和试点工程和计算机硕士转换课程（Engineering and Computing Conversion Masters Courses），从而增加工程领域毕业生的供应。转换课程的目标是将数学和物理专业的本科毕业生，或更为广泛 STEM 专业本科毕业生，转化为工程专业的硕士学生。2015年秋季，商业、创新和技能部（Department for Business, Innovation and Skills，BIS）和英国高等教育资助委员会（HEFCE）向高等教育机构提供了资金，以支持工程领域试点转换课程。此后，数字、文化、媒体和体育部（Department for Digital, Culture, Media and Sport，DCMS）进一步将资金扩大到数据科学、网络安全和软件工程领域。2016年，职业研究与咨询中心（Careers Research and Advisory Centre，CRAC）被任命为评估机构，初步评估这种方法在多大程度上有助于增加工程和计算机相关领域高技能毕业生的数量和范围。为了满足高等教育的应届毕业生，及已经就业的毕业生提高技能的需求，鼓励高等教育机构采取灵活的教育方式，包括全日制（FT）、兼职（PT）和远程学习。

评估最终于2018年12月31日结束，评估结果显示：在2018/2019年度，共有31门新课程正在积极向注册学生提供，其中21门是工程类课程，6门是计算机类课程，4门是数据科学类课程。截至评估结束，共有833名学生注册了转换课程，其中500多人学习了数据科学课程，230多人学习了工程课程，近90人学

---

① 姜孔桥.英国的高校自治与政府调控及启示 [J]. 北京教育（高教），2017（1）: 87–89.

习了与计算机相关的课程。从项目开始到评估期间，每年参与项目的学生人数都在增长。在入学的学生中，有三分之二是转换学生，即拥有与硕士课程学科不相干的第一学位。60% 的学生是英国本土学生，这一比例高于英国现有大多数的学科。超过三分之一的学生是成熟的学生（超过 30 岁）。有证据表明，四分之三的学生是重新回到高校学习，以提高技能或重新掌握技能，其中一些人在就业时兼职学习。而超过一半学习工程转换课程的学生是在获得第一学位后立即升学。在这两组人中，很少有人（小于 5%）在学习之前就已经失业了。绝大多数入学的学生都能够顺利完成课程，并获得学位。从对进入工程 / 计算机职业的影响来看，对该计划的长期成果进行有力评估还为时过早，根据学生在完成学业后预期下一步行动，高达 90% 的参与者表示他们会从事工程或计算机专业相关的工作。总的来说，评估结果表明毕业生通过转换课程获得工程或计算机硕士学位是可行的。

（二）工程博士培养

工程博士项目是英国工程教育的一大特色，在世界范围内享有良好声誉。英国于 1992 年开始设置工程博士专业学位，由工程和自然科学研究委员会（The Engineering and Physical Sciences Research Council，EPSRC）建立。英国工程博士专业学位别具特色，其创新之处在于：英国的工程博士学位是专业学位，拥有较强的职业导向，致力于满足工业界的需要以及毕业生在工业界职业发展的需要。

英国工程博士的培养流程及特点如下（见图 2–4）[①]。

（1）培养目标。强调成为工程行业领军人物的胜任能力，以及具备行业背景下的前沿研究能力。要求获得以下知识和能力：研究项目领域的工程专业知识、项目管理实施、财务预算把控、领导团队技能、产品发展战略、市场营销意识、对于复杂问题寻找解决方法的能力，以及把知识和技能应用于新的场景中的变通能力。

（2）招生录取。招收在工程产业领域谋求发展或晋升的人，主要来自企业的雇员，由各工程博士中心组织考察和面试。

（3）培养方式。学制 4 年，第 1 年课程学习，第 2～4 年在企业进行课题研究，共考核两次。第一次考核是在课程学习结束之后进行的书面考试，同时进行开题报告，未通过者会中途退出或获得相应专业的哲学硕士学位，通过者才能进行下一阶段的研究和学习。第二次考核是最后的论文和答辩，论文要求与其从事的行

---

① 雷环，王孙禹，钟周. 创新型高水平工程人才的培养——英国工程博士培养的创新与矛盾 [J]. 学位与研究生教育，2007（12）：61–67.

业相关，对学科领域有原创性贡献且水平与学术博士相当，参加答辩的专家要求至少有一位来自产业领域，一般情况下每个工程博士有两次答辩机会。

（4）组织单位。包括工程与自然科学研究理事会、工程协会、工程博士中心、资助企业。

（5）质量保障。质量保障分为内部与外部，内部包括严格的招录条件、合理的课程设置、均衡的时间分配、规范的过程考核、有效的协同指导等；外部包括工程与自然科学研究理事会、专业工程学会、质量保障署，进行审查和认证。

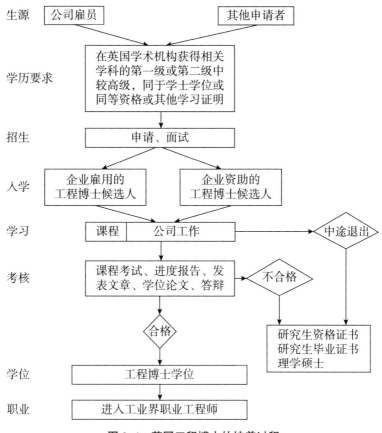

图 2-4　英国工程博士的培养过程

三、工程人才培养的历史发展

在英国工程教育体系中，人才培养实现了从传统非精英式的实践培训路线，到专业化与正规化并存的高等教育体系的转变。

回顾英国工程教育的发展历史，不难发现英国工程人才培养始于作坊或家庭中的学徒制，在一开始没有任何教育机构的参与①。随着工程教育的规范化发展，工程学徒们开始参与包含数学、物理、技术等科学科目的特殊培训，以获取工程师协会或组织的专业认证，代表性的工程师协会包括土木工程师学会（Institution of Civil Engineers，ICE）、机械工程师学会（Institution of Mechanical Engineers，IMechE）等。尽管当时工程师执业并没有法律上的限制，但上述机构的会员资格受到了工程行业的普遍认可，并在从业声誉方面具有重大优势。可以说，在各自的专业领域内，工程师协会的会员资格代表了 20 世纪专业工程师所能接受的最高教育和培训②。尽管引入了科学知识的教学，但在该时期，英国工程教育人才培养仍是由工程实践主导的，具有浓烈实用主义的色彩。

直到 19 世纪中后期，工程教育才被逐步引入到高等教育人才培养体系中。英国大学工程科学的第一位倡导者兰金（William John Macquorn Rankine）指出，需要在大学中探索一种"纯科学和纯实践之间"的工程教育范式③。他将工程学确立为一门大学课程，具有坚实的科学理论基础，并通过授予工程学位体现认可。此后，英国政府开始牵头对现有大学进行改革，建立新的高等教育机构，为工程学作为一门高等教育学科在英国扎根创造了条件。现阶段，英国工程教育已经奠定了坚实的科学理论基础，工程也被一些大学视为一门专业学科，但在说服整个高等教育体系接受工程教育作为一个重要组成部分之前，还有许多工作要做。

在 19 世纪后期，伦敦大学在英国工程教育领域占据了领导地位，率先开展了一系列高等工程教育改革，包括建立了第一个工程教学实验室、成立了独立的工程学院等④，这标志着工程进入英国高等教育体系的初步成功。此后，伦敦地区的其他高等学府都在积极鼓励科学研究和工程教学的发展，采取的举措包括开设专门的工程部门或工科专业、将启发式教学原则和"三明治"模式付诸工程教育实践等。在建设高等工程教育体系的过程中，伦敦起到了强有力的领导作用，其影响也辐射到了英国其他地区，新的高等工程教育机构正在更大的工业城市扎根，包括利兹、利物浦、谢菲尔德、伯明翰、诺丁汉等。到"一战"时，英国工程教育已发生了显著的变化，其性质已从一门"以实践经验为基础"的传统工艺，

① Buchanan R A., Engineers in Britain: A Sociological Study of the Engineering Dimension by Ian A. Glover, Michael P. kelly [J]. Technology and Culture,1989, 30 (3): 704–705.

② Hirose S. Two classes of British engineers: An analysis of their education and training, 1880s–1930s. [J] Technology and Culture, 2010, 51 (2): 388–402.

③ Channell D F. The harmony of theory and practice: The engineering science of WJM Rankine. [J] Technology and culture, 1982, 23 (1): 39–52.

④ Bellot H H. University College, London, 1826—1926 [J]. University of London Press, Limited. 1929.

逐步转变为一门健全的、"以科学原理为基础"的理论学科。①英国的高等教育机构也为产业界提供了充足的、具备科学理论基础的工程人才。

回顾工程人才培养模式的发展，可以发现英国工程教育始终是以实践经验为导向的，并在专业化、正规化改革过程中，不断探索将实践与科学理论结合的方法，形成了"三明治"模式、产学研合作、经验导向的学习等一系列鲜明特征。进入 21 世纪，工程行业正在经历前所未有的全球性变化。随着科学技术的进步，传统的工程教学已经不能满足产业对人才的需求，高等工程教育需要培养面向未来的工程师，使他们具备管理快速变化、不确定性和复杂性所需的技能和专业知识。因此，英国工程教育在未来要进一步关注"全球技能"（Global Skills）的培养②，例如，在早期教学中引入 STEM 课程，进一步提升人才培养模式的包容性、多样性等。

小结

英国工程教育与人才培养有四大特点："三明治"模式、重视STEM课程建设、经验导向的学习与产学研合作。首先，"三明治"模式是指在校学习与企业实习交替的、形似"三明治"的课程设置模式。作为英国工程教育最突出的特点，它有效兼顾了学校的理论学习与企业的工作学习，能有效提升学生对知识的理解以及运用知识解决实际问题的能力。其次，重视 STEM 课程建设也是英国工程人才培养的重要举措之一。伴随人们对技能的关注，作为工程课程科目的有效替补，STEM 学科在英国的重要性日益提升，政府出台了一系列战略法案来保障 STEM 学科的发展。再次，经验导向的学习也是英国工程教育的一大特色，它可以帮助学生获得将理论知识应用于实际工作问题的能力。最后，是产学研合作，从 20 世纪后期的经济政策迫使校企合作，到如今设立专门的机构部门或科技园推动大学、企业和政府联动，工程教育产学研合作的主动性与方式的多样性均有质的提升。在英国工程教育体系中，硕士与工程博士的培养都具有独特的实践模式。在硕士培养上，英国开设了工程和计算机硕士转换课程，将其他专业的本科毕业生转化为工程专业的硕士学生。政府也从政策、资金等多个方面支持转换课程的建设及其效果评估，也通过评估初步验证了转换课程的可行性。在博士培养上，

---

① Buchanan R A. The rise of scientific engineering in Britain [J] . The BritishJournal for the History of Science, 1985, 18 (2): 218–233.

② Bourn D, Neal I. The Global Engineer: Incorporating global skills within UK higher education of engineers. [J]. Fort worth Business Press. 2008

英国工程博士有较强的职业导向，同时具备包括培养目标、招生录取、培养方式、组织体系和质量保障在内的全套培养流程，持续为工业界输送高素质人才，在世界范围内都享有良好声誉。

工程教育研究与学科建设

一、工程教育组织

（一）英国工程委员会

英国工程委员会（Engineering Council，EC），是英国工程业监管机构，负责英国工程师的注册认证事务，负责认可工程教育及培训课程，同时为学生、工程师、雇主与学校提供注册指引。英国工程委员会于1981年经皇家特许正式成立，此前，英国的专业工程机构是于1818年成立的土木工程师学会（Institution of Civil Engineers，ICE）、1847年成立的英国机械工程师学会（Institution of Mechanical Engineers），以及1871年成立的英国工程技术学会（Institution of Engineering and Technology）。这三个机构被称为"三大机构"，因为它们共同代表了80%的英国注册工程师。工程机构联合委员会成立于1964年，后来于1965年11月成为工程机构委员会（Council of Engineering Institutions，CEI），拥有皇家特许，其提供了EC现在提供的所有主要功能。CEI为工程人才的资格认证和执业注册设立了非常有意义的分类，即特许工程师（CEng）、技术员工程师（TEng）（现改称技术工程师，IEng）和工程技术员（EngTch）。尽管如此，CEI在协调各个工程协会的关系，尤其是在整个工程专业界的公共事务处理上，并没有取得理想的效果。1995年，《费尼斯顿报告》（The Finniston Report）提出了工程资格注册的建议。1981年年底，英国工程委员会经皇家特许正式成立，取代CEI，英国工程与工程教育综合改革正式启动。[①]

---

① 蒋石梅，王沛民.英国工程理事会：工程教育改革的发动机 [J].高等工程教育研究，2007（1）：16–23.

作为英国工程活动的核心组织者和各方利益的协调者，EC 主要处理以下四方的关系：专业界（包括各协会）、政府、教育系统以及工商业界，对外则要面对公众和国际专业团体。理事会共设三个常设委员会：工业委员会（SCI）、教育和培训委员会（SCET）和专业协会委员会（SCPI）。SCET 又分设两个具体的委员会：工程专业委员会和工业委员会。前者承担高等教育和培训功能，以保证工程专业协会和大学之间现有联系的进一步加强；后者承担为工程师提供继续教育和培训功能，以及与学校的联络活动，目的是促进工业和学校之间的联系。SCPI 负责英国工程理事会和各专业协会之间的联系，其下设两个委员会：提名委员会和工程师注册局（BER）。提名委员会负责评估希望成为 EC 的提名团体（"Nominated" Body）和授权团（"Authorized" Body）的专业工程协会。BER 由专业协会代表组成，主要作为思想库，协调理事会和各委员会之间的关系，负责与专业资格相关的注册、考试等工作。

1995 年 EC 依法选举产生了评议会取代非选举产生的理事会，同时设直接向评议会汇报的两个局：工程专业局和工程师管理局。工程专业局负责组织全英范围内有关工程专业的全局性事务；工程师管理局接管原来的工程师注册局，负责教育、培训和继续专业发展（CPD），并主持 EC 注册。这次改革的目的是建立一个顶层组织，发出工程专业强有力的声音。1996 年，EC 与政府签订意义重大的谅解备忘录，政府正式承认 EC 是代表英国工程专业的团体，政府和 EC 共同保持合格的专业工程师人力资源的供应。政府还希望在以工程为核心的领域，如教育、培训和工业竞争力等方面，EC 为政府提供咨询意见。[①]

（二）英国皇家工程院

皇家工程院（Royal Academy of Engineering）成立于 1976 年，是英国的学术荣誉性机构，是英国工程学界的专业性行业组织，入选皇家工程院，被英国工程师视为最高荣誉。皇家工程院在创始之初名为"工程会士团队"（Fellowship of Engineering）。1983 年，皇家宪章（Royal Charter）颁布准许工程院的成立。1992 年，工程院改作现名"皇家工程院"，其由工程科技各领域的专家组成，致力于将各领域最杰出的工程科技专家组织起来促进科学、艺术和工程科技的繁荣。英国皇家工程院的战略重点包括提高英国的工程科技能力、表彰优秀并且激励下一代、引领思想潮流，每个战略重点对工程科技欣欣向荣以及社会的健康发展具有重要作用。2020—2025 年，皇家工程院的战略目标是利用工程的力量来

---

① 蒋石梅，王沛民. 英国工程理事会：工程教育改革的发动机 [J]. 高等工程教育研究，2007（1）: 16-23.

建立一个可持续发展的社会和包容性经济。^①为此，在未来 5 年将投资至少 1.8 亿英镑，改变人们对于工程的看法，吸引更多人加入工程职业。

为了鼓励更多的人成为工程师，解决英国目前存在的工程技能的挑战，英国皇家工程院面向所有教育阶段，发起了一系列工程教育相关的项目，涵盖了学校的 STEM 教育、对 16 岁后教育和高等教育的支持，以及改善工程教学的相关研究与政策。其官网教育模块包含七大主题，如下所示。

（1）在家学习 STEM（STEM at Home）。该模块提供了一系列可以支持学生在家学习的 STEM 课程活动。鼓励学生和家长亲自动手、调查，发现并解决生活中的工程困难，享受工程乐趣。

（2）这就是工程（This is Engineering）模块。这是由皇家工程院、"工程英国"组织（EngineeringUK）以及一些主要的工程组织合作领导多年的活动，目的在于鼓励来自不同背景的年轻人考虑从事工程职业。该项目的核心是一系列短片，每个短片都描述了一位富有创造力的年轻工程师，这些年轻人将自己感兴趣的事物，如运动、时尚、科技等融入工程并对未来展开想象。

（3）学校（Schools）。英国皇家工程院为学校提供了丰富的工程相关课程、STEM 学习资源，以及工程教学方法的指导。

（4）工程相关职业（Engineering Career）。介绍工程领域的相关职业以及如何才能从事相关职业。

（5）16 岁后的教育（Post-16 Education）。该模块主要致力于为继续教育者或者 16 岁后的人群提供工程教育相关的咨询和资源，如教学和学习资源、女性技术员和工程师的案例研究、T-level 相关信息。

（6）教育报告（Education Report）。提供英国工程教育领域的相关研究和进展报告。

（7）网络研讨会（Webinar Series）模块。该项目推出了一系列在线 STEM 教育和技能政策研讨会。研讨会邀请不同嘉宾就不同工程教育相关主题进行研讨，参与者可与演讲者进行问答互动。^②

（三）EngineeringUK

"工程英国" EngineeringUK 是一个非营利组织，与英国工程界、教育和政府

---

① Royal Academy of Engineering [EB/OL]. [2021-02-27]. https://en.wikipedia.org/wiki/Royal_Academy_of_Engineering.

② Royal Academy of Engineering [EB/OL]. [2021-07-09]. https://www.raeng.org.uk/education.

人员共同努力，以培养能够面向未来的英国工程师，增加英国未来工程师的数量，实现英国工程师的多样性，推动英国成为工程界创新的领导者。EngineeringUK 通过三大策略实现其战略目标。

（1）增加感染力和影响力，即向更多的、更多样化的年轻人传播有关于工程职业的信息；

（2）关注细节，关注年轻人在进入工程领域时存有的积极因素和阻碍因素，以及良好的实践活动，成为年轻人信赖的信息分享者；

（3）集体影响，简化环境，通过伙伴以及合作形式，激励更多、更多样化的年轻人进入工程领域。

EngineeringUK 一方面发起很多工程教育的相关项目，如能量探索（Energy Quest），该项目是面向学校的课程相关计划，鼓励年轻人了解有关可持续能源的所有信息并了解相关的工程职业。另一方面，EngineeringUK 开展了诸多英国工程的研究并发布报告，对工程教育的变革与发展起到指导作用。①

（四）中英研究联盟

2020 年 12 月 3 日，中英大学工程教育与研究联盟 2020 年度高端论坛在中国南京东南大学举行。来自中英两国 14 所大学的校领导相聚云端，围绕"后疫情时代如何构建人类命运共同体：高等教育的机遇与挑战"的主题，探讨了未来高等教育发展与国际交流合作的新路径。与会的其他中英大学校领导也从后疫情时代高等教育的机遇与挑战、在线教育发展、国际化人才培养、国际科研合作、工程教育模式探索与实践等角度阐述了自己的思考及建议。会议特别强调了后疫情时代产业数字化和数字产业化的发展趋势，并对工程创新人才提出新的需求，将跨学科思维、跨界整合能力、全球胜任力等作为人才培养的核心素养。

二、研究热点

以"British&UK Engineering Education"为关键词在谷歌学术上进行搜索，查看相关文章的关键字以及摘要，同时浏览英国工程委员会、英国皇家工程院、EngineeringUK 发布的工程教育相关报告，可以发现，近年来英国工程教育研究趋势和热点主要集中在以下方面。

---

① EngineeringUK [EB/OL]. [2021-07-10]. https://www.engineeringuk.com/about-us/overview/.

（一）工程领域的多样性和包容性

英国工程正面临着严重的技能短缺，工程教育的多样性和包容性不仅有助于培养更多的工程人才，还有助于推动创新和创造力[①]。增加工程的多样性意味着采取行动增加社会弱势群体，如残疾人、少数族裔群体、妇女、女同性恋、男同性恋和跨性别者的代表性。目前，在工程领域这些群体的代表性仍是不足的；包容性涉及对多样性和公平性的理解，美国高校协会（AACU）将其定义为："积极、有意识和持续地参与多样性，在课程和个人可以与之联系的社区中，以提高意识、内容知识和认识复杂的方式对个人在系统和机构内互动的复杂方式有富含同理心的理解。"皇家工程院、EngineeringUK 等组织极为重视工程领域的多样性与包容性（diversity and inclusion），围绕这一主题，发布多份专门报告，关注女性等群体在工程学岗位上的趋势（如 EngineeringUK 2022 年发布 Women in Engineering）。

（二）面向未来的教育改革

工程领域是广泛的、不断发展的，是促进人类发展和经济增长的组成部分。工程师在设计和开发使世界更安全的基础设施、系统和流程方面发挥着至关重要的作用，并最终支持实现更美好、广泛的社会构想，如联合国可持续发展目标。但目前的英国工程教育体系，从数量和质量上来看，均不能提供未来所需的工程师。面向未来的工程师应具备哪些技能，课程内容、教学方法甚至整个工程教育体系都需要进行改革[②]。

（三）工程领导力的培养

工程领域不断变化，工程师的角色和责任也在不断演变。调研显示，业界最期待的工程领导力是工程课程中最缺少的，行业领导力需求与本科生课程最重要内容之间存在脱节。大学在培养工程师时，应遵循以专业知识和软技能结合的综合教学法，将领导力纳入课程。当前关于领导力定义的讨论还没有达成共识，很难在狭窄范围内完整地将其内涵表述清楚，已有研究将工程领导力要素归纳为性格发展、商业知识、人际交往技巧、内省技能、管理技能、领导力研究。此外，也有研究探索提升学习者工程领导力的方法，如对罗素集团下的约克大学电子工

---

① Royal Academy of Engineering. Designing inclusion into engineering education [EB/OL]. http://www.raeng. org.uk/publications/reports/, 2018–7.

② Royal Academy of Engineering. Why is D&I important? [EB/OL]. [2021-07-09]. https://www.raeng.org.uk/ diversity-in-engineering/business-benefits-key-facts.

程系案例进行研究表明，在整个学位课程中，将商业管理技能（如领导力和团队合作能力）嵌入不同模块的课程设计中，基于小组环境使用项目式学习方法，可以有效提高学生的工程领导力[①]。

（四）教师队伍建设

根据英国的高等教育入学制度，进入高等工程教育领域的学生，需要在中学期间学习 STEM 课程。近年来的数据显示，STEM 教师（特别是数学、物理两个学科）存在严重短缺。一方面，有关于工作量过大、工资涨幅低于通货膨胀率，以及教师行业普遍士气低落的新闻报道，使人们不敢选择教师作为职业，导致教师招聘人数不能达到预期目标；另一方面，现有教师也在不断流失，且科学教师的流失率相较于其他学科教师更高。针对这一现象，英国政府采取了一些举措，例如，面向物理和数学这两个关键短缺学科进行定向招聘；为提供鼓励优秀教师留任的额外经济激励措施，如注销学生贷款、提高教师薪酬；在学校领导和教学联盟的支持下，邀请工科毕业生和专业工程师参与教学工作。

同时，政府对教师留用问题进行广泛的审查，包括审查毕业生对教师这一职业的看法，并解决入职障碍；审查学校领导、工会和雇主引进"双师型教师"的机会。此外，在教师入职后，政府加大了支持教师学科专业发展的力度，参与高质量专业学习的教师更有可能继续教学更长时间。英国各地的政府和权力下放的行政部门享有固定资金，确保数学、科学、设计、技术以及计算的教师，每年有40 小时的特定学科持续专业发展的受保护权利[②]。

小结

英国工程教育的发展离不开专业组织的推动，这些事业组织以英国工程委员会、英国皇家工程院、EngineeringUK 和中英研究联盟为代表。英国工程委员会始于 19 世纪的"三大机构"，后经漫长的演变与改进，于 1981 年年底经皇家特许正式成立。作为英国工程活动的核心组织者和各方利益的协调者，它下设SCI、SCET 和 SCPI 三大常委会，承担了英国工程师的注册认证、工程教育及课

---

① Daley, Joshua, and Bidyut Baruah. Leadership skills development among engineering students in Higher Education–an analysis of the Russell Group universities in the UK [J]. European Journal of Engineering Education 46.4 (2021): 528–556.

② Engineering skills for the future The 2013 Perkins Review revisited [EB/OL]. [2022-09-01]. https://www.raeng.org.uk/publications/reports/engineering-skills-for-the-future.

程的认可、注册指引等职责；英国皇家工程院是英国工程学界的专业性行业组织，将领域杰出的工程专家组织起来，促进英国工程科技的繁荣发展。同时，它还承担了激励和教育下一代工程人才的重要作用，发起了一系列与工程教育相关的项目；EngineeringUK 是一个非营利组织，旨在培养面向未来的英国工程师；中英研究联盟，全称为"中英大学工程教育与研究联盟"，通过论坛形式汇聚来自中英两国的校领导和学者，共同探讨工程教育的未来发展。

通过对英国工程教育主题文献和报告的分析，可以发现近年来英国工程教育研究趋势和热点集中如下：首先是工程教育的多样性和包容性，现阶段工程教育对于社会弱势群体的包容性和代表性仍不足，需要在未来研究中予以重视；其次是面向未来的教育改革，现阶段英国工程教育体系并不能培养面向未来的工程师，"未来工程师应该具备怎样的能力素养？""如何培养面向未来的工程师？"等问题亟待解决；再次是工程领导力的概念界定及培养方法，也是领域研究关注的重点；最后是教师队伍建设，现阶段受众多因素影响，STEM 教师严重短缺，研究应进一步关注 STEM 教师职业认同感培养及其未来专业发展。

第五节

政府作用：政策与环境

为了鼓励更多的年轻人进入工程教育，英国政府采取了一系列行动，其中包括激励高等教育机构开设 STEM 课程、实施产业战略、生涯教育供给、对地方进行权力下放等。

一、产业战略

2017 年年底，英国政府发布《产业战略：建设适应未来的英国》白皮书（Industrial Strategy: Building a Britain Fit for the Future），宣布实施产业战略，释放出致力于提高生产率和构建英国经济的信号。其中包括在快速的技术变革和"工业 4.0"的背景下，确保年轻人能胜任高技能工作的需要。该战略特别评论了解决 STEM 技能短缺的必要性，并旨在通过为新企业的蓬勃发展创造条件和为下一代提供机会来取得进展。同时，该战略还特别提出了为未来 STEM 教育和工程教育提供经费和政策支持，具体包括：到 2027 年，研究与开发经费（R&D）达到 GDP 比例的 2.4%；为数学、数字和技术教育增加 4 亿英镑的投入，以应对 STEM 技能短缺的问题；为提高行业生产率，在政府和产业之间设立行业交易所（Sector Deals），首批交易涉及生命科学、建筑、人工智能和汽车行业。

二、职业政策

一个面向所有人的、蓬勃发展的职业体系，是保障社会流动性的核心要素。职业战略需要与产业战略相配，两者共同促进了 STE 和工程教育的参与度。职业战略的前提在于认识现状，即在过去一段时间内，由于政府采取的职业建议在全国范围内分布不均衡所导致的部分群体获得指导的缺失。因此，未来目标是，将寻求让英国成为一个更公平的地方，并通过促进社会流动性确保每个人（无论背景如何）都有机会建立一个有回报的职业生涯。

在上述原则的指导下，职业与企业公司（Careers & Enterprise Company，CEC）被赋予了更大的责任，为英国的学校和大学提供额外的支持，以优化他们的职业服务，包括帮助和指导，其中一些特别关注工程学科。根据 2019 年的报告，全国各地的就业指导都有所改善，中学和大学在就业支持的各个方面都取得了明显进展，例如，越来越多的年轻人与雇主之间的互动日益增多。

三、权力下放，放宽市场准入

过去几年内，英国中央政府不断将权力下放至英格兰、苏格兰、威尔士和北爱尔兰，以更加有针对性地解决不同地区的技能短缺问题。例如，2019 年苏格兰实施 STEM 教育 5 年战略；北爱尔兰于 2016 年发布《继续教育意味着成功：北爱尔兰继续教育战略》（Further Education Means Success：The Northern Ireland Strategy for Further Education），以促进 STEM 教育；威尔士发布《技能实施计划》（Skills Implementation Plan—Delivering the Policy Statement on Skills），提出要提高竞争力，帮助威尔士成为一个高技能社会，解决贫困问题，并在面对日益稀缺的资源时保持可持续发展，其中将 STEM 和工程教育放在核心位置。

与此同时，在高等教育财政方面，2018 年，英国教育部（DfE）对 18 岁以后的教育进行审查，鼓励基于学生需求、提供不同成本的课程、支持不同学科领域的差异化收费模式。这一方面带来工程学位课程费用可能增加的担忧，另一方面也为学生提供了更多元、透明的选择。2017 年，英国政府发布《高等教育和研究法案》（Higher Education and Research Act），其中放宽市场准入，通过创造更多的市场竞争、公布充足信息，便于学生做出选择来进行教育系统的优胜劣汰。在工程教育领域，一些新型教育机构诞生，如 2017 年戴森工程技术学院（Dyson Institute of Engineering and Technology）成立，招收本科生和研究生，学生将获得华威大学颁发的学位，同时也受雇于戴森的全球工程团队。随后，经过高等教育质量保证机构（Quality Assurance Agency for Higher Education）的严格评估，戴森工程技术学院拥有了独立的学位授予权。

四、多样化的研究资助和奖学金

2017 年 4 月 27 日，英国政府通过了《高等教育与研究法（2017）》（The Higher Education and Research Act 2017），该法律旨在通过一系列有关国家监管和市场化的改革措施，激发英国高等教育部门的活力，提高高等教育质量。该法律是英国近 25 年来在高等教育领域实行的最大规模综合性改革的成果。具体的改革举措主要包括以下四个方面：一是建立两个新的高等教育监管机构——学生办公室（Office for Students，OFS）和英国研究与创新中心（UK Research and Innovation，UKRI）；二是扩大高等教育机构的市场准入范畴，规范高等教育部门的市场竞争机制；三是建立基于风险的监管体系和合作监管路径；四是制定高等教育部门可持续的质量保障方案和标准。

研究与创新中心包含七个学科研究委员会：艺术与人文研究委员会（Arts and Humanities Research Council，AHRC）、生物技术与生物科学委员会（Biotechnology and Biological Sciences Research Council，BBSRC）、经济与社会研究理事会（Economic and Social Research Council，ESRC）、工程和物理科学研究理事会（Engineering and Physical Sciences Research Council，EPSRC）、英国医学研究理事会（Medical Research Council，MRC）、自然环境研究理事会（Natural Environment Research Council，NERC）、英国科学与技术设施理事会（Science and Technology Facilities Council，STFC）。其中，工程和物理科学研究理事会（EPSRC）通过资助先进的工程、数学、物理科学研究和培训，为英国提供杰出的探索性研究，推动强大的、道德的、安全的、可持续的技术进步，促进英国的

经济增长与繁荣。

根据英国研究与创新中心（UKRI）统计的数据显示，2020—2021 年度，UKRI 共提供了 4 668 项创新奖及奖学金，共 3.1 亿英镑。其中 EPSRC 获得 892 项，共计 0.717 亿英镑，所获资助总额在九个理事会中排名第二。EPSRC 所获的奖项和资助中，研究和创新奖项共 825 项，0.637 亿英镑。剩余 67 项，共计 0.08 亿英镑则为奖学金项目。

（一）研究资金

英国研究与创新中心《2020—2021 年整体计划》（Corporate Plan 2020—2021）中指出：2020—2021 年，EPSRC 将专注于三个互补的目标：①产生经济影响实现社会繁荣；②激发工程和物理科学研究的潜力；③实现英国工程和物理科学领域的未来愿景。关注四个至关重要的优先事项：①生产型国家——通过工程和科学促进增长，打造具有竞争力的绿色英国经济；②连接型国家——加强未来的数字技术；③健康型国家——携手合作，通过改善疾病预测、诊断和治疗所需的新材料、传感器、成像和分析技术来改变医疗保健；④灵活型国家——启用适应性的解决方案，使社会能够预测、适应和应对变化，无论是自然的、人为的、短期的、长期的，地方的、全球的。

EPSRC 提供了多种不同种类的资金推动工程和物理领域内研究的不断发展，这些资金大多面向的是 EPSRC 职权范围内的各类不同阶段研究者，包括不同层次的学生（以博士研究生居多）、不同类型的老师（如新任职开展研究的老师），以及有意愿与高等教育合作的企业等。也有一些资金项目面向特定的研究者。在学科领域上，资助化学、工程、信息和通信技术、材料、数学科学和物理学的研究[①]。在资金类型上，其包括以下几类。

1. 标准研究（Standard Research）

标准研究适用于任何有资格向 EPSRC 申请资助的人，包括各类研究者（学生、老师等）、与高等教育机构合作的企业等。研究主题必须是在与 EPSRC 职权范围相关的任何研究领域。标准研究资助非常灵活，支持的项目规模从小额短期到数百万英镑的研究计划不等。支持各类活动涉及可行性研究、仪器开发、海外旅行补助金、研讨会等。

---

① UK Research and Innovation. EPSRC remit [EB/OL]. [2022-7-31]. https://www.ukri.org/councils/epsrc/guidance-for-applicants/epsrc-remit/.

2. 国际资助（International Funding）

研究是国际性的，面临的挑战是全球性的，英国的研究者应该与世界各地最好的合作者合作。联合资助计划优先考虑中国、印度、日本和美国这四个国家。此外，海外旅行补助金为国际旅行和生活提供资金，为双边研究研讨会提供资金，可覆盖提供会议费用，参与者的旅行和住宿费用。

3. 新视野项目（New Horizons）

新视野项目为工程、信息和通信技术（ICT）等主题下，高风险且可能具有高回报的变革性研究项目提供资金。该项目于 2020 年开启首轮试点，向 126 个工程领域的研究项目提供了近 2 550 万英镑的资金。其第二轮试点也于 2021 年启动。

新视野项目试用了简化的拨款申请流程，缩短了从提交申请到授了资金的时间。其申请流程如下。

（1）申请人匿名提交案例，无须缴纳费用；

（2）在审查阶段，审查人员仅审查案例，而无须知晓申请人的信息，此外，负责审查的人员也较少，评估标准简化；

（3）在小组讨论阶段，小组充分考虑审查员对案例研究理念与方法的意见，再考虑交付能力。

4. 计划拨款（Programme Grants）

计划拨款是为世界领先的研究小组提供灵活资金以应对重大研究挑战的机制，旨在支持世界领先的研究人员，将"最好的团队"聚集在一起，专注于某一战略研究主题。资金补助时间最长可达 6 年。多数拨款给予跨学科和合作项目，涵盖多样化的工程和物理科学投资。

5. 新研究者奖（New Academics）

新研究者奖旨在支持担任学术讲师职位且没有领导过学术研究小组或获得重大资助的个人。可以申请资金的活动涉及短期或长期研究项目、博士后和早期职业奖学金、与其他合作者合作参与国际性的会议等。该计划没有截止时间，只能申请一次，目的在于为研究小组启动提供基础资金。

6. 新想法与网络奖（New Ideas and Networking）

新想法与网络奖涉及以下几类：①变革性研究（Transformative Research），变革性研究要能够彻底改变现有领域，创建新的子字段，引起范式转变，支持发现，诞生全新的技术；②研讨会资金（Funding for Workshops），研讨会能够塑造未来的研究方向，汇集不同学科的研究人员；③网络资金（Network Grants），网络资金试图推动研究社区与科学、技术和工业团体间的互动来创建新的跨学科研究的社区和主题，促进学术界、大学和工业界的知识流动与各种形式的合作。申请的资金数量没有限制，但持续的时间不应该超过 3 年。

7. 设备资助（Equipment）

EPSRC 通过多种途径为购买和更新设备提供资金，使研究人员能够使用他们所需的设备，以最有效的方式进行研究。设备资助的类型根据使用规模、设备性质和资助水平进行划分。[①]

（二）学生奖助学金

2021 年 10 月 7 日，EPSRC 发布了《对 EPSRC 资助的博士生教育的审查》（Review of EPSRC-funded Doctoral Education）。报告中显示，作为工程和物理科学领域（Engineering and Physical Sciences，EPS）博士研究生最大的单一资助者，EPSRC 每年通过三种不同的途径，花费约 2 亿英镑，支持大约 11 000 名 EPS 博士研究生。在所有的 EPS 博士研究生中，EPSRC 资助的人数占 27%，大学资助的人数占 24%，自筹资金人数的占 23%。三种不同途径包括：博士培训合作伙伴关系（Doctoral Training Partnerships，DTP），博士培训中心（Centres for Doctoral Training，CDT），科学与技术工业合作奖（Industrial Cooperative Awards in Science & Technology，CASE）。

1. 博士培训伙伴关系（DTP）

DTP 为英国高等教育机构的博士培训提供资金。DTP 是非常灵活的奖项，用于支持与 EPSRC 职权范围内工程和物理科学领域的博士培训，持有 DTP 的大学可以发布招聘 DTP 资助学生的广告。大学可以决定助学金的期限、水平、分配等。学生 DTP 的申请应直接与大学联系而非 EPSRC[②]。DTP 占 EPSRC 博士培训支出的 45% 左右。这些资金会通过算法提供给持有重大 EPSRC 研究项目的英国大学，通常两年一次，用于支持两批学生的学习。为了确保 DTP 资金得到适当的使用，在 EPSRC 向某机构表明拨款后，大学向 EPSRC 提供一份意向声明，详细说明他

---

① Engineering and Physical Sciences Research Council. Types of funding we offer [EB/OL]. [2022-7-31]. https://www.ukri.org/councils/epsrc/guidance-for-applicants/types-of-funding-we-offer/.

② Engineering and Physical Sciences Research Council. Studentships [EB/OL]. [2022-7-31]. https://www.ukri.org/what-we-offer/developing-people-and-skills/epsrc/studentships/.

们将如何使用所分配的资金、支持他们招收的学生、管理拨款以及使用该计划所允许的各种灵活性。这些信息将由一个专家小组评估，以确保其符合 EPSRC 的期望。获得奖励的大学数量，取决于研究补助金在这些大学中的投资分布情况和可用的 DTP 预算。通常情况下，一个 DTP 奖可以分配给 40 多个高等教育机构。

2. 博士培训中心（CDT）

CDT 面向工程博士（专业型学位），汇集了不同的专业领域的工程师和科学家。项目旨在创造新的工作文化，在大学的团队之间建立关系，并与工业界建立持久的联系，为学生提供一个支持性的和令人兴奋的同行环境。CDT 约占 EPSRC 博士培训支出的 45%。除了 EPSRC 对 CDT 的承诺外，博士中心资金获得的渠道多样，如大学资金、欧盟资金、工业资金、私人资金等。

3. 科学与技术工业合作奖（Industrial Cooperative Awards in Science & Technology，CASE）

CASE 面向工程学博士（学术型学位）。由企业牵头与高等教育机构共同安排项目。CASE 的资助占 EPSRC 在博士研究生培训方面支出的 10% 左右。除了 EPSRC 对 CASE 的承诺外，产业伙伴还提供至少占 EPSRC 资金三分之一的额外资金。该资金通过一种算法分配给企业和相关组织，目前每年发放一次，支持一次学生入学。通常每年通过这一途径支持约 200 个新生奖学金。CASE 学生奖学金为期 4 年（相当于全职），学生必须在行业企业至少工作三个月。[①]

小结

为鼓励更多年轻人进入工程教育，英国政府采取了一系列措施，包括落实产业战略、实施职业政策、权力下放与放宽市场准入和提供研究资助与奖学金。

产业战略指政府为未来 STEM 和工程教育提供经费和政策支持，以提高生产率和建构英国经济。职业政策指政府依托职业与企业公司（CEC）等组织为大学提供额外的支持，以保障英国就业环境的公平，促进流动性。权力下放与放宽市场准入包括两个部分：权力下放指中央政府将权力下放到地方政府，以针对性地解决不同地区技能短缺的问题；放宽市场准入指创造更多市场竞争、公布充足信息，以便学生做出选择，在工程教育领域，一些新型教育机构也随之诞生。提供

---

① UK Research and Innovation. Review of EPSRC-funded doctoral education [EB/OL]. [2022-7-31]. https://www.ukri.org/publications/review-of-epsrc-funded-doctoral-education/.

研究资助与助学金，由英国高等教育监管机构"英国研究与创新中心"下设的"工程和物理科学研究理事会"（EPSRC）执行，为工程教育研究者提供多样的研究资助，为工程和物理科学领域的博士研究生提供充足的资助学金。

上述措施有由英国政府直接执行的，也有政府依托企业、地方组织等第三方机构执行的，从政策、资金等多个方面为英国工程教育发展提供了环境保障，已有实践验证了它们在激励年轻人进入工程教育、提供就业支持等方面的有效性。

第六节
工程教育认证与工程师注册

英国负责对工程界进行管理的是英国工程委员会（Engineering Council，ECUK）。ECUK 是皇家特许的权力机构，不但负责管理英国工程界，还在国际上代表英国工程师的利益。因此，根据皇家宪章，ECUK 的使命就是为工程师、工艺师和技术员确定保持专业能力和职业道德的国际公认标准。ECUK 的任务主要包括两个方面：一是对英国工程教育专业进行专业认证；二是为工程师和其他工程技术人员提供注册。此外，ECUK 对工程界的管理是通过几十个工程学会来实现的。它对合乎条件的工程学会授予许可证，让这些学会来维护和促进相关的认证标准。

一、工程教育认证

在工程教育认证方面，ECUK 派生出高等教育工程专业认证标准，是以工程注册为导向的工科专业共同遵守的认证标准。由于 ECUK 的高等工程教育专业鉴定是面向各工程专业的，所以它的标准具有普遍意义。在 ECUK 一般标准的基础上，各工程学会再制定针对一个或几个专业的鉴定标准，即从 ECUK 工程专业一般性标准具体落实到特定专业的具体标准。ECUK 下属工程学会中的 22 个学会被授予对相关工程专业进行鉴定的许可证。由于各个工程专业的认证标准都不一样，因此对不同注册种类的工程师具体专业标准也要求不同。

从 ECUK 的官方网站上可以了解到，英国工程教育专业的认证程序依次为：递交申请—初审书面报告—现场评估—给出认证结论。高等学校若想要为其工程专业或技术专业寻求鉴定，需向与该专业对应的工程学会提出申请。只有对应的工程学会接受了申请才有可能进行之后的认证步骤。

高等学校应向工程学会递交有关专业的书面报告，内容包括该专业的学习产出、教与学的过程、采用的学生成绩评价策略、相关的人力物力资源、质量保证体系以及招生和录取等。工程学会会对学校递交的书面报告进行初审，以判断该专业是否基本满足认证标准。初审合格后，工程学会就组成评估小组，小组成员由经过专业培训的学术和工程方面的人士组成，由他们对学校进行 2~3 天的现场评估。鉴定小组与教师、学生面谈，访问图书馆、工作室等资源，调阅考卷，了解评分策略，审查申请学校的质量保证体系。评估小组会在结束时写出评估报告。

各工程学会通常都下设一个专门委员会，在评估报告的基础上，给出是否通过该专业点作为特许工程师教育基础的结论，或者是否通过该专业点作为入会工程师教育基础的结论，但二者不能并轨。认证期限一般为 5 年，但也可短于 5 年，特别是对于新设立的专业点。

英国的工程教育专业认证在国际上得到相当广泛的认可，不但得到欧洲各国工程协会联盟的认可，并且得到国际互认协议——《华盛顿协议》《悉尼协议》和《都柏林协议》等的承认。英国专业认证体系的蓬勃发展离不开其分工合理、衔接有序的二级管理体系。管理机构的统一首先保证了工程教育和职业需求之间的衔接，将工业界对人才的需求高效、准确传达到教育体系内部；其次简化了管理流程和环节，避免了工程教育与工程职业资格多头管理，九龙沾水的局面；最后，认证标准和工程师职业能力标准均由工程委员会统一制定，由各专业学会进行补充修订，保证了专业认证和工程师职业标准之间的有效对接。

二、工程师注册

英国的注册工程师分为注册特许工程师（Chartered Engineer，CEng）、技术工程师（Incorporated Engineer，IEng）、工程技术员（Engineering Technician，EngTch）、信息通信技术员（Information and Communications Technology Technician，ICTTech）。负责工程师注册工作的机构为英国工程委员会（Engineering Council UK，ECUK）。高校的专业认证和工程师注册这两项工作在工程委员会的统一管理

之下互相关联。EUCK 发布了《英国职业工程能力和承诺标准》（The UK Standard for Professional Engineering Competence and Commitment），从知识和理解，设计和开发过程、系统、服务和产品，责任、管理或领导力，沟通和人际交往能力，职业承诺 5 个方面[①]对工程师的专业工程能力和承诺标准制定了要求，如表 2-4 所示。

表 2-4　英国工程师职业资格和承诺标准[②]

	特许工程师（CEng）	技术工程师（IEng）	工程技术员（EngTch）	信息通信技术员（ICTTech）
知识和理解	将通用的或专业的工程知识和理解相结合，使现存或正在出现的技术应用最优化	将通用的或专业的工程知识和理解相结合，应用于现存或正在出现的技术之中	能使用工程知识和理解，以应用技术与实践技能	能利用信息通信技术知识及理解，运用技术，实践和系统技能
设计和开发过程、系统、服务和产品	运用合适的理论和实践方法，分析和解决工程问题	运用合适的理论和实践方法，设计、开发、制造、构建、调试操作、维护、停止使用和循环使用工作过程、系统、服务和产品	为产品、设备、工艺、系统或服务的设计，开发、制造、施工、调试、退役、运行或维护作出贡献	为信息通信技术解决方案、产品、流程系统、服务或应用程序的设计、开发、配置测试、调试安装、部署、运营、迁移或维护作出贡献
责任、管理或领导力	提供技术和商业领导	提供技术和商业管理	接受并履行个人责任	接受并履行个人责任
沟通和人际交往能力	展示有效的人际沟通技巧	展示有效的人际沟通技巧	展示有效沟通和人际交往的技能	展示有效沟通和人际交往的技能
职业承诺	证明个人对职业标准的承诺，认识到对社会、职业和环境的责任	证明个人对职业标准的承诺，认识到对社会、职业和环境的责任	对适当的职业行为准则做出个人承诺，认识到对社会、职业和环境的义务	对适当的职业行为准则做出个人承诺，认识到对社会、职业和环境的义务

公民若想成为注册工程师，必须先向对应的工程学会提出申请，工程学会在一定时期内，根据 ECUK 的标准并结合本会的具体要求予以审查。审查合格者即成为相关工程学会的会员，并载入 ECUK 的注册簿，从而正式获得所申请的工程师头衔。教育背景是成为注册工程师的首要条件。ECUK 的相关文件规定，申请者的学位和学历必须在 ECUK 评估合格的专业教育点获得。如果该条件无法满足，那么申请者需要经过多种途径来证明其所取得的学位和学历满足 ECUK

---

① 参见 https://www.engc.org.uk/ukspec。

② 参见 https://www.engc.org.uk/professional-registration/。

的注册要求。除了教育背景之外，申请注册成为 CEng、IEng 或 EngTech 还需要有一定的专业实践经验和专业培训。因此，每个申请者应该提供给所属专业工程委员会一份关于自身专业经历、职责和经验的报告，并需要有相应的证明人。

申请者向所属专业工程委员会提出申请的同时，需要向委员会递交详细的文件及相关证明。专业工程委员根据 ECUK 的 CEng、IEng 和 EngTech 的标准，审查申请者的教育背景、专业实践经验和培训以及相关能力。审查通过的申请者参加专业复试。专业复试包括对提交的文件及相关证明的复审和专业面试。面试应该由两位有丰富经验的、经过培训的面试官来实施。面试官对申请者做出包括能力、申请人承诺评估的综合评估报告。专业工程委员会负责注册事务的小组在面试官报告的基础上做出决定，并正式记录。如果申请通过，则申请者会收到通知；如果申请被拒绝，则申请者也会收到对于不足之处的改进意见[①]。

小结

在英国，ECUK 承担管理工程界的任务，其职责主要包括两个方面：专业认证与人员注册。

在专业认证方面，ECUK 制定了高等教育工程专业的认证标准，同时具备严格完善的专业认证程序，包含提交申请、初审书面报告、现场评估和给出认证结论四大步骤，上述认证机制也受到了国际的认可。在人员注册方面，ECUK 发布了《英国职业工程能力和承诺标准》，从五个方面对工程师的专业工程能力和承诺标准制定了要求，并据此为工程师和其他技术人员提供注册服务，注册流程包括提出申请、资格审查、专业复试和结果通知。

英国工程教育的专业认证和人员注册机制完善，不但有明确的认证标准，而且有严格合理的审查流程，能够在一定程度上规范工程办学，提高行业准入门槛，有利于英国工程教育的未来发展。但也有专家表示，EUCK 认证标准的有序性尚待提升。

---

① 鲁正，刘传名，武贵. 英国高等工程教育及启示 [J]. 高等建筑教育，2016，25（3）: 41-45.

第七节

特色及案例

一、学院制下的综合性工程教育中心——剑桥大学

（一）概述

剑桥大学的工程系是世界上为数不多的综合性工程系，是剑桥大学最大的系，也是世界领先的工程中心之一。该系成立于 1875 年，截至目前，拥有近 200 名学者和主要研究员，近 400 名合作研究员，900 名研究生和 1 200 名本科生。工程系下属 6 个部，分别是能源流体力学和涡轮机械部、电气工程部、力学、材料和设计部、制造和管理部、信息工程部。

本科生阶段的教学帮助学生在所有的工程学科打下坚实基础并对自己选择的专业领域有深入了解。研究生阶段的教学则将学生带入世界工程研究的前沿与核心。在学习、教学和研究中，工程学为所有的老师、学生、行业合作伙伴提供高度网络化的社区，用于共享和发展知识。[①] 本科生阶段共 4 年，第一部分（第 1 年和第 2 年）提供广泛的工程基础教育，从第 3 年开始就专业领域进行专业方向的选择，第二部分（第 3 年和第 4 年）对学生选择的专业学科进行深入培训。本科阶段课程获得了工程委员会和所有主要机构的认可，包括机械工程师学会（IMechE）、工程技术学会（IET）、土木工程师学会（ICE）、结构工程师学会（IStructE）、测量和技术研究学会（InstMC）、公路工程师学会（IHE）、英国公路和运输特许学会（CIHT）、医学物理与工程研究所（IPEM）和皇家航空学会（RAeS）。教学是通过讲座、实践、项目和监督相结合的方式提供的，在第一年，每周进行大约 22 小时的教学。每年都会通过课程作业和笔试进行考核。[②] 研究生阶段分为全日制和非全日制，为所有全日制的学生提供共计 6 门为期一年的课程。[③]

---

① Department of Engineering. Overview of the Department [EB/OL]. [2021-07-11]. http://www.eng.cam.ac.uk/overview-department.

② Undergraduate Study. Engineering [EB/OL]. [2021-07-11]. https://www.undergraduate.study.cam.ac.uk/courses/engineering.

③ Department of Engineering. Overview of postgraduate courses [EB/OL]. [2021-07-11]. http://www.eng.cam.ac.uk/postgraduates/postgraduate-courses/overview-postgraduate-courses.

（二）特色

1. 学院制

为了解决办学初教学生活管理不便的问题，剑桥大学使用"学院制"。1284年，艾利修道院的休·德·巴尔夏姆主教创办了剑桥大学的第一所学院——彼得豪斯学院，至今，剑桥大学先后设置了31个学院，其中有27个被称作"College"，4个被称为"Hall"。

大学主要负责设置课程，组织教学、考试，授予学位等；而学院则主要负责录取本届生，提供学生住宿，组织小型辅导课和安排课外活动等。学生入学不仅要经过大学同意，也要经过所在学院的同意才能进校学习。

学院制将不同专业的学生安排在同一片天地中，学习和生活融为一体，最大限度地为学生提供了一个便捷舒适的无边界交流场所和环境。

2. 本科生导师制

剑桥大学导师制发端于14世纪，今天依然是大学本科教学过程的核心。新学在入学时各学系机构会为其安排三类导师，第一类是学术导师 Supervisor，负责学生的专业课程学习与辅导；第二类是学术顾问 Adviser，和学术导师一起为学术问题答疑解惑，排忧解难；第三类是协调导师 Mediator，负责帮助学生处理在校期间同校方或同学之间可能出现的问题与纠纷。其中学术导师主要职责如下：在第一学年里，导师每周至少与学生见一次面，时间为1~2小时，称为个人指导。在个人指导时间里，导师和学生共同制订每一门课程的个性化学习计划。在课程学习过程中，导师还会根据学生的情况，提供相关的论文题目、参考书和参考文献目录，要求学生在规定的时间内完成所提供书目的阅读，并按要求写出论文，然后组织学生与导师一起参加论文讨论会。在个人指导和讨论会中，导师与学生相互交流学术思想，并就文章或课程学习中的论点、论据进行辩论。从第二学年起，导师每学期与学生见面不少于两次。在最后一学年和研究生阶段，导师还要指导学生完成论文，这时的导师与中国的毕业论文指导教师的作用相似。

除了学系三类导师的教学指导之外，剑桥大学各住宿学院还为学生提供生活指导和学习辅导，即每个学生在学院都至少有两名导师：一名生活导师，一名学习导师。生活导师负责指导和提高学生的生活能力。一般各学院设一名高级生活导师，根据学院学生人数多少下设若干生活导师，每一名生活导师一般负责50名左右的学生。学习导师的责任主要是辅助指导学生的学业。辅助指导有别于正式课程，通常组织小范围的讨论，学生要准备小论文和所学课程的问题，不能只是听，必须积极主动参与讨论。对学生来说，学习辅导既有挑战性又很有收获，是一种很有成效的教学形式，保证了剑桥学生的最低淘汰率。

3."大课堂"与"小课堂"有机结合

就本科生课程实施而言，剑桥大学主要是通过"大课堂"与"小课堂"有机融合的方式，全方位地传输科学知识。"大课堂"主要是指由大学系或部组织的讲座（Lectures）、研讨班（Seminars）及实践课（Practicals），而"小课堂"则是由学院导师（Supervisors）组织的小班辅导。由大学组织的讲座主要是传递该学科领域最前沿的学术信息，授课教师大多是学科领域的教授或博士，而且每次听讲座的人数会达到数百人以上，上课时间大约为50分钟。通过学术讲座，本科生能及时了解所学学科最新的研究成果，为自己的独立研究奠定基础。相对学术讲座而言，研讨班是规模较小的学术研讨，人数是10~30名，研讨时间持续1~2小时；在研讨班上，教师与学生会针对最近的热点话题进行激烈的讨论。在学术研讨中，本科生能与专业领域的学术大师不断地进行思想碰撞，以提高自己的批判思维能力。关于讲座和研讨会的相关信息，大学的各系或部会在官方网站公布，本科生可以基于个人兴趣和学业要求选择性参加。

（三）前沿行动

在21世纪，剑桥大学提出了"培养21世纪工程师是工程系的顶级战略任务"计划。该计划追求的目标是吸引优秀的学生和研究人员，为他们提供最好的工程教育，给他们在该领域前沿解决问题的经验，并支持他们改变世界。希望校友不仅通过提供一个完善的工程解决方案，而且通过重新规划问题、质疑既定做法和取得新突破来发挥作用。

剑桥大学提出四个重点关注的研究主题，分别是能源交通和城市基础设施、制造设计和材料、生物工程、复杂弹性和智能系统。能源交通和城市基础设施是指提供能源、运输和基础设施创建可持续的综合解决方案；制造设计和材料是指通过从了解材料的基础知识到设计再到制造的整个过程，包括服务和应用，以改造工程世界；生物工程是指应用工程方法理解生物系统，并支持医疗保健创新，为生物和医学，以及工程中其他受生物启发的领域创造新的知识和解决方案。复杂弹性和智能系统是指并通过优化、决策才控制的新方法与类人智能保障其得复原力。

"21世纪工程师"战略的主要目标如下。

（1）通过工程系屡获殊荣的外展活动及其新闻报道，更广泛地提高学生、家长和教师对工程职业的认识、兴趣和理解。

（2）不断发展独特的本科课程，为学生提供涵盖工程所有方面的教育，包括团队合作和领导力。

（3）为学生创造新的设施，在课程和空闲时间培养创造力和协作精神。

（4）为世界上最优秀的学生提供越来越多的博士和硕士研究生学习机会，通过培训将他们重要的专业技能转化为实践。

（5）赢得更多博士后奖学金，为有天赋的博士毕业生的早期职业发展，赢得更多的博士后研究基金。

（6）在改善从学生到学术和研究人员的各级性别平衡方面取得认可和成功。

（7）开发语言单元的课程和网络，以便越来越多的学生可以在他们的专业工程职业生涯中，在开发语言单元的课程和网络，以便越来越多的学生能够在专业工程生涯中从事母语和本国文化之外的工作。

（8）发展剑桥大学工程学会（在剑桥大学工程师协会的支持下），加强校友网络。[1][2]

二、"经验导向"的工程学习模式——帝国理工大学

帝国理工大学（Imperial College London），全称为帝国科学、技术与医学学院（Imperial College of Science，Technology and Medicine），1907 年成立于英国伦敦，由维多利亚女王和阿尔伯特亲王于 1845 年建立的皇家科学院和大英帝国研究院、皇家矿业学院、伦敦城市与行会学院合并组成。目前帝国理工学院下设工程学院、自然科学学院、医学院、商学院等院系。

帝国理工大学一直是名列世界前十的工程和技术大学，其工程学院内设航空航天系、生物工程系、土木与环境工程系、化学工程系、计算机系、戴森（Dyson）设计工程学院、地球科学和工程学系、电气与电子工程系、材料科学和工程系、机械工程系共 10 个院系。学院鼓励多学科研究模式，下设 6 个研究中心，分别是数据科学研究所、能源未来实验室、分子科学与工程研究所、生物医学工程研究所、安全科学与技术研究所、可持续气体研究所。

---

① http://www.eng.cam.ac.uk/about-us/strategy-and-development-plans.

② http://www.eng.cam.ac.uk/about-us/strategy/21st-century-engineers.

（一）特色

经验导向的学习

面向工程实践的学习方式改革是高等工程教育改革的主流趋势。帝国理工学院工程教育以"经验导向"（Experience-led Learning）为显著特征。

1.学习理念与目标

帝国理工学院以"为学生提供足够的工业经验"作为工程教育课程改革的主导方向，课程改革以培养学生的工业实践和工程师职业所需的能力为核心，秉持的理念是：促进工科学生的经验学习积累，使工科毕业生更像"工程师"而不是"学生"；鼓励学生增加职业知识，提升专业能力；提供世界一流的工程教育，培养工程产业和工程学术界的领导人才。

经验导向的工程学习目标具体表现在以下四个方面：第一，团队技能，通过分组学习、合作试验、课程单元等形式发展团队合作能力，培养责任意识，这是未来职业实践最为看重的；第二，创新和解决问题的能力，为学生提供一定的方法、思维、程序或数据分析手段，训练学生在新的情景下解决问题的能力；第三，表达与沟通能力，通过谈话、讨论、会议发言等方式重点培养学生专业性的口头沟通能力；第四，职业技能，主要指可迁移的能力，如分析与决策能力，沟通和人际交往技能，团队合作技能，组织、计划和择优能力，创新和改革能力，以及领导力。

2.课程结构与要素

以机械工程为例，低年级开设基础的工程科学课程，如数学等，以设计应用为主要的知识呈现方式。高年级主要提供必修和选修模块课程供学生选择。该专业基于工业经验的课程组织包括以下四部分。

第一是工业经验。专业的工程师不仅需要理解物理科学，还需要理解应用科学的各种限制条件，如材料特性、制造工艺、人的行为、公司组织、经费额度、环境因素等。

第二是企业工作。企业不仅资助学校课程，也为学生提供认真的职前和职后培训。培训企业工作按"2-1-2-1"模式进行，即在校学完2年后到企业集中工作1年，再回到学校学习2年，之后再次到企业工作1年。

第三是工业实习。院系在第一学年和暑期学期的最后一周组织学生进行工业实习，这也是课程计划的组成部分，如果已参加过或能证明具有同等实习经验，经申请可免修。

第四是出国经验。如果学生学业成绩优秀并具备流利的语言技能，学校资助学生在最后一学年去国外大学学习，目前该系的合作学校来自法国、德国、荷兰和澳大利亚等国家。

经验导向的课程设计涉及学习时限、学生数量、评价方法、活动的持续性等多个学习要素。以"仿真工业经验"课程为例，说明各学习要素间的关系，如表2–5所示。

表 2–5 经验导向的"仿真工业经验"学习要素及内涵

序　号	要　素	内　涵
1	学习工业需求的适切性	该活动提供仿真的工业工作经验；学生从实际生活现场能够获取知识和能力的增值
2	参与学生的数量	相关专业的学生全部参加
3	学位学习时限要求	在施工现场工作6天；在学期间需在试验工厂完成2个独立项目，可根据需要而定
4	教师与学生比例	可根据需要而定
5	评价方法	项目报告班评分；口头汇报评分
6	活动的可持续性	以高度可持续方法建造；产品生命周期较长；如有需要，试验工厂可提供替换产品
7	活动的可转移性和实现的风险	试验工厂本身不可转移，但试验工厂内的设施和活动的形式可以供其他大学所用；如果试验工厂损毁，将导致严重后果
8	项目开始前的准备时间	学生无须准备便可直接开始项目实施；但如果校方重新建立试验工厂，则需相当长的时间

资料来源：Richard Dales, Fiona Lamb and Emma Hurdle. Engineering Graduates for Industry, Imperial College, Faculty of Engineering, CaseStudy [R]. Higher Education Academy Engi neering Subject Centre, 2010: 15.

3. 学习内容与学习方式

从学校层面看，课程类型及其内容可具体分为六类，如表2–6所示。

基于经验的教学方式除了传统的讲授之外，还有其他体现研究性、做中学特点的方法，包括实践、辅导和项目工作。

4. 学习评价

学习评价有两类，包括帮助学生学习的形成性评价和测试学生学习成果的终结性评价。一方面，就形成性评价而言，学生可以通过多种渠道了解自己对知识和技能的掌握情况：论文和报告、常规的书面考试、提问表单、汇报演示和答辩、做实验和实验报告、团队项目等。此外，学生还可通过教师对测验问题的评析、导师的评分、教师回答问题的规范答案、教师对学习难点共性问题的解答等途径获得学习反馈，学校鼓励学生随时开展自我评价。另一方面，就终结性评价而言，帝国理工学院有严格的考试制度。学校认为，考试是检验学业的有效方式，它能在时间限制条件下考察学生回答问题的数量和质量，能综合各门课程内容并能促进学生按时完成学业，能激发学生保持学习动力，在规定的时间做规定的事情。如果学生在考试过程中有学术诚信问题，则学校有严格的制约措施。[①]

表 2–6　经验导向的学习内容

课程类型	课程名称	课程内容
理论课程的经验环节	现场建造	土木工程专业学生在真实工程环境下完成建造任务
	技术发展	与技术研究公司合作完成生活产品设计
	绿色赛车	设计并制造混合燃料能源的环保型汽车
独立的工业经验课程	大型团队项目	由 10 人以上学生组成团队，配有指导教师，由团队合作、同伴指导与评价完成真实的工程实践项目；为学生提供真实工程项目团队合作经验；采用基于问题、基于项目的积极学习方式
	创意设计项目	由学院提供经费资助，培养工程领导人才所需的技能，识别可迁移的要素，资助创意设计
	工业顶岗工作	在高年级进入企业工作实习，真实地参与工业实践
	国际交换生活动	为在校学生的技术经验积累，提供超过 80 个国家的国际工作经验
学校主导的课外活动	志愿者中心活动	为学生提供超过 40 余种的志愿者活动
	本科生研究机会项目	为本科生提供真实的科学研究的机会
	支教联络会	每周三下午为地方中小学提供有关科学或工程方面的指导或辅导
	妇女联合会	组织女性科学家和工程师讲学，吸引更多女生学习工程
学生主导的课外活动	高原探险	例如：2008 年 6 名学生组成探险队，到农村山区完成小型工程项目；2009 年学生在当地建设了两座沟通两个村庄的桥
	建造桥梁	学生到农村贫困地区建造步行桥梁
	能源改造	例如：在卢旺达乡村提供经济实惠、可再生的能源
信息交流平台活动	信息共享和观点表达	为学生提供与工程有关问题的信息交流与经验分享平台，涉及的问题有：公司创业、无边界的工程、太阳能电池等
其他课外活动	协会活动	通过参与协会活动积累工业经验，有代表性的协会有：城市与行业协会、农村矿业学校协会、院系各类工程专业协会，以及其他俱乐部和兴趣小组

　　资 料 来 源：ICL. Student Experiences [EB /OL]. [2013-10-15]. http: //www3. imperial. ac. uk/ envision/ experiences.

---

① 崔军，顾露雯. 经验导向：帝国理工学院工程教育学习模式新动向 [J]. 煤炭高等教育，2014，32（5）：11–16.

（二）学习实验室

帝国理工学院的化学探索空间是一个专门为化学工程本科生设计的学习实验室。为了便于从高等教育过渡到毕业后的工作生活，学生在学习的第一年开始实习，并在第三年及以后逐渐转向开放式学习。学习模块的设计是基于经验学习理论和最近发展区理论。在这一学习空间中包括三个层次：基础实验室、知识实验室、探索实验室。

基础实验室课程旨在提供英国教育系统 KS-5 到大学水平的平稳过渡。在体验式学习课程的第一年，每个学生都需要完成 7 个项目，旨在培养安全操作简单仪器的基本技能，以及记录分析定性和定量数据以得出基于证据的结论。实验室所提供的项目与学习的讲座保持一致，以加深学生对抽象概念的理解。

知识实验室在第二年要求学生用第一年学习的知识，在实验室提供的项目范围内操作，但并没有制订实验计划，这意味着学生可以计划和执行自己的实验。在实际工作开始之前，学生 3 人一组，必须与助教讨论计划与具体学习目标的一致性与计划可行性。助教在知识实验室中扮演着一个"不干涉的促进者"角色。

探索实验室课程学生可以自由决定自己的研究课题，这是从知识实验室中的半独立学习到完全独立学习的过渡。在学期开始之前，学生选择他们喜欢的研究领域，然后根据研究兴趣分组，每个项目 4～5 个学生。学生会确定新的研究目标、执行实验计划、获得进行试验的具体经验，最后通过数据分析验证他们的假设，并反思性地更新实验计划。[1][2]

（三）前沿行动

面对 2020 年及以后的挑战，帝国理工学院制定了 2020—2025 战略，其使命为"在科学，工程医学和商业领域实现持久卓越的研究和教育，以更好地造福社会"强调科研对于学校发展的重要性，以"科研为重"为整体战略发展规划导向，将进一步提升科研实力作为服务社会的最佳途径。2020—2025 战略规划中提出，要重点关注建设可持续社会、健康社会、智能社会、弹性社会四个学术战略主题。

2020—2025 战略规划的核心要素关注学生、科研、教职员工、教学、合作

---

① Chen W Q, Umang V, Brechtelsbauer C. A framework for hands-on learning in chemical engineering education—Training students with the end goal in mind. Education for Chemical Engineers28 (2019): 25–29.

② Umang V, Chen W Q, Inguvaa P, et al. The discovery laboratory part II: A framework for incubating independent learning. Education for Chemical Engineers 31 (2020): 29–37.

等方面，采取的措施：一是与学院、院系和全球研究机构合作，发现并支持新兴学科的研究；二是在学习和教学中采取"学术性教学"的方法，以科研和结果作为教学依据；三是增加公众参与的研究项目。战略规划的支持要素包括资金、管理和环境三方面采取的行动：一是继续寻求投资，以支持大学发展战略，增加资金收入；二是继续提升学生服务水平、精简管理程序和系统，以更好地服务教学和科研；三是引入职场平等指数，创造一个多样、公平的工作环境，采取更加平等、多元和包容的举措①。

在新的五年战略规划中，帝国理工学院延续之前的战略，鼓励多学科交叉研究。为了给学生提供世界一流的教育体验，学院采取包括基于证据的学习和教学方法、创造互动式学习环境、充分利用数字和在线技术的优势、创造包容多样的课堂和文化、以研究为导向的学习和教学方法、合作学习、鼓励课堂以外的学习等具体行动②。

三、综合的跨学科的工科教育——伦敦大学学院

（一）概述

伦敦大学学院工程科学学院（UCL Faculty of Engineering Sciences），成立于 1827 年。UCL 是世界上第一个设立了电子电气工程专业的学院，由真空电子管的发明者约翰·安布罗斯·弗莱明建立。截至 2020 年底，工程科学学院拥有4 000 多名在校本科生、硕士以及博士，专职教师 700 多名，为 UCL 规模最大的学院之一。其办学宗者是：提供现代工程教育各方面的研究和培训，并提供改造世界和创新方法。同时 UCL 也是英国首次建立了物理与化学本科教学实验室，并创新了工程学教学的大学③。

工程科学学院下设 9 个部门，分别为生物化学工程系、化学工程系、土木环境和地质工程系、计算机科学系、电子与电气工程系、机械工程系、医学物理与生物医学工程系、科学技术工程和公共政策系安全与犯罪科学系（工程学院原为10 个部门，2015 年管理创新系独立为管理学院）④。在这些教学部门中开设 60 多

---

① 郄海霞，郑宜坤. 世界一流大学战略规划特征与制定逻辑——基于牛津大学和帝国理工学院规划文本的分析 [J]. 天津大学学报（社会科学版），2021，23（5）：395–402.

② Imperial College London. Strategy 2020—2025 [EB/OL]. http:// www.imperial.ac.uk/strategy/, 2020-11-05.

③ 百度百科. 伦敦大学学院 [EB/OL]. https://baike.baidu.com/item/ 伦敦大学学院 /325705?fr=aladdin#3.

④ https://www.ucl.ac.uk/engineering/departments.

个学习课程，涵盖各工程专业，授予 MSc、MRes、MD（Res）、MPA 等学位。

伦敦大学学院工程教育中心①由 UCL 工程科学学院与教育学院共同组成，旨在成为重塑工程教育的驱动力，致力于帮助学生进入工程领域，探索如何让更多的工程师进入英国的经济社会。该中心通过伦敦大学学院内部的综合工程计划，并通过评估和传播其他地方的实践，参与制定课程模式和内容以及培养 21 世纪工程师的教学方法和实践。主要合作伙伴包括：工程教授理事会（EPC）、欧洲工程教育学会（SEFI）、英国和国际工程教育研究网络（EERN）。

（二）特色

1. 跨学科研究

《伦敦大学学院委员会白皮书 2011—2021》②中提出，研究和教学是 UCL 学科发展规划的两项主要策略。为了顺利完成这两部分，UCL 从多方面着手，其中跨学科研究是其鲜明特点。

跨学科和交叉领域的研究有助于找到 21 世纪世界性难题的解决办法。UCL 鼓励跨越院系边界的研究。当不同领域之间的知识空白点出现时，院系会采取合作方式共同研究。学校也会减少任何组织上的或资金上的阻碍，建立跨学科研究网络、中心和机构，既包括实体机构，也包括虚拟机构，投资跨学科研究。研究者和研究团队可以通过 UCL 在线研究信息系统，加入一个或者多个 UCL 研究主题团队当中。这些团队围绕具体的研究议题形成学术共同体，建立新的合作，更有效地培养研究生，回应校外资助单位的需求，最大化研究影响力。

"伦敦大学学院宏伟挑战"项目是一个鼓励不同学科间跨越边界合作、共同解决世界关键问题的项目。UCL 通过多样化的主题增加宏伟挑战的活动，在学校内部及大学之间增加合作研究机会，以提高学生参与度，同时与校友和校外资助者建立关系，投入资金，帮助跨学科研究成果的生产和特化。该项目鼓励了跨学科研究。

本科生的培养将研究嵌入了教学计划。学生将作为一名研究者学习，课程围绕探索活动开展，降低师生角色间的区分。学校会向大一新生提供启发式的讲座

---

① UCL Centre for Engineering Education [EB/OL]. https://www.ucl.ac.uk/centre-for-engineering-education/.

② UCL Council White Paper 2011—2021, 10-year-strategy-principles [EB/OL]. [2012—12]. http://www.ucl. ac.uk/white–paper/principles-for-a-10-year-strategy.pdf .

和指导式的项目，鼓励学生发表研究成果和从事助教工作。

研究生的培养着重关注交叉学科领域的四年博士项目。大学设立跨学科研究基金，鼓励研究生开展多学科研究。同时推进研究生院的综合职业技能发展项目，提供相关课程，帮助学生更好地完成学业，提高综合能力，以更好适应职业发展需要。

2. 本科生的综合工程计划（IEP）

为了使本科工程教育"回归工程实践本质"，伦敦大学学院尝试开展体验教学改革，推出综合工程计划（IEP），在重构工程理论课程的同时，加强系统、综合、创造的体验元素。体验教学培养模式构成如下。

1）教学目标

21世纪的工程师应具备面对更加复杂工程问题的能力，教学目标不仅强调加深学生对工程知识、原理的理解，更要帮助学生"软技能"的提升，如沟通和团队合作能力、创造性和批判性思维、综合和整体的工程设计能力、工程实践应用能力、项目管理能力等。

2）教学内容

伦敦大学学院本科工程专业学制为3年，课程框架包括七大模块：挑战模块、核心专业课程模块、设计和专业技能课程模块、场景模块、"如何改变世界"模块、辅修课程模块和专业综合体验课程模块。体验教学将元素融入各个模块：一是在各个模块中辅以离散型体验，包括对部分工程概念原理的验证或应用等；二是大量综合型工程项目的体验，分为早期、中期和终极工程项目体验。

3）教学方法

伦敦大学学院体验教学除了传统的实地考察、课程设计等初级技能训练之外，综合型工程项目以开放式工程问题为背景，以同一学科或跨学科团队为组织背景，鼓励学生在主导项目工作的过程中创造性地解决工程问题。指导教师团队以引导者和协调者的角色参与其中，该团队由校内导师、相关负责人、研究生助教和校外组织专家共同组成。

4）教学评价

突破以往由教师主导的评价制度，将同伴、客户及学生同时纳入教学评价队伍。评估围绕综合工程项目中团队工作和个体成员实际贡献两项内容进行，强调评价主体多元化、评价方式多样化、评价内容全面化和评价流程规范化。团队工作评议与传统形式类似，包括项目中期进展、最终设计与展示情况等。个体成员贡献度评价则是通过团队同伴互评方式实现，学校开创了许多同伴评议工具，如利用 Moodle 平台进行在线同伴评议管理、引入由学生自主形成的同伴评价指标体系等。

5）教学支持

伦敦大学学院体验教学所需的外部支持包括：一是软硬件资源配置，包括重新任命在教学和产业方面具有丰富经验的教学研究员、提供足够大规模工程项目体验开展的场地；二是密切的校企合作，为体验教学创造多种可能。[1][2]

3. 工程博士项目

伦敦大学学院认为工程博士是"增强型"博士学位，旨在培养优秀的、具有世界影响力和国际竞争力的研发工程师。该学位以全日制为培养模式，学制 4 年，由学术导师和产业导师共同指导和管理。以城市可持续发展专业工程博士为例，其特点如下。

一是基础课程贯穿 4 年的培养计划。教学部分占据培养计划的四分之一，主要教学内容为在该学院或商学院开展的模块教学，其中包括四门必修课程，分别为研究培训、项目管理、可持续发展和恢复力。第一年至少完成 50% 的模块教学内容，以便获得继续学习的资格。第二年结束时，只有顺利通过了进展考试才能继续学习第三年的课程。在第三年结束前至少累计修满 60 学分的课程模块学习。毕业时需要修满 120 个教学模块学分。

二是"双导师"共同指导项目研究。以工程项目为基础的实践活动占用学生约四分之三的学习时间，由学术导师和产业导师共同指导。这一过程强制要求工程博士撰写"学生研究日志"，记录在工程项目开展过程中所遇到的问题及采取的解决方案。

三是开设"罗伯茨学分"系统，重视技能培训。"罗伯茨学分"是用来记录学生参加沟通、写作、人事管理等一般技能培训的单位。一般来说，每获得一个"罗伯茨学分"大约相当于参加了半天的技能培训。所有的工程博士研究生需要在 4 年的学习过程中至少累计 80 个"罗伯茨学分"。

---

① 李肖婧，张炜. 伦敦大学学院本科工程教育体验教学及其启示 [J]. 高等工程教育研究，2019（3）：87–93.

② UCL. How we teach [EB/OL]. https://www.ucl.ac.uk/engineering/study/undergraduate/how-we-teach.

（三）前沿行动

1. 2034 发展规划

伦敦大学学院在 2014 年发布了 2034 规划文本[①]，就学校未来 20 年战略发展做出规划。该规划提出未来的使命是把将 UCL 建设成为"一个多样性的学者共同体，与更加广泛的世界密切合作，将世界变得更加美好"，并提出"将教育、研究、创新和企业整合起来，为人类长远利益造福"。为了完成这一使命，UCL 延续鼓励跨学科发展的战略方向，继续将跨学科建设列为六大首要主题之一。其余五个主题分别为：①学术领导力；②在研究和教育方面成为全球领导者，支持学生体验；③一个可访问的公众参与组织，打造终身社区；④依托伦敦，成为全球的大学；⑤通过创新的国际活动、合作和伙伴关系网络产生全球影响。

2. 重视 STEM 教育

从 2021 年 5 月开始，UCL 工程科学学院在每年的五六月份集中组织"走进 STEM"系列讲座。该讲座由下属院系承办，面向所有人，邀请教授、博士研究生等分享相关学科领域的研究，以帮助学生更好地了解前沿领域。主题包括但不限于化工、人工智能、医学等，同时有心理学、政治学等，且内容有向教育发展趋势。

3. IEP 中的安全教育

UCL 工程科学学院重视工程中的安全相关问题，将安全教学嵌入 IEP 教学框架中。以化学工程专业为例，关注安全教学的深度和广度。从第一年的第一学期开始，到第三年或第四年末的毕业，安全教育贯穿始终。前两年的安全教育课程大多为 7.5 学分，毕业设计研究项目中安全教育课程则为 15 学分。

课程的深度反映为在第一年"设计与专业技能①"课程中，即引入安全，安全知识一直延伸到第二年的"设计与专业技能②"中，以讲座的形式入门。到第三年，将前两年所学的安全知识应用到更加复杂工业过程问题的毕业设计项目中。同时必修高级安全和损失预防课程，更加深入地学习危险识别、风险管理和定量风险评估。图 2–5 从深度和广度的角度，概述了安全是如何嵌入到 UCL 化学工科项目中的。[②]

---

① UCL. UCL 2034: A new 20-year strategy for UCL [EB/OL]. https://gjs.jlau.edu.cn/info/1010/1613.html.

② Michaela Pollock, Eva Sorensen. Reflections on inherently embedding safety teaching within a chemical engineering programme. Education for Chemical Engineers 37 (2021) 11–21.

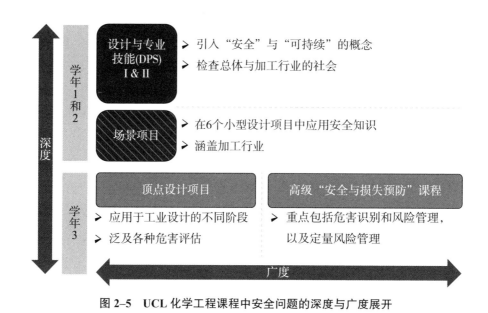

图 2-5　UCL 化学工程课程中安全问题的深度与广度展开

四、关注工程包容性——曼彻斯特大学

曼切斯特大学的工程学院下设科学与工程学部（Faculty of Science and Engineering）内，包括化学工程学、计算机科学学、电气电子工程学和机械航天与土木工程学。曼彻斯特大学工程学院的工作核心是基于科学的工程：通过与自然科学学院的合作，学院支持技术水平高，创新能力强的工程师和科学家开展教学与研究。目前，学院关注的重点领域包括机器人技术、绿色加工人工智能、医疗保健、低碳基础设施等。该学院的未来发展目标与学校整体目标一致，"实现联合国可持续发展目标，健康，平等，可持续。"科学与工程学院近期关注性别和经济平等，例如，2021 年 2 月，为纪念联合国国际科学界妇女与儿童参与科学国际日（2月 11 日），学院对一些在科学、技术、工程和数学（STEM）领域真正取得成功的女性进行了介绍。

曼彻斯特大学科学与工程学院下设科学与工程教育研究与创新中心（SEERIH），林思·比安奇博士任中心主任。SEERIH 是一个国家认可的科学和工程教育中心，致力于开发并让教师参与创新的，以研究为基础的持续专业发展计划，以确保所轻人获得高质量的学习成果。它包含诸多活动，例如，学校科学分享活动（Great Science Share for Schools，GSSfS），即邀请年轻人分享其科学问题，在12 个国家开展，每年影响约 9 万名年轻人；曼彻斯特工程大赛（Greater Manchester Engineering Challenge，GMEC），有 8 000 名 7～14 岁的孩子参加，这些孩子将利用他们的技能来测试解决现实世界的工程问题。在这些活动中，男生与女生参加的比例为1:1。这些活动一方面吸引了大量来自社会经济劣势地区的年轻人；另一方面，工程知识对于学生的影响可以从小开始，甚至可以影响他们的家庭观念。①

小结

经过漫长的发展，英国工程教育出现了大量世界领先的、具有启发引导意义的优秀案例，以剑桥大学、帝国理工大学、伦敦大学学院和曼彻斯特大学等为代表。

剑桥大学是世界领先的工程中心，具有学院制、本科生导师制和"大课堂"与"小课堂"有机结合三大特色。学院制是一种分层次、权责下放的管理机制，由大学进行人才培养的整体规划，之后由学院负责具体学习和生活活动的安排落实。本科生导师制始于14世纪，并延续至今。它为学生提供了三类不同的导师，能够有效提升学生的生活能力，为他们完成学术提供保障。"大课堂"与"小课堂"有机结合指大学系或部组织的"大课堂"与学院导师组织的小班辅导（"小课堂"）相结合。剑桥大学在工程教育方面实施了名为"21世纪工程师"的前沿行动，以"培养21世纪的工程师"为顶级任务，实施的措施包括普及工程教育、发展本科课程、完善设施、提供硕博研究生学习机会、提供奖学金、提高包容和公平性、加强校友网络等。

帝国理工大学是名列世界前十的工程和技术大学，具有经验导向和学习实验室两大特色。经验导向指重视培养学生的高阶思维能力和真实工作场景中所必须的职业技能，其课程设计包括学习时限、学生数量、评价方法、活动持续性等多个学习要素。学习实验室包括三个层次：基础实验室、知识实验室和探索实验室，实现了认知目标从知道、运用到综合的螺旋式上升，也体现学生从半独立学习到完全独立学习的过渡。帝国理工大学在工程教育方面实施了名为"2020—2025战略"的前沿行动，持续强调科研对于学校发展的重要作用。

伦敦大学学院是世界上第一个设立电子电器工程专业的学院，同时还设立了伦敦大学工程教育中心，致力于推动工程教育领域的发展。它具有跨学科研究、本科生的综合工程计划（IEP）和工程模式项目三大特色。跨学科研究主要体现在两个方面：一是跨学科和交叉领域学术共同体建设，二是将跨学科研究项目嵌入本研学生培养过程。本科生的综合工程计划重构了工程理论课程，使教学回归

---

① Imperial College London. Choosing to challenge: Gender stereotypes in primary science education [EB/OL]. [2021-03-02]. https://www.mub.eps.manchester.ac.uk/science-engineering/2021/03/02/choosing-to-challenge-gender-stereotypes-in-primary-science-education/.

实践本质，从教学内容、方法、评价、支持等方面采取行动，以达成目标。工程模式项目旨在培养优秀的、具有世界影响力和国际竞争力的研发工程师。伦敦大学学院在工程教育方面实施了"2034发展规划"、重视STEM教育和IEP中的安全教育三大前沿行动。

曼彻斯特大学致力于塑造工程领域的成功故事，为工程教育领域的年轻人提供激励。此外，该学校还设立了多个研究项目，在推动工程教育领域性别和经济平等方面作出了贡献。

第 八 节

总结与展望

一、总结

中学会考（GCSE）带来的分流，导致学生在早期就要关注自身未来的职业发展，在英国教育体系中起到至关重要的作用。19世纪以来，英国工程教育的发展可划分为四个阶段：自由放任、缓慢发展、"二元对立"迅速变革与脱欧以后。在阶段演变的过程中，英国政府对本国工程教育的干预程度日益增加，工程教育实施的场所也更加多样化、专业化，其社会认可度也日益提升。在百余年的发展过程中，涌现出如剑桥大学、帝国理工大学、伦敦大学学院、曼彻斯特大学这样具备英国工程教育鲜明特色的优秀案例。

英国工程教育与人才培养有四大特点："三明治"模式、重视STEM课程建设、经验导向的学习与产学研合作。此外，在英国工程教育体系中，硕士与工程博士的培养都有其独特的实践模式，如工程和计算机硕士转换课程等。

英国政府为本国工程教育发展创造了良好的政策环境，具体体现在产业战略、职业政策、权力下放与放宽市场准入、多样化的研究资助与奖学四个方面。此外，还有非政府的其他行业协会和下属机构，如英国工程委员会、英国皇家工程院等。它们具有较高的独立性和专业性、组织架构清晰、权责分明，共同推动着英国工程教育的发展。

要预测未来英国工程教育的发展方向，英国的工业发展现状及未来战略起重要的引导作用。现阶段英国工业发展的战略重点是高精尖科技领域，因此产业急需掌握专业职业技能的高素质人才，也对英国工程教育提出了新的要求：提升工程教育的包容度，满足所有类型学习者的需求；提升年轻人对工程学的认可度，并进一步发展 STEM 师资；增进企业参与度，为工程实习提供更多机会。为达成上述目标，需要政府、企业、高校等多方主体共同参与。

整体而言，英国的工程教育具有以下特点。

第一，工学结合，注重学生的实践能力。长期以来，"三明治"课程的突出特色是实行了大学生学习和工作相结合的人才培养模式。工学结合不仅帮助学生更好地巩固了专业知识，提高了学生的动手操作能力，而且给学生提供了一个走入社会，了解行业前沿科技及发展趋势的机会。在工学结合的教育模式之中，学生积极交流探索，自觉寻求团队协作，综合素质得到全面提升。

第二，专业认证和工程师注册制度紧密结合。英国的高等教育专业认证和工程师注册均由 EC 负责，通过对注册工程师教育背景的相关要求，将专业认证与工程师注册制度紧密联系，提高了高校参与专业认证的积极性。

第三，注重学术自治，以根据市场需求灵活调整课程体系。英国高等教育的自治有悠久的历史，牛津剑桥大学建立伊始便享有高度的自治权利。在管理体制上，政府充分放权给高校，实现高校自主办学，鼓励高校融入市场，使得高校能够对市场需求做出灵敏反应，适时调整课程体系和人才培养方案，提高人才的社会适应力和综合竞争力。

第四，产学研融合，多方协同共同育人。自 20 世纪 80 年代起，英国出台了一系列政策和计划促进产学研合作，将大学、企业和政府紧密连接起来。政府提供外部保障体系的支持，学校负责教学基本理论，而各工厂负责提供实习实践场所。英国推动工程教育产学研合作的具体举措包括：创立科技园和技术孵化器、搭建产学研平台、提供合作参与前沿创新项目的机会等。

二、展望

尽管英国工程教育已经取得了大量令人振奋的成果，但是在实践审查中仍然存在大量问题与障碍，如高精尖科技领域紧缺高素质工程人才、工程师的多样性仍然有限等。与此同时，技术的快速发展正在改变大众和学界对于"什么是工程"的理解，未来工程师所需的职业技能将会发生翻天覆地的变化。为了应对将要面临的挑战，英国工程教育界提出以下几点发展愿景[1]。

第一，重视高阶思维能力，培养面向 21 世纪的工程师。无论是 STEM 课程

---

[1] UCL Centre for Engineering Education (2018). Innovations in Engineering Education Inspiring & Preparing Our Engineers for the 21st Century. https://www.ucl.ac.uk/centre-for-engineering-education/research-projects/2019/nov/innovations-engineering-education-inspiring-preparing-our-engineers-21st.

要求的跨学科、综合性思维，还是经验导向学习要求的元认知技力，都初步显示出英国工程教育重视高阶思维培养的趋势。在互联网时代，工程知识已经从静态知识变为可共享的动态经验，然而在工程教育实践中，二元论（工程与科学和科学发现密切关联，且是科学知识的应用；它依赖科学，并由科学决定）的传统思维仍然盛行，它低估了现代工程师的理想、目的和价值。伦敦大学学院在《工程教育的创新——激励我们的工程师为 21 世纪做好准备》的报告中，提出了"Hero Engineer"的愿景，指出未来工程师要能够灵活应对世界上的重大挑战。面对复杂多变的真实工程情境，仅凭科学知识尚不能应对挑战，未来应进一步加大对创造力、跨学科、项目管理等高阶思维能力的培养。此外，英国工程教育也要进一步提升入学的包容性，以吸引更多不同类型的工程人才。

第二，重新构想以学生为中心、面向真实问题场景的课程和教学模式。近年来，英国工程教育尝试将 CDIO（Conceive，Design，Implement，Operate）工程教育理念贯穿到人才培养的构想中，开始了从"教师中心"到"学生中心"的教学模式的转变。如皇家工程院在经验导向的学习中倡导使用基于项目的学习（PBL）。以学生为中心的课程有助于学生体验整个工程创新的周期，提升学习成果和教学目标的适用性和可迁移性，同时能够吸引更多在综合能力方面有优势的工程专业申请人，因而受到大力提倡。尽管有进展，但受传统知识观和教师抵制的影响，CDIO 被纳入工程教育的比例和程度仍待提升。此外，CDIO 要求教师将学习的自主权交给学生，这就对其元认知能力提出了新的要求，部分学生可能因为缺乏自我反思过程或时间管理规划而感觉到困难……上述障碍需要予以重点关注。未来需进一步寻求支持学生学习的新教学策略，同时提供更多的自主学习和可转移技能的发展，以便在正规教育和实际工作生活之间架起桥梁，缩小工程教学方式与工作方式之间的差异。

第三，持续提升工程教育的多样性和包容性。近几年，大量数据表明，英国工程行业存在人员结构不平衡的问题，女性、少数族裔、残疾人等群体进入工程行业的人数不足。造成这样结果的一个主要因素是严重缺乏持续、积极的鼓励，不仅来自政策，还来自社会所崇尚的文化符号，深刻地影响着人们对能力和职业的看法。因此，要提升工程教育的多样性和包容性，需要重新塑造文化符号和工程师角色形象，强调工程领域中的人道主义关怀，而不是对技术门槛的"苛刻要求"，以吸纳各种背景的学习者。此外，教育机构还需要不断创新课程和教学方法，强调多样性和以人为本的理念，持续关注工程教育中弱势群体的自我效能和职业认同感的培养。

执笔人：余继　廖婉婷　曹凡

第三章

法 国

工程教育发展概况

一、教育体系概览

法国是世界上重要的科技强国之一，其工程教育颇具特色。至今，法国的现代工程师教育已有了近3个世纪的历史。法国的教育体系分为初等教育（幼儿园和小学）、中等教育（初中、高中和某些特定课程）和高等教育（大学、高等学校、特定课程等）3个阶段，基本结构见图3-1。法国的义务教育阶段包括初等教育和中等教育，年龄段为3～16岁。法国的高等教育包括综合类大学（Universités Françaises）、高等专业学院/学校（Grandes Ecoles Françaises）、高等专科学院（Les Écoles Spécialisées）等形式。法国大学于2004年开始实行与国际接轨的教育制度（Licence-Master-Doctorat，LMD），该制度分三阶段，前两个阶段的学制各为2年，第三阶段的学习时间因人、文凭和证书而异，可为1～5年，甚至更长时间。

工程师学院（Écoles d'Ingénieur）是高等专业学院的一种。需要注意的是，为了方便欧盟国家留学生的学分转换，法国加入了高等教育学士和硕士阶段的欧洲学分互认体系（ECTS）。

二、工程教育发展

自世界上第一所工程师院校——国立桥路学院（École Nationale des Ponts et Chaussées）成立，法国的工程教育至今已有近3个世纪的历史。以国立桥路学院和"二战"后法国国家工程学校模式的建立为标志，可以将法国工程教育的发展过程大致分为1747年之前的公共服务学校模式、1748—1945年的现代工程师教育模式和1946年至今的工程教育探索与革新这3个阶段。

（一）1747年之前：公共服务学校

法国最古老的工程教育出现在军事领域，与军事武器和海军、陆军的发展联系紧密。在16世纪以来民用和军用建筑师两种职能逐步分离的过程中，法国逐渐出现了专门的工程师教育和公共服务学校，如1571年成立的阿库尔海军学院（Le Collège Maritime des Accoules）和1679年成立的杜埃皇家炮兵学院（L'École Royale de L'artillerie de Douai）。这些最古老的法国皇家工程学院满足了国家军事工程、农村工程和战略资源（道路、水资源、木材、煤炭和其他矿物）的需要，也是现代法国工程师学院（Écoles d'Ingénieur）的前身。因此，在1747年前，工程师的主要任务是负责设计和建造用于防御、通行、运输、娱乐或攻击的军事工程。

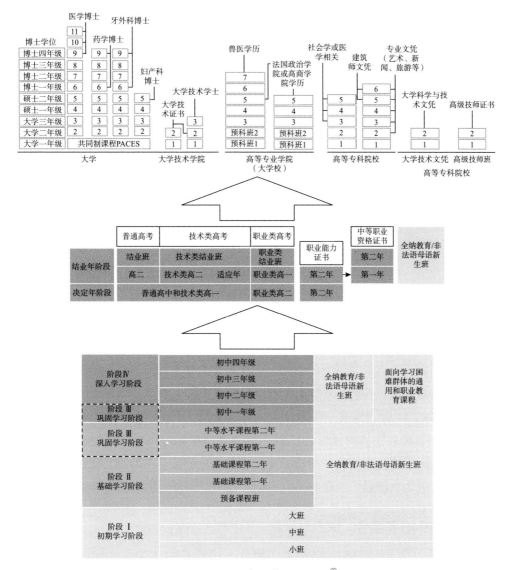

图3-1　法国教育体系结构图[①]

————————

① Reynolds S T. The Education of Engineers in America before the Morrill Act of 1862 [J]. History of Education Quarterly, 1992: 459–482.

（二）1747—1945 年：现代工程教育

现代意义上的法国工程教育始于 1747 年，这一年，法国成立了世界上第一所工程师院校——国立桥路学院（École Nationale des Ponts et Chaussées）。在 1747—1829 年近 100 年的时间中，法国工程教育的主要目标是培养具有公务员身份的工程师。以综合理工学院（Ecole Polytechnique）为核心的工程师学校所提供的教育，使工程师可以进入几乎所有技术管理岗位，无论是民事还是军事领域。这一时期的工程师院校几乎承包了法国所有领域的建设任务，如道路和桥梁、采矿、水利和林业、造船、火炮、防御工事等[①]。

19 世纪上半叶开始，随着第一次工业革命的蓬勃发展，新兴的私营企业滋生了对工程师的巨大需求，并开始寻求由公共服务学校培训的管理人员。这一时期，国家政府几乎不参与为工业发展服务的工程师学校的创建。1829 年，在一些科学家的倡议下，巴黎中央艺术与制造学院在巴黎成立，教授"工业科学"，培养土木工程师。随后，伴随着私营领域的主动蔓延，法国于 1854 年在里尔建立了工业艺术学院，于 1857 年在里昂建立了中央理工学院。1870 年后，第二次工业革命催生了更多学校的建立，而随着新的工业和科学领域的出现，工程师学校变得更加专业化。南锡、里昂、图卢兹和格勒诺布尔分别创立了一批设有专门科学院系的工程师学院。科学界和教育界成了促进当时法国化学和电力学院发展的中坚力量。

20 世纪 30 年代初，随着"大萧条"和世界大战使法国社会陷入全方位的危机，立法者试图通过介入教育以解决就业问题。对于工程师世界而言，最重要的是建立了一个自制监管机构——新的工程资格委员会（CTI），从而创建了新的工程教育系统。大约 80 所学校被 CTI 所认可，每年约有 2 500 名工程师毕业，这象征着法国工程学校共同体的诞生。1939 年成立的法国国家科学研究中心（CNRS）以面向国防需求为主开展科研活动，并在"二战"结束后向前沿基础性研究方向转变，现已成为法国最大的政府研究机构，也是欧洲最大的基础科学机构[②]。

（三）1945 年至今：探索与革新

1945 年，"二战"结束，法国本土解放。在解放后的 20 余年中，法国政府

---

① CDEFI. Les écoles françaises d'ingénieurs: trois siècles d'histoire [EB/OL]. [2022-10-27]. http://www.cdefi. fr/files/files/Historique%20des%20%C3%A9coles%20fran%C3%A7aises%20d'ing%C3%A9nieurs.pdf.

② 赵斌宇：率先建设国际一流科研机构——基于法国国家科研中心治理模式特点的研究及启示 [EB/OI]. [2022-10-27]. 载中国网·中国发展门户网，2018.

积极规划和发展工程教育，出台了相关计划。包括提出到 1960 年每年培养 1.2 万名工程师、到 1971 年每年培养 1.5 万～2 万名工程师的目标[①]。自 1945 年起，工程师学校的创立和活动主要由国家教育部管辖。1947 年，法国政府颁布了国家工程学院模型，明确了工程学院的统一模式，并确立了预科班和入学竞考等教育制度。同时，教育部着手对一些学校进行了合并和重组，如国家工艺美术学院的合并项目。法国政府在大力推广 2 年预科 +3 年培养的模式之时，还建立了众多 4 年制教育的研究所，如 1957 年在里昂成立的第一个国家应用科学研究所（INSA）和国立工程师学院（ENI），直接招收通过毕业会考的学生，试图在 4 年中培养出大批掌握应用技术的工程师。但这一迅速培养"应用技术工程师"的计划最后以失败告终，INSA 和 ENI 都逐步将学制改成了 5 年。

1968 年后，法国工程教育进入最具活力的时期。一方面，在此期间，工程学院的数量在 60 年内增加了 2 倍，每年毕业的工程师数量增加了 10 倍以上。1968 年 11 月颁布的《高等教育方向指导法》提出了设立自治大学，拆分并重新组合了先前院系。法国创建了近 70 所这样的自治大学，从而打破了公立大学、研究所、大学校之间的界限，开创了工程教育发展的新时代。

这一时代的另一显著特征是"内部研究所 / 学校"的成立，即在公立大学或具有大学同等地位的大学校内部成立研究所（Institut）或学院（École）。1972 年，里尔、蒙彼利埃和克莱蒙费朗的一些大学设立了首批"内部工程师培养"研究所或学院，以全新的科学和技术硕士学位（Master de Science et de Technologie）为启动平台。这些研究所或学院的主动权不是来自行政部门，而是来自有进取心的学者团队，他们与所在地区的公司保持密切联系，并通常能够得到大学和地方当局的决定性支持。约有 20 个前国立工程师学院（ENI）联合在具有大学地位的 3 所国家理工学院（INP）内；除此之外，全法共 30 多所大学里有大约 50 个这样的学院、研究所，这些院所的工程师毕业生数量占工程师总数的 18%，显示了当时法国工程师教育的繁荣。

三、工程教育路径

法国工程师教育始于学生的高中会考（BAC）结束后，即高等教育阶段，路径见图 3-2。预科班分为两类：一是大学校预科班（Classe Préparatoire Aux

---

① CDEFI. Les écoles françaises d'ingénieurs: trois siècles d'histoire [EB/OL]. [2022-10-27]. http://www.cdefi.fr/files/files/Historique%20des%20%C3%A9coles%20fran%C3%A7aises%20d'ing%C3%A9nieurs.pdf.

Grandes Ecoles，CPGE）。学生在完成高中学业后，持有高中会考证书或相应学历者可申请入学大学校预科班。选拔通过考试和面试的方式进行，并需要对档案材料进行审核。学生在进入工程师院校后，需要先进行预科班学习。预科班为期两年，分为经济与贸易预科班、文学预科班和科学预科班 3 种类型，报考工程师院校需要进入科学预科班学习。经过两年学习后，获得由大学校承认的 120 个欧洲学分的学生，可通过再一次的入学考试进入大学校，经过 3 年学习后获得工程师文凭。二是工程师学院所设置的预科班。全法约 60 所学校（每年涵盖约 9 500 个名额，150 多门课程）直接招收理科高中毕业生。其中，同一层次的学校录取方式不尽相同，每个学校可能有多种招生方式。在接受学校两年预科教育后，学生可以直接进入工程师教育阶段的学习。

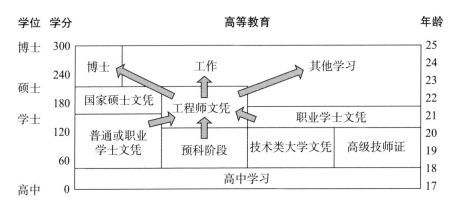

图 3–2　法国工程教育路径[①]

除此之外，近年来，越来越多的工程师院校开始进行平行招生（Parallel Admission 或 Admission Sur Titre，AST），预科班不再是进入工程院校的唯一途径。平行招生对大学校或其他学校的学生开放。如果考生在之前的学习中表现良好，则无须参加预科考试。同时，某些综合大学设立了工程师培养课程，旨在把工程师培养这一高层次职业化教学纳入综合大学[②]。事实证明，这种工程师教育路径正越来越受欢迎，许多学生选择先上综合大学，然后再入读大学校。

除了传统意义上的工程师教育外，短期高等职业教育也是整个工程教育的组

① 熊璋主编，于黎明等编著. 法国工程师教育 [M]. 北京：科学出版社，2012：74.

② IPAG Business School. ALL ABOUT PARALLEL ADMISSIONS [EB/OL]. [2021-11-9]. https://www.ipag. edu/en/blog/all-about-parallel-admissions#:~:text=What%20is%20a%20parallel%20admission, going%20 through%20a%20preparatory%20course.

成部分，具体包括[①]以下内容。

（1）高级技师班（STS）。法国政府于 1956 年开始在部分条件较好的私立或公立高中内设置了高级技师班，到目前为止提供了超过 120 个专业的培训，支持持有中学学习结业文凭、高中会考证书者及持有同等学历或同等学力的学生申请入学。在完成两年高等教育阶段的学习后，经过全国性考试，学生可获高级技师证书（BTS），也即完成 120 个欧洲学分。培训结束后学生通常直接工作，也有部分学生选择继续在大学攻读专业学士学位或硕士学位，另有部分成绩优异的学生通过选拔考试或 Prepa ATS（Adaptation Technicien Supérieur）的学习和竞考进入工程师学院继续深造。高级教师班在应届高中毕业生中广受欢迎，据法国教育部统计，2016 年度，全部高中毕业生中有 28.8% 的学生的第一志愿选择的是高级教师班，而职业高中学生中第一志愿选高级教师班的更是高达 80.5%。据法国教育部统计，2015 年，STS 在校生共 25.6 万人，占全法高校在校生总数的 10.0%，在校学生家庭背景也无明显分化。

（2）大学技术学院（IUniversity Institutes of Technology，IUT）。IUT 是公共高等教育服务机构和大学的内部组成部分，负责开展培训和研究活动，创建于 1996 年。目前，共有 108 个 IUT 设置于 170 所机构与大学内部，提供 24 个专业的培训，持有中学学习结业文凭、高中会考证书、同等学历或同等学力的学生均可申请入学。经过两年的 IUT 学习后，学生可以获得大学技术证书（Diplôme Universitaire de Technologie，DUT）。获得该证书的过程不需要考试，而是对学生两年学习期间表现的持续性评估。DUT 证书在 2021 年 9 月发生了变化，这归功于法国于 2019 年创建的大学技术学士学位（Bachelor universitaire De Technologie，BUT），旨在为国家培养在未来某些核心领域具有专业技能、先进知识和科学素养的人才，并为学生提供学士学位。[②] BUT 的创建扩展了 IUT 学生的职业生涯，是法国面向未来技术发展所做的教育战略布局之一，获得 BUT 需要学生在 IUT 内进行 3 年的课程学习并获得 180 个欧洲学分，其间，学生可在攻读两年后获得 DUT 文凭。在规模方面，根据统计数据，2021 学年 IUT 有 51 650 名新入学学生，共有 115 100 名学生进入 IUT 为 DUT 或 BUT 做准备。对于毕业生而言，毕业一年后，超过七成（72%）的 2019 届毕业生继续在高等教育学习，

① CDEFI. Les écoles françaises d'ingénieurs: trois siècles d'histoire [EB/OL]. [2022-10-27]. http://www.cdefi.fr/files/files/Historique%20des%20%C3%A9coles%20fran%C3%A7aises%20d'ing%C3%A9nieurs.pdf.

② Les iut. LE BACHELOR UNIVERSITAIRE DE TECHNOLOGIE [EB/OL]. [2022-10-27]. https://www.iut.fr/le-but-et-ses-specialites/.

四分之一的毕业生注册了专业学士学位，超过 20% 的毕业生注册了普通学士学位，15% 的毕业生申请工程师学院的工程培训。[①]

高级技师证书（BTS）和大学技术证书（DUT）是对普通高等教育和高等职业教育进行的学历认定，同时也是对学生在某一行业专业技能培养的认定。这两种教育的课程设置和教学内容与其相关的行业紧密结合。

大学科学与技术文凭（Diplôme d' Etudes Universitaires Scientifiques et Techniques，DEUST）是一个以职业为导向的学位，在综合类大学中获得，学制为两年。DEUST 的专业设置根据当地劳动力市场的需求创建，其课程设置通常是大学生与雇主和地方政府协商后设计。大部分学生在两年的学习后直接工作，但也有少部分学生选择攻读职业学士。

小结

本节梳理了法国工程教育的起源与发展，并对当前法国教育体系及工程教育路径进行了阐述。法国工程教育起源于军事领域，并逐步分离至民用和军用两种职能，涵盖了道路与桥梁、采矿、水利、林业、造船、航空、能源、军事等几乎所有国家重要领域，成为法国最重要、最优先发展的教育领域之一，且受到国家及社会的高度重视与认同。法国有史以来都是工程教育强国，特别是为了应对 20 世纪 30 年代初工业界的萧条和"二战"带来的国家与社会危机，法国政府建立了工程工程师职衔委员会（CTI），并且创建了国家工程教育系统，推动了法国工程教育的全面整合、改革与发展，使法国的工程教育空前繁荣。法国所构建的由综合大学、大学校和高等专科院校为代表的高等工程教育体系具备完备、灵活、包容等特征，为法国培养了丰富的工程技术人才和工程师人才，对我国具有较强的借鉴价值。法国的工程教育路径多元，不仅有以大学校中工程师学院为代表的优质高等院校，通过其小规模、专业性、实践性、精英性、资源富集等特征为法国工业界培养精英人才；也有通过平行志愿录取、短期技术技能培训等方式，为法国工业界大规模培养受认可、具备科学素养、经验丰富的专业型人才，且培养路径间可交叉、互认可，为工程专业学生提供了更大的发展可能。

---

① Ministère de la Enseignement Supérieur de la Recherche. Étudiants Inscrits en DUT/BUT en 2021—2022 [EB/OL]. [2022-06-13]. https://www.enseignementsup-recherche.gouv.fr/fr/etudiants-inscrits-en-dutbut-en-2021—2022-85646.

第二节

工业与工程教育发展现状

一、工业发展现状

法国工业目前包含 14 个分支：航天工程、食品工程、车辆工程、木材科学与工程、化学和材料工程、建筑工程、水利工程、矿业和冶金工程、时尚与奢侈品工程、海军工程、新能源系统工程、核工程、健康工程、废物回收与利用工程。与其他领域相比，工业的生产资料更为集中，因此在大型公司和中型公司就业的人数占整个行业就业人数的 68%，大中型公司创造的增加值是整个工业领域的 77%，其不含增值税的净收入达到了整个工业领域的 83%。

自 20 世纪 70 年代中期以来，法国的工业一直在衰退。具体表现为：制造业在法国经济中的份额减少了一半左右，服务业在经济中的比例增加。2000—2007 年，由于工业产品价格下降，导致工业所需劳动力下降，工业在法国国内生产总值中的比例下降得尤为明显；2007—2014 年，以钢铁业和造船业为代表的制造业受到经济危机的影响。20 世纪 70 年代初，工业领域雇用的人是现在的两倍左右[①]。法国工业的衰退与法国企业竞争力下降息息相关，尤其在当今的全球化时代。此外，法国人的消费习惯开始发生改变，他们开始更多地购买商品和服务，而不是工业产品。

2019 年，法国工业领域共有 250 307 家公司，创造了 12 340 亿欧元的营业额和 3 190 亿欧元的增加值。截至 2020 年底，工业领域就业人数共计 310 万人[②]。法国工业领域的相关企业中[③]，约 25% 在维修、安装和制成品领域，25% 在食品加工领域，另约 13% 在木材、造纸、印刷领域。高附加值的领域主要是制造业，2018 年为 2 800 亿欧元，在法国国内生产总值中占比为 9.97%，提供了 280 万人的就业，相当于法国总就业人数的 11%[④]，但目前该行业的总就业人数正在逐年下滑。

① Les dossiers du Mag de l'Economie. Que représente l'industrie en France: tendance et chiffres [EB/OL]. [2022-10-27]. https://www.lemagdeleconomie.com/dossier-22-industrie-france-chiffres.html.

② TABLEAU DE BORD DE L'ÉCONOMIE FRANÇAISE. Secteurs d'activité Ouvrir le menu de navigation [EB/OL]. [2022-10-27]. https://www.insee.fr/fr/outil-interactif/5367857/tableau/70_SAC/73_IND.

③ Wikipedia. Industrie en France [EB/OL]. [2022-10-27]. https://fr.wikipedia.org/wiki/Industrie_en_France.

④ INSEE. Tableaux de l'économie française Édition 2020 [EB/OL]. [2022-10-27]. https://www.insee.fr/fr/statistiques/4277864?sommaire=4318291#graphique-figure2.

2020 年年初，新冠疫情给法国经济带来了严重影响。2020 年法国制造业增加值下降了 12%，尤其是汽车制造和飞机制造业受到了新冠疫情大流行的巨大影响，只有健康相关产业的产量略有增加。法国制造业正面临着战后以来最大的危机[1]。

二、工业振兴计划

近年来，法国开始关注本国工业的振兴。2019 年，法国总理在会见工业部部长、各行业代表时，指出法国工业发展的重点应放在以下 3 个方面：能源转型、领土环境保护和创新。其中，能源转型居于首位。法国工业界成立了技术中心和经济发展职业委员会，专门负责研究未来低碳工业转型。有些工程师院校为促进可持续发展设立了专门的课程和专业，如巴黎综合理工学院的环境工程与可持续发展管理硕士专业，巴黎高科桥梁学院专门制定了可持续发展的目标，并开设了 9 个与可持续发展紧密相关的专业。

2020 年 9 月，法国政府推出了总金额为 1 000 亿欧元的"法国振兴"（France Relance）计划，旨在重振经济、推动再工业化、创造就业、加速生态转型，力争使法国经济在 2022 年恢复至新冠疫情前水平。其中，有 350 亿欧元被用于工业领域的现代化、创新、去碳化等高附加值领域。2021 年 1 月，法国宣布启动第四期未来投资计划（PIA），预计将在 2021—2025 年投入 200 亿欧元，用于支持高等教育、研究与创新，其重点在于若干项国家战略的启动。2021 年 10 月，总统马克龙公布了"法国 2030"投资计划，旨在重振法国工业，推动科技创新。法国政府在该项计划中投资了 300 亿欧元，使法国有能力应对当前的挑战以及发展未来最有增长潜力的领域，如生态转型、健康、食品、数字化和文化。并且自 2020 年开始，法国设立了一年一度的可持续发展民主会议（Les Rencontres du Développement Durable）来讨论并提出包括工业界在内的具体改革方案和计划，旨在应对"法国 2030"投资计划带来的挑战[2]。上述一系列投资计划主要集中在包括新兴产业、生态转型及去碳化、交通、数字及电信领域、健康、新能源及储能、城市的可持续发展、食品和农业、航空航天、创新能力、国家主权和工业化在内的 12 个方向[3]。

---

① 千际投行. 2021 年法国发展研究报告 [R]. 经济网. [2022-01-26]. http://www.21jingji.com/article/20220126/herald/44caf4874b4c0c08b2a4d3b51e6fee07.html.

② RENCONTRES. Pourquoi les Rencontres du Développement Durable? [EB/OL]. [2022-10-27]. https://www.les-rdd.fr/raison-d-etre.

③ France Industrie. France Relance, France 2030, Programme d'investissement d avenir [EB/OL]. [2021-12-31]. https://www.franceindustrie.org/wp-franceindustrie/wp-content/uploads/2021/12/Dispositifs-de-soutien-a-linvestissement-et-linnovation-dans-lindustrie.pdf.

三、工业界对工程师的需求

（一）需求的衡量

近年来，法国包括工业在内的所有行业职位空缺率显著提高（见图 3-3）。为进一步确定工程人才需求，2021 年 4 月，法国总统马克龙启动了对高级公务员制度的深度改革。对高级工程师的管理作为其中的一环，被委任给了 4 个"骨干技术机构"的专家。骨干技术机构（Grands Corps Techniques de I'Etat）是法国国家的最高公务员机构，工程团队地位在所有法国机构之上，是支持法国开展决策、控制和自我评估的重要机构，由土木工程师团体（Ingénieurs des Ponts et Chaussées）、采矿工程师团体（Ingénieurs des Mines）、武器工程兵团（Ingénieurs de L'armement）和国家统计与经济研究所（Administrateurs de l'Institut National de la Statistique et des Etudes Economiques，INSEE）4 个主要技术机构组成。

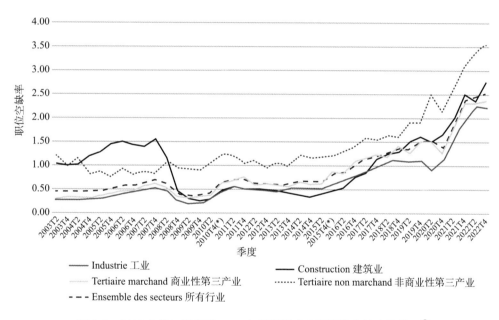

图 3-3 2003 年第二季度至 2022 年第四季度法国职位空缺率趋势图①

经过骨干技术机构专家调查团的研究，认为量化国家对工程师的需求，例如，法国的就业及技能的前瞻性管理研究（GPEC），被认为是不现实的。GPEC 是一种在短期和中期调整工作、员工和技能，以适应公司战略和经济、技术、社会环境变化以及法律要求的方法，这类的研究被认为缺乏实际意义：一方面，

---

① Ministère du Travail. Les emplois vacants [EB/OL]. [2022-10-27]. https://dares.travail-emploi.gouv.fr/donnees/les-emplois-vacants.

这项工程需要耗费大量的时间和资源；另一方面，国家的需求是不断变化的，只有相关领域的部分专家才能以可操作性的方式对需求进行评估。[①] 因此，法国对于工业界对工程师需求的研究采用的是整体视角：首先，确定国家目前或者在可预见的未来所面临的战略问题所涉及的专业领域，以培养高层次技术人才，并在领域内形成持久的人才培养体系；其次，确定对工程人才存在需求的企业和组织，并确定人才发挥的具体作用；最后，调查法国顶尖工程师学校的学生培养与就业状况。

（二）雇用者对工程师的期待

在未来所面临的专业领域方面，自改革行动以来，骨干技术机构专家调查团对政府、学校、独立行政机关、地方当局和公司雇主进行了 123 次访谈，总结出法国目前或者不远的未来存在着对以下 7 个领域的工程师人才需求：武器装备与航空，数据与计量经济，能源与去碳化工业，环境、气候与食品，基础设施与规划，信息技术，健康。

在企业和组织对人才的需求上，这些被访谈者表示，除了自身专业技能之外，他们对工程师也存在一些高层次需求，包括对复杂项目的管理能力以及对公司技术和公司内部运转的敏感度和熟悉度，然而大部分工程师则是在经过公司或者组织的培训之后，才具备了真正的比较优势，获得了这些能力。对于技术领域的最高层雇主而言，他们希望招聘顶尖的工程师人才。这些人才不仅要接受过最好的工程师教育，也要具有"多面手"和"俯视"的能力。这样，社会才能为国家不断培养出多样化的高级管理人员。

在法国顶尖工程院校学生的培养和就业上，国家统计与经济研究所（INSEE）和法国部际数字司（La Direction Interministérielle du Numérique，DINUM）关于《国家对信息人才需求评估报告》显示，到 2023 年，法国预计增加 400 名数字专家，400 名数字项目管理人才和 50 名数字设计师。在这未来的 850 个职位中，约有 5% 由顶尖的工程师担任，他们分别成为各自行业的管理者。在法国军备总局（La Direction Générale de l'Armement，DGI）的《2020—2026 人力资源战略计划》中，他们提出了近五年所需人才的中期愿景。就军备工程技术人才培养的总数而言，截至 2020 年 12 月这个数值为 5 560 人，并计划分别在 2021 年、

---

① Vincent Berger, Marion Guillou, Frédéric Lavenir. Réforme de la haute fonction publique: pour une gestion des ingénieurs par domaines de compétences [EB/OL]. [2022-10-27]. https://www.gouvernement.fr/sites/default/files/document/document/2022/02/rapport_-_reforme_de_la_haute_fonction_publique_-_pour_une_gestion_des_ingenieurs_par_domaines_de_competences_-_2022.pdf.

2023 年和 2025 年扩充至 5 567 人、5 796 人和 6 228 人。[①]

除上述结果之外，调研团指出，值得注意的是，即使是在法国工程师培养规模逐渐扩大的现状下（图 3-4）法国对于工程师的需求也并不简单按照专业和领域划分，因为雇主们更加偏好跨领域的工程师人才，这种跨领域的技能更能够给公司和组织带来更多附加价值。除了法国对工程师人才存在需求外，法国目前的资源分配也存在问题，即人才资源配置也存在结构性问题。例如，在"健康"和"数字领域"的人才十分稀缺，"环境、气候和食品"领域的重要行业（自然灾害风险、食品安全、制图学、气候学、生物多样性、农艺学等）人才数量似乎也不足；但"基础设施和规划"领域仍然雇用了过多的工程师，而法国目前在该领域的业务却很少，这可能是工程教育发展过程中较长的政府主导时期带来的遗留情况。[②]

图 3-4　工程师学校颁发工程师文凭数量变化表[③]

涉及范围：工程师院校（不包括法国本土和海外省合作项目）
资料来源：MESRI-SIES.

---

① Vincent Berger, Marion Guillou, Frédéric Lavenir. Réforme de la haute fonction publique: pour une gestion des ingénieurs par domaines de compétences [EB/OL]. [2022-10-27]. https://www.gouvernement.fr/sites/default/files/document/document/2022/02/rapport_-_reforme_de_la_haute_fonction_publique_-_pour_une_gestion_des_ingenieurs_par_domaines_de_competences_-_2022.pdf.

② 同上.

③ 同上.

四、工程教育现状

（一）规模与结构

高等教育、研究与创新部（Ministère de l'Enseignement Supérieur，de la Recherche et de l'Innovation，MESRI）是法国监督大学教育和研究的政府部门，由高等教育和研究部长领导，负责制定和实施高等教育、研究、技术和空间领域的政府政策。目前，法国工程教育机构可由隶属于 MESRI 的公立院校、大学校和其他院校，下属于各部委（如法国文化部、劳动部、农业部、体育部等）的公立院校以及私立院校几个部分组成。对于工程教育的规模与结构，以 2019—2020 学年为例，法国工程教育领域共招生 15.06 万人，自 2014 年起，年均增长 4.7%，5 年内共增长 19.7%，其中私立机构招生增长 8.9%，MESRI 监管下的公立学校招生增长 1.7%，由其他部门监管的公立学校招生增长 8.2%。在这些学生中，8.4% 的学生将通过合作培养成为工程师，相比 5 年前提高了 0.7%。

工程教育体系内截至 2019—2020 学年，公办院校有 10.51 万名学生，占总学生数的 70%，5 年中年均增长 3.0%，5 年共增长 14.7%。其中 55% 的学生由 MESRI 监督下的院校招收，15% 的学生在其他部委的下属院校，30% 的学生在私立机构。这种分布结构在过去 5 年中保持稳定。各类院校学生数变化如表 3–1 所示。

表 3–1　各类院校学生数变化情况

院 校 类 型	2019—2020 年的人数	2019—2020 年的比例 /%	年增长率 /%	5 年增长率 /%	2014—2015 年的比例 /%
隶属 MESRI 的所有公立院校	82 791	55.0	1.7	13.4	58.0
隶属 MESRI 的大学校	32 984	21.9	2.1	9.7	23.9
隶属 MESRI 的其他院校	49 807	33.1	1.4	16.0	34.1
下属其他部委的公立院校	22 297	14.8	8.2	19.8	14.8
私立院校	45 518	30.2	8.9	33.2	27.2
总计	150 606	100.0	4.7	19.7	100.0

学徒制方面，2019—2020 年，2.51 万名学生将通过学徒制进行初步培训：占注册人口的 17%，同比增长 2.1%，5 年内增长 4.3%。私立院校中 22.8% 的学生接受学徒教育，在 MESR1 下设的公立机构中这个比例是 14.6%（5 年内增加了约 5%）。经历学徒制培养的工程师比例增长缓慢，但这一比例在 35 岁以下的工程师这一人群中增长迅速。事实上，2000 年只有不到 2% 的工科学生参加学徒制，而 2017—2018 年这一比例为 15%。80% 的普通毕业生接受大学校的预科班的教育，而 60% 的学徒制毕业生来自 DUT 或 BTS 课程。这些教育背景的差异暗示了不同

的社会出身，具体的比例如表 3–2 所示。

表 3–2 注册类型院校分布

注册类型	隶属 MESRI 的公立院校		隶属其他部委的公立院校		私 立 院 校		总 计	
	2019—2020 年	2014—2015 年	2019—2020 年	2014—2015 年	2019—2020 年	2014—2015 年	2019—2020 年	2014—2015 年
非学徒制初级教育	83.1	88.7	87.5	94.8	75.5	76.4	81.4	86.2
学徒制初级教育	14.6	10.1	11.6	4.7	22.8	21.5	16.7	12.4
继续教育	2.3	1.3	0.9	0.5	1.6	2.1	1.9	1.4
总计	100.0	100.0	100.0	100.0	100.0	100.0	100.0	100.0

在招生领域方面，2019—2020 年度加工制造业及工程技术相关领域招生最多，共涵盖了 40% 的学生。另有共三分之一的学生进入了电子与电力工程、计算机科学与信息技术工程、机械工程专业。在所有领域中，"信息及信息科学工程"领域的学生数年增长率最高，超过了 10%；"加工制造工程"领域学科的学生年增长率次之，为 9.8%；学生年增长率较高的还有"建筑工程"领域，增加了 7.1%。相反，"农业和农产品""化学、基因工程和生命科学""工程及相关技术""机械工程""物理、数学和统计科学工程"等领域的学生入学率变化幅度较小。

从性别结构来看，2019—2020 学年注册工程教育体系的学生中有 42 350 名是女性，占注册总人数的 28.1%，相较于 5 年前的增长率为 0.6%。如果不包括学徒制，学生的女性占比将提升至 30%。在所有女性学生中，约 60% 的学生选择了"农业和农业食品""化学、基因工程和生命科学"领域；40% 的女性选择了以物理、数学为主的工程学科方面。相对而言，"计算机科学与信息技术工程""电子工程及电力工程""交通运输""机械工程""工程及相关技术"等领域注册工程教育的女性较少，具体比例如表 3–3 所示。

表 3–3 领域与女性分布

领 域	学 生 数（人）	年增长 /%	所占比例 /%		女性占比 /%	
			2019—2020 年	2014—2015 年	2019—2020 年	2014—2015 年
农业和农产品	10 286	1.3	6.8	7.6	59.5	59.3
建筑工程	9 970	7.1	6.6	6.4	29.7	28.8
电子与电力工程	18 824	5.1	12.5	10.7	18.4	18.6
信息及信息科学工程	16 581	12.2	11.0	9.5	16.6	16.8

领　　域	学 生 数（人）	年增长 /%	所占比例 /%		女性占比 /%	
			2019—2020 年	2014—2015 年	2019—2020 年	2014—2015 年
工程及技术相关	30 169	1.1	20.0	22.8	22.0	20.4
机械工程	13 738	−0.4	9.1	10.0	20.9	19.7
物理、数学和统计科学工程	9 035	1.2	6.0	7.2	41.0	38.3
交通运输	5 356	2.4	3.6	3.3	17.0	15.7
其他	1 986	2.9	1.3	1.5	39.5	29.8
总计	150 606	4.7	100.0	100.0	28.1	27.5

2019 学年，高等工程教育一年级入学人数达到 4.52 万人，在 5 年内增加了 16%。新生入学的主要途径仍然是大学校的预科班，占新入学人数的 37%。但逐步开放的其他招生方式使这一比例有所下降，如 DUT、BTS 或综合类大学的学生。

表 3–4　工程教育生源情况　　　　　　　　单位：%

生　　源	隶属 MESRI 的公立院校		隶属其他部委的公立院校		私 立 院 校		总　　　计	
	2019—2020 年	2014—2015 年	2019—2020 年	2014—2015 年	2019—2020 年	2014—2015 年	2019—2020 年	2014—2015 年
CPGE	34.3	40.7	70.0	78.4	26.8	30.5	37.2	43.0
CPI	22.6	20.3	4.7	2.7	42.2	36.9	25.9	22.6
DUT/BTS	21.5	20.2	14.3	7.1	19.1	19.2	19.7	18.1
大学	10.5	8.8	5.0	4.1	3.2	3.5	7.5	6.6
总人数（人）	25 053	22 443	6 484	5 397	13 658	11 118	45 195	38 958

在生源背景方面，与 2014 的情况相同，进入工程教育的学生中有 46% 的人父母为高级管理人员、教师或自由职业。但是父母为雇员或蓝领的学生比例增加了 1.3%，占总人数的 14.6%，他们中接受 DUT 和 BTS 教育的比例较高（20.6%）。

（二）工程教育主要特点

法国工程教育的一大特色在于工程师院校的比例很大，且工程师院校实施规模小、专业化程度高的精英教育体系，有以下几个特点。第一，培养规模上，规模小，许多百年老校只有几百名学生，只进行硕士、工程师和博士培养，不开展本科教育及基础科学研究，而是参与企业工业项目的研究工作；第二，培养模式上，教学与实际结合密切，教学环境与工业界实际技术环境接近甚至统一，产学研密切结合是法国工程教育的显著特点，不管是工程师院校还是学徒制，都特别重视教育中的实习；[1][2]第三，人才产出上，法国工程师教育大多学制 5 年（分为预科和工程师两个阶段），学位上等同于西方国家（如美国、英国、加拿大）的硕士学位，毕业可获得法国工程师证书和法国工学硕士学位，其市场竞争力比从综合大学毕业的硕士学生要强很多，受企业欢迎程度和起薪甚至高于博士。

法国工程教育最突出的特点是重视学生的实习经验。工程师院校自创建之初就以就业为导向，十分重视学生的实践，通过为学生提供在企业的实习经历，帮助他们更早地适应职场和发展人际关系。高质量的实习经验使学生将书本知识与专业实践相结合，获得了更强的专业技能和工程实践能力。工程师职衔委员会（CTI）规定学术制的工程教育中也必须包含至少 28 周的实习，其中学术型学生应侧重在实验室实习，企业实习时间可缩短至 14 周。法国工程师院校校长会议（CDEFI）在大学校联合会（CGE）和 CTI 的支持下，全面调查了工程师院校学生在企业中进行实习的情况，结果如表 3–5 所示。平均而言，3 年制工程师院校的学生在大学期间进行了 39 周、累计近 10 个月的专业实习。详细来说，第一年有 5 周的实习时间，第二年近 3 个月（11 周），最后一年实习近一个学期（23 周）。

表 3–5　不同院校实习周数

	第 一 学 年（周）	第 二 学 年（周）	第 三 学 年（周）	总 计（周）
隶属 MESRI 的所有公立院校	5	9	22	36
隶属 MESRI 的大学校	4	9	21	34
隶属 MESRI 的其他院校	5	13	22	40
隶属其他部委的公立院校	4	8	22	34
私立院校	7	15	25	47
平均	5	11	23	39

除了实习外，法国工程教育还注重通过其他方式加强与行业的密切接触：①与企业共同制定课程，教学内容根据企业的需要不断地调整；②学校里设有与专业相应的实验室及工作车间，学生可以自己设计制作产品；③许多工程师学院都办有与自己专业相关的下属企业，企业技术人员参与教学，学生通过实习参与企业管理及生产。

① CDEFI. Chiffre du mois: les eleves-ingenieurs en apprentissage [EB/OL]. [2022-10-27]. http://www.cdefi.fr/fr/actualites/chiffre-du-mois-les-eleves-ingenieurs-en-apprentissage_3?chiffres.

② CDEFI. Chiffre du mois: les stages en entreprise des élèves-ingénieurs [EB/OL]. [2022-10-27]. http://www.cdefi.fr/fr/actualites/chiffre-du-mois-les-stages-en-entreprise-des-eleves-ingenieurs?chiffres.

（三）工程师就业情况

根据法国工程师学校大会发布的报告，2019 年法国的工程师毕业人数超过了 4 万人[①]，其中的 80% 在毕业后 6 个月内找到了第一份工作，将近 88% 的毕业生在一年内签署了就业合同，其中三分之一的毕业生选择进入制造业工作[②]，为法国工业界输送了大量高端人才。2018 年全国工程师的就业人数达到了 12.5 万，2019 年这个数字达到了 13.1 万。其中，工业和建筑业是主要推动力。

2020 年 6 月 23 日，法国工程师和科学家协会（IESF）公布的工程师年度调查报告显示，所有工程师工资的中位数是法国所有雇员工资中位数的两倍，其毛年薪中位数仍为 6 万欧元，与 2019 年持平。2019 年，应届工程师工资中位数为 3.5 万欧元，退休工程师为 10 万欧元。30 岁以下工程师的年薪中位数在 3.2 万欧元到 4.8 万欧元之间，具体年薪取决于工程师所从事的行业，其中以银行、金融和保险业的收入最高。接受学徒制培养的工程师的收入低于接受普通培训的工程师，在 25 岁以下群体中，完成学徒培养的工程师毛年薪中位数为 3.5 万欧元，普通毕业生的毛年薪中位数为 3.6 万欧元。

此外，工程师职位的流动性较高。2019 年 25% 的工程师更换了工作或职位，70% 的工程师在过去 5 年内更换了工作或职位。在这种人事变动中，86% 的人对更换雇主或内部晋升感到满意，68% 的工程师即使没有晋升也对其人事变动感到满意。在职工程师的失业率极低，2020 年初工程师行业的失业率为 3.5%，是法国工程师和科学家协会（IESF）开展调查以来的最低水平之一。

工程师就业中的男女不平等问题突出。与男性同行相比，女性工程师的人数占比和薪酬仍然偏低。在 2013—2019 年的 7 年里，拥有学位的女工程师的比例几乎保持不变。2019 年毕业的工程师约 4 万名，其中女性占比为 28.4%。

截至 2020 年底，法国工业劳动市场中工程师的供求整体保持平衡，薪资依旧很高但是增长缓慢，失业率低，职位变化多。工程师的就业前景取决于许多因素，如经济增长、人口结构、平均退休年龄、女性化速度、失业率、技术发展等。同时，2020 年工业发展受英国脱欧和新冠疫情影响、脱欧对工程师就业的影响。需要注意的是，在国外工作的工程师虽然数量在增加，但其比例下降到 15% 以下，这是英国脱欧的结果之一。因此，虽然 2014—2019 年，在全欧工作的法国工程

---

① CDEFI. Les écoles françaises d'ingénieurs Chiffres clés 2020 [EB/OL]. [2022-10-27]. http://www.cdefi.fr/fr/la-cdefi/chiffres-cles.

② CDEFI. La CDEFI présente l'édition 2021 de son panorama des écoles d'ingénieurs [EB/OL]. [2021-06-10]. http://www.cdefi.fr/fr/actualites/la-cdefi-presente-ledition-2021-de-son-panorama-des-ecoles-dingenieurs.

师总数增加 15%，但在英国工作的法国工程师总数从 2014 年的 12 250 人减少到了 2019 年的 9 950 人，减少了 18.8%。

新冠疫情对工程师就业也产生影响。工程师也对新冠疫情下的经济情况忧心忡忡。IESF 的调查启动于 2020 年 2 月，于 4 月中旬结束，工程师对失去工作的恐惧从隔离前的 7.1% 跃升至 3 月 17 日之后的 10.1%，其中，采掘业和航空业尤其受到关注。

小结

本节对法国工业及工程教育发展的现状进行了概述。法国工业的发展为国家提供了巨大的产值与诸多就业岗位，是国家始终重视且发展的支柱产业。然而，近年来受到国内服务业挤压和国际市场上制造业竞争和经济危机等一系列影响，法国的工业发展逐渐陷入瓶颈，2020 年全球范围内暴发的新冠疫情危机加剧了法国工业的衰退。为了振兴工业，法国政府于 2019 年以来进行了工业界动员并提出了"法国振兴""法国 2030"等一系列国家战略计划，旨在重振经济、促进科技创新、推动再工业化、创造就业和加速法国工业的生态转型，成为法国工业发展的强心针。近年来，法国工业界的岗位缺口正在逐渐加大，特别是企业对于高级工程师人才的欠缺成了亟待解决的关键问题，而以骨干技术机构为首的国家工程技术机构正在着力从整体性视角解决国家工程人才与工业需求的适配问题，提升受工程教育学生的项目综合管理能力、协调能力以及跨领域能力等。在工程教育中，小规模、强专业化的精英教育模式一直以来都是法国工程教育的主流，为法国培养了具有丰富实践经验的高层次工程师人才。法国工程教育规模正处于缓慢增长的阶段，工程人才具有较好的市场认可度，较大的市场竞争力和较高的社会待遇。但是，从 2020 年的调研结果可见，法国工程教育中诸如性别不平等、人才和资源配置中的结构性问题等尚未得到较好的解决，其学生家庭背景结构也呈现出了较为固化的特性。这些都在一定程度上限制了法国工业与工程教育的发展，在我国工程教育发展中需给予关注。

工程教育与人才培养

一、工程人才整体定位

法国工程师职衔委员会（CTI）关于工程师职能的表述对工程师职业做出了如下定义："工程师能够提出并出色而具有创新性地解决有关产品、系统、服务，甚至是资金及商业化竞争机制中出现的发明、设计、生产和实施等复杂问题。"在这个意义上，工程师必须具备坚实的科学文化基础，掌握全面的技术、经济、社会和人文知识。工程师的职业活动主要集中在工业、建筑、公共工程、农业和服务行业，他们的工作是保护人类、生活和环境，更广泛地说，是保护公共财产。工程师经常在国际领域中进行人力、技术和资金的调动，他们的工作有助于提高企业的竞争力，从更长远的角度说，是提高企业在世界范围内的技术竞争力。

工程师承担的职能范围较为广泛，通过进一步的统计，CTI确定了以下职能范围。

（1）基础和实用性研究；

（2）研究和工程、建议和鉴定；

（3）生产、开发、维护、试验、质量、安全；

（4）信息系统；

（5）项目管理；

（6）客户关系（市场、商务、客户支持）；

（7）领导、管理、人力资源；

（8）培训。

通常，工程师的职能在职业生涯中不断发展。最初，他们经常承担职能（1）、（2）、（3）或（4），然后，其中的一部分人会承担职能（5）或（6），并最终可能承担职能（7）。关于职能（8），他们在整个职业生涯中都会承担或至少承担一部分。

此外，CTI进一步归纳了工程师所在的11个工业领域。

（1）农业、农艺、农业食品；

（2）化学、过程工程；

（3）生物工程、医学工程；

（4）地球科学；

（5）材料；

（6）土木工程、建筑、规划、环境；

（7）力学、能源；

（8）电力、电子技术、自动化；

（9）电子、通信及其网络；

（10）信息、信息系统、数学、模型设计；

（11）工业工程、生产、物流。

工程师通常在他们所工作的企业（或机构）的职能部门履行其职能，这些部门可能同时涉及上述的几个领域（如交通、航空等）。此外，工程师介入的领域有着宽广化的倾向。在上述范围的基础上，还可以加入一些相关领域，如建筑设计、塑料艺术、艺术品、保健、金融等。

二、工程人才的培养标准

法国工程人才的培养主要由 Bac+3 阶段的获得学士学位的人才培养、Bac+5阶段的获得硕士学位及工程师文凭的人才培养两个阶段构成，由工程师职衔委员会（CTI）对学位验证的标准进行确定。

（一）学士学位 (Bac+3) 的培养标准

CTI 在 2022 年发布的工程学士学位的工程师文凭授予标准[①]，对学校的组织、学士学位课程的设置、招生的方式、就业政策等一系列问题进行了阐述和标准的制定。其中，较为重要的是确定了可获得学士学位的工程师的能力标准，并对以学生身份和学徒身份所应接受的教学内容、实践活动和考核方式等分别进行了确定。

1. 获得学士学位的工程师能力标准

在对学士学位工程师进行培养的过程中，CTI 提出了"学士学位持有者必须对他们的活动领域有清晰的认识，既能运营又能改变他们的文化和技术环境，在公司内部或加入另一家公司时具备责任感（不论是在法国还是在国外），并关心他们的个人平衡和社会福祉"的要求，并进一步将这些要求从科学技术与知识、

---

① CTI. RÉFÉRENTIEL EN VUE DE L'ATTRIBUTION DU GRADE DE LICENCE 2022 [EB/OL]. [2022-03-15]. https://www.cti-commission.fr/wp-content/uploads/2022/03/Bachelor_Referentiel_VF-20220315.pdf.

适应企业和社会的具体要求和组织、个人与文化三个层面进行了解释，提出了
14 条具体标准，如表 3-6 所示。

表 3-6　获得学士学位的工程师能力标准

序号	掌握和实施科学技术与知识
1	对数学、其他基础科学和工程学科的知识和理解，以及对其专业所需的材料、设备、适用工具、技术和工艺流程的理解，达到足以达到其他培训成果的水平
2	能够分析产品、工艺和技术系统；能够选择和应用适当的现有分析、计算和实验方法；能够认识到非技术约束（社会、健康和安全、环境、经济和工业）的重要性
3	能够在其研究领域内设计和开发产品、工艺和系统，尊重强加的限制，选择和应用适当的设计方法，并考虑非技术方面因素（社会、健康和安全、环境、经济和工业）
4	开展文献研究能力，批判性地查阅和利用适当的科学数据库和其他来源提供的信息，建立技术模型，进行模拟与分析，加深对技术主题的和专业领域的研究
5	能够设计和进行实验研究，解释数据并在他们的研究领域得出结论
6	能够识别、制定和解决复杂问题，管理其研究领域的技术或专业活动或项目 适应企业与社会的具体要求
7	能够识别现有工程实践中的非技术方面（人、社会、健康和安全、环境、经济和工业）
8	了解工业和商业环境中的经济、组织和管理问题（项目管理、风险和变化管理、人员管理等）
9	能够咨询和应用其研究领域的标准、良好操作规范和安全法规
10	能够收集和解释相关数据，并理解其研究领域的复杂性，为需要反思重要社会和伦理问题的决策提供信息 组织、个人和文化层面
11	能够与工程社区和整个社会有效地沟通信息、想法、问题和解决方案
12	能够作为个人和团队成员在国内和国际环境下有效工作，并与工程师和非工程师有效合作；能够管理其研究领域内复杂的技术或专业活动或项目，并对其决策负责
13	具有创业和创新的能力，无论是在个人项目中，还是在公司内部主动参与创业项目
14	能够跟上科学技术的发展，并参与终身学习

　　CTI 认为，上述这些能力标准构成了获得学术学位的工程师的学习成果，并
认为这些学习成果应该成为所有学士学位课程设计的共同基础。

　　2. 课程学习与实践标准

　　为了达到上述能力标准，学生需要接受为期 6 个学期、一共 3 年的高等教育，
这既包括了在多学科学术课程和科学与技术课程中接受面对面教学，也包括在企
业内部进行的实践训练。CTI 对接受工程教育的两个最主要群体——以学生身份
和以学徒身份获取学士学位的学习者——所必须达到的标准进行了规定（工程教
育学习者的另外两个身份是专业合同下的学生工程师和接受继续职业培训的学
员），如表 3-7 所示。

表 3-7　以学生或学徒身份获取学士学位须达到的标准[①]

以学生身份	以学徒身份
课程学习的总体要求	
（1）学生在 6 个学期的培养过程中，必须在学校的积极指导下完成至少 3 个学期的课程，以及一次结业实习（结业项目） （2）有特定表现的学生，若已经掌握前两年所必备的技能，可直接进入第 5 学期学习。他们的人数不得超过三年级学生的四分之一 （3）部分课程可通过远程教育进行 （4）在学士学位的 6 个学期中，有监督的培训时数（面对面教学）必须少于 2 000 小时 （5）培训在学校进行，辅以在学术环境（如研究实验室）和公司的实习 （6）结业实习通常是第六学期的一部分，在学校的安排下进行（若在双学位联合培养的情况下，该实习可能与其他学校共同认证） （7）最后一年的培养可以在专业培训合同下完成，即以受薪身份，半工半读（交替培养）方式完成	（1）学士学位课程需要 6 个学期，可通过在公司实习和在学校上课交替进行的形式完成学徒期。部分课程可以远程完成 （2）学徒合同的期限为 1～3 年，且必须在课程的最后一年结束 （3）在学士学位的 6 个学期中，有监督的（面对面的）教学时数必须少于 1 800 小时 （4）学徒制将在企业中工作和学术培养相结合，学徒在企业中从事的活动须与将取得的学位直接相关。学徒具有公司员工的身份，同时也是学校的学生 （5）在行政管理层面：由内部或外部学徒培训中心（CFA）进行培训。如果 CFA 是外部（合作伙伴），它与颁发文凭的学校有协议。CFA 必须满足所有法律义务 L. 6231-2 和 QUALIOPI 参考的质量指标
企业内部培训要求	
（1）在学生培训中，公司内部的培训是在实习期间进行的 （2）在企业专业环境中开设的培训课程的目的是培养能力标准中列出的技能 （3）培训课程的多样性使学生能够在现场更好地探索职业生活的各个环节 （4）学校推广中小企业和初创企业的实习机会 （5）实习过程会受到严格的管理：过程由现行法规规定，并受到监督和评估；实习须签署协议，才能获得 ECTS 学分 （6）学生根据学校规定的程序，系统地过完应该在企业内工作的时间 （7）在学生身份培训的情况下，CTI 要求至少在法国或国外累计 22 周的实习时间	（1）如果培训完全按照学徒制进行，则学徒将在雇用他的公司中勤工俭学的形式度过他整个培训时期的大约一半时间（6 个学期）；如果培训不完全按照学徒制进行，那么学徒将在公司度过他学徒培训期的一半时间 （2）工作经验被认为是学士学位课程的一个重要方面。这是培训的重要组成部分 （3）公司经验是根据技能习得来定义、监督和评估的。在公司的每一段时间（或一组时间）都必须进行评估，并授予 ECTS 学分，就像在学校提供的教学单元一样 （4）分配给学徒在公司期间的学分必须占很大比重点 60～90ECTS，以作为学徒在校期间所培养的能力的补充 （5）学校和公司之间对学徒培养的互补性必须在培养目标和培养时间上得到明确的体现。每一位学徒都必须有一份具体的培养计划，该计划与能力标准相关 （6）学徒根据学校规定的程序，系统地过完应该在企业内工作的时间

[①] CTI. RÉFÉRENTIEL EN VUE DE L'ATTRIBUTION DU GRADE DE LICENCE 2022 [EB/OL]. [2022-03-15]. https://www.cti-commission.fr/wp-content/uploads/2022/03/Bachelor_Referentiel_VF-20220315.pdf.

此外，对于学生学习结果的评价，CTI 指出对于以学生身份获得学位的学习者，主要对其在学校所取得的成绩进行核实，并对其取得的学习成果，在特定方面进行评估（包括所取得结果的质量、方法的相关性、所调动资源的选择、对各种限制的尊重，特别是监管、经济、环境以及道德和社会限制）；对于以学徒身份获得学位的学习者，对其包括在学校和公司所取得的成绩进行核实。

（二）硕士学位＋工程师文凭 (Bac+5) 的培养标准

对于工程教育硕士阶段学习的学生，在完成学业后将获得工程硕士学位文凭及学院所颁发的工程师文凭，这是一个参照国际水平赋予的资格，是对学习者工程师能力的认证，同样也是参与博士研究生阶段学习所必须的条件。对于接受工程教育的学习者的硕士阶段，CTI 同样设定了教学目标，提出了工程师的基本素养和课程与实践的相应标准。

1. 获得硕士学位的工程师能力标准

在对硕士学位工程师进行培养的过程中，CTI 认为"工程师必须对他们的活动领域具有广阔的视野，既能对当前的文化和技术环境进行操作，又必须能够拥有改变文化与技术环境的能力；他们在公司内部需要有较高的责任水平；他们应该关注平衡个人与社会福利"。在此基础上，CTI 同样从科学技术与知识的获取与应用、适应企业和社会的具体要求和组织、个人与文化三个层面提出了 14 条工程师的基本能力与素养要求，并将其作为开展教学活动的共同基础，如表 3–8 所示。

表 3–8　获得硕士学位的工程师能力标准[①]

序号	适应企业与社会的具体要求
1	对广泛的基础科学领域知识的理解，以及相关的分析和综合能力
2	调动一个（或多个）特定科学和技术领域资源的能力
3	掌握以下方法和工具：对不熟悉，来定义问题的识别、建模和解决，系统性、整体性的问题解决方法，使用数学方法与计算机工具，系统的分析、建模和设计的能力，对产品或服务的生命周期的分析，对风险、危机进行管理的能力，协作和远程工作的经验
4	能够进行基础或应用研究活动，建立实验设备
5	能够设计和进行实验研究，解释数据并在他们的研究领域得出结论
6	发现、评估和利用相关信息的能力："信息素养"
	适应企业与社会的具体要求
7	考虑公司挑战的能力：经济维度、质量、竞争力和生产力、业务需求、经济情报

---

① CTI. RÉFÉRENTIEL EN VUE DE L'ATTRIBUTION DU GRADE DE LICENCE 2022 [EB/OL]. [2022-03-15]. https://www.cti-commission.fr/wp-content/uploads/2022/03/Bachelor_Referentiel_VF-20220315.pdf.

序号	适应企业与社会的具体要求
8	确定道德和职业责任的能力,考虑到与工作关系、职业安全和健康以及多样性有关的问题
9	通过整合生态与气候变化要求,以支持产业转型的能力,尤其是数字化、能源与环境转型
10	考虑社会问题和需求的能力
组织、个人和文化层面	
11	适应职业生活、融入经织、激发组织活动和发展组织的能力,具体包括履行责任、做出承诺、领导团队、项目管理、协作工作、在多元化和跨学科团队中进行沟通的能力
12	在个人项目中进行创新或在公司内部创业项目中进行创新的能力
13	在国际和多元文化环境下工作的能力:掌握一种或多种外语,具备文化开放性,适应国际环境的能力
14	了解自己、自我评估、管理自己的能力(特别是从终身学习的角度)、做出职业选择的能力

可以看出,相较于学士学位学习者,CTI 对获得硕士学位工程师提出了更加具体的要求,要求他们必须能够在企业中从事具体的复杂工作,并且对包括工程创新创业、跨学科工程项目、可持续发展等与当前的法国工业前沿及重要领域相关的能力,做出了更加明确的要求。

2.课程学习与实践标准

为了达到上述能力标准,学生需要接受为期 10 个学期共 5 年的高等教育,包括多学科学术课程、技术培训和在职培训,培训包括基础或应用研究活动,如表 3-9 所示。

表 3-9　以学生或学徒身份获取硕士学位须达到的标准[①]

以学生身份	以学徒身份
课程学习的总体要求	
(1)学生必须在接受工程教育的最后 6 个学期内,在领发工程学位文凭的学校中接受至少 3 个学期的课程学习,并在学校(也可与实习单位一同)的指导下,完成 1 个学期的期末实习(期末项目) (2)三个学期中的一个学期可以在与学校建立合作关系的合作学术机构进行(两所机构共同建立的培训、招聘和质量保证系统)	(1)学徒培训的期限最长为 3 年,在整个培训周期中,学徒在公司和学校交替进行培训(《劳工法》第 L6222—7 条)。学徒合同必须在课程的最后一年结束。培训是根据学徒具体目标(学习)组织和节奏的 (2)部分培训可以在远程课程中进行 (3)学徒制培训将基于与所培养的相关方面资格相符的一项或多项职业工程活动的形式而开展,这些活动是在职培训与学术教学期结合的

① CTI. RÉFÉRENTIEL EN VUE DE L'ATTRIBUTION DU GRADE DE LICENCE 2022 [EB/OL]. [2022-03-15]. https://www.cti-commission.fr/wp-content/uploads/2022/03/Bachelor_Referentiel_VF-20220315.pdf.

以学生身份	以学徒身份
（3）培训在学校进行，并辅以公司实习。期末课程通常持续10个学期，在学校的有效监督下进行（可能与另一所学校共享，特别是在双学位课程的情况下） （4）最后一年的培训可以根据专业化合同进行，即，在CTI同意的情况下，以雇员身份和交替培训的形式进行	（4）具体培养目标的达成应和学徒所接受的工程培训环节相辅相成。应对应企业的需求和学徒的具体需要，进行个性化的培训，并应同时保证硕士培养的水平 （5）学徒拥有公司员工身份，同时也是学校的学生 （6）在行政和监管层面：培训由内部或外部学徒培训中心（CFA）进行。如果CFA是外部（合作伙伴）。它与颁发文凭的学校一致。CFA必须满足第L6231—2的所有法律义务和QUALIOPI参考系统的质量指标，包括7个标准和32个质量指标。对于内部CFA，将在CTI审核期间验证是否符合本标准
企业内部培训要求	
（1）在学生身份培训中，学生在实习期间进行公司内部培训 （2）在专业环境中为学生工程师设立培训课程的目的是发展培训参考系统中列出的技能 （3）培训的多样性使未来的工程师能够更好地探索现场、职业生活的各个方面 （4）学校促进在中小企业、VSE和初创企业进行实习 （5）严格管理实习：实习是根据现行规定定义的，是有框架的，并根据学生的技能学习结果进行评估。技能是实习协议制定的主题，同时也是实习学分ECTS分配的依据 （6）培训以最常在公司进行的长期实习结束（期末实习）。实习期间，学生工程师必须运用他们的学习成果做出原创的贡献，以满足所在组织的需求 （7）公司的实践工作由学生根据学校的规定系统地完成 （8）如果学生工程师没有以实习、监督、技能评估和分配ECTS学分的形式在公司完成最低限度的课程，则任何学生工程师都无法毕业 （9）在以学生身份进行培训的情况下，CTI规定了至少28周的累计实习，主要是在法国或国外的公司 （10）当学生工程师的专业项目具有明确的研究成分时，在研究实验室的长期实习可以代替在公司的长期实习。在这种情况下，公司实习的最短时间可以减少到14周	（1）在学徒长达6个学期的工程培训中，大约有一半时间是在他／她所在的公司中接受交替培训 （2）工作经验被认为是工程教育的一个重要方面。它是训练的重要组成部分 （3）学徒在公司习得的经验是根据技能习得结果来定义、监督和评估的。学徒在公司待的每一段时间（或每一组时间）都将被授予一定的学分，就像在学校中提供的教学单元一样。培训的最后阶段是写作一份与满足公司的需求相关的、具有原创贡献的毕业论文 （4）学徒制中分配到公司的学分数量必须相当可观，因此必须占到整培训期间学分的1/2到1/3，这些学分用来作为学徒学术技能学习的补充 （5）学校企业两者对于学徒工程训练的互补性必须在培训目标和时间安排上被清晰地确定。每一位学生都必须有一份明确的培养计划，该计划与能力标准有关 （6）学徒根据学校规定的程序，包括对专业实践的反思，系统地完成在公司的实习内容

从教学内容上，工程师学位要求连续 5 年至少 300 学分的学习，由学校来具体验证实施。前两年是在预科阶段或在大学校里面的学习，教学大纲的内容如下。

（1）基础科学的深度教学，其中包括第一次的科研经历。

（2）就业目标领域内主要课程的总体准备。

（3）工程方法包括项目管理、复杂系统和计算机科学在内的充分训练。在工程教育中不应该把影响行业和社会组织的计算机科学知识仅当作工具或解决问题的教学方法来进行教授，相应的教学内容应该既包括计算机学科的知识学习，又包括工程师参与相关计算机课题的研究和实践。

（4）信息技术、通信工具的具体应用。

（5）经济、社会、人文、法律科学、商业管理、伦理方面的基本介绍。

（6）团队工作中的必要技巧训练（包括沟通交流、协同工作、行为动机、人际关系等方面内容）。

（7）国际化的文化视野，包括通晓国内企业和国际企业的内外部文化，即人文关系、网络、环境、质量、安全、工业财产等。

（8）语言训练，包括科技课程、就业等方面的英语练习，英语不再仅仅被认为是一门外语或者是一种使用外语的能力，现在已经成为进入职场的基本条件。

（9）在工程师阶段学习结束时，英语最低水平要求应该达到欧洲语言共同参考框架（Common European Framework of Reference for Languages）要求的 B2 等级。这个水平必须通过一种语言测试来评估和验证（如 TOE-IC 750 分，TOEFL 550 分，FCE C 级）。对于继续学习的学生，英语最低水平应该达到欧洲语言共同参考框架界定要求的 B1 等级。这一要求并不代表可以免修学院提供的外语语言课程，而应该为即将到来的工程师职业形势必备的战略性课程学习。

（10）对于母语非法语的学生，法语的最低水平在工程师阶段学习结束时应达到欧洲语言共同参考框架要求的 B2 等级。

（11）学生和教职员工的国际化多元模式。

三、产学研合作

在法国的工程师教育中，校企合作扮演着重要角色。法国的工程师院校和企业之间的合作十分紧密，主要表现为双向互动、长期稳健。自学生入校开始，企业便以多样形式介入学生的培养过程，有的学校和企业之间还会共建联合培养项目。与此同时，政府的政策在校企合作中也发挥着重要作用，这在顶尖的工程院校中体现得尤其明显。巴黎综合理工学院、中央理工—高等电力学院均与众多企业建立了长期且稳定的合作关系。具体表现为开展科研合作、设立"企业教学席位"、企业多方位参与课业设置等。

　　企业与学校签订合作研究合约是最常见的合作形式，即开展双方共同关注领域研究[①]。合约通常规定双方对科研项目应作出的科学贡献（现有成果、项目期间要完成的任务等内容）、项目所需资金、合作成果的所有权以及开发、使用和出版的条件。通常由学校提供研究所需的资源、途径、技能和设备，合作企业提供一定资金上的支持。企业为学校提供一定的教学、科研资助后，若该资助计划的时间和金额达到了学校制定的要求，则该企业可获得一个"企业教学席位"（Chaire D'entreprise）。"企业教学席位"源于 1986 年，由埃塞克高等商学院（ESSEC）首次开创，随后迅速被工程师院校效仿。其性质类似于教研室，设立目的在于由学校与合作企业共同确定创新主题，双方人员在此基础上开展前沿研究，是校企之间的长期合作，一般合作期限为 3～5 年。企业教学席位的主席由一位在相关领域具有国际声誉的科研工作者担任，并由主席领导和实施与赞助企业协商确定的研究和教学活动。由赞助企业和学校及其他学术伙伴共同组建委员会，每年召开几次会议，确定当年研究计划。并通过组织专题讨论会、研讨会和国际会议，传播和推广研究成果。李敏等[②]对 2021 年与企业合作紧密度位列前五的工程师大学校所设立的企业教席前沿主题进行了汇总，其结果如表 3–10 所示。

表 3–10　巴黎工程师大学企业教席主题示例

学 校 名 称	教 席 数 量	涉及主题和研究领域
巴黎中央理工—高等电力学院	20	人工智能、生物科技、数字技术、5G、供应量管理
巴黎高科路桥大学	15	城市及出行系统，环境资源管理，未来工业，经济、作用与社会
巴黎综合理工学院	31	可持续发展，能源，数据科学和人工智能，生物工程，出港新经济和负责任的管理，金融，交通与出行，创新材料，艺术与社会
国立高等工程学院	19	未来工业，人工智能，通信前沿研究，网络安全，能源与社会转型等
巴黎高等电信学校	16	人工智能，数字变革，网络安全，复杂系统工程等

---

① Institut Polytechnique de Paris. RECHERCHE PARTENARIALE [EB/OL]. [2022-10-27]. https://www.polytechnique.edu/fr/des-partenariats-de-recherche-aux-multiples-formes#La%20recherche%20partenariale%20contractuelle.

② 李敏，征琪，张炜. 高等工程教育产教融合实现路径探析——法国工程师大学校"企业教席"案例 [J]，高等工程教育研究，2022（4）：188–193.

此外，工程教育的产学研合作还表现为学校为企业进行订单式人才培养。因为高科技企业对尖端人才的巨大需求，工程师学校大力促进学生和企业之间的交流与了解，并为学生实习和就业以及企业招聘提供便利。在培养过程中，企业可以介入学生的课业，学校可根据企业的需求设置专门的研究课题，例如，在巴黎综合理工学院①，所有工程师培养阶段二年级的学生必须参加一项集体科研项目，企业可以在此项目中提出课题以供学生研究。同时，企业可派出代表参与此项目的立项答辩和对学生实习情况的评估。在此过程中，学生的科研能力受到了锻炼，企业发展过程中面临的具体问题也能得到解决。

从学生的学业发展角度来看，企业不仅是在毕业季的招聘会上才会出现，而且是有丰富机会可以与学生进行直接交流。自学生入学开始，企业便以不同形式的活动出现在学生的学习生活之中。如上述巴黎综合理工学院中企业所提供的科研课题。此外，在巴黎中央理工—高等电力学院，企业可在学生入学后的第一年举办分享会和实践活动，以促进学生对本企业的了解；在学生入学的第二年，企业可以模拟招聘会、企业交流会等形式为学生提供实习岗位。

整体来看，法国工程教育的校企合作交流密切，形式丰富且长期稳定，无论是在教学层面还是科研层面，企业都有很大程度的介入，这同时得益于政府政策的支持和鼓励。根据法国政府在 20 世纪初颁布的法令，企业需要为学徒和雇员的技术与职业培训支出提供资金，这笔资金称为"学徒税"。虽然几经更迭，但这一法令时至今日依旧奏效。所有需要缴纳所得税或企业税的企业，无论其性质如何，都必须缴纳学徒税。该金额是根据公司支付给员工的薪酬计算，在 2021 年，"学徒税"为企业前一年所支付给员工薪资总额的 0.68%②，税收中的一部分将直接资助工程师院校。因此，这项税收有助于促进高校进行工程教育建设③。高校可以在教学方面进行投资，如购买教学设备、开发新课程，也可用于资助"半工半读"的学生工程师，促进学校和企业间的合作。此外，为了鼓励公共领域与私人领域之间的沟通合作，并为博士生创造就业条件，从 20 世纪 80 年代起，法国高等教育、研究和创新部颁布并实施了"科研促进培养"计划（CIFRE），鼓励学

---

① Institut Polytechnique de Paris. Devenir Partenaire Recrutement [EB/OL]. [2022-10-27]. https://www. polytechnique.edu/fr/participer-au-cursus-des-eleves-et-creer-du-contenu-pedagogique.

② Direction de l'information légale et administrative (Premier ministre). Taxe d'apprentissage et contribution supplémentaire à l'apprentissage (CSA) [EB/OL]. [2022-10-27]. https://www.service-public.fr/professionnels-entreprises/vosdroits/F22574.

③ Groupe IGS. LA TAXE D'APPRENTISSAGE C'EST QUOI, ÇA SERT À QUOI ? [EB/OL]. [2022-10-27]. https://www.groupe-igs.fr/actualites/la-taxe-dapprentissage-cest-quoi-ca-sert-quoi.

校与企业联合培养博士。企业招聘一名硕士毕业生后，委托其一项科研任务，聘用工资不得低于《劳动法》规定的最低值。同时这项科研工作将成为其博士论文的主题。学生的科研进展将由其所在的学术研究实验室监督。

小结

本节介绍了当前法国工程教育的人才定位与培养标准。为了培养能够胜任不同工业领域中各相关职能的通用型工程人才，以 CTI 为代表的法国工程教育界从科学技术与知识的掌握与应用、对企业和社会具体要求的适应与满足和融入组织、个人能力与跨文化素养三个主要角度出发，进行相关课程体系和课程内容的设计。为了有效培养学生和学徒的企业实践能力，法国在设定课程标准和相关要求的同时，通过政策导向、定向培养、企业席位制度等一系列手段不断加深校企合作，并将产学研合作成果的产出纳入工程教育评价中，从而营造出稳定、持续的工程师培养与工业发展体系。对于我国国内企业和高校运行模式、目标与层次不一致，工程教育脱离生产实践的现状，法国的工程教育人才培养体系无疑为我国提供了有益借鉴。

第四节

工程教育研究与学科建设

一、学科建设现状

工程院校分布于法国几乎所有 22 个地区，根据 I'Etudiant 网站（https://www.letudiant.fr/）对 2022 年包括公立学校、私立学校、学士后学校和预科后学校在内的 172 所法国工程教育院校的统计分析结果，上述工程院校坐落在包括艾克斯—马赛、亚眠、贝桑松波尔多、卡昂、克莱蒙费朗、科西嘉岛、克雷泰伊、第戎、格勒诺布尔、里尔、利摩日、里昂、蒙彼利埃、南希—梅斯、南特、尼斯、奥尔良—图尔、巴黎、普瓦捷、兰斯、雷恩、留尼汪、鲁昂、斯特拉斯堡、图卢兹和凡尔赛在内的 27 个大学区。

在专业设置上，共有包括航空航天、电子工程、土木工程等在内的 28 个方向，根据 l'Etudiant 的统计结果，开设各专业的工程院校数量及代表院校如表 3–11 所示。

表 3–11　法国工程专业设置与开设院校[①]

专 业 目 录	开设院校数	代 表 院 校
航空航天	12	帕莱索综合理工学院，里昂国立应用科学学院，法国高等航空航天学院
农林生物系统工程	12	巴黎高科农业学院，雷恩国立农学及食品研究高等教育学院，蒙彼利埃国际高等农学研究中心
建造	16	南特中央理工学院，巴黎公共工程学院，尼斯综合理工学院
生物工程、农业食品和生物医学工程	24	贡比涅技术大学，里尔综合理工学院，蒙彼利埃综合理工学院
化学工程	24	里昂国立应用科学学院，贡比涅技术大学，斯特拉斯堡大学欧洲化学、聚合物与材料学院
能源工程	17	帕莱索综合理工学院，国立巴黎高等矿业学院，国立高等先进科技学校
土木工程	30	帕莱索综合理工学院，马恩河谷国立路桥学校，里昂国立应用科学学院
环境工程	21	帕莱索综合理工学院，国立巴黎高等矿业学院，国立高等工程技术学校
电气与电子工程	50	帕莱索综合理工学院，里尔综合理工学院，国立高等工程技术学校
机电工程	12	国立高等工程技术学校，特鲁瓦技术大学，国立图卢兹应用科学学院
地质工程	8	阿莱斯高等矿业学校，洛林综合理工·南锡国立地质学校，索邦综合理工学院
工业工程	50	巴黎高科路桥学院，国立巴黎高等矿业学院，南锡国立高等矿业学院
数学工程	13	帕莱索综合理工学院，巴黎高科路桥学院，国立巴黎高等矿业学院
机械工业	37	巴黎高科路桥学院，南锡国立高等矿业学院
核工程	4	国立高等工程技术学校，圣太田国立高等矿业学院，立卡昂高等工程师学院，巴黎萨克雷大学综合理工学院
物理工程	45	帕莱索综合理工学院，巴黎高等电信学院，国立巴黎高等矿业学院
计算机科学工程	64	帕莱索综合理工学院，巴黎高等电信学院，巴黎高科路桥学院
陶瓷工程	3	蒙彼利埃综合理工学校，南特大学综合理工学院，国立利摩日高等工程师学院
系统工程	28	帕莱索综合理工学院，国立巴黎高等矿业学院，国家技术学院

---

① L'Etudiant. Classement des écoles d'ingénieurs 2022 [EB/OL]. [2022-10-27]. https://www.letudiant.fr/classements/classement-des-ecoles-d-ingenieurs.html.

专 业 目 录	开设院校数	代 表 院 校
通用工程	47	帕莱索综合理工学院，巴黎高等电信学院，巴黎中央理工——高等电力学院
管理工程师	14	帕莱索综合理工学院，国立巴黎高等矿业学院，阿莱斯高等国立矿业学校
软件工程	25	帕莱索综合理工学院，南巴黎——埃弗里大西洋高等矿业电信学校
材料、冶金和聚合物	31	帕莱索综合理工学院，南希——里昂国立应用科学学校矿业学院
光学和光子学工程	7	南巴黎——埃弗里电信学院，里尔综合理工学院，圣埃蒂安电信学院
工程科学	46	帕莱索综合理工学院，巴黎高等电信学院，国立巴黎高等矿业学院
信息系统	45	帕莱索综合理工学院，大西洋高等矿业电信学校，国家技术学院
电信工程	23	巴黎高等电信学院，国立巴黎高等矿业学院，大西洋高等矿业电信学校
运输工程	4	巴黎高科路桥学院，国家技术学院，高等汽车与交通学院

二、工程教育研究与学科建设热点

为了分享工程教育中关键问题的工作动态，在 2019 年，CTI 要求有工程师学位授予资质的学校就"可持续发展与社会责任""职业健康与安全教育""创新与创业"三个关键问题，报告其机构的建设和问题。CTI 认为，这三个重点领域对未来行业的发展至关重要。这些议题不管是对于工程教育领域管理者，还是未来工程师自身的职业生涯发展，都具有重要意义。同时，这三个方面不是工程师教育中的独立内容，而是彼此联系的组成部分。对于每个关键问题，CTI 分别收集了 10～14 份材料，并交由工程教育委员会的专家进行分析综述。分析结果从以下三个方面展开：学校的认识与行动、培养方案与教学方法、能力评估和能力培养，这反映了当前法国院校对工程教育的最新认识与行动。

（一）可持续发展与社会责任

在认识与行动方面，各学校基本达成了共识：培养"负责任的工程师"，然而在社会责任承担程度方面则各有不同。许多学校都使用了 DD&RS（Label Développement Durable et Responsabilité Sociale，可持续发展与社会责任）标签认证标准进行自我评估，创造了 DD&RS 的共同文化。这一标准是由 10 余所公立大学、大学校、大学校联合会、公立大学校长会、国家可持续发展部、高等教育部和法国学生可持续发展网络共同提出的，旨在优化高校和研究机构的实现可持续发展和履行社会责任的途径，使其达到最佳效益/成本比率，同时提高高校的能力。借助使用这一标签，高校之间展开了丰富的交流，承担起更多的社会责任。然而，未使用该标签的法国高校仍倾向于将可持续发展仅仅归结于单一的环境问题。

在培养方案与教学方法方面，在学生的大一学年，各个学校通常较少设置与可持续发展与社会责任相关课程；从大二学年开始，各学校逐步将社会责任等问题融入学生的职业规划和课程中。然而，各高校目前并未对这些课程究竟在何种程度上体现了社会责任感做出报告。

在能力评估和能力培养方面，在提交报告的 10 所学校中，有 7 所涉及这一话题。这些学校对学生能力的评估方式仍趋向传统性和学术性的，如通过项目报告进行评价，则缺乏动态的、在具体情境中的评价。为了建设可持续发展的世界，提高大学生可持续发展的意识和能力是不可或缺的，Sulitest 旨在成为衡量大学生和高校这一意识的工具，为大学生乃至全体公民提供该方面的知识，从而深化可持续发展意识，提高社会责任感。在提交报告的学校中，有 5 所学校提到正在使用或曾使用过 Sulitest 平台，对本校学生的可持续发展和社会责任意识方面开展评估。

（二）职业健康与安全教育

职业健康与安全教育（la Sécurité et la Santé au Travail，S&ST）是近年来法国工程师教育的重要组成部分，旨在教育学生如何应对工程活动中的职业风险。数据显示，18～24 岁人群的工伤事故频率几乎是平均值的两倍。无论从事什么职业，年轻和新员工的工伤事故发生率都特别高。根据法国国家预防工作场所事故和职业病研究与安全研究所（INRS）的数据，年轻员工在就业前几个月的事故发生率远远高于平均水平。建议学校在第一次实习前就考虑开始向学生传授 S&ST 意识。因此，职业健康与安全教育在工程师培养中是不可或缺的。提交报告的学校均表示，学校在促进"职业健康与安全"教育方面出台了很多举措。

（1）设立专门职业健康与安全教育机构，通常由综合管理部门或研究部直接负责。其中有一半的学校，在这一机构中任命一名教师、一名负责人及一名协调员，专门负责职业健康与安全教育。

（2）制定强有力的改进目标，通常与 QSE（质量、安全、环境）或 CSR（企业社会责任）教学相结合。

7 所高校表示将"职业健康与安全教育"融入了学校生活，采取的方式有：

（1）让学生参与到学校的职业健康与安全教育改进中来。

（2）在 S&ST 教学中融入风险预防内容。

（3）在学生办公室（学生会）内部传播风险预防文化，以便更好地开展课外活动。

虽然上述行动取得了一定的进步，但 S&ST 教学往往没有深入地探寻"职业健康与安全"在学生未来职业生涯中的重要性，不利于学生为未来进入公司工作做准备。若在教学中让学生加强进一步的反思，带来的好处远远不止于 S&ST 技能的深化。

在培养方案与教学方法上，提交报告的 9 所学校表示，本校 S&ST 培训覆盖所有学生，常常融入教学中，由几位教师进行。几乎所有学校都声称使用了 BES&ST（Bases Essentiels en Santé & Sécurité au Travail）技能参考框架，并将此工具作为 S&ST 教学的框架。

此外，还有一些学校的做法也值得注意：6 所学校通过学生在公司的实习情况来观察他们对于 S&ST 的掌握情况，实习报告中就有专门针对这一内容的章节。还有一些学校采取了创新的方式：有 3 所学校在开发与此相关的 App 程序；有的学校采取"严肃游戏"（Serious Game）的方式，让学生在游戏中对所学知识进行"挑战"；还有的学校采取会议或讲座的形式。

在能力评估方面，对 S&ST 教学的评估还远未形成系统性的评价方式，只有 4 所学校在文件中明确说明了对 S&ST 的评价方式，有的是具体的，有的是与其他主题（如劳动法、企业社会责任等）相关的。

（三）工程创新与创业

1. 工程创新

在工程创新（Ingénierie Innovation et Entrepreneuriat，II&E）方面，CTI 对当前企业创新管理中所关注的几个关键问题进行了整合，包括推出符合用户需求的实用项目，工程师的工作方法需具有可操作性、实用性，工程师能够了解项目的社会环境等。创业公司的发展正强烈影响着企业对适应创新要素人才的需求，而学校意识到，只有提高人才培养中的创新能力培养，才能提高学习者的市场竞争力，帮助年轻的刚毕业工程师寻找符合他们价值观的，以协作、开放和项目为导向的工作环境。

在培养方案与教学方法上，有 6 所学校表示，工程师的创新能力是其教学法的核心；创新、实验、自主学习，以及创造性的团队工作是其教学改革主线不变的理念。其中，有 5 所学校提出了对学生、活动的评价手段和政策，以及对教师的培训手段。有一所学校报告说，该校在教育科学资源的支持下，定期举办研讨会。也有几所学校建立了创新项目的工作小组。

各学校至少采取了下列方法中的一种：开放创新（Open Innovation）、实验、在实践中学习（Learning by Doing）、基于问题的学习、精益创业（Lean Start Up）、设计思维（Design Thinking）、结果导向（Effectuation）、如何打破常规思考（How to Think Out of the Box）、主动学习（Rendre L'étudiant Acteur de Son Apprentissage）、自主学习（Apprentissage de L'autonomie）。

Fab Lab（新型开放创造实验室）指几乎可以制造任何产品和工具的小型工厂，它的出现也很引人注意。7 所学校在校内建立了 Fab Lab，另有 4 所学校与校外的 Fab Lab 合作（与其他高等教育机构合作或由地方当局合作建立）。学校的这种演变是非常积极的。一些 Fab Lab 不向学校师生以外的其他受众开放，因为若向其他受众开放，将带来一系列的安全和监管问题。学校则失去了让更多不同学生相遇的机会。有一所学校声称，（我们的 Fab Lab）"欢迎学校的学生和学生团体，也欢迎学生创业者、毕业生、博士研究生、科研人员、初创企业、手工业者和地区企业"，体现了多学科性和跨学科性的优势。在与校外 Fab Lab 合作的 4 个案例中，高校把创新看作学校向当地政府或企业开放的契机，学生与当地政府和企业合作处理与城市和地域有关的项目。

就这些工程教学的创新，有学校提到，"除了培养学生之外，师资队伍也要经过教学创新培训，要有资源和大量的教学实验空间"。对于创新的教学，不仅需要学校给予最大的关注、支持，还需要对老师进行适当的培训。创新教育需要学校教师具备教育科学方面的专门或辅助技能。

2. 创业

在创业方面，近年来，学校参与创业的模式发生了重大转变。CTI 和其他机构一样，认为应该支持学校传播鼓励创业的信息，至少要让学生形成对创业的一定认识。提交报告的所有学校都要围绕着创业展开的不同程度的举措。现在高校的关注重点已不再是创立创业培训和支持的价值链，因为这种举措要涉及大量的内部资源，如建立孵化器等，如今各种创业组织在社会中已经大量出现，足以为学生培养创业的意识。

近年来也出现了一些创业教育者，有的是大学的教师，他们本身就对创业有一定兴趣，有的是法国大学生创业者联盟（PEPITE）的合作者，有的是在创业生态系统中的人士，他们的项目伴随着教学法培训，抑或是已经成立了公司的毕业校友。总而言之，提高创业意识，鼓励毕业生创业似乎完全融入了工科院校的发展战略和价值观。

在培养方案与教学方法上，所有提交报告的学校都提供了创业培训，并与项目持有人的孵化器合作。这两种模式有所不同。所有学校都为学生提供创业培训，无论是内部培训还是合作培训，一般都是在自愿的基础上进行。PEPITE 和大学生创业者文凭（Diplôme d'établissement Étudiant-entrepreneur，D2E）培训课程的设立，使那些除了外包培训外别无他法的学校能够在良好的条件下提供培训。不过，有两所私立学校指出，由于它们不属于 PEPITE，因此在使用 PEPITE 课程方面存在问题。

在能力评估上，只有 3 所学校的报告对学生的创业能力进行评估，评估根据学生在学校 PEPITE 内合作的课题研究工作来开展。

三、工程教师队伍建设

法国工程教育的教师队伍主要包括：①全职的教师和研究人员，其职责主要是基础科学及目标就业领域专业理论与实践知识的教学；②企业兼职教师。工程师职衔委员会（CTI）建议至少 20% 的教学任务应当由企业兼职教师完成，尤其是在工程师学习的最后一年，更应重视企业人员的授课比例。

根据 l'Etudiant 网站统计结果，结合从各院校官网了解的信息，本节从 2022 年总排名前 20 的学校中，梳理出了以下 8 个数据较为齐全的学校办学规模及相应的校内教师队伍规模，如表 3–12 所示。

表 3–12　2022 年总排名前 20 的部分法国工程院校办学及教师队伍规模

学　　校	学 生总 数（人）	博 士研 究生 数（人）	毕业生从事教研行业比例 /%（人）	教师数（人）	从事研究的教师占比 /%（人）	持有直接研究授权（HDR）的教师数（人）
巴黎高科农业学院	3 000	275	12.70	250	90.32	80
巴黎中央理工—高等电力学院	4 300	384	0.83	400	85.56	170
巴黎高科路桥学院	2 026	541	1.82	411	83.24	229
图卢兹高等航空航天学院	1 900	262	13.02	117	90.83	82
里昂中央理工学院	700	242	6.70	140	82.24	60
圣太田国立高等矿业学院	2 543	205	2.00	133	92.35	92
国家技术学院	1 238	135	1.14	139	96.55	62
格勒诺布尔理工学校	1 200	192	1.94	108	91.67	78

从上述结果中可知，在排名前 20 的部分法国工程院校中，大部分学校的师生比为 10% 左右，有小部分的院校师生比可达 5% 左右；在从事教学的教师中，同时从事研究的教师占比均超过了 80%。相对于我国国内 1∶18 的师生比合格线，可见法国工程教育的确存在小规模、精英化以及高质量的特性，其全职教师队伍规模也能较好地满足日常教学与科学研究的需要。

四、工程教育组织

（一）法国工程师教育研究中心

法国工程师教育研究中心（Centre des études de la Formation D'ingénieur，CEFI）是 1976 年由工业部和大学部联合发起成立的关于工程教育和就业的研究机构。CEFI 已逐渐具有资源中心的地位。它的任务是就工程师的就业和培训问题进行记录、观察、前瞻性研究和国际比较。它组织各种会议和工作会议，并出版各种出版物。

（二）法国工程师学校会议机构

法国工程师学校会议机构（Conférence des Directeurs des écoles Françaises D'ingénieurs，CDEFI）成立于 2004 年，由法国工程院校的校长组成，这一机构不具有官方性质，其任务是代表工程院校与国家、欧盟和国际组织联系，就高等教育和研究方面的问题提出愿望、建立项目并提出合理意见。它的主要使命是在法国、欧洲和全世界推广法国的工程师。该协会协助法国工科学校的校长行使其职能，并向他们提供对名学校的发展和战略有用的所有信息。它还对与高等教育和研究有关的主题采取公开立场，如维护法国工程学院的利益。它在法国和世界各地促进工程教育和职业发展，还组织会议和交流：月度大会、工作委员会、研讨会、专题会议等。

（三）欧洲工程教育认证网络协会

欧洲工程教育认证网络协会（European Network for Accreditation of Engineering Education, ENAEE）在欧洲及其他地区推广高质量的工程教育，使工程毕业生具备解决现代工程问题的能力和严谨性。它通过授权认证和质量保证机构，为经认证的工程学位课程授予 EUR-ACE® 标签来实现这一目标。EUR-ACE® 标签是国际公认的。

小结

本节对当前法国工程教育研究与学科建设现状进行了总结，并对近年来法国在工程学科发展、教师队伍建设和各组织的活动进行了阐述。法国目前已经建成了涵盖 28 个方向、覆盖全境的工程师培养网络，其工程教育具有明显的小规模、精英化以及高质量的特征。此外，工程教师队伍涵盖了学校研究型教师和企业兼职教师，能够为学生在课程学习、科学研究和企业实践层面提供综合、全面的教学资源。因此，可以说法国目前的工程教育具备了较强的成熟和完善特性。但工程教育并不是一成不变的，它会随着社会的发展和外部需求的变化而不断变革，工程教育体系对前沿、重要、急迫问题的研究与实施就显得尤为重要，而法国工程教育在这方面的确做出了较大的努力。随着法国工业的衰落，新的国家政策出台以支持工程学科的建设与发展，CTI 指出的可持续发展与社会、职业健康与安全教育和工程创新与创业成了工程教育变革的新方向，很好地契合了当前世界范围内所普遍关注的环保、创新和工程师职业素养的主题，成了法国工程学科建设新的助燃剂，同时也为培养符合未来工业发展需求的工程师、推动法国工业再发展和保持法国在世界工程教育的领先地位铺开了道路。

第五节

政府作用：政策与环境

在法国工程教育的发展过程中，政府发挥了重要作用。18 世纪公共服务学校的设立开创了工程院校的发展历史；自 20 世纪 30 年代以来，CTI 的建立、法国工程学校共同体的诞生，到"二战"后公立学校、研究所的大量建立与研究机构的设立，都为法国的现代工程教育发展奠定了坚实的基础。时至今日，政府仍然以国家项目的财政支持、学生助学的机制保证、学徒税的实践导向及就业政策支持等方式，引导和促进工程教育的发展，为工程教育变革创造持续、稳定、有力的外部环境。

一、政府财政支持

根据法国政府 2020 年 9 月 28 日提出的 2021 年财政法案，高等教育、研究和创新部的预算仍然是政府预算中的优先项，是第三大国家预算，约占可控支出的 10%。高等教育、研究与创新部的预算自马克龙总统上任以来增加了 17 亿欧元。2021 年，这一数值较 2020 年相比增长了 6 亿欧元，总额达到 239 亿欧元。其中包括 1.3 亿欧元用于提高研究人员、工程师和技术人员的薪酬，增加工作人员的奖金，确保从 2021 年开始所有年轻研究人员的工资至少达到国家规定最低工资标准的两倍。这一改进涉及在研究机构或大学工作的所有工作人员，无论是在公立还是私立院、校、所工作，无论是公职人员还是合同工。此外，近 1.5 亿欧元将用来增加大学和研究机构的预算，以保证其招聘的可持续性，从 2021 年起将实验室的基本资金提高 10%，并确保 2021 年新招聘的研究人员平均获得 1 万欧元的启动资金，使他们能够在良好的条件下开始研究项目。

另外，对即将开始写论文的博士研究生，法国高等教育部也有一定的政策支持，国家资助的论文数量将增加 20%，博士研究生的报酬将增加 30%。对于全国范围内的研究所、实验室、私立创新型企业也将有一定的拨款[①]。

二、学生奖助学金

法国不同高校的收费差异很大，这取决于学校是公立还是私立的。高等教育部直属的公立学校，2017—2018 年的学费为每年 610 欧元。其他部委管辖的公立学校，则从 1 500～3 500 欧元不等。对于私立学校来说，虽然少数预科班的学费从 1 200 欧元开始，但最常见的是每年 4 000～9 000 欧元。[②]

法国政府为学生设置了多种奖助学金，为学生提供经济上的帮助。根据 CDEFI（法国工程师学校会议机构）的数据，34.4% 的工科学生获得了奖学金。高等教育补助金（CROUS）是所有奖助学金中最常见的。

目前，所有法国学生，无论是在公立大学还是私立大学求学，都可以根据自己的家庭情况和经济条件申请高等教育国家助学金（CROUS）、某些大区发放的

---

① Ministère de l'Enseignement supérieur et de la Recherche. Projet de loi de finances 2021 pour l'ESR [EB/OL]. [2020-09-20]. https://www.enseignementsup-recherche.gouv.fr/cid154243/projet-de-loi-de-finances-2021-pour-l-esr.html.

② ESILV. Comment financer ses études d'ingénieur? [EB/OL]. [2020-10-27]. https://www.esilv.fr/financer-etudes-dingenieur/.

省级高等教育助学金、校长办公室发放的荣誉贷款、校长办公室发放的旅费补助（视目的地国家而定）、高等教育部发放的流动补助。高校奖学金获得者可以免交学费和社保。他们还可以免除全部或部分竞争性考试的报名费。

除此之外，还有社会助学金、优秀奖学金、国家紧急援助奖学金等，政府部门，如农业部每年也会向学生提供一定数额的助学金。

三、学徒税政策

法国的学徒税是指由企业缴纳上一年支付总薪资的 0.68% 以纳入国家预算，从而成为该企业合约大学、工程师学校或职业教育学校补助款的税收政策。法国于 2003 年颁布的《赞助、协会和基金会法》规定，可以减免企业对非营利性公共事业单位的赞助金的 60% 以作为其当年所需上交税款的替代，超出部分的赞助金可以累积，并在 5 年内继续享受减税政策。该政策有力推动了法国企业对以工程院校为代表的学校的支持。借助学徒制政策，法国同时规定，学徒在最后一年须与企业签订学徒合同，半工半读；同时允许企业自由选择学徒税受益机构，来真正推动学校和企业之间形成经济和人才流动的利益共同体，企业教席的存在又成为提升学校教学质量的重要环节，实现了一举多得。以巴黎高科路桥大学为例，其 2019—2020 年度科研经费中的 51% 直接来源于企业，其基金会于 2019年所筹措资金的 79% 被用来发展企业教席与合作伙伴，是企业与工程院校合作发展的典型成果。

四、就业政策

每年，法国高等教育部会针对"工程师、技术研究与培训人员"（ITRF）展开招聘活动，招聘岗位众多，涉及 242 个不同行业，数千个工作岗位。招聘通过考试进行，按照成绩择优录取，被录取的人员将成为国家公职人员，在公立大学、研究所、工程师学校或其他国家机构工作，如法兰西研究院、博物馆等。应试者最低学历应为 Bac+2，即高考后应有两年的学习，不同岗位类别对学位的要求各不同。

小结

本节从财政支持、奖助学金设置、学徒税政策制定和就业政策四个方面概述了法国政府对工程教育发展的支持作用。法国政府的支持性举措涵盖了工程学校学科建设以及工程专业就读学生的入学、上学、就业的全过程，可以说覆盖全面且效果显著。其中，学徒税政策和就业政策是带有鲜明法国特点的支持性政策，直接体现了法国对于其工程教育的重视、对产学研合作办学的智慧以及对工程师人才培养结果的信赖。其中经验显示，国家对于工程教育不仅需从经济上给予学校、教师和学生充足的支持，还需要通过切实有效的政策为工程教育的发展创造稳定、健康、可持续的外部环境和机制，从而解决教育与实践脱离、就业困难等社会问题。

第六节
工程教育认证与工程师制度

一、工程教育认证制度

如上文所述，法国高等教育与科研部下设工程师职衔委员会（CTI）于1934年成立，负责授权学校颁发工程师文凭，并对工程师学校进行评估。法国的工程教育认证和工程师制度深度联结，均由法国工程师职衔委员会负责，本节不再赘述。CTI每年发布工程教育的标准和工程学历教育认证指南，所有工程师学院均需按照CTI的文件开展教学。

认证指南包括工程学士和工程硕士版本，CTI对各阶段的工程师培养目标和能力标准进行了介绍，并要求工程师学校或机构达到其所提出的办学使命、组织策略、开放与伙伴关系、招生模式、教学模式、就业指导、质量要求和持续改进需求这一系列标准。为了认证过程的顺利开展，CTI将法国工程院校按所在地区划分5个评估周期，轮流开展评估。评估数据包括学校师生人数、工程师课程信息、学校人员科研活动参与情况、包含所有途径的招生人数、社会开放性（满足政策、社会议题的招生人数）、教研创新行为、企业参与情况、教学的国际化程度、学生就业情况、校园文化与生活环境建设、质量评价体系共11个维度，并设定了量化与质性指标以支持评价。①为了评估的真实性和有效性，法国工程学校被要求每年提供一次工程教育数据，并被要求确保数据的透明和可信度。

CTI 每 5 年对工程师学校进行评估，不符合要求的学校须在 1—2 年半的时间进行整改，若仍无法满足要求，CTI 将取消其颁发工程师文凭的资格。2020年完成评估后，CTI 认证了 205 所工程师院校的教育，向其毕业生颁发了工程师文凭。②

二、工程师制度

凭借其选拔的严格标准和教学与实践相结合的高质量课程，工程师文凭是最受法国社会青睐与信任的文凭，享受法律保护和最低工资保障，象征着更好的就业机会和更高的收入。2016 年法国的工程师院校共颁发了约 38 000 个工程师学位③，其中 60% 是获得工程师文凭的硕士研究生，平均每所学校只有 7% 的学生选择继续攻读博士学位，其余学生均进入工业界。

法国的工程师文凭主要可以通过以下四种渠道获得。

（1）学生或学徒工程师教育：学生们在 10 个学期中接受技术培训和人文社科等综合性教育。学校通过项目实践、案例分析、实验、数字模拟等方式培养学生的创新实践能力。学校也会鼓励学生实习和出国交换。而学生只有在毕业年级才能与企业签订就业合同，以半工半读（Alternance）模式完成学业。

（2）继续教育：为至少有 3 年工作经验的专业技术人员提供培训以获得工程师文凭。根据法国工程师职衔委员会（CTI）2022 年公布的最新文件来看，接受继续教育的人群至少应持有 Bac+2 文凭以及至少一年的工作经验。其教育形式可以是全日制、公司与学校间的短期培训、学徒合同下的半工半读教育、不脱产教育等多种。一个完整的继续教育阶段需要接受 1 200 小时的教育，毕业时必须通过欧框的英语 B2 等级，但在特殊情况下也可接受 B1。

（3）工作经验及能力考核（VAE）：2002 年职业培训法规定了获得文凭的新

---

① CTI. CENTRALESUPÉLEC Académie: Versailles [EB/OL]. [2022-10-27]. https://extranet.cti-commission.fr/recherche/showDonneesCertifiees/id/2086.

② Enseignement superieur et recherche. Liste des ecoles autorisees a delivrer un diplome conferant le grade de licence a leurs titulaires [EB/OL]. [2022-10-27]. CTI Analyses the matiques 2019-2023 [EB/OL].[2022-10-27] https://extranet.cti-commission.fr/recherchecertifiees/id/2086showDonnees.

③ CTI. Références et orientations [EB/OL]. [2022-10-27]. https://api.cti-commission.fr/uploads/documents/backend/document_25_fr_references-et-orientations-livre-1_07-02-2020.pdf.

途径：至少有两年的培训经历和 5 年的工作经验，接受译审团的评估。工作经验及能力考核（VAE）是一种授予职称的方式。这种获得学历的方式需要个人有至少一年的相关工作经验，不论是全职还是兼职、连续还是间断、志愿或非志愿，只要个人经验可以替代获取工程师文凭所要求的知识和能力，则可得到工程师文凭。参加工作经验与能力考核并不对个人的学历做任何要求。[①] 通过 VAE 方式得到的文凭和通过继续教育得到的文凭相同，参考的也是同一套评估标准。所有在法国国家职业资格认证目录上的"头衔"都可以通过 VAE 获取认证。个人需要在选择好想要得到的头衔后，建立一份档案，包括所获文凭、工作经历、参加的培训、个人成就等，以证明自己具备了作为工程师的能力。译审团在看过档案后会与候选人进行面谈，并决定候选人为"通过""待定"或者"不通过"。整个过程持续 8—12 个月。评审团中高校教师较少但教研人员较多，因为评审团需要有丰富的实践经验判断候选人是否真的具备了资质。

（4）对于欧洲工程科学项目，自 2007 年起，工程师职衔委员会（CTI）在法国根据欧洲认可的质量标准（ENAEE 项目：欧洲工程师认证网络）向工程师课程颁发 EUR-ACE 认证（欧洲工程师项目认证）。此认证便于学生的流动，尤其是在欧洲范围内。

（5）法国的工程师文凭在世界范围内得到了广泛认可。目前，中国有 4 所大学得到 CTI 的认证，分别是中国民航大学、北京航空航天大学、广东中山大学和上海交通大学。

小结

本节介绍了法国的工程教育认证制度，包括 CTI 针对工程院校的认证方式，以及学生申请获取工程师文凭的不同路径。法国拥有严格、独立的工程院校资格认证机构 CTI，创造了对工程院校数据进行持续跟踪与深入分析的条件。在工程院校资格认证方法上，除了依据学校办学规模、师资规模、课程开展情况和学生就业情况对学校的办学质量进行评估外，法国还根据不同的工程教育路径的学生人数、办学的社会开放性、教研创新行为和企业参与情况对工程师院校开展评价，这反映了法国工程教育方面政策导向、社会需求和办学目标之间的一致性。此外，认证以 5 年为一周期，CTI 能够依据办学数据对不符合要求的学校提出整改

[①] France VAE. La VAE, une autre façon d'obtenir un diplôme [EB/OL]. [2022-10-27]. https://francevae.fr/tout-savoir-sur-la-vae/.

要求和取消其颁发工程师文凭的资格。这样的制度设计，使法国的工程教育体系与实践具有培养路径多元、产学研结合和契合国家与工业需求的特点，同时保证了 CTI 在引导工程教育发展上的权威性以及工程教育认证制度的灵活性。

第七节

特色及案例

法国的工程教育在长达 200 余年的历史中为国家和社会输送了大批的高质量人才，在世界上独树一帜。在工程教育中，工程师大学校（Grande Ecole）占据重要地位：在法国高等教育、研究和创新部发布的 2020 年版具备授予工程师头衔资格的 204 所学校的清单[①]中，仅有 12 所为公立大学，其余 192 所均为高等专科工程学校。因此，本节通过调研 3 所在 2021 年 QS 排行榜上名列前茅的一流工程大学校：巴黎综合理工学院、巴黎中央理工—高等电力学院、巴黎高科桥梁学院近年以来的改革举措，以进一步展示法国工程教育的前沿与特色。

一、多元的科研、实践人才培养路径改革

巴黎综合理工学院（École Polytechnique）成立于 1794 年，在 QS 排行榜法国大学排名中连续多年稳居第一名，是顶尖工程学校之一。该校隶属法国军事国防部，与国家国防事业联系紧密，学生均具备军人身份与待遇。其办学宗旨正如学校格言所说的那样："为了祖国、科学与荣誉。"透过这所法国工程教育事业的"领头羊"学校的前沿动态，我们可以了解法国工程教育事业的顶尖水平。

2016 年，法国国防部发布了《巴黎综合理工学院：在全新维度》报告，报告指出，随着时代的发展，国际名校竞争力的增加，为了更好地为法国教育事业服

---

① MINISTÈRE DE L ENSEIGNEMENT SUPÉRIEUR, DE LA RECHERCHE ET DE L INNOVATION. Arrêté du 25 février 2021 fixant la liste des écoles accréditées à délivrer un titre d ingénieur diplômé [EB/OL]. [2021-04-07]. https://www.legifrance.gouv.fr/download/pdf?id=UM90PeOGJiPPiC8k0o7uIDMbWZAFbcTslqsHhe5AbcM=.

务，国防部对于巴黎综合理工学院未来几年的发展提出了若干意见①。也就是说，巴黎综合理工学院教育改革的出发点在于提高自身核心竞争力，更好地为法国的国防事业输送人才。根据这些意见，巴黎综合理工学院采取了诸多改革举措。

（一）人才培养

1. 人才培养层次：由单一到多元

巴黎综合理工学院作为历史悠久的法国大学校，在很长的历史时期内都遵循着法国工程师独特而传统的培养模式，即预科班+工程师培养阶段②，学生需要在预科班结业时通过难度很大的竞争性考试选拔才得以进入到工程师培养阶段；也有少数学生可以在取得其他学校的学士学位（Licence 或 Bachelor）后进入巴黎综合理工学院开始接受工程师培养阶段的教育，然而这部分学生所占的比例较少。近年来，随着全球化程度的不断增加，巴黎综合理工学院开始逐步与国际接轨，设立了学士（Bachelor）与科学技术类硕士（Master of Science and Technology）学位，而原有的预科班+工程师培养阶段的培养模式维持不变，使人才培养模式和层次逐步由单一走向了多元化。

1）学士（Bachelor）学位的设立

在 2017 年，巴黎综合理工学院创立了"学士"（Bachelor）文凭，学制为 3 年，全英文授课，招收法国和国际学生。Bachelor 学位与法国传统 Licence 文凭（也译为学士学位）相似又不同：两者均在高中会考后完成 3 年的学习之时颁发，然而，由于很多学生在 2 年预科班结束时未能通过选拔考试，无法进入第三年的学习，便无法获得 Licence 文凭。因此，巴黎综合理工设立了学士文凭（Bachelor），高中毕业生通过会考后即可申请攻读，无须参加预科班。这使得巴黎综合理工学院具备了和国际上其他大学授予的"学士文凭"（Bachelor）对等的文凭，在一定程度上增强了巴黎综合理工学院的竞争力，有利于缓解法国优秀的高中毕业生流向国际上其他知名学校的困境。

学士（Bachelor）阶段的招生要求依然贯彻了巴黎综合理工学院的高标准原则，学生必须具备高度的学习自主性和学习动机、独立思考的能力，且有能力完成学校制定的严格的学习计划。且获得该学士学位后，若想继续工程师阶段的学

---

① Direction de l information légale et administrative. L X dans une nouvelle dimension [EB/OL]. [2022-10-27]. https://www.vie-publique.fr/sites/default/files/rapport/pdf/154000377.pdf.

② Institut Polytechnique de Paris. Les évolutions du concours du cycle ingénieur [EB/OL]. [2022-10-27]. https://225.polytechnique.fr/225-histoires/evolutions-concours.html.

习，仍需要和预科班的学生一样接受考核。

2）科学技术类硕士（Master of Science and Technology）的设立

在 2016 年，巴黎综合理工学院设立了硕士学位（Graduate Degree），后更名为科学技术类硕士（Master of Science and Technology）。开设 3 个专业，全英文授课，学制两年，招收已具备学士学位的学生。

在 2018 年，巴黎综合理工学院将专业数量增加到了 8 个[1]，至今仍为 8 个专业，分别是[2]：人工智能与高级视觉计算、网络安全、物联网创新与管理、智能城市与气候政策经济学、商业数据科学、企业经济与数据分析、环境工程与可持续发展管理、能源环境：科学技术与管理。

需要注意的是，科学技术类硕士（Master of Science and Technology）与我们常说的硕士（Master）不同。在巴黎综合理工学院，前者培养内容的就业导向性更强；而后者在巴黎综合理工学院被称为"研究型硕士"，与博士阶段的培养联系紧密，旨在培养学生研究解决本学科或跨学科问题的能力，研究性更强[3]。

2. 工程师入学竞考改革

工程师入学竞考（指学生从预科班结业后要参加的选拔性入学考试）是法国精英教育的标志之一。自 2017 年开始，巴黎综合理工学院在一定程度上扩大了竞考招生的学科范围，一些非工程师预科班毕业的学生也可以参加入学竞考，然而这些学生需要毕业于"生物、化学、物理和地球科学"预科班。国际学生的招生人数也在有计划地增加。这在一定程度上体现了巴黎综合理工学院近些年来的开放性逐步增强。

3. 培养内容

巴黎综合理工学院致力于提供高水平的跨学科教育，重点理工学科课程设置为小班授课或实验课程。除了理工课程外，近年来，巴黎综合理工学院还增加了文学和艺术课程的数量，并强化了对学生外语能力的培养。

---

[1] Institut Polytechnique de Paris. Les Master of Science and Technology, Formations Professionnalisantes [EB/OL]. [2022-10-27]. https://225.polytechnique.fr/225-histoires/master-science-technology.html.

[2] Institut Polytechnique de Paris. A PROPOS DES MASTER OF SCIENCE AND TECHNOLOGY. [EB/OL]. [2022-10-27]. https://programmes.polytechnique.edu/master/master-of-science-technology.

[3] Institut Polytechnique de Paris. Vue d'ensemble [EB/OL]. [2022-10-27]. https://programmes.polytechnique.edu/programme-doctoral.

4. 人才培养目标

根据巴黎综合理工学院于 2019 年发布的培养方案[①]，巴黎综合理工学院的人才培养有 3 个目标：跨学科复合型人才；科学知识与人文社会知识兼备的人才；具备专业职业素养的人才。

（二）学校特色

1.4 年制的工程师培养阶段

巴黎综合理工学院的工程师培养阶段为 4 年，而其他工程学校均为 3 年，这是巴黎综合理工学院的特色之一。学生完成 3 年的学业后可以获得硕士学位和国家工程师头衔。而只有完成第 4 年的学习，才可以获得巴黎综合理工学院授予的毕业证书，真正成为"巴黎综合理工人"（Polytechnicien）。第 4 年的学习方式因人而异：考取了国家公务员的学生可根据就职单位的要求进行培训；其余学生可继续深入本领域的研究，也可申请攻读博士学位。

2. 校际合作

经过两年多的酝酿和变革，2019 年 5 月 31 日，巴黎综合理工学院（École Polytechnique）与巴黎国立高等先进技术学校（ENSTA Paris）、巴黎国立统计和经济分析学院（ENSAE Paris）、巴黎高等电信学院（Télécom Paris）、南巴黎电信学院（Télécom SudParis）联合建立了巴黎综合理工集团（L'Institut Polytechnique de Paris，IP Paris），该学院的性质为公共机构，各成员学校保留其法人资格和自治权。5 所成员工程院校均为百年名校，教学和科研实力雄厚，在工程师培养领域拥有优良传统和丰富经验。

合并后的巴黎综合理工集团旨在团结 5 所工程师学校的力量，制定共同的发展项目和战略，取长补短，在人才培养和研究战略方面协调合作，如开展跨学科人才培养和研究项目[②]。在招生阶段，各学校竞考独立进行，学生入学后可以利用校际平台开展跨学科学习。2022 年，该校在校生共 8 000 名，其中 1 500 名硕士研究生，35% 是国际学生，就业率达 95%；学校具有 30 余个实验室，1 000 余名博士研究生。主要有 12 个研究领域：环境与气候、能源、人工智能和数据科学、物联网、数字仿真、网络安全、国防、地缘政治与策略、量子技术、创新材料和

---

① École Polytechnique. LE CYCLE D'INGÉNIEUR POLYTECHNICIEN [EB/OL]. [2022-10-27]. https://gargantua.polytechnique.fr/siatel-web/app/linkto/mICYYYTJ5Z.

② Institut Polytechnique de Paris. Qui sommes-nous? [EB/OL]. [2022-10-27]. https://www.ip-paris.fr/propos/qui-sommes-nous.

纳米技术、等离子体研究与应用、生物医学工程。

二、校际合作的教研组织结构创新

巴黎中央理工—高等电力学院（Centrale Supélec，以下简称中央高电）成立于 2015 年 1 月 1 日，由法国两所领先的大学校——巴黎中央理工学院和高等电力学院的战略合并而建。作为一所卓越的工程院校，学校整体实力在 2021 年的QS 排行榜全球排名第 138 位，法国工程院校排名第 2，法国综合排名第 3，其毕业生的就业能力排在第 28 位。中央高电现为巴黎—萨克雷大学的成员机构。

2022 年，该校在校生约为 4 200 名，教师 380 余名。学校在中国、印度和摩洛哥设有海外校区，在巴西、加拿大、美国与中国设有 5 个国际合办实验室，并与 176 所海外大学、140 余所公司建立了良好的合作伙伴关系。

近年来，学校主要致力于攻克以下 7 个研究领域：健康和生物工程、能源、通信系统、环境和风险、航空和运输、纳米科学、商业系统。

（一）人才培养

中央高电工程师培养内容由主题课程、通识课程、附加课程、实习和科研项目 5 个项目组成。2018 年 9 月，中央高电以两个学校现有培养方案为基础，整合了巴黎中央理工学院和高等电力学院的优势，对其工程师培养方案进行了彻底改革，以更好地满足企业和社会的需求。改革后的培养方案定位为"培养高科技水平的工程师—企业家"，并提出了如下培养目标。

（1）掌握科学技术，具备较强的概念和抽象能力，以及在复杂环境中的强大工程问题解决能力；

（2）能够主动为企业和社会创造价值，有国际意识、创新精神和领导能力；

（3）在重大技术和社会变革中，特别是在数字领域的变革中，具备创新精神；

（4）能够以人为本，意识到社会面临的挑战，具有社会责任感。

（二）学校特色

1. 多校区协同发展

中央高电在法国境内有 3 个校区，分别位于巴黎—萨克雷，法国东北部城市梅斯和法国西北部城市雷恩。学生在进入中央高电后的第一年在巴黎—萨克雷校区集中上课，从第二年开始，有20%的学生将分别前往梅斯和雷恩校区进行学习。

2. 校际合作：巴黎—萨克雷大学

2019 年 11 月 5 日，法国陆军部公布法令，巴黎—萨克雷作为实验性公共机构正式成立。2020 年 1 月，巴黎中央理工—高等电力学院与巴黎—萨克雷高等师范学校、高等光学学院、巴黎高科农业学院一同加入巴黎—萨克雷大学，成为后者的成员机构。

巴黎—萨克雷大学的教学和科研活动在学界均具备良好声誉，该学校提供完整而多样的学士、硕士研究生和博士研究生课程，质量得到了国际认可。该校的各个成员学校 / 机构分别在科学和工程、生命科学、社会科学和人文社科等领域具备突出成就。各个成员学校 / 机构正在进行 17 个研究生院的建设工作。每个研究生院围绕一个主题、一个或多个学科或一项任务，协调一系列的硕士学位和培训项目、博士生院和研究团队。

巴黎中央理工—高等电力学院负责"工程和系统科学"（Science of Engineering and System）研究生院的建设工作。在 2020 年，工程和系统科学研究生院成立，并确定其结构和研究领域范畴。

3. 实践性较强

根据中央高电的培养要求，在培养过程中，学生需要在企业实习 6—19 个月，通常在工程师培养阶段的第 3 年进行。中央高电与 140 余个大中小型企业建立了合作伙伴关系，为学生的实习工作提供了较大便利。

4. 高度国际化

中央高电与海外 176 所大学有合作关系，签订了 80 份双学位协议，并在中国、印度、摩洛哥建设了 3 个海外校区。

三、面向未来需求的学校发展理念改革

巴黎高科桥梁学院，旧名国立桥路学院（École Nationale des Ponts et Chaussées），建立于 1747 年，是法国也是全世界第一所工程师学院。1999 年，桥路学院与法国的 10 多所顶尖的高等工程学校组成高等教育水平的高等精英学校集团"巴黎高科"（ParisTech），后者代表了法国最高的高等教育水平，学校正式更名为巴黎高科桥梁学院。

如今的巴黎高科桥梁学院不仅提供传统的工程师精英教育，也提供专业硕士、MBA、博士教育。巴黎高科桥梁学院是法国唯一一个开设 MBA 课程的工程

院校。2022 年，该校有 2 026 名在读学生，411 名研究员与教师，具备 12 个研究中心，与 36 个国家的 71 所高校建立了合作伙伴关系。

（一）人才培养

学生在两年预科班结束并通过选拔考试后，进入工程师培养阶段的学习。在第一年，学生不分专业，进行基础知识的学习，培养基本的科研能力。在第一学年结束后，学生要在学校开设的 6 个系中选择深入学习的领域，开始硕士研究生阶段的学习，6 个系分别是：城市环境与交通系、力学与材料科学系、土木工程与建设系、工业工程系、数学与信息科学系、经济管理与金融系[①]。目前学校开设17 个硕士点，在学生完成 3 年工程师培养阶段的学习后授予硕士学位和工程师头衔。

1. 科研改革

在其 2017 年提出的"2025 年战略计划"中，巴黎高科桥梁学院表示要进一步明确其科研政策，以实现清晰可见和可持续性的研究，并在相关领域招募研究人员和博士研究生；加强与其他高校、研究所、机构的合作，加强对研究人员的培养；加强教学部门、研究实验室和博士研究生培训之间的协同作用。主要聚焦4 个问题：城市系统和流动性、未来产业、经济研究与社会的联系、风险资源和环境管理[②]。学校的改革理念是跨学科和可持续发展，打通学科之间的壁垒，将书本知识切实运用到社会发展中去，同时促进产、学、研的结合。

2. 人才培养目标

巴黎高科桥梁学院对学生能力的培养有 4 个方面的要求。

（1）掌握先进的科学技术：理解概念建模、数学建模或数字建模方法，并可以进行实际操作，知道如何批判性地评估模型的结果，这是工程专业的基础之一。

（2）科研能力与实践能力：学生从工程师培养阶段第一年开始就可以参与科研实践，实践项目或为个人项目，或为团队合作项目，与真正的工程项目高度相似。

---

① École des Ponts ParisTech. LES DÉPARTEMENTS D'ENSEIGNEMENT [EB/OL]. [2022-10-27]. https://www.ecoledesponts.fr/les-departements-denseignement.

② Ecoles d'ingénieurs. L'impact sur la recherche et la dimension internationale du plan stratégique 2025 de Ponts ParisTech [EB/OL]. [2022-10-27]. https://grandes-ecoles.studyrama.com/ecoles-d-ingenieurs/choisir-son-ecole/l-impact-sur-la-recherche-et-la-dimension-internationale-du-plan-strategique-2025-de-ponts-paristech-1884.html.

（3）具备管理能力与人文社科能力：在工程师培养的课程设置中，除了专业课之外，还有人文和社会科学课程，通过人文社科知识的学习，学生能够更好地了解世界，并提高对社会问题进行思考的能力。除了课堂学习之外，学校鼓励学生从事与管理相关的实习，以使学生更好地了解与企业和商界相关的知识。

（4）具备团队合作能力和国际视野：在课程设置中，语言课程占据 20% 的时长，通过鼓励学生出国留学，加强本校学生与留学生接触等方式，培养学生在多语言、跨文化背景下工作的能力。

（二）学校特色

1. 校际合作：巴黎高科集团（ParisTech）

早在 1991 年，巴黎高科桥梁学院就和其他 8 所工程院校联合成立了"巴黎工程学校集团"，1999 年更名为"巴黎高科集团"。

2. 社会服务：致力于可持续发展事业

纵观巴黎高科桥梁学院的人才培养方案和改革举措，可以发现该校近年来深入贯彻可持续发展理念，致力于可持续发展事业。

巴黎高科桥梁学院根据大学校会议（CGE）[①] 和法国大学校长联席会议（CPU）[②] 提出的格勒内尔法案的参考框架，定期评估其可持续发展和社会责任（SD&SR）的实践情况，并确定进一步行动计划。2015—2019 年是其第 3 个发展计划，学校为第 3 个发展计划制定了 3 个可持续发展目标。

（1）加强可持续发展关键领域的培养：通过制定可持续发展技能清单，将与可持续发展相关的能力列入人才培养目标，并在工程师培养方案中开设了一系列人文和社会科学课程，以促进可持续发展意识的培养。

（2）将可持续发展融入学校的日常生活中：根据可持续发展和社会责任（SD&RS）参考框架进行自我评估，并制订行动计划。

（3）为国家生态转型可持续发展战略（2015—2020 年）做出贡献：学校致力于在以下 4 个领域调动近 100% 的研究力量，循环和低碳经济；创新经济和金融模式；面向生态转型的知识生产、研究和创新；生态转型和可持续发展教育。

---

① 大学校会议（Conférence des grandes écoles）：法国的一个高等教育研究机构组织，成立于 1973 年，创始成员 12 个（11 所工程学校和 1 所高等商业学校）。

② 法国大学校长联席会议（Conférence des présidents d'université）：建立于 2007 年，是法国大学校长和部分大学校长的联席会议，是根据 1901 法律注册的非营利组织。参与联席会议的成员包括法国所有公立大学的校长。部分法国公立科学、文化和专业机构的领导也参与会议。

巴黎高科桥梁学院在不同培养阶段和不同专业中，与可持续发展相关的课程数量不一，有 10 个硕士专业与可持续发展联系密切：运输与可持续发展；可持续建筑的材料科学；水产系统和水管理；海洋、大气、气候和观测；水、土壤和废物管理与处理；可持续发展、环境和能源经济；能源专业（专攻废物拆解和管理）；运输和流通；土壤、岩石和工程力学；交通与电动汽车。在继续教育的培养项目中，巴黎高科桥梁学院也设立了 5 个致力于可持续发展的专业硕士学位（Mastère Spécialisée®），如可持续房地产和建筑、可持续发展的公共政策与行动等①。

除此之外，巴黎高科桥梁学院致力于推动可持续发展的研究。学校有 15 名可持续发展领域的教授，其中 7 名的研究内容与可持续发展关键问题直接相关；学校成立了可持续交通研究所（IMD）②，并在材料与工程、城市运输与领土、环境、经济和金融方面设立研究课题和实验室，截至 2022 年，有 40 多名研究人员和博士研究生在专攻气候变化问题。

小结

本节从工程院校办学特色的角度探析当前法国工程教育变革，着重介绍了巴黎综合理工学院、中央高电以及巴黎高科桥梁学院三所工程院校的人才培养和办学特色。三所学校在办学过程中各有侧重，形成了独特的办学风格和目标。总体而言，对于学习者科学知识与技术、人文社会知识与能力和职业能力与素养的培养，成为当前法国工程院校所侧重的共性方面，而跨学科的人才培养方式正成为促进学校发展、教育科研和人才培养的共同选择。此外，不同的工程院校之间也产生了各自的发展特点，例如，巴黎综合理工学院面向科研和实践人才培养的多元路径，中央高电寻求校际合作模式和工程师人才跨国流动的双向协议，巴黎高科桥梁学院对城市系统和流动性、未来产业、经济研究与社会的联系、风险资源和环境管理这 4 个关键科学问题的应对，等等，这都促进各学校形成了自己的办学优势，丰富了法国工程师教育的自我探究与实践，成为促进法国工业界发展的丰富经验和独特财富。

---

① École des Ponts ParisTech. DÉVELOPPEMENT DURABLE [EB/OL]. [2022-10-27]. https://www.ecoledesponts.fr/developpement-durable.

② 可持续交通研究所. 概念 [EB/OL]. [2024-11-14]. https://imtd.fr/le-concept/.

总结与展望

一、总结

通过调研 2016 年以来法国工程学校改革举措，可以看到，近年来，法国工程师教育改革的整体特征主要表现在 3 个方面：一是契合社会发展关键问题，促进法国再工业化；二是加强与国际接轨，特别是在学制上；三是加强校际合作以提升整体竞争力。如巴黎综合理工学院学士学位（Bachelor）和科学技术类硕士学位（Master of Science and Technology）的设置，便是法国工程院校尝试与国际接轨的鲜明体现。由于法国工程师教育体系在世界上独树一帜，学位、学历等均难以在其他国家的教育体系中找到对等的概念，巴黎理工这一大刀阔斧的改革体现了法国工程学校推动国际化的决心。在校际合作方面，三所学校均与其他高校达成合作，在保持自身一定自主性的同时成为不同高校集团的成员，校际合作成为近年来法国高等教育界的潮流。除了上述主要特征外，由于法国政府一向关心继续教育事业，法国工程院校也均采取不同措施以推进继续教育的普及和发展，在下文中将进一步说明。

（一）契合社会发展关键问题，推动法国再工业化

近年来，法国工程院校与工程教育改革的最主要特征之一，就是契合法国工业环境以及国家关注的共同问题。自 21 世纪以来，传统工业在国家经济占比逐渐降低，受产品附加值降低、环境负面效益、消费转型和新冠疫情等影响，法国不得不发展新的增长点，以寻求突破瓶颈、实现法国工业的创新发展。随着"法国振兴""法国 2030"等计划的提出和相关政策出台，法国工业改革的重心转移到去碳化和依赖新能源的可持续发展等一系列以工程科技创新带动工业创新上，而法国政府、企业和工程师院校的合力就体现于此。一方面，法国工程院校与以企业为代表的产业实践联系密切，这体现在工程师教育制度中的实习要求与近年来不断发展的学徒制和企业教席上。在经济和人才培养上，学校和企业已经形成了稳定、优质、长期合作的良性循环。另一方面，法国工程学校在可持续发展、职业健康安全教育和工程创新创业上，正逐渐投入更多的人力与物力资源进行课程开发和开展科学研究，如巴黎高科集团已经把加强可持续发展关键领域人才的

培养列入学校的人才培养总目标之中，这充分体现了学校对国家指针和工业界企业需求的及时反映，体现了其对社会发展关键问题的重视和对社会责任的承担。

（二）与国际接轨：传统与现代的碰撞

法国工程教育历史悠久，在几百年的发展历程中形成了自己的传统和特色：预科＋竞考的选拔方式确保优质生源，重视产学合作以保证毕业生就业，权威教育评估以保障工程教育质量[①]。而随着现代大学和现代教育的发展，法国工程教育的短板也体现出来：传统的精英教育模式面对英美等国家工程师培养方式有丧失吸引力的风险，逐渐落于下风。为了应对愈演愈烈的挑战，提高国际竞争力，一些法国工程大学校采取了改革措施，以使传统的培养方式更具现代性，更好地与国际接轨。如上文提到的，巴黎综合理工学院设立全英授课的学士学位（Bachelor）和科学技术类硕士（Master of Science and Technology），作为传统"预科班＋入学竞考"精英培养模式的补充，生源也不局限在法国，而是面向全世界开放，招收来自世界各地的学生，这在一定程度上为法国工程院校在国际上赢回了一定话语权。同时，法国工程院校也通过与海外高校创立联合创新中心、创办联合学位、建立海外校区等方式加强国际交流。

（三）校际合作："强强联合"形成品牌合力

与世界上其他国家的情况不同，法国工程院校多为"小而精"的大学校（Grande Ecole），而非公立的综合性大学，因此开设的专业少而单一。随着现代社会的发展对复合型人才的需求越来越高，法国工程学校开始凝聚力量，通过创新合作人才培养模式、开展合作研究等方式来提高自己的核心竞争力。早在1991年，巴黎高科桥梁学院就和其他8所工程师院校联合成立了"巴黎工程师学校集团"，1999更名为"巴黎高科集团"（ParisTech）。近年来，在工程教育领域处于领先地位的巴黎综合理工学院、中央高电等大学校也纷纷采取校际合作的有力措施。可以看出，通过合作人才培养模式来增强自身竞争力，已经成为法国工程教育界的共识。在这种"强强联合"所形成的新的大学或机构内部，各个学校的地位和所享有的独立性不同，主要负责的教学任务与研究领域也不同，各学校之间取长补短；同时，合并后的学校可进行资源整合，为学生提供双学位培养项目，使人才培养效果最优化，如巴黎—萨克雷大学便利用自身资源优势，推出了基础物理、基础数学等专业的双学位项目，学生在学士和硕士

---

① 张力玮：《法国工程教育：传统特色与创新发展》，载《世界教育信息》，2017 年第 3 期，第 32 页。

阶段皆可申请攻读。[①]

（四）继续教育：法国政府一直极为重视倡导的事业

继续教育权是法国法律赋予公民的一项权利。法国的工程学校正在积极承担这一责任。巴黎综合理工学院的继续教育项目集中于行政教育（Executive Education），设有3个学位项目和若干短期培养项目。2016年9月19日，巴黎综合理工学院正式宣布设立"行政管理硕士"（Executive Master）学位。该学位面向有工作经验的高潜力管理人员，让他们通过继续学习能够掌握正在改变世界经济的颠覆式创新技术，为其职业生涯提供新的动力。该项目不仅在法国本土，而且在海外也开展授课。

中央高电和巴黎高科桥梁学院除了行政教育之外，还设有专业硕士（Mastère Spécialisée®）培养项目。专业硕士学位不由国家高等教育部颁发，而是由法国大学校联合会（CGE）进行认证。专业硕士培养项目旨在为已取得学士学位的人提供同专业更深入的学习，或是培养其他领域的本领。

除此之外，中央高电和巴黎高科桥梁学院还提供一般性的继续教育课程，结业时颁发结业证书。继续教育的培养项目纷繁多样，终身学习已经成为法国工程教育乃至整个教育界的共识。

二、展望

法国深厚的工程教育历史和政府、工程院校、企业之间的稳定合力，为近年来法国的工程教育改革提供了坚实的基础。在此基础上，法国将在"法国振兴"计划和"法国2030"战略的引导下，在工程教育人才培养、教育研究与学科建设、政府执政智慧和认证制度等方面持续发挥长足优势，深化工程教育改革，促进法国工业的二次发展。

（1）在工程教育人才培养中，工程师能力标准和课程学习与实践标准为学生的课程学习和产业实践定义了微妙的平衡，随着产学研合作的深化，通用性和专业化相结合的职业化工程师的培养，将成为消弭教育与实践鸿沟、满足企业现实需求的良方。

（2）对于教育研究与学科建设，随着法国28个工程教育专业的全面铺开，

---

① Cursus Ingénieur CentraleSupélec. Les Dual Diplômes [EB/OL]. [2022-10-27]. https://www.centralesupelec.fr/sites/default/files/brochure_dual_diplomes_avril_2020_web.pdf.

全国的工程院校和劳动力市场网络将会越加紧密。随着对 DD&RS、S&ST 和 II&E 三个关键问题的深入研究，将被推动的不仅是工程院校及相关课程的改革，更是工程师学生视野和职业素养的全面扩大和提升，使他们成为面向未来的国家工程师队伍中的一员。

（3）在政府作用上，法国政府持续的政策改革与加码为工程教育就读学生的入学、上学和就业全过程提供了全面且成效显著的支持，其职能已经从经济支持扩展到外部环境和长期机制的构建上。这反映了法国政府执政能力的增强和执政智慧的提高，是法国工程教育未来发展的最重要外部条件。

（4）在工程教育认证制度方面，以 CTI 为代表的法国工程教育共同体已经建成了全面、综合、适应本国工程领域实践的有效监督和认证机制，这是工程教育保量保质发展的制度基础。当前，CTI 正在积极与 CeQuInt、ENAEE 等国际协议和标准一道探索法国工程教育与国际接轨的方式，这同时也是法国工程教育提高国际影响力和竞争力的重要环节。

除了上述优势之外，当前的法国工程教育同样面临一些亟待解决的关键问题。这些问题主要集中在各领域人才和资源配置不均衡、企业和机构对于高级工程师人才的缺口逐渐加大、工程师队伍性别差异较大等方面，法国政府和各工程院校也正在着力解决上述问题。在政策方面，健康、新能源及储能、食品和农业等被列为未来法国工程领域发展的潜力领域，一系列投资计划被引入。在学校层面，对于管理能力、为企业创造价值的能力等方面的培养，已经被中央高电和巴黎高科桥梁学院等顶尖高校列为重点培养的方面，旨在解决企业对高级管理型工程师人才的迫切需求；此外，部分工程院校已经开始鼓励更多的女性学生加入工程师院校，以解决当前工程师人才队伍建设过程中的诸多问题。

执笔人：余继　沈王琦　张心怡　许静

西班牙

工程教育发展概况

　　西班牙作为西方老牌资本主义国家，其工程教育依托近代工业革命而兴起，距今已有 200 多年的历史。

　　早在 18—19 世纪，西班牙就设立了建筑、矿学、林学、农学、海洋学等一系列工程学院，由国家工业部来管理。当时这种形式的教育并不属于高等教育范畴。1850 年，西班牙制定了一项皇家法令（西班牙语：Real Decreto de 4 de Septiembre de 1850），建立了工业工程专业，并对工程教育的培养体系进行了规定。该法令指出：西班牙工程教育直接受政府相关部门的领导，包含初级、中级和高级三个阶段技术学校的学习。其中，初级和中级阶段的学生可以选择完成三年或四年的学业，高级阶段的学生需要完成两年的学业。以工业工程专业为例，初级阶段学生可以获得 3 年毕业的工科才能等级证书（西班牙语：Aptitud Para las Profesiones Industriales）或者 4 年毕业的工艺美术等级证书（西班牙语：Título de Maestros en Arte y oficios）。到了中级阶段，学生可以选择机械物理或者化学方向，获得 3 年毕业的工科教师资格证书（西班牙语：Titulo de Profesores Industriales）或 4 年毕业的二级机械物理 / 化学工程师资格证书（西班牙语：Título de Ingenieros Mecánicos/ Químicos de Segunda Clase），如果学生两个方向都进行了学习，则会获得 4 年毕业的二级工业工程师资格证书（西班牙语：Ingeniero Industrial de Segunda Clase）。在高级阶段学习后，同理，学生会获得一级机械物理 / 化学工程师资格证书（西班牙语：Ingenieros Mecánicos/ Químicos de Primera Clase）或工业工程师资格证书（西班牙语：Ingenieros Industriales）。在皇家法令的指导下，西班牙于 1851 年建立了马德里工业工程学院（又称皇家工业学院），专门负责高级工业工程的教育教学。随后，工程教育的学科也在不断拓展，加入了电学、核能、航空航天、计算机等学科。

　　这种工程教育体系维持了一个世纪左右，直到 1957 年《技术教育组织法》（西班牙语：Ley de Ordenación de las Enseñanzas Técnicas）（BOE-A-1957-9633）的出台，促使了工程教育从其他政府部门归入当时的教育部门，由此工程教育被纳入到西班牙的大学体系中。法令规定：①中级技术学校所开设的专业包括建筑、航空、农业、工业、矿业冶炼业、林业、航海、公共设施建设、电信、测绘，四年毕业后可获得技师（西班牙语：Peritos）称号；②高级技术学院所开设的专业包括建筑、航天、农业、土木、工业、矿业、航海、电信，4 年或 5 年毕业后可获得建筑师（西班牙语：Arquitecto）或工程师（西班牙语：Ingeniero）称号；③建筑师和工程师可以继续深造博士（西班牙语：Doctorado）学位，申请的博士专业必须和之前学习的专业一致，并且要选择对应的博士导师做研究。随后，1964 年的法令（BOE-A-1964-7521）调整了中级技术学校和高级技术学校的学习年限和课程要求，规定中级阶段教学为 3 年，高级阶段教学为 5 年。承袭 1957 年法令的要求，1964 年法令规定博士研究年限为两年。1966 年的法令（BOE-A-1966-19734）规定，获得西班牙教育科学部的授权，西班牙的高级技术学校可以向国内外的科技或研究领域的人士，授予荣誉工程博士学位或荣誉建筑师博士学位。

几年后，西班牙出现了理工学院。1971 年，多所理工学院合并重组形成了西班牙第一批理工大学，分别是马德里理工大学（西班牙语：Universidad Politécnica de Madrid，UPM）、瓦伦西亚理工大学（西班牙语：Universidad Politécnica de Valencia，UPV）和巴塞罗那理工大学（西班牙语：Universidad Politècnica de Barcelona，UPB）。1984 年，巴塞罗那理工大学（UPB）更名为加泰罗尼亚理工大学（加泰罗尼亚语：Universitat Politécnica de Catalunya，UPC）。随后，工程教育高校整合之风席卷西班牙。部分理工学院被古典大学收编形成了综合类大学，部分理工学院独立形成了理工大学[1]。自此，西班牙工程教育出现了大学与技术学校的两种教育体系。

1970 年，西班牙颁布了《普通教育法》（BOE-A-1970-852），对教育系统进行了彻底改革，对普通教育和职业教育进行了整合。该法令指出：高等教育阶段包含 3 个阶段的学习，第一个阶段为 3 年的基础学科学习，学业完成后可获得毕业证书（西班牙语：Diplomado）、工程技术工程师证书（西班牙语：Ingeniero Técnico）或者建筑技术工程师证书（西班牙语：Arquitecto Técnico）；第二个阶段为两年的专业学科学习，学业完成后可获得学士学位（西班牙语：Licenciado）、工程师学位（西班牙语：Ingeniero）或者建筑师学位（西班牙语：Arquitecto）；第三个阶段为至少两年的研究性学习，学业完成后可获得博士学位（Doctor）。这种由 3 年制面向职业的 Diplomado、5 年制面向专业的 Licenciado 和至少 7 年制面向研究的 Doctor 组成的高等教育制度，无论在 1983 年《大学改革法》（BOE-A-1983-23432）还是在 2001 年《大学组织法》（LOU）（西班牙语：

---

① ARRIAGA J, JIMENEZ F, CATEDRA F. EE education in Spain [J]. IEEE Potentials, 1999, 18 (1): 41–43.

Ley Orgánica 6/2001）（BOE-A-2001-24515）中都得到延续，成为西班牙传统高等工程教育的学位结构。

1999 年，西班牙与其他 28 个欧洲国家签署了《博洛尼亚宣言》，为欧洲高等教育区（EHEA）的建设奠定了基础。博洛尼亚进程以学士和硕士学位为基础进行高等教育体系的构建，鼓励学生进入劳动力市场，提高竞争力；建立欧洲学分转换体系（ECTS）；鼓励欧洲合作；在课程设置上促进学生和教授的流动性[①]。虽然西班牙作为最早加入博洛尼亚进程的国家，但直到 2005 年才出台法令（BOE-A-2005-1255 和 BOE-A-2005-1256），对本国的高等教育体制进行改革，设置了纳入欧洲高等教育体制的本科、硕士阶段，并在 2007 年出台《大学组织法修正法案》（西班牙语：La Ley Orgánica de Modificación de la Ley Orgánica de Universidades，LOMLOU）（Real Decreto 1393/2007）（BOE-A-2007-18770）中进行系统的完善。该法案于 2010 年开始正式实施。2007 年的《大学组织法修正法案》指出，高等教育分为三个阶段：第一个阶段为 4 年的本科学习，由 240个 ECTS 学分组成，学业完成后可获得学士学位（西班牙语：Grado）；第二个阶段为 1～2 年的研究生学习，由 60～120 个 ECTS 学分组成，学业完成后可获得硕士学位（西班牙语：Máster）；第三个阶段为 3 年制的博士学习，分为两个时期，一个时期涉及知识培训，另一个时期专门用于研究，学业完成后可获得博士学位（西班牙语：Doctorado）。直到 2010 年，基于博洛尼亚进程的高等教育体制改革才被引入西班牙所有工程教育专业[②]。2011 年，西班牙发布法令（BOE-A-2011-2541），规定全日制博士学位为 3 年，非全日制博士学位为 5 年，可延期毕业 1～2 年。

[①] LLAMAS M, CAEIRO M, CASTRO M, et al. Engineering education in Spain: One year with the Bologna process [C]. 2013 IEEE Global Engineering Education Conference (EDUCON) [C]. Berlin, Germany: Technische Universität Berlin. 2013: 566–572.

[②] LLAMAS M, MIKIC F A, CAEIRO M, et al. Engineering Education in Spain: Seven years with the Bologna Process—First results [A]. In 2018 IEEE Global Engineering Education Conference (EDUCON) [C]. Santa Cruz de Tenerife, Spain. 2018: 1775–1780.

工业与工程教育发展现状

一、工业现状

（一）工业发展概况

西班牙一直以来都是世界一流的工业国，是欧洲五大工业强国之一。其工业化水平高，工业体系完善，拥有完整的工业产业链。西班牙北部的工业极为发达，尤其是加泰罗尼亚自治区从 20 世纪 80 年代起，就拥有欧洲四大工业发动机之一的美誉，代表了当时欧洲最高的工业水准。

西班牙工业占国内生产总值（GDP）比例较高，2006—2018 年，整个工业部门占西班牙 GDP 的比例一直保持在 15%～17%[①]。另外，依据部门对 GDP 的比重，工业一直稳居西班牙第二产业的位置[②]。由此可见，工业对西班牙经济具有支配地位。但近年来，西班牙经济受到多轮重大冲击，工业发展遇到阻力。2008 年国际金融危机和欧债危机对西班牙经济产生了毁灭性影响，同时也使得西班牙工业生产总值在 2013 年缩减至 2008 年的 75%[③]。西班牙采取一系列的工业改革，以提高工业生产率。这使得西班牙经济和工业从 2014 年起实现恢复性增长，经济增速位居欧盟国家前列，2016 年起 GDP 恢复且超过了金融危机前的水平。但是好景不长，新冠疫情对于西班牙经济产生了破坏性影响，西班牙成了 2020 年经济衰退最严重的欧元区国家之一，西班牙经济以创纪录的速度陷入有史以来最严重的衰退，工业生产出现严重下滑。西班牙利用 1 400 亿欧元的欧盟复苏基金促进经济恢复。2021 年，西班牙经济逐渐复苏，GDP 达 1.2 万亿欧元，人均国内生产总值达 2.54 万欧元，经济总量已居欧盟第 4 位，世界第 14 位。[④]随后，西

[①] Ministerio de Industria, Comercio y Turismo. Directrices Generales de la Nueva Política Industrial Española 2030 [R]. 2019.

[②] Statista. Spain: Distribution of gross domestic product (GDP) across economic sectors from 2010 to 2020 [EB/OL]. (2022-02-15) [2022-09-05]. https://www.statista.com/statistics/271079/distribution-of-gross-domestic-product-gdp-across-economic-sectors-in-spain/.

[③] Trading Economics. Spain-Industrial Production, Constant US$ [EB/OL]. [2022-09-05]. https://tradingeconomics.com/spain/industrial-production-constant-us$-wb-data.html.

[④] 中华人民共和国外交部. 西班牙国家概况 [EB/OL].（2022-06）[2022-09-05]. https://www.fmprc.gov.cn/web/gjhdq_676201/gj_676203/oz_678770/1206_679810/1206x0_679812/.

班牙的工业生产也开始迅速恢复，2021 年 4 月，西班牙工业生产总值同比增长48%，创西班牙历史最高增幅[①]。

在西班牙工业部门中，制造业的地位举足轻重，制造业产值占工业产值的80% 以上[②]。

西班牙制造业极具多样化。依据最新的统计数据，西班牙制造业中，食品制造占工业总产值的比例最高，占 12%；金属制品（机械和设备除外）制造位列第二，占比 9%；机动车辆、挂车和半挂车制造，化学品和化学产品制造并列第三，分别占比 6%；其他非金属矿产品制造占 5%；橡胶和塑料制品制造、机械和设备制造、基本金属制造、饮料，均占 4%[③]。西班牙还生产大量其他产品。

西班牙的制造业以出口为导向，39% 的销售额源于出口[④]。主要出口汽车、钢材、化工产品、皮革制品、纺织品、葡萄酒和橄榄油等。主要贸易伙伴有欧盟、亚洲、拉美和美国[⑤]。西班牙制造业中，出口份额占比最高的是汽车制造，70% 的西班牙汽车用于出口。位列第二、第三、第四的出口部门分别是药品制造（53%）、电器产品制造（52%）出口、冶金制造（49%）出口。[⑥]

西班牙制造业以中小微公司为主导，而大公司贡献的产值比例最大。欧洲统计局（Eurostat）2018 年的统计数据显示，西班牙制造业共有大型企业（250 位及以上雇员）924 家，中型企业（50～249 位雇员）4 591 家，小型企业（10～49 位雇员）23 599 家，微型企业（10 位以下雇员）142 879 家。占制造业所有企业数量 0.53% 的大型企业，却生产出了整个制造业 52.55% 的毛附加价值（GVA）。[⑦]

（二）工业发展战略重点

西班牙当下工业发展的战略重点是汽车制造与可替代能源生产。

① Trading Economics. Spain Industrial Production [EB/OL]. [2022-09-05]. https://tradingeconomics.com/spain/industrial-production.

② 中华人民共和国外交部. 西班牙国家概况 [EB/OL].（2022-06）[2022-09-05]. https://www.fmprc.gov.cn/web/gjhdq_676201/gj_676203/oz_678770/1206_679810/1206x0_679812/.

③ Trading Economics. Spain Industrial Production [EB/OL]. [2022-09-05]. https://tradingeconomics.com/spain/industrial-production.

④ Caixa Bank Research. An overview of Spain's manufacturing industry [EB/OL]. (2021-07-14) [2022-09-05]. https://www.caixabankresearch.com/en/sector-analysis/industry/overview-spains-manufacturing-industry.

⑤ 中华人民共和国外交部. 西班牙国家概况 [EB/OL]. (2022-06) [2022-09-05]. https://www.fmprc.gov.cn/web/gjhdq_676201/gj_676203/oz_678770/1206_679810/1206x0_679812/.

⑥ Caixa Bank Research. An overview of Spain's manufacturing industry [EB/OL]. (2021-07-14) [2022-09-05]. https://www.caixabankresearch.com/en/sector-analysis/industry/overview-spains-manufacturing-industry.

⑦ 同上.

汽车制造业是西班牙的支柱产业，西班牙经济的主要驱动力。西班牙的汽车制造业规模庞大。2021 年西班牙汽车产量位列欧洲第二、全球第八的位置。西班牙的汽车制造业还占据了西班牙 10% 的 GDP。同时西班牙也是欧洲第二大汽车出口国，汽车制造业占据总出口额的 18%。[1] 以 2020 年为例，西班牙共生产汽车 226.8 万辆，对外出口 195.1 万辆。[2] 西班牙有意识进一步发展汽车制造业，同时调整该产业结构，因此西班牙工业、贸易与旅游部（西班牙语：Ministerio de Industria，Comercio y Turismo）于 2019 年出台了《2019—2025 年全面支持汽车行业战略规划》（西班牙语：Plan Estratégico de Apoyo Integral al Sector de Automoción 2019—2025）。该政策围绕五大维度展开，其中第五大维度与工程教育相关，即加强公司与大学间的双元职业培训，提高有关工业部门特别是汽车部门需求的信息传播，促进公私合作开发 STEM 学科培训项目，将培训和实习或在公司工作相结合，特别专注于与数字化和生态转型相关的子学科上。[3]

西班牙的工业生产和人民生活严重依赖化石燃料，但是该国又非常缺乏能源，不得不从外部市场采购大部分化石燃料。能源缺乏已成为西班牙经济增长的主要障碍。为此，西班牙大力发展可替代能源，以解决燃料危机。欧洲议会和理事会于 2014 年 10 月 22 日发布 2014/94/EU 指令，要求每个成员国建立国家行动框架，开发用于运输部门的可替代能源市场。西班牙政府借此契机，建立了《交通可替代能源国家行动框架》（西班牙语：Marco de Acción Nacional de energías outerhatives enel tnamspote）。该框架分析了天然气、电能、液化石油气、氢气、生物燃料这五种可替代能源在海陆空三大运输部门的使用目标，以及国家和地方策略。[4]

作为重点发展的汽车制造业，第一时间响应《交通可替代能源国家行动框架》号召，建立了与之相对应的《西班牙可替代能源（VEA）汽车推广战略（2014—2020)》（西班牙语：Estrategia de Impulso del Vehículo con Energías Alternativas (VEA) en España (2014—2020)）。该战略从工业化、市场和基础设施这三条行动

---

① Invest in Spain. Automotive [EB/OL]. [2022-09-06]. https://www.investinspain.org/en/industries/automotive-mobility.

② 中华人民共和国外交部. 西班牙国家概况 [EB/OL].（2022-06）[2022-09-05]. https://www.fmprc.gov.cn/web/gjhdq_676201/gj_676203/oz_678770/1206_679810/1206x0_679812/.

③ Ministerio de Industria, Comercio y Turismo. Plan Estratégico de Apoyo Integral al Sector de Automoción 2019—2025 [R]. 2019.

④ Government of Spain. National Action Framework for Alternative Energy in Transport—Market Development and Deployment of Alternative Fuels Infrastructure [R]. 2016.

路线出发，提出了 30 条有关将五种可替代能源运用于汽车工业的措施。[①]

二、工程教育现状

西班牙工程教育规模不小，并在不断扩大。大学是西班牙高等工程教育的唯一载体。公立大学和私立大学都提供工程教育，以公立大学为主。西班牙共有 4 所理工大学，主要提供工程教育，并形成了西班牙理工大学联盟（西班牙语：ALianza de universidades te cnoLógicas，UP4）。西班牙工程教育的发展重点在于本科层次。性别不均衡是目前西班牙工程教育主要面临的问题。

（一）西班牙高等教育资格框架（MECES）

博洛尼亚进程之后，为了促进国内参与欧洲高等教育一体化，西班牙于 2011 年颁布了第 1027/2011 号皇家法令（BOE-A-2011-13317），对标欧洲资格框架（EQF）以及欧洲高等教育区资格框架（QF-EHEA），建立了西班牙高等教育资格框架（西班牙语：Marco Español de Cualificaciones Para la Educación Superior，MECES），进而整合西班牙高等教育阶段的学历资质，详见表 4–1。西班牙高等教育资格框架（MECES）分为 4 个级别（MECES 1 级至 MECES 4 级），从低到高分别为高级技师（西班牙语：Técnico Superior）（MECES 1 级）、学士学位（西班牙语：Grado）（MECES 2 级）、硕士学位（西班牙语：Máster）（MECES 3 级）、博士学位（Doctor）（MECES 4 级）。

表 4–1　西班牙高等教育资格框架（MECES）以及对应欧洲资格框架

西班牙高等教育资格框架 （MECES）		对应欧洲资格框架 （EQF）	对应欧洲高等教育区资格框架（QF-EHEA）
MECES 1 级	高级技师 （Técnico Superior）	EQF 5 级	短阶段
MECES 2 级	学士学位 （Grado）	EQF 6 级	第一阶段
MECES 3 级	硕士学位 （Máster）	EQF 7 级	第二阶段
MECES 4 级	博士学位 （Doctor）	EQF 8 级	第三阶段

---

① Ministerio de Industria, Comercio y Turismo. Estrategia de Impulso del vehículo con energías alternativas (VEA) en España (2014—2020) [R]. 2015.

西班牙高等教育资格框架（MECES）对各个级别的学历资质进行了定位。在 MECES 1 级，学生将接受专门培训，达到相关职业的合格表现。MECES 2 级旨在让学生获得一个或多个学科的总体培训，为从事相关职业做准备。MECES 3 级面向学术或职业，使得学生接受专业化或多学科的高级培训，或开启学生的学术生涯。MECES 4 级旨在对学生进行研究技能方面的高级培训。西班牙高等教育资格框架（MECES）对于各级学历资质的学习成果也做了明确要求。

（二）提供工程教育的高校[①]

西班牙提供高等工程教育的载体为大学。西班牙目前共有 84 所大学，包括 50 所公立大学和 34 所私立大学。在这 84 所大学中，仅有几所为非面授大学。马德里（Madrid）、巴塞罗那（Barcelona）和瓦伦西亚（Valencia）是这些大学的主要聚集地。这些大学提供工科专业的学士学位（Grado）（MECES 2 级）、工学专业的硕士学位（Máster）（MECES 3 级）以及工学专业的博士学位（Doctorado）（MECES 4 级），但并不培养与工程相关的高级技师（西班牙语：Técnico Superior）（MECES 1 级）。

西班牙的工程教育主要由公立大学提供，私立大学予以补充。根据西班牙大学部（西班牙语：Ministerio de Universidades）最新发布的数据显示，2021—2022 学年，西班牙公立大学各学历层次工程与建筑设计（西班牙语：Ingenieríay Arquitectura）专业的在读学生数共计 261 139 人，而私立大学工程与建筑设计专业的在读学生仅为 40 435 人，西班牙公立大学各学历层次工程与建筑设计专业在读学生比私立大学多约 5.5 倍。在博士（Doctorado）层次上，西班牙公立大学的工程与建筑设计专业在读学生数为 14 851 人，而私立大学仅为 830 人，人数比例差距甚大，有近 17 倍之多。公立与私立大学学士学位（Grado）工程与建筑设计专业的在读学生数差距也很大，相差 7 倍多。差距最小的是硕士学位（Máster）工程与建筑设计专业的在读学生数，公立大学仅比私立大学多约 1.6 倍。具体数据详见图 4–1。

---

① 西班牙于 2007 年颁布的第 1393/2007 号皇家法令（BOE-A-2007-18770），规定了按知识划分的五大学科门类。其中之一的工程与建筑设计（Ingeniería y Arquitectura）学科门类作为本节西班牙工程教育的统计口径。

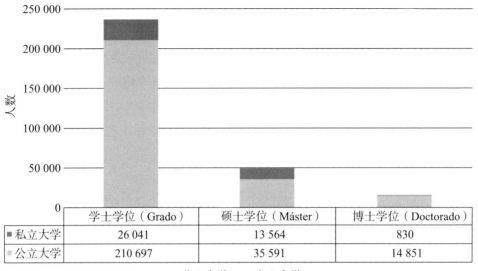

	学士学位（Grado）	硕士学位（Máster）	博士学位（Doctorado）
■私立大学	26 041	13 564	830
■公立大学	210 697	35 591	14 851

■公立大学　■私立大学

图 4-1　2021—2022 学年，西班牙各类大学各学历层次工程与建筑设计专业在读学生数

数据来源：

① EDUCA base. Estudiantes matriculados en Grado y Ciclo [EB/OL]. [2022-09-17]. http://estadisticas.mecd.gob.es/EducaDynPx/educabase/index.htm?type=pcaxis&path=/Universitaria/Alumnado/EEU_2022/GradoCiclo/Matriculados/&file=pcaxis&l=s0.

② EDUCA base. Estudiantes matriculados en Máster [EB/OL]. [2022-09-17]. http://estadisticas.mecd.gob.es/EducaDynPx/educabase/index.htm?type=pcaxis&path=/Universitaria/Alumnado/EEU_2022/Master/Matriculados/&file=pcaxis&l=s0.

③ EDUCA base. Estudiantes matriculados en Doctorado [EB/OL]. [2022-09-17]. http://estadisticas.mecd.gob.es/EducaDynPx/educabase/index.htm?type=pcaxis&path=/Universitaria/Alumnado/EEU_2022/Doctorado/Matriculados/&file=pcaxis&l=s0.

　　西班牙目前共有 4 所理工大学（西班牙语：Universidad Politécnica），都是公立大学，分别是瓦伦西亚理工大学（UPV），加泰罗尼亚理工大学（UPC），马德里理工大学（UPM），以及卡塔赫纳理工大学（Universidad Politécnica de Cartagena，UPCT）。这 4 所学校的历史悠久，但是成为理工大学的时间却不太长。前 3 所成立于 1971 年，是西班牙第一批成立的理工大学。卡塔赫纳理工大学（UPCT）成立于 1998 年。这 4 所理工大学构建了西班牙理工大学联盟（UP4），旨在促进这 4 所大学在教学、科研、知识转移与创新方面的合作。这 4 所大学主要提供工程教育。其 90% 的本科生攻读工程与建筑设计专业，占西班牙所有该事业在读本科生的三分之一；其四分之三的研究生选择工程与建筑设计专业，占西班牙所有工程与建筑设计在读研究生的 38%。同时，这 4 所大学的工程人才培养质量非常高。在毕业的 4 年后，其 62% 的工程与建筑设计专业毕业生拥有永久工作合同，91% 的毕业生获得了全日制的工作合同。

西班牙各学历层次工程与建筑设计专业的毕业生数最多的 3 所高校，分别是马德里理工大学（UPM），加泰罗尼亚理工大学（UPC），瓦伦西亚理工大学（UPV）。如图 4–2 所示，2020—2021 学年，马德里理工大学（UPM）在学士（Grado）、硕士（Máster）、博士（Doctorado）层次的工程与建筑设计专业的毕业生数，都位列西班牙所有高校的第一；加泰罗尼亚理工大学（UPC）在这三个学历层次上都位列第二；瓦伦西亚理工大学（UPV）则位列第三。

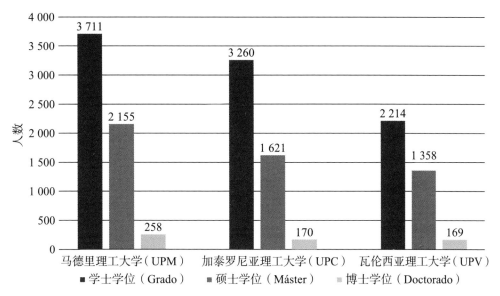

图 4–2　2020—2021 学年，西班牙各学历层次工程与建筑设计专业毕业生数最多的 3 所高校

数据来源：
① EDUCA base. Estudiantes egresados en Grado y Ciclo [EB/OL]. [2022-09-17]. http://estadisticas.mecd.gob.es/EducaDynPx/educabase/index.htm?type=pcaxis&path=/Universitaria/Alumnado/EEU_2022/GradoCiclo/Egresados/&file=pcaxis&l=s0.
② EDUCA base. Estudiantes egresados en Máster [EB/OL]. [2022-09-17]. http://estadisticas.mecd.gob.es/EducaDynPx/educabase/index.htm?type=pcaxis&path=/Universitaria/Alumnado/EEU_2022/Master/Egresados/&file=pcaxis&l=s0.
③ EDUCA base. Estudiantes egresados en Doctorado [EB/OL]. [2022-09-17]. http://estadisticas.mecd.gob.es/EducaDynPx/educabase/index.htm?type=pcaxis&path=/Universitaria/Alumnado/EEU_2022/Doctorado/Egresados/&file=pcaxis&l=s0.

（三）工程教育的规模与特征

西班牙工程教育总体规模不小，但相较于西班牙其他学科，学生对接受工程教育的热情并不高。依据西班牙于 2007 年颁布的第 1393/2007 号皇家法令（BOE-A-2007-18770）规定的按知识划分的五大学科门类，工程与建筑设计（西班牙语：Ingeniería y Arquitectura）学科门类的在读学生数，在2015—2016学年位列西班牙大学五大学科门类的第二（272 229人）；之后每年都位列第三（2016—2017学年，278 880人；2017—2018学年，282 728人；2018—2019学年，285 123人；2019—2020学年，288 001人；2020—2021学年，295 831人；2021—2022学年，301 574人），与位列第二的医疗卫生科学（西班牙语：Ciencias de la Salud）学科在读学生数几乎齐平，但远少于位列第一的社会学与法学（西班牙语：Ciencias Sociales y Jurídicas）学科在读学生，详见图4-3。

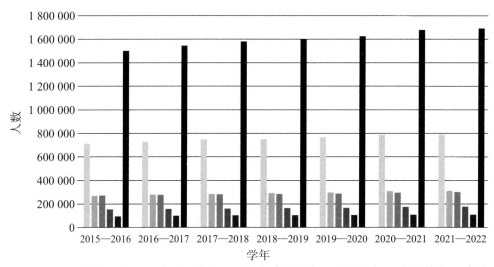

图4-3　西班牙大学5大学科门类在读学生数

数据来源：

① EDUCA base. Estudiantes matriculados en Grado y Ciclo [EB/OL]. [2022-09-17]. http://estadisticas.mecd.gob.es/EducaDynPx/educabase/index.htm?type=pcaxis&path=//Universitaria/Alumnado/EEU_2022/GradoCiclo/Matriculados/&file=pcaxis&l=s0.

② EDUCA base. Estudiantes matriculados en Máster [EB/OL]. [2022-09-17]. http://estadisticas.mecd.gob.es/EducaDynPx/educabase/index.htm?type=pcaxis&path=//Universitaria/Alumnado/EEU_2022/Master/Matriculados/&file=pcaxis&l=s0.

③ EDUCA base. Estudiantes matriculados en Doctorado [EB/OL]. [2022-09-17]. http://estadisticas.mecd.gob.es/EducaDynPx/educabase/index.htm?type=pcaxis&path=//Universitaria/Alumnado/EEU_2022/Doctorado/Matriculados/&file=pcaxis&l=s0.

西班牙工程教育规模正在不断扩大，但发展慢于西班牙高等教育的总体规模扩张速率。如图4-3所示，虽然工程与建筑设计专业的在读学生数正在稳步上升，但是该专业在读学生数占西班牙大学在读学生总数的比值却在不断缩小

（2015—2016 学年，占 18.12%；2016—2017 学年，占 18.04%；2017—2018 学年，占 17.88%；2018—2019 学年，占 17.83%；2019—2020 学年，占 17.71%；2020—2021 学年，占 17.62%），直到 2021—2022 学年，才有所提升（占 17.83%）。

西班牙工程教育性别不均衡，更多的男性接受工程教育。如图 4-4 所示，近几年，就读于西班牙工程与建筑设计专业的男生的比例为 72.75%~74.73%。在各个学历层次工程与建筑设计专业，也呈现出在读男生数远大于在读女生数的情况。随着工程教育规模的不断扩张，男生和女生的数量都有所增加，但女生数量的增幅高于男生，这使得男生与女生比例正在不断缩小，从 2015—2016 学年的 2.96∶1（男生 203 447 人，女生 68 782 人），缩小至 2021—2022 学年的 2.67∶1（男生 219 402 人，女生 82 172 人）。

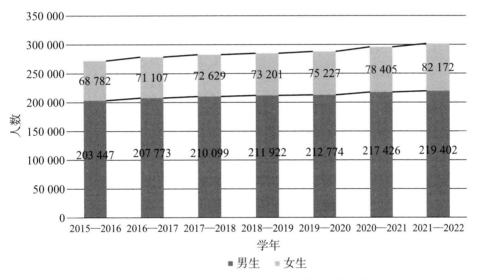

图 4-4　西班牙工程与建筑设计专业各性别在读学生数及比例变化

数据来源：

① EDUCA base. Estudiantes matriculados en Grado y Ciclo [EB/OL]. [2022-09-17]. http://estadisticas.mecd.gob.es/EducaDynPx/educabase/index.htm?type=pcaxis&path=/Universitaria/Alumnado/EEU_2022/GradoCiclo/Matriculados/&file=pcaxis&l=s0.

② EDUCA base. Estudiantes matriculados en Máster [EB/OL]. [2022-09-17]. http://estadisticas.mecd.gob.es/EducaDynPx/educabase/index.htm?type=pcaxis&path=/Universitaria/Alumnado/EEU_2022/Master/Matriculados/&file=pcaxis&l=s0.

③ EDUCA base. Estudiantes matriculados en Doctorado [EB/OL]. [2022-09-17]. http://estadisticas.mecd.gob.es/EducaDynPx/educabase/index.htm?type=pcaxis&path=/Universitaria/Alumnado/EEU_2022/Doctorado/Matriculados/&file=pcaxis&l=s0.

西班牙工程教育着重本科层次人才培养，研究生人才的比例小。如图 4-5 所示，一直以来，本科层次的工程与建筑设计专业的在读学生数远高于研究生层次。但是近几年，由于西班牙研究生层次工程与建筑设计专业的在读学生数大幅增加，本科和研究生层次工程与建筑设计专业的在读学生数差距正在不断减小，已经从 2015—2016 学年的约 5.84 倍，下降至 2021—2022 学年的约 3.65 倍。

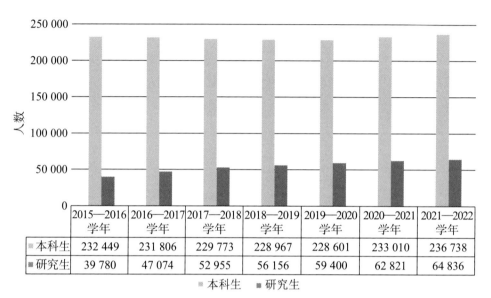

图 4-5　西班牙本科和研究生层次工程与建筑设计专业在读学生数

数据来源：
① EDUCA base. Estudiantes matriculados en Grado y Ciclo [EB/OL]. [2022-09-17]. http://estadisticas.mecd.gob.es/EducaDynPx/educabase/index.htm?type=pcaxis&path=/Universitaria/Alumnado/EEU_2022/GradoCiclo/Matriculados/&file=pcaxis&l=s0.
② EDUCA base. Estudiantes matriculados en Máster [EB/OL]. [2022-09-17]. http://estadisticas.mecd.gob.es/EducaDynPx/educabase/index.htm?type=pcaxis&path=/Universitaria/Alumnado/EEU_2022/Master/Matriculados/&file=pcaxis&l=s0.
③ EDUCA base. Estudiantes matriculados en Doctorado [EB/OL]. [2022-09-17]. http://estadisticas.mecd.gob.es/EducaDynPx/educabase/index.htm?type=pcaxis&path=/Universitaria/Alumnado/EEU_2022/Doctorado/Matriculados/&file=pcaxis&l=s0.

西班牙的本科层次工程教育中最为热门的是机械工程专业，而硕士层次则以工业技术工程专业最为热门。2020—2021 学年，在学士学位（Grado）层次上，工科在读学生数最多（21 539 人）和毕业生数最多（3 128 人）的专业都是机械工程专业；建筑设计专业在读人数（17 140 人）位列第二，毕业生数（2 233 人）位列第三；工业技术工程专业毕业生数（2 693 人）位列第二，在读学生数（16 970）位列第三。在同一学年，硕士学位（Máster）层次上，工学在读学生数最多（8 968 人）和毕业生数最多（2 704 人）的专业都是工业技术工程专业；工学在读学生数（2 968 人）和毕业生数（1 607 人）位列第二的专业都是建筑设计专业；工学在读学生数位列第三（2 611 人）的专业是土木工程，而电力工程专业的毕业生数（862 人）位列第三。

小结

作为世界一流的工业国，西班牙的工业化程度高，工业体系完善，拥有完整的工业生产链。作为西班牙第二产业，工业对西班牙经济具有支配地位。但是西班牙经济近年遭受多轮重大冲击，工业发展遇到重大阻力。通过西班牙政府不懈努力，从 2021 年起，西班牙工业逐渐复苏。制造业是西班牙工业生产的主要部门，生产多样化且以出口为主。汽车制造与可替代能源生产是目前西班牙工业发展的战略重点。西班牙工业、贸易与旅游部于 2019 年出台政策，涉及西班牙工程教育促进汽车制造业产业结构调整。

西班牙工程教育规模不小，并在不断扩大。西班牙高等工程教育的唯一载体是大学。西班牙目前共有 84 所大学，包括 50 所公立大学和 34 所私立大学。公立大学和私立大学都提供工程教育，以公立大学为主。西班牙为促进欧洲高等教育一体化，于 2011 年建立了西班牙高等教育资格框架（MECES）。西班牙大学提供工科专业的学士学位（Grado）（MECES 2 级）、硕士学位（Máster）（MECES 3 级）以及博士学位（Doctorado）（MECES 4 级）。西班牙目前共有 4 所理工大学，以工程教育为特色，并形成了西班牙理工大学联盟（UP4）。这 4 所理工大学是西班牙工程教育的"主力军"，占据西班牙所有工程与建筑设计专业在读本科生的三分之一，在读研究生的 38%。西班牙工程教育的发展重点在于本科层次。西班牙的本科层次工程教育中最热门的是机械工程专业，而工业技术工程专业是硕士层次工程教育最为热门的专业。西班牙工程教育主要面临的问题是性别不均衡，更多的男性接受工程教育。

工业生产能源的缺乏与工业 4.0 数字化转型浪潮的来袭，使得西班牙作为世界老牌工业国的地位岌岌可危。西班牙虽然具有完成的工业产业链，但是一直以来工业生产和人民生活严重依赖化石燃料，且非常缺乏能源。从外国大量进口化石燃料并不能从根本上解决能源缺乏这一工业生产顽疾。2022 年俄乌战争引发的欧洲能源危机，使西班牙工业能源缺乏这一问题再次被提到了历史新高度。西班牙在本国开发可替代能源才是解决该问题的正确对策。西班牙政府已经意识到了这一点，开始发布相关战略，大规模发展天然气、电能、液化石油气、氢气、生物燃料这五种可替代能源。但可替代能源目前尚处于起步阶段，是否能够真正解决西班牙工业生产的能源问题，还有待时间来考证。另外，西班牙并未在工业4.0大变革中拔得头筹，工业数字化转型有所动作，但是尚未全面展开。工业数字化转型也许是西班牙工业能源危机的另一大解决对策。工业4.0浪潮很可能使全球工业格局重组，西班牙是否能够保住其工业强国的地位，将完全依赖其工业数字化转型的程度与速度。目前西班牙工程教育对于解决西班牙工业能源危机以及应对工业数字化转型有所贡献，但是西班牙政府还未完全意识到大力发展工程教育，将工程教育与工业发展充分融合，才是解决以上两大问题最重要的突破口。西班牙工程教育的发展趋势与走向将成为西班牙工业改革的重要风向标。

西班牙在博洛尼亚进程之后，改变了以往的高等教育学历学位结构，建立了西班牙高等教育资格框架（MECES）。这种对标欧洲资格框架（EQF）以及欧洲高等教育区资格框架（QF-EHEA）的行为，有效促进了欧洲高等教育一体化。但是将以往的学历学位结构彻底颠覆，泯灭了西班牙工程教育特色。因为历史上，西班牙工程教育以及各级各类工程师的培养都具有鲜明的西班牙国家特色，也是世界上工程教育的典范。西班牙政府需要思考如何在运用西班牙高等教育资格框架（MECES）的基础上，继续明确培养各级各类具有西班牙特色的工程师。另外，工业一直是西班牙第二产业，但是西班牙工程教育规模却仅位居于五大学科门类的第三。工程教育发展与工业生产规模不符。西班牙工程教育的规模还需要继续扩大，与西班牙工业形成呼应，这样才能不断促进西班牙工业发展。西班牙工程教育的另一个大问题是理工大学特色不足。虽然西班牙建立了4所理工大学，这4所理工大学主要提供工程教育，但是它们提供的工程教育与西班牙其他大学并无太大的差异，并未形成独有的工程教育特色，使得这4所理工大学在西班牙工程教育中的定位不够明晰。西班牙应借鉴他国经验，对西班牙大学与理工大学在工程教育方面进行重新定位，形成两者不同级别但是相关的特殊定位。在此基础上，西班牙应继续建立更多理工大学，扩展工程教育规模，使工程教育成为工业发展的最重要支撑。

工程教育与人才培养

一、本科层次工程人才培养

西班牙本科层次的工程人才培养指的是培养出获得工科专业学士学位（Grado）（MECES 2 级）的人才。

（一）本科层次工科专业入学要求

西班牙应届高中毕业生主要通过西班牙高考进入西班牙大学学士学位（Grado）工科专业学习。西班牙高考的正式名称为大学入学测试（西班牙语：Prueba de Acceso a la Universidad，PAU），又称西班牙大学入学评估（西班牙语：Evaluación para el Acceso a la Universidad，EvAU），也称对进入大学的高中生的评估测试（西班牙语：La evaluación de bachillerato para el acceso a la universidad，EBAU）。西班牙大学入学测试（PAU）分为必选的统考（西班牙语：Fase General）（满分为 10 分）以及可选的加试（Pruebas de Competencias Específicas，PCE，简称 Fase Específica）（满分为 4 分）这两个部分。统考主要用于评估学生的基础学科知识水平，包含四门科目，分别是西班牙语言及文学、西班牙历史、外语（英语、法语、意大利、德语任选其一）这三门公共科目，以及一门自选科目。申请西班牙大学学士学位（Grado）工科专业的毕业生一般选择数学二（西班牙语：Matemáticas Ⅱ）作为自选科目。高中应届毕业生在统考中获得 5 分以上，即视为及格，通过统考，便能申请到西班牙大学的学士学位（Grado）专业。根据西班牙大学部最新发布的数据显示，2020 年西班牙大学入学测试（PAU）统考的通过率为 89.4%。加试（PCE）并非必须参加，高中毕业生参加加试（PCE）主要是为了提升西班牙大学入学测试（PAU）的总分。参加加试（PCE）的考生，可从 27 门科目中选择 1～4 门科目进行考试。申请西班牙大学学士学位（Grado）工科专业的毕业生一般从生物、地质、化学、物理、技术绘图这 5 门科目中做出选择。最后取成绩最高的两门分数进行加权，最高加 4 分。每所大学都有各自的加分系数表。西班牙大学学士学位（Grado）专业的入学成绩（西班牙语：La Nota de Admisión）不完全取决于大学入学测试（PAU），大学入学测试（PAU）的统考成绩只占 40%，高中学业平均成绩占 60%，还需加上大学入学测试（PAU）

的加试（PCE）的分数加权。具体计算公式如下：

大学学士学位（Grado）专业的录取成绩 =0.4×PAU 统考成绩 +0.6× 高中平均成绩 + 加分系数 ×PAC 成绩

西班牙面授公立大学的学士学位（Grado）工科专业的大学入学测试（PAU）平均录取分数线，常年低于所有其他学科。2020—2021 学年，工程、工业和建筑专业的平均录取分数线仅为 6.36 分，其中工程专业为 6.86 分，建筑设计与建筑专业为 5.86 分，与平均录取分数线最高的健康与社会服务专业（10.26 分）相距甚远。而这些大学的学士学位（Grado）工科专业录取新生的大学入学测试（PAU）实际平均分数，处于所有学科的中等偏低水平。2020—2021 学年，工程专业新生的录取平均分为 9.73 分，建筑设计与建筑专业为 9.1 分；而平均录取分数最高的专业是医学，高达 13.07 分。

西班牙大学学士学位（Grado）工科专业入学要求包容性强，除了允许通过大学入学测试（PAU）的应届高中毕业生入学外，以下五种情况也满足入学要求：年龄超过 25 周岁，通过 25 周岁大学入学测试（PAU）；年龄超过 45 周岁，通过 45 周岁大学入学测试（PAU）；年龄超过 40 周岁，拥有工作经验，已完成职业培训的一个周期；承认相应学历；外国学分转换。

（二）本科层次工程人才培养方式及过程

西班牙高等工程教育的第一阶段可以选择本科学习，主要学习工科的基础教育，总共需学习 4 年时间，修满 240 个 ECTS 学分。学分的获取需要通过学习课程、参与学术研讨会、撰写毕业论文、实习和参与其他相关培训活动。

学习的课程，按课程类型来划分，包括基础培训课程、必修课程和选修课程；按课程内容来划分，包括通识课程和专业课程。除了毕业论文外，每门课程 4.5～7.5 个 ECTS 学分不等。每一学分包括 25～30 小时的学习量。其中，基础培训课程应当至少占专业总学分的 25%，专业课程又需要占到课程部分的 60% 及以上。西班牙学士学位（Grado）工科专业学习循序渐进。第一年主要学习基础培训课程；第二年的学习则将重心转为必修课程，同时也学习部分基础培训课程。第三至第四年则不再学习基础培训课程。在《可持续发展的工程教育巴塞罗那宣言》的指引下，环境与可持续发展已经充分整合为西班牙大学工科专业学习的重要内容，被称为工程课程绿化（CG）。西班牙大学纷纷将可持续发展作为学士学位（Grado）工科专业的必修或选修课程开设。大多数课程为西班牙语教学。少部分为英语教学、加泰罗尼亚语教学或西班牙语和英语双语教学，以培养工程人才的全球胜任力。

实习分为校外实习和课程实习。实习的学分应当不超过专业总学分的 25%。大多数学士学位（Grado）工科专业包含校外实习。校外实习分为必修和选修两种课程来计算学分。绝大多数是校外实习。校外实习一般为有偿实习，学生按照实习时间获得报酬。有些不包含校外实习的工科专业提供课程实习，即课内实践。课程实习不提供给学生报酬。

与我国类似，毕业论文是学生获得工科专业学士学位（Grado）的必要条件，占 6～30 个 ECTS 学分。其他相关培训活动包括文化体育、学生组织等学生活动，该部分至少占 6 个 ECTS 学分。

西班牙本科层次工科专业一般都拥有国际交流机会。西班牙各所大学的官方网站也都明确显示了每个学士学位（Grado）工科专业毕业生的职业定位。

（三）本科层次工科专业在读学生情况

西班牙大学工科学士学位（Grado）第一年的退学率高，每年都达 25% 左右，在所有学科中，仅低于艺术与人文学科的学士学位（Grado）。西班牙大学部最新发布的数据显示，西班牙大学入学测试（PAU）成绩越低，学士学位（Grado）第一年的退学率越高（见图 4-6）。而奖学金则有效降低了工科学士学位（Grado）学生第一年的退学率，使得更多的学生能够留在大学攻读工科学士学位（Grado）。以 2017—2018 学年为例，只有 21.7% 的获得奖学金资助的工科学士学位（Grado）学生在第一年退学；而有 26.2% 未获得奖学金的工科学士学位（Grado）在读学生在第一年退学。

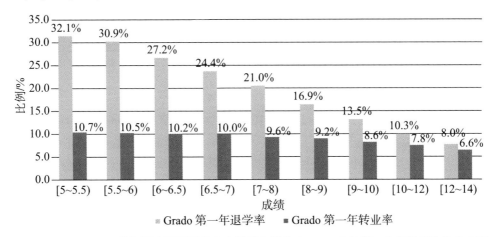

图 4-6　**2017—2018 学年西班牙面授公立大学学士学位（Grado）的第一年退学率和转专业率（按大学入学测试（PAU）的不同成绩排列）**

资料来源：Ministerio de Universidades. Datos y cifras del sistema universitario Español: Publicación 2021—2022 [R]. Madrid: Ministerio de Universidades, 2022.

同样地，西班牙大学工科学士学位（Grado）第一年的转专业率也很高，2016—2017 学年以及 2017—2018 学年，仅低于自然科学的学士学位（Grado）；2015—2016 学年，甚至是所有学科第一年转专业率最高的学科。奖学金虽然能够降低工科学士学位（Grado）学生第一年的退学率，但并未改变工科学士学位（Grado）学生第一年的转专业率。以 2017—2018 学年为例，获得奖学金资助的工科学士学位（Grado）学生在第一年的转专业率与未受奖学金资助的工科学士学位（Grado）学生在第一年的转专业率相同，都是 11.1%。

在西班牙大学各个学科学士学位（Grado）的平均学习成绩中，工科学生的平均学习成绩最低。背后的原因可能是工科课程难度大，或是生源质量问题。西班牙大学的课程最高分为 10 分。如图 4-7 所示，工程与建筑设计学科的学士学位（Grado）的平均分仅为 6.86 分。如图 4-8 所示，工程与建筑设计学科的学士学位（Grado）的平均学习成绩主要集中在 6~7 分，占该学科所有学生的59.5%；且该学科高分（8~10 分）的学生数也是所有学科中最少的，仅占该学科所有学生的 7.4%。

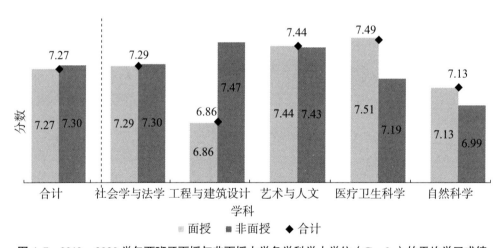

图 4-7 2019—2020 学年西班牙面授与非面授大学各学科学士学位（Grado）的平均学习成绩

资料来源：Ministerio de Universidades. Datos y cifras del sistema universitario Español: Publicación 2021—2022 [R]. Madrid: Ministerio de Universidades, 2022.

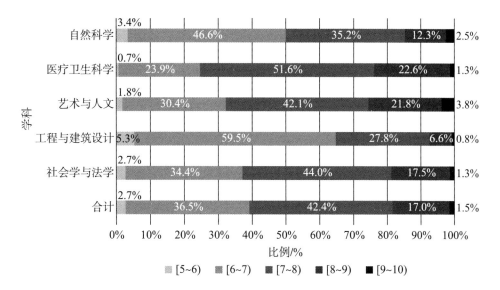

图 4–8　2019—2020 学年西班牙大学各学科学士学位（Grado）的平均学习成绩分布

资料来源：Ministerio de Universidades. Datos y cifras del sistema universitario Español: Publicación 2021—2022 [R]. Madrid: Ministerio de Universidades, 2022.

（四）本科层次工科专业毕业生情况

西班牙大学学士学位（Grado）工科毕业生数量在 10 年间（2009/2012—2019/2020 学年）大幅下降，下降比例达到 7.44%。如图 4–9 所示，从 10 年前在所有学科毕业生数量中位列第二（22.5%），跌落至 10 年后的第三（15.06%）。

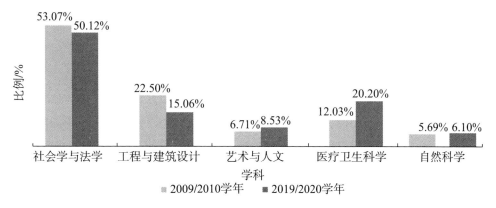

图 4–9　2009/2010 学年以及 2019/2020 学年西班牙大学各学科学士学位（Grado）的毕业生比例

资料来源：Ministerio de Universidades. Datos y cifras del sistema universitario Español: Publicación 2021—2022 [R]. Madrid: Ministerio de Universidades, 2022.

西班牙大学学士学位（Grado）工科按时毕业率在所有学科中最低，且平均

毕业时间在所有学科中最长。以 2015—2016 学年为例，西班牙大学学士学位
（Grado）工科按时毕业率仅为 32.9%，远低于按时毕业率第一的医疗卫生科学
（70.3%），距离五大学科中按时毕业率第四的艺术与人文学科（47.1%）也存在
较大差距。以 2019—2020 学年 4 年制的学士学位（Grado）为例，西班牙大学
学士学位（Grado）工科平均毕业时间最长，达到 5.5 年，而所有学科学士学位
（Grado）工科平均毕业时间仅为 4.9 年，差距明显。

二、硕士层次工程人才培养

西班牙硕士层次的工程人才培养指的是培养出获得工学专业硕士学位
（Máster）（MECES 3 级）的人才。依据学位证书颁发主体不同，西班牙硕士学位
可以分为两类，官方硕士学位（西班牙语：Máster Oficial 或 Máster Universitario），
以及校方硕士学位（西班牙语：Máster Propio 或 Título Propio）。

西班牙官方硕士学位由西班牙教育与职业培训部（西班牙语：Ministerio de
Educación y Formación Profesional）设立，其教学活动以及教学设施都由国家出
资。开设官方硕士学位需要经过西班牙政府的审核与备案。官方硕士学位证书由
西班牙教育与职业培训部颁发，学位证书上都含有西班牙国王的电子签名以及西
班牙教育与职业培训部授予的统一的学位证书编码，主要为培养研究人员。西班
牙国内以及国际上认可西班牙官方硕士学位。西班牙官方硕士学位是研究型硕
士。授课老师均为该校某一领域的资深学者或教授，授课内容以理论为主，侧重
学术研究，为博士研究做准备。完成官方硕士后，可以申请攻读博士学位。

西班牙校方硕士学位专业由大学自行投资设立，学生的学费用来支付授课教
师的薪酬以及教学场地的使用费，因此校方硕士学位专业的学费一般高于官方硕
士学位。大学可任意开设校方硕士学位专业，无须西班牙政府的审核与备案。西
班牙校方硕士学位证书由所在大学自主颁发，学位证书上包含该校校长的电子签
名。校方硕士学位证书仅限于西班牙使用，国际上并不认可该类证书。西班牙校
方硕士学位是授课型硕士，以培养实践型人才。开设校方硕士学位的专业主要由
就业市场决定，每年课程的设置依据就业市场及社会需求所定，变化较快。授课
老师一般为拥有丰富经验的企业高管，授课以实践内容为主，注重培养学生的就
业能力。完成校方硕士后，不可申请博士学位。校方硕士学位在西班牙深受企业
认可。

本节主要介绍西班牙官方硕士学位工学专业人才培养。

（一）硕士层次工程人才培养方式及过程

官方硕士学位工学专业要求申请者拥有工学或相关专业的本科学位或者同等学历，根据申请人之前学历的学习成绩，择优录取。

西班牙高等工程教育官方硕士阶段的学习包含 60～120 个 ECTS 学分，每学年 60 个 ECTS 学分，需要学习 1～2 年的时间（通常为一年时间）。相较于本科层次工科专业，官方硕士学位工学专业的学习内容更具专业化。学分的获取需要通过学习课程、参与讲座、参与学术研讨会、撰写毕业论文等。

学习的课程包括必修课程和选修课程。除了毕业论文外，每门课程 3～7.5 个 ECTS 学分。每一学分包括 25～30 小时的学习量。选修课比例大，不少专业要求修满和必修课相同数量的学分，有些专业甚至要求修的选修课学分要高于必修课。环境与可持续发展也同样整合入西班牙大学官方硕士学位工学专业学习，成为学习的重要内容。西班牙大学纷纷将可持续发展作为官方硕士学位工学专业的必修或选修课程开设。大多数课程为西班牙语教学。少部分为英语教学、加泰罗尼亚语教学或西班牙语和英语双语教学，以培养工程人才的全球胜任力。

由于官方硕士学位工学专业学制较短，所以不一定包含实习。实习分为校外实习和课程实习，大多为选修课。校外实习一般为有偿实习，学生按照实习时间获得报酬；而课程实习不提供给学生报酬。

在攻读硕士期间的最后阶段，需要完成 6～30 个 ECTS 学分的毕业论文及答辩工作。

官方硕士学位工学专业由于学制较短，所以一般不包含国际交流机会。西班牙各所大学的官方网站都明确显示了每个官方硕士学位工学专业毕业生的职业定位。

（二）硕士层次工学专业在读学生情况

西班牙大学硕士层次（Máster）工学在读学生的年龄主要集中在 30 岁以内。以 2021—2022 学年为例，西班牙大学硕士层次（Máster）工学的在读学生数量最多的年龄段为 25 岁以内（18 846 人），约占该学科所有在读学生的 38.34%；在读学生数量位列第二的年龄段是 25～30 岁（18 539 人），约占该学科所有在读学生的 37.72%；在读学生年龄段在 31～40 岁，以及 40 岁以上者，分别约占 14.97% 和 8.98%。相较于其他学科硕士层次（Máster）在读学生的年龄比例，西班牙大学硕士层次（Máster）工学在读学生的年龄总体偏小。

西班牙大学硕士学位（Máster）工学第一年的退学率一直较高，每年都达12%～13.5%，在所有学科中，仅低于艺术与人文学科的硕士学位（Máster）。而奖学金则有效降低了硕士学位（Máster）工学学生第一年的退学率。以2017—2018学年为例，只有7.3%的拥有奖学金资助的工学硕士生在第一年退学；而有13.9%未获得奖学金的工学硕士生在第一年退学。

西班牙大学硕士学位（Máster）工学在读学生第一年的转专业率也较高，2015—2016学年以及2017—2018学年，仅低于艺术与人文学科的硕士学位（Máster）的第一年转专业率。奖学金同样有效降低了工学硕士生第一年的转专业率。以2017—2018学年为例，获得奖学金资助的工学硕士生在第一年的转专业率为1.5%，而未受奖学金资助的工学硕士生在第一年的转专业率则达1.8%。

在西班牙大学硕士学位（Máster）工学的平均学习成绩中，工学学生的平均学习成绩最低。如图4-10所示，工程与建筑设计学科的硕士学位（Máster）毕业生的平均分仅为7.94分，且女硕士生的成绩优于男硕士生。如图4-11所示，工程与建筑设计学科的硕士学位（Máster）毕业生的平均学习成绩主要集中在7分至9分，占该学科所有学生的78.5%；且该学科最高分（9分至10分）的学生数也是所有学科中最少的，仅占该学科所有学生的9%。

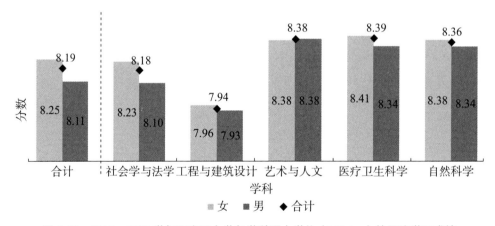

图4-10　2019—2020学年西班牙大学各学科硕士学位（Máster）的平均学习成绩

资料来源：Ministerio de Universidades. Datos y cifras del sistema universitario Español: Publicación 2021—2022 [R]. Madrid: Ministerio de Universidades, 2022.

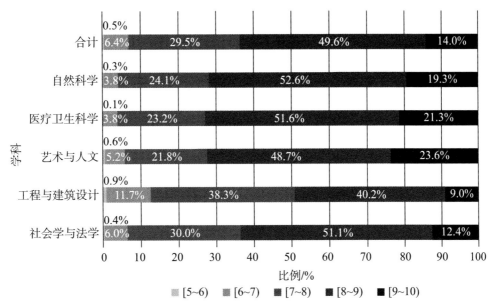

图 4-11　2019—2020 学年西班牙大学各学科硕士学位（Máster）的平均学习成绩分布

资料来源：Ministerio de Universidades. Datos y cifras del sistema universitario Español: Publicación 2021—2022 [R]. Madrid: Ministerio de Universidades, 2022.

（三）硕士层次工学专业毕业生情况

西班牙大学硕士学位（Máster）工学学生的按时毕业率在所有学科中最低，且平均毕业时间在所有学科中最长。以 2018—2019 学年为例，西班牙大学一年制硕士学位（Máster）工学按时毕业率仅为 76.2%，与按时毕业率第一的自然科学（88.6%）有一定差距。以 2019—2020 学年一年制和两年制的硕士学位（Máster）为例，西班牙大学一年制硕士学位（Máster）工学专业平均毕业时间最长，达 1.59 年，而所有学科一年制硕士学位（Máster）工学平均毕业时间仅为 1.37 年，存在一定差距。西班牙大学两年制硕士学位（Máster）工学专业平均毕业时间也最长，达 2.47 年。[①]

三、博士层次工程人才培养

西班牙博士层次的工程人才培养指的是培养出获得工学专业博士学位（Doctorado）（MECES 4 级）的人才。

---

① Ministerio de Universidades. Datos y cifras del sistema universitario Español: Publicación 2021—2022 [R]. Madrid: Ministerio de Universidades, 2022.

（一）博士层次工学专业入学要求

工学专业博士（Doctorado），一般要求申请人拥有学士学位（Grado）以及硕士学位（Máster），且至少修满共 300 个 ECTS 学分，硕士学位（Máster）需包含至少 60 个 ECTS 学分。另外，申请人还需提交个人简历、学士学位（Grado）以及硕士学位（Máster）期间成绩单、博士研究计划、研究成果等。同时，还需有未来导师的同意书。综合以上材料，对申请人择优录取。

（二）博士层次工程人才培养方式及过程

依据西班牙于 2011 年颁布的第 99/2011 号皇家法令（BOE-A-2011-2541）规定，西班牙大学全日制工学博士（Doctorado）研究生阶段的学制为 3 年，可延期 1～2 年；西班牙大学非全日制工学博士（Doctorado）研究生的学制为 5 年，可延期 2～3 年。工学专业博士（Doctorado）研究生以导师负责制为培养方式。学院给每个博士研究生安排一位导师，指导该学生的学习和研究。如果博士研究生从事跨学科研究，或是联合培养，或是国际项目，博士研究生将再被安排一位导师，指导博士研究生的研究。工学博士教育通过要求博士研究生参与讲座、学术研讨会、学术会议，做报告，参与国内或国际研究交流等，培养学生的研究能力，无学分要求，但也不设学分限制。在第一年年底之前在导师的认可下制订研究计划，规定研究方法和预期研究结果。工学博士教育不包含实习。博士研究生完成博士学位论文，通过博士学位论文的答辩之后方可毕业。如果满足 4 大条件，学生可获得工学专业"国际博士"学位。这四大条件分别是：①博士学习阶段，博士研究生在国外知名大学或研究中心从事最少 3 个月的学习或研究；②博士研究生用西班牙语以外的学术通用语言撰写博士学位论文结论或论文正文；③最少两位外国学术机构的专家评论过其博士学位论文；④至少一位拥有博士学位且是非西班牙语的高等教育机构或研究中心的专家，作为该博士研究生论文评委会成员。

（三）博士层次工学专业在读学生情况

西班牙大学博士层次（Doctorado）工学专业在读学生的年龄集中在 25 岁以上。以 2021—2022 学年为例，西班牙大学博士层次（Doctorado）工学专业的在读学生数量最多的年龄段为 25～30 岁（6 417 人），约占该学科所有在读学生的40.92%；在读学生数量位列第二的年龄段是 31～40 岁（4 605 人），约占该学科所有在读学生的 29.37%；在读学生数量位列第三的年龄段是 40 岁以上（3 734人），约占该学科所有在读学生的 23.81%；年龄段在 25 岁以下的在读学生数量最少，仅占 5.90%[①]。

四、特殊工程人才培养

（一）受政府监管的工程师与建筑设计师培养

在西班牙，部分类型工程师与建筑设计师培养受到政府的监管。获得相关学位是从事该职业的必要条件。这些相关学位也受到政府的明确规定，由此确保工程师与建筑设计师培养的高质量。因此，西班牙工程教育呈现出明显的政府主导倾向，大学的培养方案更多的是对政府法令的细化。西班牙第 967/2014 号皇家法令（BOE-A-2014-12098）的附件一规定了 19 种受西班牙政府监管的工程师与建筑设计师类别，分别是：①采矿技术工程师（西班牙语：Ingeniero Técnico de Minas），②公共工程技术工程师（西班牙语：Ingeniero Técnico de Obras Públicas），③航空技术工程师（西班牙语：Ingeniero Técnico Aeronáutico），④农业技术工程师（西班牙语：Ingeniero Técnico Agrícola），⑤林业技术工程师（西班牙语：Ingeniero Técnico Forestal），⑥海军技术工程师（西班牙语：Ingeniero Técnico Naval），⑦工业技术工程师（西班牙语：Ingeniero Técnico Industrial），⑧电信技术工程师（西班牙语：Ingeniero Técnico de Telecomunicación），⑨地形技术工程师（西班牙语：Ingeniero Técnico en Topografía），⑩技术架构师（西班牙语：Arquitecto Técnico），⑪道路、运河和港口工程师（西班牙语：Ingeniero de Caminos，Canales y Puertos），⑫采矿工程师（西班牙语：Ingeniero de Minas），⑬工业工程师（西班牙语：Ingeniero Industrial），⑭航空工程师（西班牙语：Ingeniero Aeronáutico），⑮农业工程师（西班牙语：Ingeniero Agrónomo），⑯林业工程师（西班牙语：Ingeniero de Montes），⑰海军与海洋工程师（西班牙语：Ingeniero Naval y Oceánico），⑱电信工程师（西班牙语：Ingeniero de Telecomunicación）以及 ⑲建筑设计师（西班牙语：Arquitecto）。

其中，前 10 种为技术工程师与技术架构师。这 10 种工程师与技术架构师职业受到了政府的监管，其相应学位的教学计划都在西班牙政府法律上登记在册（BOE-A-2009-1477）。能够从事这 10 种职业的从业者必须拥有相应的学士学位（Grado）。后 9 种则为工程师与建筑设计师。相对于技术工程师与技术架构师，

---

① EDUCA base. Estudiantes matriculados en Doctorado [EB/OL]. [2022-09-17]. http://estadisticas.mecd.gob. es/EducaDynPx/educabase/index.htm?type=pcaxis&path=/Universitaria/Alumnado/EEU_2022/Doctorado/ Matriculados/&file=pcaxis&l=s0.

从事这 9 种工程师与建设设计师职业需要更高更全面的素质，因此这 9 种职业对应的是硕士学位（Máster）。就读这 9 种职业相应的硕士学位（Máster）的前提条件是已经获得了相应的学士学位（Grado）。西班牙政府在 2007—2010 年分别对这 19 种受监管的工程师与建筑设计师职业相应学位的培养方案做出了详细规定，详见表 4–2。包含学生必须从学位学习中获得的各项素质（competences）以及学位专业相应的教学计划（包括学位总学分、课程模块类别、各课程模块相应学分、各课程模块应实现的相应素质），以充分确保工程人才培养质量。这 19 种受监管的工程师与建筑设计师职业相应学位的培养方案又在大学层面被进一步细化和完善。

表 4–2 西班牙部分类型工程师与建筑设计师职业有关学位要求的政府法令

西班牙法令	工程师类型	学 位 要 求
BOE-A-2009-2735	采矿技术工程师	学士学位（Grado）
BOE-A-2009-2736	公共工程技术工程师	学士学位（Grado）
BOE-A-2009-2737	航空技术工程师	学士学位（Grado）
BOE-A-2009-2803	农业技术工程师	学士学位（Grado）
BOE-A-2009-2804	林业技术工程师	学士学位（Grado）
BOE-A-2009-2892	海军技术工程师	学士学位（Grado）
BOE-A-2009-2893	工业技术工程师	学士学位（Grado）
BOE-A-2009-2894	电信技术工程师	学士学位（Grado）
BOE-A-2009-2895	地形技术工程师	学士学位（Grado）
BOE-A-2007-22447	技术架构师	学士学位（Grado）
BOE-A-2009-2738	道路、运河和港口工程师	学士学位（Grado）硕士学位（Máster）
BOE-A-2009-2739	采矿工程师	学士学位（Grado）硕士学位（Máster）
BOE-A-2009-2740	工业工程师	学士学位（Grado）硕士学位（Máster）
BOE-A-2009-2741	航空工程师	学士学位（Grado）硕士学位（Máster）
BOE-A-2009-2805	农业工程师	学士学位（Grado）硕士学位（Máster）
BOE-A-2009-2806	林业工程师	学士学位（Grado）硕士学位（Máster）
BOE-A-2009-2896	海军与海洋工程师	学士学位（Grado）硕士学位（Máster）
BOE-A-2009-2897	电信工程师	学士学位（Grado）硕士学位（Máster）
BOE-A-2010-12269	建筑设计师	学士学位（Grado）硕士学位（Máster）

（二）Erasmus Mundus 硕士联合培养

Erasmus+ 是欧盟支持欧洲教育、培训、青年和体育运动的一揽子计划。最新一轮 Erasmus+ 计划的执行时间是 2021—2027 年。作为 Erasmus+ 的计划之一，Erasmus Mundus 行动下的联合培养硕士项目（Erasmus Mundus Joint Masters，

EMJM），支持由来自全球不同国家的高等教育机构提供高水平综合跨国硕士项目。Erasmus Mundus 联合培养硕士项目（EMJM）作为卓越计划，其特殊性在于参与机构之间的高度联合或整合以及其学术内容的卓越性，这有助于欧洲高等教育区（EHEA）的整合与国际化。

每个 Erasmus Mundus 联合培养硕士（EMJM）工学专业由一个高等教育机构开设，至少与另两个不同国家的两个高等教育机构合作，其中至少两个国家必须是与 Erasmus+ 计划相关的欧盟成员国或第三国。这些高等教育机构往往是该国的知名学府。Erasmus Mundus 联合培养硕士（EMJM）工学专业面向全世界招生。同时为鼓励优秀学生加入这个项目，Erasmus+ 还提供了 Erasmus Mundus 联合培养硕士奖学金（EMJM Scholarships），旨在为优秀学生提供优质学习资源。Erasmus Mundus 联合培养硕士（EMJM）工学专业招收的硕士研究生，必须已获得本科学历或同等学历。学生只需在开设该 Erasmus Mundus 联合培养硕士（EMJM）工学专业的高校注册，无须在合作高校注册。Erasmus Mundus 联合培养硕士（EMJM）工学专业的学制为 1～2 年，每学年分为两个学期，每学期 30 个 ECTS 学分，学生共需修满 60～120 个 ECTS 学分。按不同的学习方向，该专业一般提供给学生多条学习路径选择，每条学习路径包含不同的学习模块，且由不同的高校来执行教学任务。Erasmus Mundus 联合培养硕士项目（EMJM）包含学生海外流动要求，即项目中的硕士研究生必须至少两个学期到该项目合作的不同于居住国的两个国家进行学习，其中至少一个国家必须是与该计划相关的欧盟成员国或第三国。无论选择去哪些国家完成该项目，学生都能够获得这些国家最优秀的教学资源以及全球化工程人才能力。Erasmus Mundus 联合培养硕士（EMJM）工学专业毕业生，将被授予由至少来自不同国家的两个高等教育机构颁发的一个联合硕士学位，或被授予来自不同国家的至少两个高等教育机构颁发的多个硕士学位。

（三）工业博士培养

依据西班牙第 99/2011 号皇家法令（BOE-A-2011-2541）规定，西班牙工业博士（Doctorado Industrial）必须满足以下两大条件：一是博士研究生与私营或公共部门公司或公共行政部门签有劳动或商业合同；二是博士研究生在博士学习期间必须开展在公司或公共管理部门（可能不是大学）进行的工业研究或实验开发项目，并形成博士学位论文。工业博士旨在鼓励商业部门的研究以及行业参与到博士项目中去，鼓励大学与行业间的知识转移，并促进年轻研究人员到商业部门工作。

工业博士项目申请人必须是公司雇员。申请工业博士项目，要求申请人提交劳动或商业合同证明、学术委员会签署的博士项目工业研究或实验开发项目报告、公司导师（或论文负责人）的简历、公司与大学间的合作协议、公司承诺书。录取工业博士由大学和公司共同决定。工业博士研究生必须在大学的工业博士项目中注册，同时拥有一位大学导师或项目主任，以及一位公司导师。公司导师必须拥有博士学位，同时拥有研究经历。该公司导师可以同时兼任工业博士项目主管。基于大学与公司的双方协议框架，工业博士项目可以在公司开展，也可以与大学或其他研究中心合作进行。工业博士项目年限为三年。工业博士研究生完全由公司资助；或部分由公司资助，部分由西班牙公共财政资助。毕业生的博士学位证书上将呈现"工业博士"字样。

小结

西班牙大学学士学位（Grado）工科专业主要依据西班牙大学入学测试（PAU）成绩以及高中成绩招收西班牙应届高中毕业生，而非应届高中毕业生则有不同的入学要求。学士学位（Grado）工科专业学制为 4 年，共 240 个 ECTS 学分，通过学习课程、参与学术研讨会、撰写毕业论文、实习等获取学分。工科学士学位（Grado）课程，按课程类型来划分，包括基础培训课程、必修课程和选修课程；按课程内容来分，为通识课程和专业课程。课程学习循序渐进，大多数课程为西班牙语教学。大多数学士学位（Grado）工科专业包含有偿的校外实习，而有些工科专业提供课程实习。毕业论文是学生获得工科专业学士学位（Grado）的必要条件。西班牙硕士学位（Máster）分为官方硕士学位和校方硕士学位。官方硕士学位工学专业要求申请者拥有本科学位，并依据其学习成绩，择优录取。官方硕士学位工学专业学制为 1～2 年（通常为一年），共 60～120 个 ECTS 学分，通过学习必修和选修课程、参与讲座、参与学术研讨会、撰写毕业论文等获取学分。大多数课程为西班牙语教学。最后需完成硕士论文及论文答辩才能毕业。西班牙工科学士学位（Grado）和工学硕士学位（Máster）第一年的退学率和转学率都很高，而奖学金有效降低了第一年学士学位（Grado）工科生的退学率、第一年硕士学位（Máster）工学学生的退学率和转专业率，但是未改变第一年学士学位（Grado）工科生的转学率。在西班牙大学各个学科学士学位（Grado）和硕士学位（Máster）各自的平均学习成绩中，工科学生的平均学习成绩最低。另外，西班牙学士学位（Grado）工科毕业生数量在 10 年间（2009/2010—2019/2020 学年）大幅下降。学士学位（Grado）工科学生和硕士学位（Máster）工学学生按时毕业率在所有学科中最低，且平均毕业时间最长。

西班牙博士学位（Doctorado）工学专业要求申请人拥有学士学位（Grado）以及硕士学位（Máster），并依据综合材料，择优录取。西班牙大学全日制工学博士（Doctorado）的学制为 3 年，采用导师负责制，通过要求博士研究生参与讲座、学术研讨会、学术会议，做报告，参与国内或国际研究交流等，培养学生的研究能力，无学分要求。最后需完成博士学位论文及论文答辩才能毕业。西班牙大学博士层次（Doctorado）工学专业在读学生的年龄集中在 25 岁以上。

西班牙有 19 种工程师与建筑设计师受到政府监管，相关学位也受到政府的明确规定。其中 10 种为技术工程师与技术架构师，需要拥有相应的学士学位（Grado）；而另 9 种则为工程师与建筑设计师，需获得相应的硕士学位（Máster）。

Erasmus Mundus 联合培养硕士项目（EMJM）是欧盟 Erasmus+ 一揽子计划之一。每个 Erasmus Mundus 联合培养硕士（EMJM）工学专业由一个高等教育机构开设，至少与另两个不同国家的两个高等教育机构合作。该项目工学专业的学制为 1～2 年，共 60～120 个 ECTS 学分，一般提供给学生多条学习路径（study tracks）选择学习方向，且由不同的高校来执行教学任务。该项目有学生海外流动要求。毕业生将获得一个联合硕士学位或多个硕士学位。工业博士项目是公司和大学共同开设的博士项目，主要从事公司所需的工业研究，学制为 3 年。工业博士既是公司雇员，又是大学博士研究生。工业博士在学习过程中将由一位大学导师和一位公司导师同时指导。该研究项目可以在公司或大学开展。

西班牙学士学位（Grado）工科专业的大学入学测试（PAU）平均录取分数低，学士学位（Grado）和硕士学位（Máster）工程学生的平均学习成绩低，西班牙工程人才培养质量不等让人堪忧。另外，学士学位（Grado）工科毕业生数量在 10 年间大幅下降，居高不下的工科学士学位（Grado）和工学硕士学位（Máster）第一年的退学率和转专业率，以及所有学科中最低的按时毕业率，都可以证明西班牙学生对于工程教育慢慢失去了信心，不再愿意从事工程相关工作。究其内在原因，可能是因为人们普遍认为工程学位的知识难度大、研究时间长，也可能是因为工程师薪水较低，工程师入职门槛高等。《2019 年 Infoempleo Adecco 就业信息报告：西班牙的就业供需》显示，西班牙 20% 以下的工程毕业生却占据了近 40% 的就业市场。可见西班牙的高级劳动力市场对工程人才的需求旺盛，因而需要加大西班牙的工程教育规模，吸引更多高质量生源就读工程专业，以适应当前的市场结构。另外，西班牙大学并非所有层次工程人才培养都包含实习，即便包含的很多实习仅为选修课程，但实践能力是工程人才最为重要的能力之一。因此，课程实习或校外实习应该被列为西班牙本科和硕士工程专业的必修课程，加大力度提升西班牙工程人才实践能力。

第四节

工程学科建设与教育研究

一、工程学科建设

（一）工程学科分类与数量

西班牙于 2007 年颁布了第 1393/2007 号皇家法令（BOE-A-2007-18770），规定了按知识划分的五大学科门类：艺术与人文（西班牙语：Artes y Humanidades）、自然科学（西班牙语：Ciencias）、医疗卫生科学（西班牙语：Ciencias de la Salud）、社会学与法学（西班牙语：Ciencias Sociales y Jurídicas）、工程与建筑设计（西班牙语：Ingeniería y Arquitectura）。2014 年，西班牙再次颁布第 967/2014 号皇家法令（BOE-A-2014-12098），依据联合国教科文组织（UNESCO）发布的国际教育分类标准（ISCED-F 2013），将以上五大学科门类进一步划分了具体的学科领域。在工程与建筑的学科门类之下，具体包含七个学科领域，分别是 061 信息和通信技术（西班牙语：Tecnologías de la información y la comunicación，TIC）、071 工程及相关领域（西班牙语：Ingeniería y profesiones afines）、072 工业和生产（西班牙语：Industria y producción）、073 建筑设计与建设（西班牙语：Arquitectura y construcción）、081 农业（Agricultura）、082 林业（Silvicultura）、083 渔业（西班牙语：Pesca）。

西班牙教育与职业培训部设立了大学、中心和学位注册处（Register of Universities，Centres and Degrees，RUCT）。大学、中心和学位注册处（RUCT）的官方网站（https://www.educacion.gob.es/ruct/consultaestudios?actual=estudios）涵盖了西班牙高等教育所有学科的学历学位信息。所有学历学位信息每学年更新一次。在该网站的学历学位专业名中搜索 "ingeniería"（工程），得到 1 917 个工程专业的学历学位结果。去除其中已经被无须修改的工程专业，西班牙高校目前共开设了 1 467 个工程专业的学历学位，其中包含本科层次工程专业 769 个，硕士层次工程专业 554 个，博士层次工程专业 144 个。

（二）工程学科师资队伍

1. 西班牙公立大学工程教育教师数量与比例

在博洛尼亚进程之后，新的学位设置和课程改革都需要更多师资的投入。图 4–12 描述了 2011—2018 年西班牙公立大学工程教育的教师人数情况。可以看出，在博洛尼亚进程全面推广初期，工程教育的教师人数呈现快速下降趋势；而在 2014 年则出现了一次大幅提升，使得工程教育教师人数得以平稳维持在博洛尼亚进程初期水平。这可能是与新旧学位转换制度的出台相关，因为新的学位制度也衍生了新的教师学位要求。2014 年第 967/2014 号皇家法令（BOE-A-2014-12098）的出台不仅统一了新旧学位制度的地位，还统一了外国学位和西班牙大学学位的合法性，从而使得那些从旧学位制度中获得旧学位的毕业生和拿到外国学位的毕业生更便捷地入职教师岗位，补充了博洛尼亚进程之后所产生的更大的教师需求，详见图 4–12。

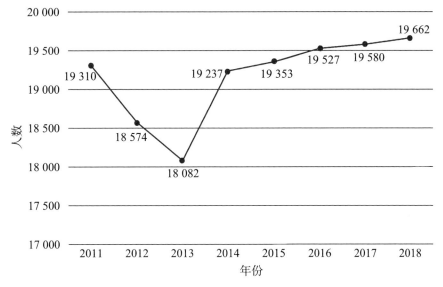

图 4–12　2011—2018 年西班牙公立大学工程教育教师数量

数据来源：西班牙教育与职业培训部 http://www.educacionyfp.gob.es/portada.html.

《西班牙大学系统的事实与数据：2021—2022 年版》（西班牙语：Datos y cifras del sistema universitario Español：Publicación 2021—2022）中发布的最新数据显示，2019—2020 学年，西班牙公立大学工程与建筑设计学科的教研人员（西班牙语：Personal docente e investigador，PDI）占所有学科教研人员（PDI）的 20.1%，位列五大学科的第二，详见图 4–13。

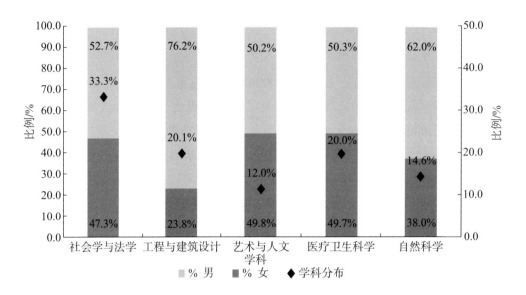

图 4–13 2019—2020 学年西班牙公立大学各学科教研人员（PDI）比例以及学科内部教研人员性别比例

资料来源：Ministerio de Universidades. Datos y cifras del sistema universitario Español: Publicación 2021—2022 [R]. Madrid: Ministerio de Universidades, 2022.

2.西班牙公立大学工程教育教研人员的性别、年龄、职称结构

如图 4-13 所示，2019—2020 学年，西班牙公立大学工程与建筑设计学科的教研人员（PDI）中，男性占 76.2%，女性占 23.8%，性别比例严重失衡，且是所有学科中教研人员（PDI）性别比例最不均衡的学科。

2019—2020 学年，西班牙公立大学工程与建筑设计学科的教研人员（PDI）的年龄分布如下，30 岁以下占 1.7%，30～39 岁占 13.1%，40～49 岁占 34.7%，50～59 岁占 36.1%，60 岁以上占 14.4%。由此可见，西班牙公立大学工程与建筑设计学科的教研人员（PDI）的年龄主要集中于 40～59 岁，年龄结构较为合理。

依据西班牙于 2001 年颁布的《大学组织法》（LOU）（BOE-A-2001-24515）中的内容，西班牙大学的教授职称分为六类，教授（西班牙语：Catedráticos de Universidad，CU）（属于公务员）、副教授（西班牙语：Profesor Titlar de Universidad，TU）（属于公务员）、副教授（西班牙语：Catedráticos de Escuela Universitaria，CEU）（即将取消）、助理教授（西班牙语：Profesor Titular de Escuela Universitaria，TEU）（即将取消）、副教授（西班牙语：Profesor Contratado Doctor，Contratado）（非公务员）、荣休教授（西班牙语：Profesor Emérito）。如图 4-14 所示，2019—2020 学年，西班牙公立大学各学科教研人员（PDI）的职称分布中，工程与建筑设计学科的助理教授（TEU）占所有学科的助理教授（TEU）比例的 42%，位列

五大学科之首；工程与建筑设计学科的副教授（TU）占所有学科的副教授（TU）比例的 22.9%，位列五大学科之第二位；工程与建筑设计学科的副教授（CEU）占所有学科的副教授（CEU）比例的 28.4%，位列五大学科的第二位；工程与建筑设计学科的教授（CU）占所有学科的教授（CU）比例的 21.3%，位列五大学科之第三位；工程与建筑设计学科的副教授（西班牙语：Contratado）占所有学科的副教授（西班牙语：Contratado）比例的 17.4%，位列五大学科之第三位；工程与建筑设计学科的荣休教授占所有学科的荣休教授比例的 8.2%，位列五大学科的最末位。从以上数据中可以看出，工程与建筑设计学科的教研人员（PDI）的职称总体较低，教授（CU）与荣休教授的占比位列所有学科的中之末 [1]，中高级职称的教研人员（PDI）的比例有待提升。

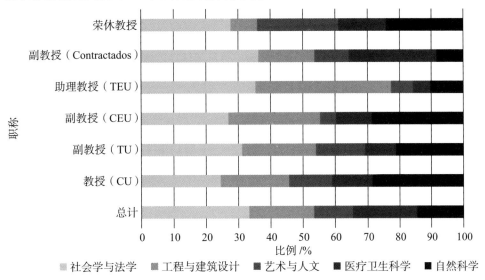

图 4-14　2019—2020 学年西班牙公立大学各学科教研人员（PDI）的职称分布

资料来源：Ministerio de Universidades. Datos y cifras del sistema universitario Español: Publicación 2021—2022 [R]. Madrid: Ministerio de Universidades, 2022.

二、工程教育研究

　　西班牙工程教育研究大约产生于 20 世纪 70 年代。[2] 从那时起，西班牙工程教

① Minister de Universidades. Datosy wfras del sistema universintorio Espánl: publicacion 2021—2022 [R]. Madrid: Minsterio de Universidades, 2022.

② VALENTINE A, WILLIAMS B. Evolution of Engineering Education Research in Portugal and Spain: A scientometric study [C]//2021 4th International Conference of the Portuguese Society for Engineering Education. Lisbon: IEEE, 2021.

育发展速度缓慢。目前，西班牙工程教育研究仍处于起步初期。

（一）工程教育研究队伍

西班牙尚未形成真正意义上的工程教育研究队伍。目前从事工程教育研究的人员大多为工科教师，并非专职研究工程教育的教师。西班牙工程教育发展初期的研究人员代表包括捷西斯·阿里加（西班牙语：Jesús Arriaga），弗洛伦蒂若·布门尼斯（西班牙语：Florentino Jiménez），菲利著·凯特加（西班牙语：Fellpe Cátedra），等等。目前，西班牙工程教育研究的人员已经不断增多，包括马丁·拉玛斯（西班牙语：Martín Llamas），曼努埃尔·卡埃曼（西班牙语：Manuel Caeiro），曼努埃尔·卡斯特罗（西班牙语：Manuel Castro），茵玛柯拉达·普拉扎（西班牙语：Inmaculada Plaza），埃德蒙多·托瓦（西班牙语：Edmundo Tovar），弗朗西斯科·阿塞加（西班牙语：Francisco Arcega），弗朗西斯科·穆尔（西班牙语：Francisco Mur），何塞·安琪儿·桑切斯（西班牙语：José Ángel Sánchez），等等。他们中的大多数为 IEEE 教育协会西班牙分会指导委员会的成员。

（二）工程教育研究平台

西班牙工程教育研究主要的发表形式首先是期刊论文，数量上远多于其他所有发表形式的文章。其次是会议论文，再次是著作与书籍章节，最后是综述。[①]

西班牙拥有本土同行评议期刊——《工程教育杂志》（西班牙语：*Revista Educación en Ingeniería*）。但是由于该期刊使用西班牙语，所以国际化程度较低，绝大多数作者为西班牙语国家的学者。除该期刊以外，西班牙工程教育研究人员主要在世界工程教育知名期刊——《工程教育国际期刊》（*Infernational Journal of Engineering Education,* IJEE）上发表论文。也有一些西班牙工程教育研究人员在《国际电气工程教育期刊》（*International Journal of Electrical Engineering Education*，IJEEE）、欧洲工程教育协会（SJFI）出版的《欧洲工程教育期刊》（*European Journal of Engineering Education*，EJEE）、《IEEE 工程教育汇刊》（*IEEE Transactions on Engineering Education*，IEEE TEE）[②]、《IEEE 学习技术汇刊》（*IEEE Transactions on Learning Technologies*，IEEE TLT）、IEEE 教育协会（IEEE Education Society）出版的《IEEE 伊比利亚美洲学习技术期刊》（*IEEE*

---

① VALENTINE A, WILLIAMS B. Evolution of Engineering Education Research in Portugal and Spain: A scientometric study [A]. In 2021 4th International Conference of the Portuguese Society for Engineering Education [C]. Lisbon: IEEE, 2021.

② 同上.

Revista Iberoamericana de Tecnologias del Aprendizaje，IEEE-RITA）等世界工程教育期刊上发表论文[①]。

IEEE 教育协会西班牙分会（Spanish Chapter of the Education Society of the IEEE，CESEI）成立于 2004 年 3 月，是西班牙本土的工程教育协会，也是西班牙推广工程教育研究的主要协会[②]。

（三）工程教育研究活动

IEEE 教育协会西班牙分会（CESEI）作为西班牙工程教育研究团体，积极参与 IEEE 教育协会（Education Society of the IEEE）组织的全球工程教育会议，并且支持和促进在全国范围内或伊比利亚地区举行的一些工程教育会议。IEEE 教育协会西班牙分会（CESEI）一般会参与组织这些会议，或者派代表作为会议科学委员会的成员。这些工程教育会议包括教育前沿会议（Frontiers in Education Conference，FIE），IEEE 全球工程教育会议（IEEE Global Engineering Education Conference，IEEE EDUCON），IEEE 国际工程教学、评估与学习会议（IEEE International Conference on Teaching，Assessment，and Learning for Engineering，IEEE TALE），IEEE 世界工程教育会议（IEEE World Engineering Education Conference，EDUNINE），等等。[③]

除会议以外，IEEE 教育协会西班牙分会（CESEI）为促进工程教育的革新、研究与发展（I+R+D），还组织了一系列工程教育研讨会，包括大学工程教育创新、转移与研究国际研讨会（International Workshop on Innovation，Transfer and Research in University Education in Engineering）等[④]。

（四）工程教育研究热点

近十几年来，西班牙工程教育研究热点主要集中在博洛尼亚进程的效果、工程人才培养、工程教育技术应用。

---

① CAEIRO-RODRÍGUEZ M, NISTAL M L, CRISTOBAL E S, et al. Activities of the Spanish Chapter of the IEEE Education Society [A]. In 2020 IEEE Global Engineering Education Conference (EDUCON) [C]. Porto: IEEE, 2020.

② 同上.

③ 同上.

④ BONASTRE O M, FERNÁNDEZ C, VICENT L, et al. Innovation, Research and Development in Engineering Education. Activities of the Spanish Chapter of the IEEE Education Society: Directive Board of the IEEE Education Society Spanish Chapter 2020—2021 [A]. 2022 Congreso de Tecnología, Aprendizaje y Enseñanza de la Electrónica (XV Technologies Applied to Electronics Teaching Conference) [C]. Teruel: IEEE, 2022.

1. 有关博洛尼亚进程的效果研究

博洛尼亚进程的核心是将西班牙高等教育从以教师为中心的模式转变为更侧重于学生的模式，相应的课程设置、学分获取、教师教学、学生评估等环节都会改变。其中最为重要的是以形成性评估替代了单一的期末考试，更注重平时表现和小组合作，试图借此来促进教师的个性化辅导和学生的日常学习。

博洛尼亚进程在西班牙开展之初，阿方亭·杜兰（Alforso Duran）等学者就根据试点情况分析了博洛尼亚进程对西班牙高等工程教育的机遇与挑战。在博洛尼亚进程过程中，可能会遇到课程设计时间短、专业执照要求空缺、新旧学位转换、利益相关者抵制、教育预算增加、资格框架的建立、学术水平下降和参与动机降低等挑战；同时，博洛尼亚进程在西班牙的实施也可以抓住相应的课程整合、学分转换和国际化优势，促进工程教育的发展[1][2]。

博洛尼亚进程在西班牙全面推行之后，IEEE 教育协会西班牙分会（CESEI）的一众研究人员分别在 2012 年和 2017 年进行了博洛尼亚进程在西班牙实施效果的追踪调查，分析了近 600 名高校工科教师在参与博洛尼亚进程中对工作量、学习方法、学习资源、评估方法、项目实施情况的看法及对该项目的总体满意度。马丁·拉玛斯（Martun Llamas）团队先后发了四篇文章[3][4][5][6]对该结果进行呈现。结果表明：①博洛尼亚进程促进了大多数教师教学风格和教学方法的改变；②博洛尼亚进程增加了教师和学生的工作量，却对学生的学习效果影响不大；③虽然在两次调查中，选择形成性评估作为考核标准的比例也有所增加，大多数教师赞同形成性评估的积极意义，但同时也认为这一模式使学生快速忘记所学的知识；④博洛尼亚进程促进了整体学习资源利用率的上升；⑤博洛尼亚进程导致教师和

---

① DURAN A, MOON Y B, GIRALDO E. Work in progress-The European higher education area ("Bologna process") in Engineering Education in Spain [A]. In 39th ASEE/IEEE Frontiers in Education Conference [C]. San Antonio: IEEE, 2009: 1–2.

② LLAMAS M, CAEIRO M, CASTRO M, et al. Engineering education in Spain: One year with the Bologna process [A]. In 2013 IEEE Global Engineering Education Conference (EDUCON) [C]. Berlin: IEEE, 2013: 566–572.

③ 同上.

④ LLAMAS M, CAEIRO M, CASTRO M, et al. Work in progress: Preliminary survey results on the first year of the Bologna process in engineering education in Spain [A]. In 2012 Frontiers in Education Conference Proceedings [C]. Seattle: IEEE, 2012: 1–2.

⑤ LLAMAS M, MIKIC F A, CAEIRO M, et al. Engineering education in Spain: Seven years with the Bologna Process: First results [A]. In 2018 IEEE Global Engineering Education Conference (EDUCON) [C]. Santa Cruz de Tenerife: IEEE, 2018: 1775–1780.

⑥ LLAMAS M, MIKIC F A, CAEIRO M, et al. Engineering Education in Spain: Has it improved with the Bologna Process? [A]. In 2018 IEEE Frontiers in Education Conference (FIE) [C]. San Jose: IEEE, 2018: 1–8.

学生不得不处理更多流程性文件，却没有因此提升学生的学习能力；⑥总体而言，博洛尼亚进程在西班牙并不能让大部分人感到满意。

出于课程改革的要求，西班牙工程教育的各个学科都进行了培养方案的更新，应将会影响学生的学习成果和相关就业优势。部分学者深入学科内部研究博洛尼亚进程前后的变化。多明格斯（Dominguez）和马格达莱诺（Magdaleno）考察了西班牙40所大学工业工程学位培养方案的变化，指出新学位中课程的学分数减少、选修课程的比例降低、而毕业设计和实习的学分有所增加①。巴列斯特尔—萨里亚（Ballester-Sarria）团队则关注瓦伦西亚理工大学（UPV）的设计工程学院（ETSID）的工程学学位（BEng）情况，分别考察了工业设计工程学位和机械工程学位的大一学生在博洛尼亚进程前后的成绩情况。研究指出，博洛尼亚进程增加了学生对课程的参与度，提高了学生的学习成绩，这与以学生为中心的形成性评估模式密切相关。此外，形成性评估模式降低了机械工程学位学生的辍学率，但对工业设计工程学位学生的辍学率没有影响②③。加西亚（Garcia）等学者从就业市场的角度，分析了博洛尼亚进程前后有关信息和通信技术（ICT）行业工程师的专业能力④。研究指出，在项目实施的10年间，博洛尼亚进程并没有改变应届毕业生的形象；在就业市场需求方看来，ICT工程师在软件、技术或管理方面的得分和改革前相比无进展，在主动性和创新性方面也并未提高。

2. 有关工程人才培养的研究

博洛尼亚进程也带来了西班牙高等教育教学方式的改变，教师的教育范式逐渐关注学生能力的培养。爱德华兹（Edwards）等学者概括性地探索了西班牙工程教育中基于能力的教育范式的理论框架，并指出这是西班牙工程教育课程设计

① DOMINGUEZ U, MAGDALENO J. The European Higher Education Area. Spanish Engineering Education [A]. In 40th SEFI Annual Conference Hosted by the European Society for Engineering Education [C]. Thessaloniki: SEFI, 2012: 156–157.

② BALLESTER-SARRIAS E, PUYUELO-CAZORLA M, CONTAT-RODRIGO L, et al. Analizing students performance in an EHEA BEng Industrial Design Engineering degree [A]. In 2012 Frontiers in Education Conference Proceedings [C]. Seattle: IEEE, 2012: 1–4.

③ BALLESTER-SARRIAS E, GASCH-SALVADOR M, CONTAT-RODRIGO L, et al. Bologna vs non-Bologna academic outcome in BEng Mechanical Engineering within EHEA [A]. In 2012 Frontiers in Education Conference Proceedings [C]. Seattle: IEEE, 2012: 1–5.

④ GARCIA A L, FARRAN J A P, I FARRENY E T, et al. ICT skills comparison: the before and the after of introduction of the EHEA in Spain [A]. In 2019 IEEE Frontiers in Education Conference (FIE) [C]. Covington: IEEE, 2019: 1–7.

的基础[①]。

在工科学生的能力要求方面，桑坦德雷乌（Santandreu）等学者通过分析西班牙所有大学工业工程学位的培养方案和雇主对工业工程师的要求，运用扎根理论分析工业工程师所应该具备的各项能力。研究指出，西班牙大学的工业工程学位所培养的学生具有多学科、研发创新、管理培训、研究培训、团队合作、社会责任、产品设计、商业销售等能力，缺少实际业务中所需要的文化认同、信息获取和管理者的参与等能力[②]。卡丹（Cardín）团队调查了农业工程师对博洛尼亚进程的看法以及相应的职业前景。研究指出，农业工程师需要具备开发生产系统、规划基础设施、研究创新、决策执行、内容传播、团队领导、连续学习的一般能力，以及水资源管理、设备整合、用地规划、政策分析和工厂、生物、农业、食品项目管理的特殊能力[③]。

在教师的教学方式和教学策略方面，多明格斯（Dominguez）和马格达莱诺（Magdaleno）介绍了在机械工程教学领域中有关主动学习（AL）的教学方式。研究指出，教师使用 AL 的不同策略，如合作、竞争和个人主义，可以改善教育结果，促进学生课堂参与的积极性，提高学生的学习能力和学习效率[④]。

在教学内容方面，卡斯特罗（Castro）团队回顾了有关系统理论和系统工程的基本概念，并建议将系统理论方法纳入电子工程教育之中[⑤]。阿巴斯卡尔（Abascal）等学者提出应当将全民设计理念纳入西班牙计算机与电信工程课程之中，让工程设计师得以关注少数群体的应用程序需求[⑥]。罗德里格斯（Rodríguez）团队提出应当将精益和敏捷方法纳入工程学的教学之中，以提升工程学生的工作

---

① EDWARDS M, SÁNCHEZ-RUIZ L M, SÁNCHEZ-DÍAZ C. Achieving competence-based curriculum in engineering education in Spain [J]. Proceedings of the IEEE, 2009, 97 (10): 1727–1736.

② SANTANDREU-MASCARELL C, CANÓS-DARÓS L, PONS-MORERA C. Competencies and skills for future Industrial Engineers defined in Spanish degrees [J]. Journal of Industrial Engineering and Management, 2011, 4 (1): 13–30.

③ CARDIN M, MAREY M F, CUESTA T S, et al. Agricultural engineering education in Spain [J]. International Journal of engineering education, 2014, 30 (4): 1023–1035.

④ DOMÍNGUEZ U, MAGDALENO J. Active Learning in Mechanical Engineering Education in Spain [A]. In WEE 2011 [C]. Lisbon: WEE, 2011: 685–692.

⑤ CASTRO M, SEBASTIÁN R, QUESADA J. A systems theory perspective of electronics in engineering education [A]. In IEEE EDUCON 2010 Conference [C]. Madrid: IEEE, 2010: 1829–1834.

⑥ ABASCAL J, GARAY-VITORIA N, GUASCH D. Including design for all in computing and telecommunication engineering studies in Spain [A]. In 2015 Conference on Raising Awareness for the Societal and Environmental Role of Engineering and (Re) Training Engineers for Participatory Design (Engineering4Society) [C]. Leuven: IEEE, 2015: 21–28.

能力[①]。

3.有关工程教育技术应用的研究

伴随着博洛尼亚进程对新的教学模式的需求，现代教育技术作为一种教学资源更加受到西班牙工程教育的重视。部分学者介绍了可以在西班牙工程教育中所应用的新兴教育技术，以促进工程课程的设计、实施和评估。帕拉西奥斯（Palacios）等学者介绍了一种基于超媒体工具的电子教学框架，该框架得以更好地应用于西班牙工程教育中的技术领域[②]。马丁（Martin）团队介绍了一种基于移动设备的教育培训系统（mPSS），该系统采用以绩效为中心的学习方法，促进工程技术教育的线上学习[③]。陶菲克（Tawfik）等学者介绍了现实中的虚拟仪器系统（VISIR）在西班牙工程教育的应用，该系统为工程学生进行线上远程实验提供了便利[④]。

小结

西班牙工程与建筑学科分类主要依据联合国教科文组织（UNESCO）发布的国际教育分类标准（ISCED-F 2013），分为 7 个学科领域。目前，西班牙高校共开设了 1 467 个工程专业的学历学位，主要集中在本科和硕士层次。博洛尼亚进程在西班牙全面推广，使得工程学科师资数量有所波动，现在趋于平稳。目前，西班牙公立大学工程与建筑设计学科的教研人员（PDI）数量位列五大学科的第二，年龄主要集中在 40～59 岁，但性别比例严重失衡，且总体职称较低。

目前工程教育师资队伍数量与结构亟须调整。博洛尼亚进程在西班牙的推广，增加了工科教师的工作量，教师们普遍感到难以负荷，这与西班牙工科教

---

① RODRÍGUEZ M C, VÁZQUEZ M M, TSLAPATAS H, et al. Introducing lean and agile methodologies into engineering higher education: The cases of Greece, Portugal, Spain and Estonia [A]. In 2018 IEEE Global Engineering Education Conference (EDUCON) [C]. Santa Cruz de Tenerife: IEEE, 2018: 720–729.

② PALACIOS G, LACUESTA R, FERNÁNDEZ L. Work in progress-hypermedia tool for the development of specific and generic competences in the framework of engineering education [A]. In 39th ASEE/IEEE Frontiers in Education Conference [C]. San Antonio: IEEE, 2009: T2E-1-T2E-2.

③ MARTIN S, GIL R, LOPEZ E, et al. Work in progress-a mobile performance support system for vocational education and training [A]. In 39th ASEE/IEEE Frontiers in Education Conference [C]. San Antonio: IEEE, 2009: M1G-1-M1G-2.

④ TAWFIK M, SANCRISTOBAL E, MARTÍN S, et al. VISIR deployment in undergraduate engineering practices [A]. In 41st ASEE/IEEE Frontiers in Education Conference [C]. Rapid City: IEEE, 2011: T1A-1-T1A-7.

师的数量不足不无关系。工程学科作为关乎国家发展的重要学科，教师队伍的数量应有所提升。这也能切实解决目前西班牙工科教师短缺所造成的已有教师工作量过大的问题。另外，西班牙女性工程教师的数量被不断提高，从而解决工科教师男女比例明显失调的现状。同时，在工程学科的师资队伍中，中高级职称的教研人员（PDI）的数量以及比例应有所提升，从而确保西班牙工程教育高质量发展。

西班牙工程教育研究自 20 世纪 70 年代产生以来，发展缓慢，目前仍处于起步阶段。西班牙尚未形成真正意义上的工程教育研究队伍，从事工程教育研究的人员大多为工科教师。他们中的大多数为 IEEE 教育协会西班牙分会指导委员会的成员。期刊论文是西班牙工程教育研究的主要发表形式。西班牙拥有本土的同行评议期刊——《工程教育杂志》以及本土的工程教育协会——IEEE 教育协会西班牙分会（CESEI）。西班牙工程教育研究活动的主体是 IEEE 教育协会西班牙分会（CESEI）。其作为西班牙工程教育研究团体，积极参与 IEEE 教育协会组织的全球工程教育会议，并且支持和促进在全国范围内或伊比利亚地区举行的一些工程教育会议。近些年来，西班牙工程教育的研究热点主要集中在博洛尼亚进程的效果、工程人才培养、工程教育技术应用这三大方面。

对于长期处于起步阶段的西班牙工程教育研究来说，西班牙政府应有所行动，包括颁布相关政策，形成一支专职从事工程教育研究的队伍；加大对工程教育研究的拨款力度，使更多的工程教育研究平台得到建立，更多的工程教育研究活动得以开展。另外，西班牙政府应加强与高校之间的对话与沟通，了解博洛尼亚进程在西班牙"水土不服"背后的真正原因，并及时采取应对措施，使博洛尼亚进程发展成为促进西班牙工程教育进步的重要因素。博洛尼亚进程在欧洲各国的全面推广，使得欧洲各国又处在工程教育发展新的起跑线上。作为历史上的工程教育先驱与强国，西班牙工程教育具有优良的积淀。在此基础上，西班牙政府给予有效指引，将促进工程教育以及相关的工程教育研究与学科建设的快速发展。

第五节

政府作用：政策与环境

第四次工业革命以及博洛尼亚进程给西班牙的工业与工程教育带来了前所未有的挑战。西班牙政府制定了相关政策，以应对这些挑战，并为西班牙工业与工程教育提供了更为适宜的发展环境。

一、工业互联 4.0 推动高校设立工业互联 4.0 相关专业

西班牙工业、贸易与旅游部于 2019 年出台工业部门重要政策性文件——《西班牙 2030 年新工业政策的一般指导方针》（Directrices Generales de la Nueva Política Industrial Española 2030），其中重点阐述了西班牙工业部门在未来将面临的挑战，包括第四次工业革命所带来的整个工业界的数字化转型，以及与可持续发展相关的生态转型。该文件从数字化、创新、人力资本、监管、企业规模和增长、融资、能源成本、物流和基础设施、可持续性、国际化这 10 个方面提出了对策，称为十大"产业政策行动轴"（西班牙语：Ejes de acción de política industrial）。[①]

工业互联 4.0（西班牙语：Industria Conectada 4.0，CI 4.0）是西班牙政府制定的一项战略行动计划，旨在通过公众和企业的联合和协调行动，促进西班牙工业的数字化转型，以应对全球化、需求和市场竞争日益增长的挑战。工业互联 4.0 战略拥有三重目标，分别是增加工业部门的工业附加值和合格就业；推广未来西班牙工业模式，以巩固未来西班牙经济的工业部门并增加其成长潜力，同时开发本地的数字解决方案；发展差异化的竞争杠杆，有利于西班牙工业并促进工业出口。[②] 基于这些主要目标，西班牙政府提出了四大行动方针以及与之对应的八大战略领域，如表 4-3 所示。西班牙工业、贸易与旅游部为工业企业设计了一系列支援计划，包括高级数字自对工具（HADA），AACTVA 工业 4.0（西班牙语：ACTIVA Industria 4.0），ACTIVA 融资（西班牙语：ACTIVA Financiación），

[①] Ministerio de Industria, Comercio y Turismo. Directrices Generales de la Nueva Política Industrial Española 2030 [R]. 2019.

[②] Ministerio de Industria, Comercio y Turismo. Estrategia Nacional IC 4.0 [EB/OL]. [2022-09-07]. https://www.industriaconectada40.gob.es/estrategias-informes/estrategia-nacional-IC40/Paginas/descripcion-estrategia-IC40.aspx.

ACTIVA 初创企业（西班牙语：ACTIVA Startups），ACTIVA 网络安全（西班牙语：ACTIVA Ciberseguridad），ACTIVA 成长（西班牙语：ACTIVA Crecimiento）[①]，全方位扶持西班牙工业企业的数字化转型。

为对接西班牙政府提出的工业互联 4.0 战略，西班牙多所高校设立了工业互联 4.0 相关专业。例如，马德里卡洛斯三世大学（西班牙语：Carlos Ⅲ University of Madrid，西班牙语：Universidad Carlos Ⅲ de Madrid，UC3M）设立了工业互联 4.0 硕士专业[②]，卡塔赫纳理工大学（西班牙语：Universidad Politécnica de Cartagena，UPCT）设立了工业 4.0 硕士专业。[③]

表 4-3　西班牙工业互联 4.0 战略行动路线

行 动 方 针	战 略 领 域
意识与培训	意识与沟通
	学术与工作培训
合作环境与平台	合作环境与平台
形成数字化促成者	鼓励促成者的发展
	支持技术公司
支持工业的数字化发展	支持采用工业 4.0
	工业 4.0 融资
	监管框架和标准化

资料来源：Ministerio de Industria, Comercio y Turismo. Estrategia Nacional IC 4.0 [EB/OL]. [2022-09-07]. https://www.industriaconectada40.gob.es/estrategias-informes/estrategia-nacional-IC40/Paginas/descripcion-estrategia-IC40.aspx.

二、修改《大学组织法》，全面推进博洛尼亚进程

西班牙虽然作为 1999 年最早签署博洛尼亚协议的国家之一，但是博洛尼亚进程在该国推进步伐较慢。2003 年，西班牙才有所行动，出台了有关建立欧洲学分转换体系（ECTS）的法令（Royal Decree 1125/2003）（BOE-A-2003-17643）。直到 2004 年工人社会党执政，西班牙才逐步开始全面推进博洛尼亚进程。2005 年 1 月 21 日，西班牙教育和科学部出台两项法令（BOE-A-2005-1255 和

---

① Ministerio de Industria, Comercio y Turismo. Programas de apoyo [EB/OL]. [2022-09-07]. https://www.industriaconectada40.gob.es/programas-apoyo/Paginas/programas.aspx.

② UC3M. Máster Universitario en Industria Conectada 4.0 [EB/OL]. [2022-08-02]. https://www.uc3m.es/master/industria-conectada-4.0.

③ UPCT. Máster Universitario en Industria 4.0 [EB/OL]. [2022-09-07]. https://etsii.upct.es/mui40/.

BOE-A-2005-1256），对高等教育学位体制进行改革，设置了纳入欧洲高等教育体制的本科、硕士学位。

2007年4月，西班牙政府加大改革力度，对2001年颁布的《大学组织法》（LOU）（Ley Orgánica 6/2001）（BOE-A-2001-24515）进行了系统修改，出台了《大学组织法修正法案》（LOMLOU）（Real Decreto 1393/2007）（BOE-A-2007-18770），以期高等教育能够全面满足博洛尼亚进程的各项要求，促进欧洲高等教育区（EHEA）的建立。2005年出台的两大法令以及《大学组织法修正法案》（LOMLOU）的颁布，标志着西班牙高等教育学位体制改革序幕的拉开，学位体制正式由传统的"3+2+2"变为了本硕博"4+1+3"，更加符合欧洲高等教育区（EHEA）的学位体系要求。《大学组织法修正法案》同时也强调了要促进师生和学生的流动。西班牙高等教育的这一大方向改革对于工程教育来说至关重要。与其他学科相比，工程教育更需要国际化的研究环境，以先进的技术、国际化的视野为依托加以推进。博洛尼亚进程让西班牙高等教育融入了国际化的大学体系，促进了学生流动，提供了更多的国际化资源，这为西班牙工程教育走向国际化舞台建立了基础。《大学组织法修正法案》还规定了学位认证体系，对于西班牙工程教育来说，这一认证体系不仅促进了西班牙大学内部的学位注册，还受到了欧洲工程教育认证网络（ENAEE）的认可。这种专门性的认证体系不仅保证了西班牙工程教育质量，促进工程教育人才培养模式的改革，还促进了西班牙工程师的国际化，提高了专业知名度。

2010年7月，西班牙政府出台第861/2010皇家法令（BOE-A-2010-10542），修改《大学组织法修正法案》（LOMLOU）中有关博洛尼亚协议实施的多个方面，其中包含西班牙高等教育专业认证，以及Erasmus Mundus国际联合培养专业认证，以确保西班牙高等教育改革充分满足博洛尼亚进程要求的教育质量，以及欧洲范围内的教育合作。2011年，西班牙发布第99/2011法令（BOE-A-2011-2541），规定全日制博士学位为3年，非全日制博士学位为5年，可延期毕业1~2年。2021年9月28日，《大学组织法修正法案》（LOMLOU）（Real Decreto 1393/2007）（BOE-A-2007-18770）被废除，由《大学组织与质量保障程序法案》（Real Decreto 822/2021）（BOE-A-2021-15781）正式取代。该法案对西班牙高等教育有关博洛尼亚进程所做出的改革与调整的相关内容进行了全面整合，并以较大篇幅对高等教育质量保障程序做出了严格规定。

至此，西班牙政府对博洛尼亚进程所要求的六大方面内容都制定及出台了相应的法令，大力推进博洛尼亚进程在西班牙的全面实施。

小结

西班牙政府出台了一系列政策，以应对第四次工业革命以及博洛尼亚进程给西班牙的工业与工程教育所带来的挑战。《西班牙2030年新工业政策的一般指导方针》阐明了西班牙工业发展目前面临的挑战，主要有数字化转型以及与可持续发展相关的生态转型，并提出十大"产业政策行动轴"对策。西班牙工业互联4.0战略也对西班牙工业数字化转型提出了一系列支援计划。对接该战略，西班牙多所高校设置了工业互联4.0相关专业。西班牙虽是最早签署博洛尼亚协议的国家之一，但直到2003年，西班牙政府才出台有关建立欧洲学分转换体系（ECTS）的法令（Royal Decree 1125/2003）（BOE-A-2003-17643），正式开启了西班牙博洛尼亚改革的序幕。随后，西班牙政府对于2001年颁布的《大学组织法》（LOU）（西班牙语：Ley Orgánica 6/2001）（BOE-A-2001-24515）进行了系统全面的修改，陆续出台了《大学组织法修正法案》（LOMLOU）（西班牙语：Real Decreto 1393/2007）（BOE-A-2007-18770）以及第861/2010皇家法令（BOE-A-2010-10542），以期西班牙高等教育能够全面满足博洛尼亚进程的各项要求。2021年，《大学组织法修正法案》（LOMLOU）被废除，由《大学组织与质量保障程序法案》（西班牙语：Real Decreto 822/2021）（BOE-A-2021-15781）正式取代。该法案对西班牙高等教育有关博洛尼亚进程所做出的改革与调整的相关内容进行了全面整合，并以大篇幅对高等教育质量保障程序做出了严格规定。至此，西班牙政府出台应对博洛尼亚改革的多项法令，全面覆盖博洛尼亚进程所要求的六大方面。由此可见，博洛尼亚进程正在西班牙全面推进。

在应对第四次工业革命中，西班牙工程教育应扮演重要角色，包括提供人才支持以及知识储备等。但是在西班牙工业互联4.0战略中，西班牙政府将应对第四次工业革命的重心放在了工业界，而非工程教育。在工程教育方面，仅仅是在一些高校设立了工业互联4.0相关专业。这是远远不够的。西班牙政府应完善工业互联4.0战略，将工业互联4.0的思想与理念融入西班牙高校所有工程学科。只有所有工程学科一同发力，贡献智慧与人才，才能够在真正意义上推动西班牙的第四次工业革命。

西班牙政府虽然出台了全面覆盖博洛尼亚进程所要求的六大方面的法令，但是不少西班牙学者指出，政府仅仅出台了这些法令，但是相关配套资源与制度还非常匮乏。这使得博洛尼亚改革在西班牙高校中的满意度持续偏低，博洛尼亚进程在西班牙高等教育中全面推进遇到了阻碍。西班牙政府需及时与高校沟通交流，了解这些阻碍的实情与原因，出台相关配套政策，真正将博洛尼亚改革落实到西班牙所有高校的工程教育中。

工程教育认证与工程师制度

一、工程教育评估与认证

（一）西班牙国家质量评估和认证机构（ANECA）

1. 西班牙国家质量评估和认证机构（ANECA）概述

西班牙国家质量评估和认证机构（西班牙语：Agencia Nacional de Evaluación de la Calidad y Acreditación，ANECA）是西班牙最主要的高等教育外部质量评估与认证机构。

依据西班牙议会于 2001 年 12 月 21 日通过的《大学组织法》（LOU）（BOE-A-2001-24515）的授权，ANECA 由西班牙内阁于 2002 年创建。创建之初，该机构的性质为西班牙教育部基金会。2007 年修订的《大学组织法》（LOU）（BOE-A-2007-7786）对该机构的职能范围进行扩展。2014 年通过的西班牙法令（BOE-A-2014-9467）赋予 ANECA 国家行政自治机构的地位，并使其隶属于西班牙教育文化体育部（现：西班牙教育与职业培训部）。

ANECA 旨在通过指导、评估和认证等活动，保障西班牙高等教育质量，促进高等教育的持续提升和创新，从而为巩固欧洲高等教育区（EHEA）的建立做出贡献。该机构目前的主要职能包括学士、硕士和博士层次专业评估与认证，学术机构评估，高校教师评估以及高校教师研究成果评估。该机构认证高校包括工程学科在内的各种学科领域的专业。

ANECA 是欧洲工程教育认证网络（ENAEE）的成员，因此通过该机构认证的工程教育专业，都将被授予具有国际及欧洲影响力的 EUR-ACE 质量标签。另外，该机构在欧洲高等教育质量保障机构注册局（EQAR）注册，同时也成了欧洲高等教育质量保障协会（ENQA）会员，证明该机构的工程教育专业认证标准完全符合《欧洲高等教育区质量保障标准和指南》（简称《欧洲标准和指南》，

ESG）的要求。该机构还是西班牙大学质量机构网络（REACU）的活跃成员。ANECA 加入这些欧洲及本土质量保障机构，使西班牙工程教育专业认证具备了实质等效和国际可比的特性，从而促进了西班牙工程人才的国际流动。

2. 西班牙国家质量评估和认证机构（ANECA）组织体系

依据 2014 年西班牙法令（BOE-A-2014-9467）和《西班牙国家质量评估和认证机构章程》（BOE-A-2015-13780），ANECA 构建了三层式的组织体系，如图 4-15 所示。

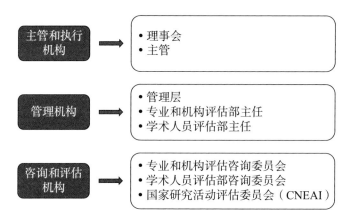

图 4-15　西班牙国家质量评估和认证机构（ANECA）的组织体系

资料来源：ANECA. Structure [EB/OL]. [2022-07-05]. http://www.aneca.es/eng/ANECA/Who-are-we/Structure.

第一层为主管和执行机构，包含理事会和主管。理事会是 ANECA 的主要管理机构，负责控制和监督 ANECA 的各项活动，并让高等教育中的利益相关者充分知情。学生、西班牙公立大学社会团体会议代表、工会和全国商业组织联合会代表，以及负责高等教育的地区行政代表等来自不同附属机构的 9 人组成了理事会。理事会任命一位主管，独立形成执行机构，负责 ANECA 的日常管理。

第二层为管理机构，包括一位管理层人员、一位专业和机构评估部主任和一位学术人员评估部主任。专业和机构评估部主任主要管理专业和机构评估，而学术人员评估部主任则负责学术人员评估的管理工作。管理层人员负责协调 ANECA 的各项职能。

第三层为咨询和评估机构，包括专业和机构评估咨询委员会、学术人员评估部咨询委员会以及国家研究活动评估委员会。前两个委员会是 ANECA 的技术部门。[①] 2021 年 3 月 29 日确定了最新一届的专业和机构评估咨询委员会成员，其中包括 1 位主席、6 位学者、1 位学生和 1 位职场人士[②]。新一届的学术人员评估部咨询委员会则在 2021 年 7 月 12 日得以确定，包括 1 位主席、9 位学者和 1 位研究人员[③]。国家研究活动评估委员会（CNEAI）由 1 位主席、1 位副主席、每个自治区一位代表、12 位学者和研究人员、1 位秘书组成[④]，是 ANECA 内负责评估研究活动的机构。

（二）工程教育专业认证

依据西班牙法律，西班牙高校有权自主设立新的学士、硕士和博士学位专业。高校设立新专业前必须向西班牙大学理事会（CU）提交申请，该理事会则会要求高校提供一份质量保证机构（比如 ANECA）出具的该专业的评估报告[⑤]。西班牙签署博洛尼亚协议以及欧洲高等教育区（EHEA）的建立，促使西班牙立法保障本国高等教育质量。2007 年出台的第 1393/2007 号皇家法令（BOE-A-2007-18770）规定，大学学位专业必须通过外部评估才能正式设立或继续运营[⑥]。因此，西班牙高校中的所有专业都必须接受评估。

ANECA 是西班牙最主要的高等教育评估与认证执行机构。西班牙并未为工程教育设立专门的评估与认证机构。绝大多数西班牙高校专业，包括工程教育专业，都选择接受 ANECA 的评估与认证服务。值得注意的是，ANECA 的多个文件和官方网站中，混用专业评估和专业服务两个词。同时，该机构提供的专业评估服务，其本质为专业认证。故下文统一使用"专业认证"一词。

ANECA 的工程教育专业认证服务包含四个步骤，分别是提案认证（VERIFICA）、跟踪监督（MONITOR）、专业认证（ACREDITA）以及标签授予

① ANECA. Structure [EB/OL]. [2022-07-05]. http://www.aneca.es/eng/ANECA/Who-are-we/Structure.

② ANECA. Composición de la Comisión de Asesoramiento para la Evaluación de Enseñanzas e Instituciones de ANECA [EB/OL]. [2022-07-05]. http://www.aneca.es/eng/ANECA/Who-are-we/Structure/Advisory-and-evaluation-bodies.

③ ANECA. Composición de la Comisión de Asesoramiento para la Evaluación del Profesorado de ANECA [EB/OL]. [2022-07-05]. http://www.aneca.es/eng/ANECA/Who-are-we/Structure/Advisory-and-evaluation-bodies.

④ ANECA. Composición de la Comisión Nacional Evaluadora de la Actividad Investigadora (CNEAI) [EB/OL]. [2022-07-05]. http://www.aneca.es/eng/ANECA/Who-are-we/Structure/Advisory-and-evaluation-bodies.

⑤ ANECA. ACREDITA Scope [EB/OL]. [2022-07-06]. http://www.aneca.es/eng/Evaluation-and-reports/Programme-evaluation-procedure/ACREDITA/Scope.

⑥ ÁLVAREZ M D, MATA M, CAÑAVATE J, et al. Accreditation of Spanish Engineering Programs, first experiences. The case of the Terrassa School of Engineering [J]. Multidisciplinary Journal for Education, Social and Technological Sciences, 2016, 3 (1): 133–151.

（SIC），如图4–16所示。西班牙所有工程教育专业认证都必须完成前三个步骤，而最后一个步骤是可选步骤。

图 4–16　西班牙国家质量评估和认证机构（ANECA）的工程教育专业认证步骤

1. 提案认证（VERIFICA）

ANECA 的工程教育专业评估与认证服务的第一个步骤是提案认证（VERIFICA）。西班牙大学的学位专业都必须在大学、中心和学位注册处（RUCT）进行注册，在注册之前必须进行一系列的专业提案认证程序。因此，提案认证又称为事前认证，即开设专业前对专业提案的认证。设置提案认证（西班牙语：VERIFICA）的主要目的是依据欧洲高等教育区（EHEA）的标准来认证专业提案，以确保新专业的质量。

1）提案认证（VERIFICA）标准

大学、中心和学位注册处（RUCT）要求，高校准备专业提案需符合不同的标准。如表4–4所示，学士、硕士专业提案有十大认证标准，分别是学位专业描述、学位专业证明、能力、学生录取、教学计划、人力资源、物质资源与服务、预期成果、质量保障系统、计划介绍[1]。博士专业提案核查需符合八大标准，分别是博士学位专业描述，能力，学生入学和录取，教育活动，学位专业组织，人力资源，在读博士可用的物质资源与支持，博士学位专业审查、改进和结果[2]，详见表4–4。

---

① REACU. Evaluation protocol for verification of official university degrees (Bachelor's and Master's) [R/OL]. (2011-02-17) [2022-07-02]. http://www.aneca.es/eng/Evaluation-and-reports/Programme-evaluation-procedure/VERIFICA/Bachelor-s-Degree-and-Master-s-Degree/Assessment-protocols-and-supporting-documents.

② REACU. Evaluation protocol for the accreditation ex-ante of official doctoral studies [R/OL]. (2011-02-17) [2022-07-02]. http://www.aneca.es/eng/Evaluation-and-reports/Programme-evaluation-procedure/VERIFICA/Doctoral-Degree/Documentation-and-tools.

表 4-4　ANECA 工程教育专业评估与认证中的提案认证（VERIFICA）标准

学士、硕士专业提案认证标准	博士专业提案认证标准
学位专业描述	博士学位专业描述
学位专业证明	
能力	能力
学生录取	学生入学和录取
教学计划	教育活动
	学位专业组织
人力资源	人力资源
物质资源与服务	在读博士可用的物质资源与支持
预期成果	
质量保障系统	博士学位专业审查、改进和结果
计划介绍	

资料来源：REACU. Evaluation protocol for the accreditation ex-ante of official doctoral studies [R/OL]. (2011-02-17) [2022-07-02]. http://www.aneca.es/eng/Evaluation-and-reports/Programme-evaluation-procedure/VERIFICA/Doctoral-Degree/Documentation-and-tools.

2）提案认证（VERIFICA）程序

学士、硕士和博士学位专业的提案认证（VERIFICA）采用相同的程序，如图 4-17 所示。大学制定一份学位专业提案，其中描述学位专业的指导方针或特征（预期学习成果、课程、学生入学和录取、人力资源等）。大学将学位专业提案发送给大学理事会（CU）以进行认证，大学理事会（CU）要求 ANECA 的评估委员会出具评估报告。ANECA 将报告发给申请的大学、大学理事会（CU）和西班牙教育与职业培训部。大学理事会（CU）收到报告后，将发布核查决议。对于该决议，大学可以向大学理事会主席（CU）提出上诉。在获得自治区的授权和大学理事会（CU）对于学位专业的确认后，西班牙教育与职业培训部将向政府相关部门提交关于认可建立学位专业和在大学、中心及学位注册处（RUCT）注册的提案。学位专业被正式认可，其事前认证也随之完成 [①]，详见图 4-17。

[①] ANECA. VERIFICA Procedure [EB/OL]. [2022-07-06]. http://www.aneca.es/eng/Evaluation-and-reports/Programme-evaluation-procedure/VERIFICA/Bachelor-s-Degree-and-Master-s-Degree/Procedure.

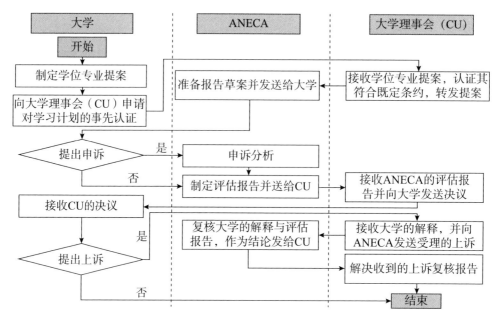

图 4-17 ANECA 工程教育专业评估与认证中的提案认证（VERIFICA）程序

资料来源：ANECA.General guidelines for processes [EB/OL]. [2023-04-17]. http:www.aneca. es/em/general-guidelines-for-processes.

2. 跟踪监督（MONITOR）

在正式注册学位专业后，ANECA 立即开始跟踪监督（MONITOR），以评估学位专业是否按照通过的提案执行。

1）跟踪监督（MONITOR）标准

ANECA 对学士、硕士和博士层次的专业进行跟踪监督（MONITOR），依据七大标准，分别是组织与传授，信息与透明度，内部质量评估系统（IQAS），学术人员，物质资源和服务，表现指标，建议、意见与承诺[①]。这些标准与专业认证（ACREDITA）步骤中使用的标准一致，重点关注对学位专业实施过程影响最大的方面。

2）跟踪监督（MONITOR）程序

ANECA 每年会通知大学有关需要进行跟踪监督（MONITOR）的学位专业。大学需在线递交相关学位专业的《信息收集表》。随后，ANECA 会指派评估人员对相关专业进行评估。完成评估后，ANECA 将检查每所高校学位专业评估的一致性，并形成学位专业监督报告，且将报告发送给相应的大学和自治区。最后，ANECA 将学位专业监督报告发布在网站上。

---

① ANECA. Guide to official Bachelor's Degree and Master's Degree programme follow-up processes MONITOR Procedure [R/OL]. (2016-11-16) [2022-07-04]. http://www.aneca.es/eng/content/view/full/13282.

学位专业跟踪监督（MONITOR）从该学拉专业在大学、中心和学位注册处（RUCT）注册后的学年开始，每年开展一次，直到完成专业认证（ACREDITA）后结束。依据 2007 年出台的第 1393/2007 号皇家法令（BOE-A-2007-18770）规定，拥有 240 个、300 个、360 个 ECTS 学分的学士专业，需要分别开展最长 6 年、7 年、8 年的跟踪监督（MONITOR），硕士专业和博士专业需要分别开展最长 4 年和 6 年的跟踪监督（MONITOR）。[①]

3. 专业认证（ACREDITA）

在学位专业成功注册后，ANECA 会通过专业认证（ACREDITA）步骤，定期认证学位专业的实施情况，评估学习成果，以便更新学位专业的资格认证情况。由于该认证是在专业设置之后，故又被称为事后认证[②]。

1）专业认证（ACREDITA）标准

ANECA 专业认证（ACREDITA）标准遵循《欧洲标准和指南》（ESG）的要求。该标准分为专业管理、资源、结果这三个维度。维度一和维度二主要认证专业是否按照提案承诺开展，维度三用以认证专业取得的结果是否可以证明认证更新的合理性。[③]在这 3 个维度之下，又设计了具体的认证标准，如表 4–5 所示。这些标准与提案认证（VERIFICA）和跟踪监督（MONITOR）中设置的标准相关联。

表 4–5　ANECA 工程教育专业评估与认证中的专业认证（ACREDITA）标准

维　　度	具　体　标　准
专业管理	组织与传授
	信息与透明度
	内部质量保障系统
资源	学术人员
	后援人员、物质资源与服务
结果	学习成果
	满意度与表现指标

资料来源：ANECA. ACREDITA Programme：Accreditation of recognized Bachelor, Master and Doctorate degree programmes evaluation model criteria and guidelines [EB/OL]. [2022-07-07]. http://www.aneca.es/eng/Evaluation-and-reports/Programme-evaluation-procedure/ACREDITA/Aims-and-Evaluation-Criteria.

---

① ANECA. MONITOR Procedure [EB/OL]. [2022-07-06]. http://www.aneca.es/eng/content/view/full/13281.

② ANECA. ACREDITA Scope [EB/OL]. [2022-07-06]. http://www.aneca.es/eng/Evaluation-and-reports/Programme-evaluation-procedure/ACREDITA/Scope.

③ ANECA. ACREDITA Programme: Accreditation of recognized Bachelor, Master and Doctorate degree programmes evaluation model criteria and guidelines [EB/OL]. [2022-07-07]. http://www.aneca.es/eng/Evaluation-and-reports/Programme-evaluation-procedure/ACREDITA/Aims-and-Evaluation-Criteria.

2）专业认证（ACREDITA）程序

ANECA 为专业安排了完整、全面且有多方参与的认证程序，具体包含 5 个环节。

第 1 个环节是 ANECA 与大学沟通。ANECA 每年都会与各所大学举行单独会议，主要讨论学位专业的更新认证计划。在这些会议上，ANECA 向大学简要介绍专业认证（ACREDITA）程序中新的部分，并收集大学对专业认证（ACREDITA）程序执行的投诉和建议。

第 2 个环节是大学编写自评报告。大学依据 ANECA 建立的模板对每个需要重新认证的专业编写自评报告，并在规定期限内向 ANECA 线上提交报告。

第 3 个环节是同行评议专家实地考察。ANECA 收到报告后，将组建一个专家审查组，并且为每个专家审查组配备一些评估员。专家审查组审查每个专业提交的文件和报告，并进行大学实地考察和参与听证会等工作，以编写专家审查组报告。专家审查组在完成大学实地考察后，将向大学发送实地考察完成证书。该证书必须由大学提交给所属自治区，由自治区根据法规处理 ANECA 的资格认证续期申请。

第 4 个环节是 ANECA 形成认证报告。ANECA 的认证委员会（Accreditation Committee）将通过大学自我评估报告、专家小组报告和所掌握的其他该学位项目的有关信息来进行评估。认证委员会由多位学术代表、一位职场代表、一位学生代表和一名 ANECA 成员共同担任秘书。秘书将专家审查组报告、大学自评报告和其他专业相关的信息分配给几位同行评审员评审。同行评审员将在评估会上陈述他们的评审结果。认证委员会起草认证报告，并向大学出具。该草拟认证报告依据每个专业认证（ACREDITA）标准给出结果，结果包括符合标准以及需要改进的方面。大学可以在 20 个工作日内对草拟认证报告做出接受或投诉、制订改进计划等措施的表示。随后，认证委员会秘书将大学提交的这些信息转发给同行评审员。同行评审员将这些信息与草拟认证报告放在一起分析，并在评估会上陈述他们的结论。认证委员会将在该会议上确定最终认证报告。最终认证报告依据每个专业认证（ACREDITA）标准给出结果。通过更新认证专业的认证报告将包含学位专业的改进建议，以及未来的跟踪监督（MONITOR）和下次专业认证（ACREDITA）的注意点。最终报告将发布在 ANECA 网站上。该报告由 ANECA 发送给大学理事会（CU）、大学和自治区。大学理事（CU）会发布是否续期认证的最终决议。未通过更新认证的专业会被取消。ANECA 要求各个大学在大学网站上发布最终认证报告。

第 5 个环节是大学申诉。大学可以在决议收到后的一个月内向大学理事会（CU）提出上诉。如果大学理事会（CU）接受大学的申诉，ANECA 的保障和计划委员会将审查最终认证报告中不符合标准的方面，并将在最迟一个月内发布相关报告。①

4. 标签授予（SIC）

为了进一步提高国家认可度，ANECA 和相关机构合作，向相关学位专业提供符合国际认可标准的学位质量印章（SIC）。通过提案认证（VERIFICA）、跟踪监督（MONITOR）和专业认证（ACREDITA）的学士和硕士专业有权申请标签授予（SIC）。与之前的 3 个认证步骤不同，标签授予（SIC）并非强制要求，并不是专业接受认证的必经步骤。专业如果有意申请标签授予（SIC），必须在完成专业认证（ACREDITA）的两年内提出申请②。

有两种质量标签可供西班牙学士和硕士层次工程教育专业选择。第一种是 EUR-ACE 质量标签。ANECA 与西班牙工程学院（西班牙语：Instituto de la Ingeniería de España，IIE）合作，向西班牙学士和硕士层次工程教育专业，加注由欧洲工程教育认证网络（ENAEE）授权的 EUR-ACE 质量标签。第二种是远程学习和混合教育标签（The Label for Distance Learning and Hybrid Education，ENPHI）。ENPHI 是西班牙第一个专业认证机构专属的国际质量标签③。拥有 51% 及以上在线学分的西班牙及国外的学士和硕士层次专业，可以申请 ENPHI 质量标签。

专业在完成标签授予（SIC）评估过程后，标签认证委员会将给出三种可能的结果。第一种是授予标签。学位专业对应所有的标签授予（SIC）评估标准，都获得 A 等（优秀）或 B 等（及格）评估结果的，将被授予质量标签，质量标签的使用有效期为 6 年。第二种是有条件授予标签。学位专业在大多数评估标准中获得 A 等（优秀）或 B 等（及格），但在某个标准上获得 C 等（部分及格），将被授予有条件质量标签，质量标签的使用有效期至多为 3 年。第三种是不授予标签。对于不符合评估标准的专业，将不授予标签。④

① ANECA. Steps in the Accreditation Procedure [EB/OL]. [2022-07-07]. http://www.aneca.es/eng/Evaluation-and-reports/Programme-evaluation-procedure/ACREDITA/Steps-in-the-Accreditation-Procedure.

② ANECA. Degrees that can apply for these labels [EB/OL]. [2022-07-07]. http://www.aneca.es/eng/Evaluation-and-reports/Programme-evaluation-procedure/SIC/Degrees-that-can-apply-for-these-labels.

③ ANECA. By Distance Learning and Hybrid Education modality [EB/OL]. [2022-07-07]. http://www.aneca.es/eng/Evaluation-and-reports/Programme-evaluation-procedure/SIC/By-Distance-Learning-and-Hybrid-Education-modality.

④ ANECA. Outcomes for the International Quality Labels [EB/OL]. [2022-07-07]. http://www.aneca.es/eng/Evaluation-and-reports/Programme-evaluation-procedure/SIC/Outcomes-for-the-International-Quality-Labels2.

二、工程师制度与工程师协会

（一）工程师制度

西班牙工程师制度与世界上主流的工程师制度相比差异较大。西班牙工程师制度未有专业名称，类似于德国的文凭工程师制度。西班牙不评定工程师头衔，也没有专门组织颁发工程师的从业许可证或执照。在西班牙，凡是从高等教育机构中工程教育专业毕业的毕业生，在获得学位的同时，就已经是一名合格的工程师了，有资格独立从业。工科学位证书就能够证明他们的工程师资质。西班牙的工程教育是以培养成品工程师为目标的成才教育，因此西班牙的工程教育和工程师制度是合二为一的整体。

西班牙工程师制度在博洛尼亚进程前后有所变化。在博洛尼亚进程之前，西班牙共有三种类型的工程师，分别是技术工程师（西班牙语：Ingeniero Técnico）、工程师（西班牙语：Ingeniero）、博士学位（Doctor）工程师。工科学生在西班牙高等教育的第一阶段，经过 3 年的基础学科学习，学业完成后可获得技术工程师（西班牙语：Ingeniero Técnico）学位。工科学生在西班牙高等教育的第二阶段，经过两年的专业学科学习，将获得工程师 Ingeniero）学位，又称为高级工程师（西班牙语：Ingeniero Superior）。技术工程师只允许主持小规模的工程项目，而工程师被则被允许主持规模更大的工程项目。工科学生在西班牙高等教育的第三阶段，经过至少 3 年的研究型学习后，方可获得博士学位（Doctor），即为博士学位工程师。

博洛尼亚进程推动了西班牙学位制度体系的改革，西班牙的工程师制度也进行了相应调整。在博洛尼亚进程之后，西班牙 4 年制的学士学位（Grado）和 1～2 年制的硕士学位（西班牙语：Máster）分别取代了博洛尼亚进程前的技术工程师（西班牙语：Ingeniero Técnico）学位和工程师（西班牙语：Ingeniero）学位；而博士学位的学制未变，但将学位的西班牙名称从 Doctor 更改为 Doctorado。

（二）工程师协会

在西班牙，工程师加入工程师协会并非强制要求，但绝大多数工程师加入了他所在领域的工程师协会。工程师能够从工程师协会获得工作保险、工作援助、最新的法律法规信息以及终身学习的机会。

西班牙的工程师协会众多，有联邦的工程师协会，自治区的工程师协会，也有私立的工程师协会。在这其中有两大主流的工程师协会，西班牙工程师学会（Instituto de la Ingeniería de España，IIE），以及西班牙工程与技术工程师毕业生学会（Instituto de Graduados en Ingeniería e Ingenieros Técnicos de España，INGITE）。
这两大协会皆为西班牙联邦工程师协会。大多数的工程师会选择加入这两大工程
师协会中的一个。西班牙工程师学会（IIE）的成员主要由拥有硕士或博士学位的
高级工程师组成，而拥有4年制的学士学位（Grado）的工科毕业生或技术工程师
（西班牙语：Ingeniero Técnico）大多选择加入西班牙工程与技术工程师毕业生学会
（INGITE）。与世界上大多数国家的工程师协会的主要职能不同，工程师职业资格
的评定并非这两个工程师协会的职能，因为西班牙的工程师资质来源于工程学位。
这两个工程师协会于2020年10月14日签署共同协议，结成战略合作伙伴关系①。

1. 西班牙工程师学会

西班牙工程师学会（IIE）是创建于1905年的非营利性组织，是西班牙最早
创办的工程师协会联合会。1905年1月15日，在工业工程师巴勃罗·卡塞雷斯·德
拉托雷（西班牙语：Pablo Cáceres de la Torre）的倡议下，当时的5个工程师协
会——农艺工程师协会，道路、河道、港口工程师协会，工业工程师协会，采矿
工程师协会以及林业工程师协会，合并为土木工程师协会，这便是西班牙工程学
院（IIE）的雏形。后来，工程分支领域组织——海军工程师协会（1943年加入）、
航空工程师协会（1951年加入）、电信工程师协会（1952年加入）和天主教艺术
与工业学院（西班牙语：Instituto Católico de Artes e Industrias，ICAI）（1965年加入）
也纷纷加入土木工程师协会。1979年，土木工程师协会正式更名为西班牙工程学
院（IIE）。1988年，军事工程师加入西班牙工程师学会（IIE）。自2014年起，由
费利佩国王六世（King Felipe VI）担任西班牙工程师学会（IIE）的名誉院长。②

作为西班牙工程师协会联合会，西班牙工程师学会（IIE）集结了九大工程
分支的工程师协会，分别是西班牙航空工程师协会（西班牙语：Asociación de
Ingenieros Aeronáuticos de España）、国家农业工程师协会（西班牙语：Asociación
Nacional de Ingenieros Agrónomos）、土木、河道、港口工程师协会（西班牙语：
Asociación de Ingenieros de Caminos，Canales y Puertos）、西班牙工业工程师协会联
合会（西班牙语：Federación de Asociaciones de Ingenieros Industriales de España）、天
主教艺术与工业学院国家工程师协会（西班牙语：Asociación Nacional de Ingenieros
del I.C.A.I.）、国家采矿工程师协会（西班牙语：Asociación Nacional de Ingenieros de
Minas）、森林工程师协会（西班牙语：Asociación de Ingenieros de Montes）、西班牙

---

① INGITE. Declaración institucional de la Ingeniería e Ingeniería Técnica española [EB/OL]. [2022-07-22]. https://www.ingite.es/declaracion-institucional.

② IIE. Quienes Somos [EB/OL]. [2022-07-22]. https://www.iies.es/nosotros.

海军和海洋工程师协会（西班牙语：Asociación de Ingenieros Navales y Oceánicos de España）、西班牙电信工程师协会（西班牙语：Asociación Española de Ingenieros de Telecomunicación）。[①]为了引导各个工程分支领域朝着规范的方向发展，西班牙工程师学会（IIE）还构建了 20 个技术委员会，涵盖工程与可持续发展，海事，农村事务，沟通与披露，国防技术，立法发展，建筑，能源与自然资源，空间，业务管理，产业化，基础设施，发现工程人才，发明创造，研究、发明与创新，青年，计量，数字社区，交通，大学、培训与公司这些领域[②]。

西班牙工程师学会（IIE）拥有超过 10 万名不同专业的工程师，他们在国家各个自治区的私人和公共领域开展活动。

西班牙工程师学会（IIE）拥有一系列重要职能：

（1）促进工程发展，服务于社会全面发展和社会共同利益；

（2）通过工程领域的推广和合作，提高工程的国际声望；

（3）整合和协调学院中所有工程领域不同成员的行动；

（4）代表西班牙工程领域，与国际工程组织形成合作关系；

（5）面对公共行政机构、任何类型的公共或私人实体、所有司法管辖区和司法管辖程度的司法行政，在工程领域中代表和捍卫工程学；

（6）促进工程学教学以及长期培训的改进；

（7）法律体系赋予的、未来授予的、由学院成员授权的，或隐含在学院章程中的任何其他职能或目的。[③]

西班牙工程师学会（IIE）加入了多个国际工程组织，使得西班牙在这些重要工程组织中具备发言权，在设计全球工程战略中贡献了西班牙工程师的力量。这些国际工程组织包括世界工程组织联合会（WFEO），欧洲国家工程协会联合会（FEANI），泛美工程协会联盟（UPADI），欧洲工程教育认证网络（ENAEE）。[④]

2. 西班牙工程与技术工程师毕业生学会

西班牙工程与技术工程师毕业生学会（INGITE）是不同技术工程分支的工程师协会联合会，其性质是非营利组织[⑤]。目前该学会拥有超过 30 万名专业人士

① IIE. Quienes Somos [EB/OL]. [2022-07-22]. https://www.iies.es/nosotros.

② IIE. COMITÉS TÉCNICOS DEL IIE [EB/OL]. [2022-07-22]. https://www.iies.es/comites.

③ IIE. Quienes Somos [EB/OL]. [2022-07-22]. https://www.iies.es/nosotros.

④ IIE. Participación Internacional [EB/OL]. [2022-07-22]. https://www.iies.es/internacional.

⑤ INGITE. Estatutos Sociales Del Instituto de Graduados en Ingeniería e Ingenieros Técnicos de España [R/OL]. [2022-07-22]. https://www.ingite.es/wp-content/uploads/2021/06/NUEVOS-ESTATUTOS-INGITE.pdf.

和学生会员。

西班牙工程与技术工程师毕业生学会（INGITE）联合了 11 个工程分支的工程师协会，分别是航空工程师和航空技术工程师学院与协会（西班牙语：Colegio y Asociación de Ingenieros Aeroespaciales y de Ingenieros Técnicos Aeronáuticos），西班牙农业技术工程师官方协会总理事会（西班牙语：Consejo General de Colegios Oficiales de Ingenieros Técnicos Agrícolas de España），林业技术工程师协会、林业技术工程师和林业与自然环境工程毕业生官方学院（西班牙语：Asociación de Ingenieros Técnicos Forestales y Colegio Oficial de Ingenieros Técnicos Forestales y Graduados en Ingeniería Forestal y del Medio Natural），科米利亚斯主教大学天主教艺术与工业学院工程和技术工程师毕业生协会（西班牙语：Asociación de Graduados en Ingeniería e Ingenieros Técnicos del ICAI y Universidad Pontificia Comillas），西班牙工业技术工程师协会和工业工程毕业生联盟（西班牙语：Unión de Asociación de Ingenieros Técnicos Industriales y Graduados en Ingeniería de la Rama Industrial España），计算机科学技术工程官方学院总理事会（西班牙语：Consejo General de Colegios Oficiales de Ingeniería Técnica en Informática），矿业和能源技术工程师与学位委员会和总协会（西班牙语：Consejo y Asociación General de Ingenieros Técnicos y Grados en Minas y Energía），学位、专家和海军技术工程师官方学院（西班牙语：Colegio Oficial de Grados，Peritos e Ingenieros Técnicos Navales），公共工程技术工程师学院（西班牙语：Colegio de Ingenieros Técnicos de Obras Públicas），西班牙电信毕业生和技术工程师官方协会和学院（西班牙语：Colegio Oficial y Asociación Española de Graduados e Ingenieros Técnicos de Telecomunicaciones），杰出的地质工程与地形官方学院（西班牙语：Iiustre Colegio Oficial de Ingeniería Geomática y Topografía）。[①]

西班牙工程与技术工程师毕业生学会（INGITE）的主要职能包括：为学院所代表的专业人士辩护；在机构层面代表工程领域发声；认证专业人士，以促进国际流动；通过欧洲国家工程协会联合会（FEANI）国家委员会在欧洲开展业务[②]。

小结

西班牙国家质量评估和认证机构（ANECA）是西班牙最主要的高等教育外

---

① INGITE. Entidades [EB/OL]. [2022-07-22]. https://www.ingite.es/que-es-el-ingite#.

② INGITE. Qué hacemos [EB/OL]. [2022-07-22]. https://www.ingite.es/que-es-el-ingite#.

部质量评估与认证机构，认证高校包括工程学科在内的各种学科领域的专业。西班牙高校有权自主设立新的学位专业，但在设立前须向西班牙大学理事会（CU）提交质量保证机构出具的该专业评估报告。因此，西班牙高校所有专业都必须接受评估。

　　ANECA 是西班牙最主要的高等教育评估与认证执行机构，绝大多数西班牙高校专业，包括工程教育专业，都选择接受该机构的评估与认证服务。ANECA 的工程教育专业认证服务包含提案认证（VERIFICA），跟踪监督（MONITOR），专业认证（ACREDITA）以及标签授予（SIC）这 4 个步骤。西班牙所有工程教育专业认证都必须完成前 3 个步骤，而最后一个步骤可选。提案认证（VERIFICA）是开设专业前对专业提案的认证。学士和硕士专业提案认证（VERIFICA）包括十大标准，而博士专业提案认证（VERIFICA）含八大标准。各个学位专业的提案认证（VERIFICA）采用相同的程序，即大学制定学位专业提案，ANECA 的评估委员会出具评估报告，西班牙教育与职业培训部将向政府相关部门提交关于认可建立学位专业和在大学、中心和学位注册处（RUCT）注册的提案。

　　在正式注册学位专业后，ANECA 立即开始跟踪监督（MONITOR），以评估学位专业是否按照通过的提案执行。ANECA 制定了跟踪监督（MONITOR）的七大标准。学位专业跟踪监督（MONITOR）从该学位专业在大学、中心和学位注册处（RUCT）注册后的学年开始，每年一次，直到完成专业认证（ACREDITA）后结束。专业认证（ACREDITA）步骤定期认证学位专业的实施情况，以便更新学位专业的资格认证情况。专业认证（ACREDITA）标准分为专业管理、资源、结果这 3 个维度。维度一和维度二主要认证专业是否按照提案承诺开展，维度三用以认证专业取得的结果是否可以证明认证更新的合理性。在这 3 个维度之下，又设计了具体的认证标准。专业认证（ACREDITA）包括 5 个环节，分别是ANECA 与大学沟通学位专业更新认证计划；大学编写自评报告；同行评议专家实地考察；ANECA 形成认证报告；大学申诉。ANECA 向相关学位专业提供符合国际认可标准的学位质量印章（SIC）。西班牙学士和硕士层次工程教育专业有两种质量标签选择，即 EUR-ACE 质量标签，远程学习和混合教育标签（ENPHI）。专业在完成标签授予（SIC）评估后，有三种可能的结果，分别是授予标签、有条件授予标签以及不授予标签。

　　西班牙的工程教育和工程师制度合二为一。凡是从高等教育机构工程教育专业毕业的毕业生，在获得学位的同时，就已经是一名合格的工程师，有资格独立从业。在博洛尼亚进程前，西班牙有技术工程师（西班牙语：Ingeniero Técnico）、工程师（西班牙语：Ingeniero）、博士学位（Doctor）工程师；在博洛尼亚进程之后，西班牙的工程师有所调整，分为学士学位（Grado）、硕士学位（Máster）、博士学位（Doctorado）。西班牙的工程师协会拥有两大主流的工程师协会，即西班牙工程师学会（IIE），以及西班牙工程与技术工程师毕业生学会（INGITE）。IIE 的成员主要由拥有硕士或博士学位的高级工程师组成，而拥有学士学位（Grado）的工科毕业生或技术工程师大多选择加入 INGITE。

西班牙工程教育的质量评估与认证体系完善，包含从专业设立前到专业设立后的认证管理，使得西班牙的工科专业从设立之前就奠定了高质量的标准。这种对于专业质量的层层把关，以及各个环节之间的紧密衔接与配合，非常值得我国学习。2020—2022 年，由于新冠疫情席卷全球，在线授课和混合教学成为工程教育的主要教学形式之一。提供专业质量标签是西班牙工程教育专业认证的一种创新。质量标签的提供有效保障了这些新型教学形式的质量，给予世界各国很好的启示。除此之外，西班牙工程教育和工程师制度的一体化，从另一个角度体现了西班牙工程教育健全的质量保障体系。

第七节

特色及案例

一、工程教育特色

（一）政府通过出台法令主导工程教育发展

西班牙工程教育最大的特点是政府主导。工程教育的改革与发展离不开政府的政策引领。不同于大多数国家颁布一些重点法规政策推动工程教育发展的情况，西班牙通过立法的形式，对工程教育改革进行规范。同时，自 18 世纪、19 世纪工程教育在西班牙起步至今，西班牙为推动工程教育发展，出台了各式各样的法令，数量之多，保证了西班牙工程教育的每一小步发展都由政府法令推动。

西班牙工程教育人才培养受到政府监管。政府特别出台一系列法令，规定受监管的工程师与建筑设计师职业的相应学位培养方案。这些法令规定的学位培养方案非常详细，包含学生必须从学位学习中获得的各项素质（competences）以及学位专业相应的教学计划等方面。由此可见，政府主导西班牙工程教育发展方向，通过出台各类法令，以确保工程教育质量，使之培养出工程领域国家所需要的人才。

（二）大力培养多种类型工程人才

西班牙重视国际化工程人才的培养。无论在本科层次，还是在研究生层次，西班牙高校的工程教育都设置了大量或西班牙语下英语双语教学英语教学的课程与专业。这既吸引了众多国际学生到西班牙学习工科，也拓展了西班牙本地工科学生的国际化视野。另外，西班牙高校本科层次工科专业都包含国际交流机会，大量西班牙工科学生会利用国际交流机会到其他国家学习先进的工程知识，这无疑增强了西班牙工程人才的全球胜任力。除以上两大途径之外，西班牙还大力推广欧洲多国合作的 Erasmus Mundus 联合培养硕士（EMJM）。该项目的工学专业由欧盟国家顶尖工科高校联合培养，充分发挥欧洲工程教育优势，使学生不仅能够获得西班牙优质的工程教育资源，也能够习得欧洲前沿的工程教育知识。这是西班牙培养顶尖工科人才的重要途径之一。

西班牙同样重视培养工程人才的实践能力与研究能力。西班牙高校鼓励有科研经验的公司雇员申请工业博士，从事与公司或公共管理部门相关的工业研究或实验开发项目。这种工业博士项目使博士研究生们带着公司工作中的难题，开展相关研究，有利于解决工业生产中的实际问题。这去除了高校与工业界之间知识转移的障碍，同样也增强了已经在工作岗位上的工程人才的研究与实践能力。

（三）工程教育与工程师制度合二为一，通过认证制度保证培养质量

与绝大多数国家的工程师制度不同，西班牙不评定工程师头衔。获得西班牙高校工程学位的毕业生，便是工程师，有资格从事与工程相关的工作。换句话说，西班牙工程教育培养的是成品工程师。西班牙拥有全面的专业质量保障体系，设立了国家质量评估和认证机构（ANECA），专门从事包括工程教育在内的高等教育专业评估与认证。这能够全方位保障成品工程师的培养质量。西班牙政府对于高等教育质量把关严苛，要求所有高校专业都必须接受专业评估与认证。西班牙工程教育专业认证包括提案认证（VERIFICA）、跟踪监督（MONITOR）、专业认证（ACREDITA）以及标签授予（SIC）这 4 个步骤。众多的认证步骤使得工程教育专业从设立之初到运营过程中的质量都被跟踪监督，层层把关，充分保证工程师成才教育的质量。

二、工程教育案例

（一）瓦伦西亚理工大学（UPV）

1. 瓦伦西亚理工大学简介

瓦伦西亚理工大学（UPV）是欧洲顶尖理工科大学之一。该校前身是瓦伦西亚高级理工学院（西班牙语：Instituto Politécnico Superior de Valencia，IPSV），最初由农业工程学院、建筑学院、土木工程学院、工业工程学院这四所高等技术学校合并而成，并于 1971 年 3 月更名为瓦伦西亚理工大学（UPV），是西班牙成立的第一批理工大学之一[①]。UPV 的一些学院有超过 100 年的历史。其中该校的 Alcoy 校区一直以来是工程师培训基地，已有 150 年历史。UPV 以其多年积累下来的知识和研究成果，跃升为西班牙著名高等学府之一。

UPV 在 2021 世界大学学术排名（ARWU：Shanghai Ranking）中位列西班牙理工类大学第 1，2022 QS 世界大学排名位列第 371。2022 年 QS 世界大学工程和技术学科排名中，UPV 位列第 141。UPV 在 2020 年西班牙本土的大学排名 U-ranking 中位列西班牙第 2。

2. 瓦伦西亚理工大学工程教育特色

1）科研实力雄厚

UPV 鼓励教师发展科研活动和科研项目。学校拥有 28 个研究学院以及 120 个专利项目、多个研究中心以及国内和国际机构与企业共同负责的应用研究项目。UPV 拥有超过 3 000 名研究人员、企业家、管理人员支持学校工作。同时学校拥有独特的技术设备，如来自欧洲航天局的设施、种子库、沉浸式神经技术实验室等[②]。UPV 还创建了科技园和创新科技城，不断加强其推动经济发展动力的职能和增加其对国家经济基础研究的影响。

2）注重在线管理教学进程

UPV 一直致力于为其教职员工开发辅助新型教学形式的技术支持，希望能够将信息技术与教育完美结合在一起。为此，在 2000 年，UPV 启动了开放理工大学项目，为 UPV 教师提供了管理教学的在线平台，使教师们能够通过在平台上创建和管理不同形式项目，为教育提供技术支持[③]。

[①] UPV. History [EB/OL]. [2022-07-30]. https://www.upv.es/organizacion/la-institucion/historia/index-en.html.

[②] UPV. Institutional brochure (Spanish version) [EB/OL]. [2022-07-30]. https://www.upv.es/organizacion/la-institucion/documentos/folleto-institucional-upv-esp.pdf.

[③] NAHARRO S M, LABARTA M A. E-Learning at the Polytechnic University of Valencia: A Bet for Quality [J]. Journal of Cases on Information Technology, 2007, 9 (2): 26–36.

（二）马德里理工大学（UPM)

1. 马德里理工大学简介

马德里理工大学（UPM），是西班牙办学规模最大、历史最悠久的专业性理工大学，其历史可以追溯到 17 世纪。在以往的 150 多年里，西班牙建筑和工程学历史中相当大的一部分是由马德里理工大学前身的各类学院书写的。[①] UPM 的各个学院历史非常悠久。最古老的是建筑设计学院，成立于 1752 年。海洋建筑工程师学院和矿学工程师学院、林业工程师学院与农业科学学院则于 19 世纪成立。建筑工程师学院。电子通信工程师学院是 UPM 1913 年成立的第一个学院，航空航天工程学院成立于 1928 年，体育教学中心成立于 1961 年。这些学院于 1971 年合并重组，成立了现在的 UPM。该校也是西班牙成立的第一批理工大学。UPM 成立后，又新增了两个学院——1977 年成立的计算机科学学院和 2005 年成立的地理研究学院。

UPM 不设置文、法、医等学院，专注于工程与技术领域。但因其卓越的教育与科研，UPM 长期保持着在西班牙工程技术界的领先地位，是欧洲著名的工科大学。[②] UPM 在 2020 年度西班牙本土的大学排名 U-ranking 中位列西班牙第 4。在 2022 年 QS 世界大学工程和技术学科排名中，UPM 位列世界第 58。因此被称为西班牙最好的理工类大学之一。UPM 作为欧洲工业管理者联盟（T.I.M.E.）、欧洲高等工程教育和研究大学会议联盟（CESAER）成员，与欧洲一流工程技术院校保持科研与人才培养合作。作为西班牙顶级的理工类大学，UPM 培养了多名各个科技领域的教育人员和研究人员，有不少是诺贝尔奖及国家建筑奖获得者，是现代科技的领航人。

2. 马德里理工大学工程教育特色

1）产学研融合紧密，科研力量强大

21 世纪以来，西班牙政府启动的大学科技园以及"国际卓越校园"（ICE）计划，为该校开放创新生态系统的构建和现代化进程提供了适宜的外部环境。2010 年，UPM 的两个"国际卓越校园"项目获得了认证，分别是蒙格罗 ICE，主要支持马德里康普顿斯大学（西班牙语：Universidad Compluteuse deMadrid，UCM）产学研协同伙伴关系；蒙特港瑟德 ICE，主要支持与高技术产业形成产学

---

① UPM. Historical Summary [EB/OL]. [2022-07-30]. https://www.upm.es/internacional/UPM/Historical%20 Summary.

② 同上。

研协同战略伙伴。①

UPM 成立了 13 所研究中心、5 所研究院及 3 所创新中心，为学生提供了顶尖的科研设备，极大便利了科研学习与工作。其每年 3.6 亿欧元的科研经费中有 1 亿欧元来自国外，是西班牙大学中获欧盟研发基金最多的大学（获该基金中近 15% 的研发项目）。

2）工科实力雄厚

UPM 为西班牙科学技术的发展与进步做出了巨大贡献，西班牙大部分科学技术的进步都离不开 UPM 的建筑与工程学院。根据 2021 年 QS 世界大学学科排名显示，UPM 的土木工程（世界第 35 位）、航空航天、矿物工程（世界第 38 位）、建筑学（世界第 39 位）、机械工程（世界第 70 位）等工程类专业，均处于西班牙顶尖及欧洲的一流水平，在全世界也享有盛誉。UPM 的人工智能硕士课程由其实力强劲的人工智能系（DIA）开设，已连续 8 年被评选为西班牙第二的计算机硕士课程和西班牙最佳人工智能硕士课程。在西班牙，UPM 凭借其雄厚的综合实力在航空航天、能源、电气、计算机科学、化工等领域的研究成果位居 2006 年至 2007 年西班牙世界报 EL MUNDO 公立大学综合排名第 1。依据 EL MUNDO 西班牙大学专业排名，UPM 的航空航天专业、建筑学专业、建筑技术专业、农业技术专业、信息技术管理专业、电信工程专业、工业工程专业和信息工程专业均为西班牙最顶尖。

3）国际化程度高

UPM 与 400 多所欧洲及世界其他地区的大学签有约 2 500 份学生交流协议，学生广泛享有赴国外交换学习及取得双学位证书的机会。UPM 与国外大学签署了 60 多个双学位协议，即学生在其最后的 3～4 个学期到国外大学学习，完成学业后即获本校与国外高校的双学位证书。每个学年有近千名学生到国外大学去学习，同时有近千名外国学生在 UPM 学习。在 UPM 做交换的中国学生大多来自清华大学。为推动和促进中西文化交流，UPM 推出了一项与中国交换学生的计划，西班牙 SANTANDER 银行是这项计划的资助商。

（三）加泰罗尼亚理工大学（UPC）

1. 加泰罗尼亚理工大学简介

加泰罗尼亚理工大学（UPC）是西班牙第一批理工大学，建立于 1971 年 3 月，

---

① 武学超. 基于开放创新生态系统逻辑的大学组织模式创新——以西班牙马德里理工大学为例 [J]. 外国教育研究，2015，42（5）：109–116.

由巴塞罗那高等工程学院（ETSEIB）、特拉萨高等工程学院（ETSEIT）和巴塞罗那高等建筑学院（ETSAB）合并而成，当时的校名为巴塞罗那理工大学（西班牙语：Universidad Politécnica de Barcelona，UPB）。[①] UPC 是一所致力于工程、建筑、科学和技术领域的研究和高等教育的公共机构，专注于工程技术领域人才培养和科学研究，仅设置理工类学科，未设置综合院校的文、法、医等学院。[②] 该校被誉为"西班牙最好的理工大学"，同时也是整个欧洲乃至世界范围内的一流工科大学，其建筑和理工科的多个专业处于世界顶尖水平。UPC 在 2022 US News 世界大学工程学排名中位列西班牙第 1。在 2022 年 QS 世界大学工程和技术学科排名中，UPC 位列西班牙第 2，欧洲第 23，世界第 60。细分工学的 2022 QS 全球排名，建筑学位列世界第 19，土木与结构工程位列世界第 29，电气与电子工程位列世界第 52，计算机科学与信息系统位列世界第 86，机械、航空与制造工程位列世界第 78。UPC 在 2020 年西班牙本土的大学排名 U-ranking 中位列西班牙第 2。

UPC 还与多所欧洲一流理工科院校组成联盟，包括欧洲顶尖工业管理者联盟（T.I.M.E.）、欧洲顶尖工科大学联盟（UNITECH）、欧洲顶尖科技教育和研究大学联盟（CLUSTER）、欧洲高等工程教育和研究大学会议联盟（CESAER）、校际发展中心（CINDA）等，并开展了广泛而密切的交流与合作。

UPC 位于西班牙王国加泰罗尼亚自治区的巴塞罗那市，由 7 个高等技术学院、1 个学系（高等研究）、7 个大学学院（中等研究）、5 所研究院、1 个计算机研究中心、7 所附属学院（中等研究）和 1 所教育科学研究院组成[③]。每年培养 6 000 多名本科和硕士研究生，500 多名博士研究生[④]。

2. 加泰罗尼亚理工大学工程教育特色

1）在工程教育领域引入可持续发展理念

可持续发展教育被西班牙国家法律和加泰罗尼亚自治区法律以及相关的发展总体规划视为国际合作体系的具体工具[⑤]，UPC 也积极响应联合国可持续发展目

① UPC. Cronologia i història de la UPC [EB/OL]. [2022-07-30]. https://www.upc.edu/ca/la-upc/la-institucio/fets-i-xifres/cronologia.

② UPC. The institution [EB/OL]. [2022-07-30]. https://www.upc.edu/en/the-upc/the-institution#.

③ AUDET X L, VALLES A S. Social Demand and Technological Education [J]. European Journal of Engineering Education, 1986, 11 (4): 379–388.

④ UPC. The institution [EB/OL]. [2022-07-30]. https://www.upc.edu/en/the-upc/the-institution#.

⑤ BONI A, PÉREZ-FOGUET A. Introducing development education in technical universities: successful experiences in Spain [J]. European Journal of Engineering Education, 2008, 33 (3): 343–354.

标（SDGs）倡议，将可持续发展目标（SDGs）充分融入工程教育中，主要体现在以下五方面。

（1）将可持续发展相关的能力列入人才培养目标。

UPC 针对化学工程、生物医学工程、电气工程、机械工程、工业与自动化电子工程等专业的本科生和硕士研究生，开设了关于国际发展援助和促进人类发展的免费选修课程[①]。

（2）与公司、公共机构和研究团体合作，重点关注环境导向问题。

UPC 与比利时的天主教鲁汶大学（荷兰语：Katholieke Universiteit Leuven，KU Leuven）、瑞典的皇家理工学院（瑞典语：Kungliga Tekniska högskolan，KTH）、法国的格勒诺布尔理工学院（法语：Institut polytechnique de Grenoble，INP）合作开设了智慧城市能源专业的硕士学位，重点学习城市规划、能源管理、深入的工程技能、领先的移动解决方案和创新管理技术。该专业是英语授课项目，使学生能够在快速城市化的世界中发挥关键作用，并探索如何创建更智能、更可持续发展和更节约资源的社区。该个专业与国际知名企业、小型公司和初创企业网络建立了牢固的合作伙伴关系，以确保满足这些合作伙伴的需求并随着时代的发展不断调整更新。合作伙伴参与到课程设计、实习、硕士论文设计中来，同时为毕业生提供就业机会。来自私营部门、市政当局和其他政府机构的专家提供客座讲座，将作为评审参与评估学生的创业计划。该硕士专业共两学年。学生可以选择第一学年在天主教鲁汶大学（KU Leuven）或皇家理工学院（KTH）上课，学习的课程将包括电气和机械工程，以及与能源相关的社会经济科目。在第二学年，学生可以选择就读于四所合作高校中的任意一所。每所高校的授课内容将有所不同。同时，学生还需在第二学年开展一个有关电能或热机械能或能源技术经济方面的研究项目，并形成硕士论文。[②]

（3）教学关注"系统创新"和"以人为本的设计"。

从 2022/2023 学年开始，UPC 将提供 10 个的本硕连读工程专业（PARS），使得就读学生拥有更全面的专业技能。[③]例如，为培养航空工程师，特拉萨工业、航空航天和视听工程学院（ESEIAAT）开设了连读的航天技术工程本科专业以

---

① UPC. Grau en Enginyeria Química [EB/OL]. [2022-07-30]. https://www.upc.edu/ca/graus/enginyeria-quimica-terrassa-eseiaat.

② EIT InnoEnergy. Master's in Energy for Smart Cities [EB/OL]. [2022-08-02]. https://www.innoenergy.com/for-students-learners/master-school/masters-in-energy-for-smart-cities/.

③ UPC. Programes Acadèmics de Recorregut Successiu (grau + màster universitari) [EB/OL]. [2022-08-02]. https://www.upc.edu/ca/graus/pars.

及航空工程硕士专业。该学位为学生在航空航天工程的不同方面提供扎实的多学科培训。毕业生将能够在与飞机和航天器相关的所有领域发展事业，还能够从事机场规划和建设项目、航空公司管理、环境和可再生能源项目或航空和空间研究活动。①

（4）在工程教育中引入非技术方面的教育。

UPC 于 1992 年成立了发展合作中心（CCD）。该中心目前拥有 12 个跨学科跨专业合作学习小组②，其中有一些与工程教育相关。以 Espai Social i de Formación d'Arquitectura（ESFA）小组为例。该小组是由建筑系学生和年轻建筑师组成的协会，致力于解决与该行业最具社会性部分的相关问题。该小组希望是一种开放的状态，作为一种开放平台，任何对持续发展、合作、公民参与、可访问性等方面感兴趣的人士都可以表达自己的观点并提出新的建筑方式。③

（5）与非政府组织合作的学生流动项目。

UPC 鼓励工科学生参与到非政府组织——工程无国界（ESF University）组织设计的现实识别项目（RRP）中去。该项目专门为工程教育专业的学生设计且都是技术含量较高的合作项目。④

2022 年泰晤士高等教育（THE）依据高等教育机构在 17 项可持续发展目标（SDGs）上做出的贡献，对全球大学的影响力进行了排名，UPC 在气候行动目标（SDG13）方面位列全球第 71；在水下生物目标（SDG 14）和陆地生命目标（SDG 15）方面，分别位列世界第 74 和第 85。UPC 在行业、创新和基础设施目标（SDG 9）方面获得了最高分 85.2 分；在城市和可持续社区目标（SDG 11）中，获得 78.9 分。⑤

2）注重与企业的深度合作

UPC 通过与工业界的深度合作，促进了学校科研成果的技术转移。UPC 于

---

① UPC. Grau en Enginyeria en Tecnologies Aeroespacials [EB/OL]. [2022-08-02]. https://www.upc.edu/ca/graus/enginyeria-en-tecnologies-aeroespacials-terrassa-eseiaat.

② BONI A, PÉREZ-FOGUET A. Introducing development education in technical universities: successful experiences in Spain [J]. European Journal of Engineering Education, 2008, 33 (3): 343–354.

③ UPC. Centre de Cooperació per al Desenvolupament de la UPC [EB/OL]. [2022-08-02]. https://www.upc.edu/ccd/ca/participa/grups-de-cooperacio-a-la-upc.

④ BONI A, PÉREZ-FOGUET A. Introducing development education in technical universities: successful experiences in Spain [J]. European Journal of Engineering Education, 2008, 33 (3): 343–354.

⑤ UPC. La UPC, en el 'top 100' del món en els ODS d'acció climàtica, vida submarina i vida terrestre, segons el THE University Impact Rankings [EB/OL]. [2022-08-02]. https://sostenible.upc.edu/ca/noticies/la-upc-en-el-2018top-1002019-del-mon-en-els-ods-d2019accio-climatica-vida-submarina-i-vida-terrestre-segons-el-the-university-impact-rankings.

2013 年 2 月启动了加泰罗尼亚欧洲纺织工业综合研发中心（Innotex 中心）。该中心拥有一支由 60 名高素质技术人员和研究人员组成的队伍。该中心与 1 000 多家公司合作，拥有 20 项注册专利技术。①UPC 通过一些教育合作协议鼓励学生参与企业实践。UPC 与 1 805 家公司签署了教育合作协议②，为学生实习提供便利与保护。UPC 有 96% 的学生在公司带薪实习③。

3）注重国际交流与合作

在国际关系办公室的协调工作下，UPC 是欧洲学生交流数目最多的大学之一，2020—2021 学年共 1 430 人参加国际流动计划④。

UPC 是欧洲众多大学联盟（T.I.M.E.、UNITECH、CLUSTER、CESAER、CINDA）的成员，并与洛桑联邦理工学院、慕尼黑工业大学等各国顶尖的理工科学府开展了广泛而密切的交流与合作，也同时与清华大学、浙江大学等中国知多高校名校开展了高水平的人才联合培养和科研合作。目前，UPC 已成功和全球 130 个国家的研究机构和大学建立合作关系，包括签署双边协议、奖学金计划（例如和中国的 ICO 奖学金——中国项目⑤）、学生交换和双学位项目（UPC 签署了 56 个国际双学位协议⑥）、加入国际多边合作组织等。

（四）马德里卡洛斯三世大学

1. 马德里卡洛斯三世大学简介

马德里卡洛斯三世大学（西班牙语：Universidad Carlos III de Madrid，UC3M）于 1989 年 5 月 5 日依据西班牙议会 1983 大学改革法案成立。该校从创立之初就旨在成为一所提供高质量教学、开展前沿研究，而规模相对较小的创新公立大学。⑦UC3M 是拥有三大教学中心，涵盖法律与社会科学系、人文系及高级理工的学校。MC3M 是西班牙双语本科专业最多的高校，并且是西班牙第一所提供

① UPC. Cronologia i història de la UPC [EB/OL]. [2022-07-30]. https://www.upc.edu/ca/la-upc/la-institucio/fets-i-xifres/cronologia.

② UPC. Mobilitat i pràctiques [EB/OL]. [2022-08-02]. https://www.upc.edu/ca/graus/mobilitat-i-practiques/mobilitat-i-practiques.

③ UPC. Futurs estudiants [EB/OL]. [2022-08-02]. https://www.upc.edu/ca/futurs-estudiants.

④ UPC. Dades estadsítiques i de gestió [EB/OL]. [2022-08-02]. https://gpaq.upc.edu/lldades/.

⑤ UPC. Gabinet de Relacions Internacionals [EB/OL]. [2022-08-02]. https://www.upc.edu/sri/ca/estudiantat/mobilitat-estudiants/estudis-postgrau-a-lestranger.

⑥ UPC. Mobilitat i pràctiques [EB/OL]. [2022-08-02]. https://www.upc.edu/ca/graus/mobilitat-i-practiques/mobilitat-i-practiques.

⑦ UC3M. History and mission statement [EB/OL]. [2022-08-02]. https://www.uc3m.es/about-uc3m/uc3m-history-mission-statement.

双学士学位的公立大学。

在 2021 年 QS 全球最佳年轻大学中，UC3M 排名第 35[①]，在西班牙大学中排名第 2，是西班牙年轻大学中的佼佼者。在工程类学科中，该校是受欧洲工程教育专业认证体系评估的欧洲最佳工程类大学。根据 2022 QS 世界大学工程与技术学科排名，UC3M 位列世界第 236，欧洲第 94，西班牙第 8。其中细分学科全球排名，机械工程，电气与电子工程，计算机科学与信息系统，分别位列世界第 151～第 200。UC3M 在 2020 年度西班牙本土大学排名 U-ranking 中，位列西班牙第 2。

UC3M 由 4 个校区内赫塔菲（西班牙语：Getafe）、莱刚斯（西班牙语：Leganés）、科尔蒙娜尔罗雷霍（西班牙语：Colmenarejo）以及托莱多门（西班牙语：Puerta de Toledo）组成，4 个地区都位于马德里自治大区内。赫塔菲校区提供包括社会自然科学、司法、人文、通信与音视频数据等专业的教学，莱刚斯校区是工程学院及高等理工学院的所考地，科尔蒙娜尔罗雷霍是学位教育及学习的地点之一，而托莱多门校区提供硕士学习。

2. 马德里卡洛斯三世大学工程教育特色

1）重视开设双语和双学位课程

UC3M 旨在培养全球化人才。特别是工程学院，绝大多数课程采用双语教学或纯英语教学。本科双语教学的课程包括移动与空间通信工程专业相关课程、声音和图像工程专业相关课程、电气工程专业相关课程等[②]。纯英语教学课程包括大数据分析硕士专业相关课程、工业互联 4.0 硕士专业相关课程等[③]。

UC3M 的工程学院提供了范围广泛的双学位课程，顺利完成该学习计划的学生将获得两个正式的学位。UC3M 工程学院提供 3 个本科双学位和 10 个硕士双学位。例如，UC3M 工程物理和工业技术工程本科双学位，面向希望在研究中心和国际最高水平的技术公司参与未来技术的创造、设计和实施的学生而开设。为了实现这一目标，学生将学习古典和现代物理、化学和生物学的基本原理，以及在机械、电子、电气或自动化等工程领域的应用等课程，并学习纳米技术、量子技术或生物材料等课程。[④]

---

① QS Top Universities. QS Top 50 Under 50 2021 [EB/OL]. [2022-08-02]. https://www.topuniversities.com/university-rankings-articles/top-50-under-50-next-50-under-50/qs-top-50-under-50-2021.

② UC3M. Estudios de Grado [EB/OL]. [2022-08-02]. https://www.uc3m.es/grado/estudios.

③ UC3M. Masters programs in engineering and basic sciences [EB/OL]. [2022-08-02]. https://www.uc3m.es/postgraduate/masters-engineering-sciences.

④ UC3M. Dual Bachelor in engineering physics and industrial technologies engineering [EB/OL]. [2022-08-02]. https://www.uc3m.es/doble-grado/fisica-industriales#departamentosparticipantesenladocencia.

2）倡导横向教学的新模式

UC3M 高等理工学院将所有工程教育相整合，允许学生在相同的学术环境中习得所有工程教育知识。此外，这种横向性还体现在跨学科教学模式中，本科和研究生学习所涉及的所有学科都拥有高度专业化的师资队伍。[①]

为了提供 360 度培训，UC3M 在横向教学中将学生发展技能、习得知识理解为学生本科学习的附加价值，以此更好地适应劳动力市场的需求和社会的进步。UC3M 通过将一些科目融入所有学生的学习计划中，以实现横向教学。这些科目包括人文学科、人际沟通专业技能、口头和书面表达技巧、研究技巧、信息搜索和使用技术（工科将提供 1.5 ECTS 学分、6 次同步在线课程和两次面对面课程），以及最终学位项目。学生必须通过这些科目才能获得学位。[②]

3）重视校企合作

UC3M 特别注重与商业公司合作，为学校的毕业生创造更多的就业机会。在 2022 QS 毕业生就业排名中，UC3M 位列全球第 161～第 170 名。以工业互联 4.0 硕士学位为例。该专业所有的教师都是博士和享有声望的专业人士，该专业与来自 20 多家公司建立广泛合作网络，学生所有硕士论文研究都与合作的公司和组织相关。该专业硕士期间包含 6 次参观不同工业设施的机会。[③]

4）将可持续发展理念融入工程教育方面世界领先

UC3M 在将联合国可持续发展目标（SDGs）融入工程教育方面，处于世界领先地位。2022 年泰晤士高等教育依据高等教育机构在 17 项可持续发展目标（SDGs）上作出的贡献，对全球大学的影响力进行了排名，UC3M 跻身全球最佳大学之列。UC3M 在负担得起的清洁能源目标（SDG 7）中排名世界第 12，在和平、正义和强大的机构目标（SDG 16）中位列全球第 47。UC3M 也是工业、创新和基础设施目标（SDG 9）和实现目标的合作伙伴关系目标（SDG 17）的全球前 400 名高校之一。

小结

西班牙工程教育特色显著。其中第一大特色是政府出台各类法令主导工程教

---

① UC3M. Transversality [EB/OL]. [2022-08-02]. https://www.uc3m.es/ss/Satellite/EPS/en/TextoMixta/1371313971031/.

② UC3M. Formación Transversal [EB/OL]. [2022-08-02]. https://www.uc3m.es/grado/uc3m-plus/formacion-transversal.

③ UC3M. Máster Universitario en Industria Conectada 4.0 [EB/OL]. [2022-08-02]. https://www.uc3m.es/master/industria-conectada-4.0.

育的每一步发展，同时也通过法令监管工程师与建筑设计师的培养。第二大特色是大力培养多种类型工程人才，包括国际化工程人才以及实践与研究型工程人才。国际化工程人才培养通过三大途径，分别是工程教育设置大量或西班牙语和英语双语教学英语教学的课程与专业；提供给本科层次工科学生大量国际交流机会；集聚欧盟国家工程教育最优质资源，推广 Erasmus Mundus 联合培养硕士（EMJM）项目。工业博士项目是西班牙培养工程人才的实践能力与研究能力的重要途径。第三大特色是将工程教育与工程师制度合二为一，通过全面的工程教育认证制度，充分保证成品工程师培养质量。瓦伦西亚理工大学（UPV）、马德里理工大学（UPM）、加泰罗尼亚理工大学（UPC）以及马德里卡洛斯三世大学（UC3M）是西班牙提供工程教育最具代表性的高校。这四所高校既拥有西班牙工程教育的共性，如强调国际化工程人才培养、注重校企合作、将可持续发展理念融入工程教育等，同时也包含各自提供工程教育的特性。

　　西班牙工程教育特色为我国工程教育发展提供了重要指引。西班牙从多个途径培养多种类型工程人才，非常值得我国借鉴。中国自改革开放以来，国际化程度越来越高，同时第四次工业革命的浪潮已经席卷中国。我国工程教育的国际化程度将直接影响中国工程教育的整体质量以及中国工业发展速度。我国培养国际化工程人才刻不容缓。我国高校应增加纯英语教学或中英双语教学的工程专业，目前这样的专业极为罕见。我国目前工程教育专业的国际交流机会主要集中在博士层次，本科与硕士生层次工程专业学生的国际交流机会相对较少。我国本科与硕士生层次工程专业是工程教育的主力军，应不断开放这两个层次国际交流的程度。此外，我国校企联合培养工程博士刚刚起步，还需进一步扩大规模。

第八节

总结与展望

一、总结

　　西班牙特别重视培养多种类型工程人才，包括政府专项人才、实践应用型人才、研究型人才、国际化人才等。西班牙政府对 10 种技术工程师与技术架构师，以及9种工程师与建筑设计师进行监管，且详细规定了这些职业相应学士学位（Grado）和硕士学位（Máster）的培养方案，以确保培养的工程人才质量。另外，西班牙强调实践应用型及研究型工程人才的培养。西班牙将硕士学位（Máster）分为官方硕士学位和校方硕士学位。官方硕士学位主要培养研究型硕士，而校方硕士学位则为培养实践应用型人才而设立。西班牙的工业博士是一种实践能力与研究能力同时兼顾的工程人才，主要研究公司或公共管理部门实际遇到的问题。西班牙还特别强调国际化工程人才的培养。西班牙大学工程教育设置了大量西班牙语与英语双语教学或英语教学的课程与专业，在学士学位（Grado）工科专业就读的学生拥有大量国际交流机会，以培养工科学生的国际化视野，提升工程人才的国际流动性。另外，欧盟的Erasmus Mundus联合培养硕士（EMJM）项目能够让学生习得欧洲最前沿的工程知识，培养顶尖国际化工程人才。

在西班牙的工业界，工程人才呈现供不应求的局面，不足20%的工科毕业生却占据了近40%的就业市场[1]。虽然就业前景良好，但西班牙学生却不热衷于接受工程教育。近些年，西班牙工程与建筑设计学科在读学生数仅位列五大学科门类的第三。西班牙大学接受工程教育的生源质量差。西班牙学士学位（Grado）工科专业的大学入学测试（PAU）平均录取分数线常年位列所有学科最末位，而实际录取的学士学位（Grado）工科专业新生的大学入学测试（PAU）平均分数也处于所有学科中等偏低的水平。在学士学位（Grado）实际就读过程中，工科学生的平均学习成绩也处在所有学科最低的位置。同时，西班牙大学接受工程教育的学生保有率也较低。西班牙大学学士学位（Grado）工科专业和硕士学位（Máster）工学专业第一年的退学率和转专业率都很高，位列所有学科的倒数第二。另外，西班牙大学接受工程教育学生的按时毕业率极低。西班牙大学学士学位（Grado）工科毕业生数量在10年间大幅下降。大学学士学位（Grado）工科专业和硕士学位（Máster）工学专业按时毕业率位列所有学科最末位，且平均毕业时间在所有学科中最长。

西班牙虽然作为最早签署《博洛尼亚宣言》的国家之一，但博洛尼亚进程在该国全面推进的过程中"水土不服"，遇到了很大的阻碍，发展步伐缓慢。到目前为止，博洛尼亚改革效果无法让高校师生感到满意。这主要是由于博洛尼亚进程增加了教师与学生双方的工作量，师生都感到难以负荷。工作量的增加主要来源于替代了单一期末考试的形成性评估。然而，大多数的教师认为由于形成性评

---

① Informe, Infoempleo. Informe Infoempleo Adecco 2019: Oferta y Demanda de Empleo en España [R/OL]. [2022-10-01]. https://cdn.infoempleo.com/infoempleo/documentacion/Informe-infoempleo-adecco-2019.pdf.

估是由许多小考组成的，所以易使学生快速忘记他们考过的内容。①因此博洛尼亚进程推崇的形成性评估，无法帮助学生获得很好的学习效果。另外，师生不得不花费时间处理因为博洛尼亚改革而增加的官僚主义性质的文书，这也增加了师生的工作负荷。这些阻碍背后真正的形成缘由是博洛尼亚进程在西班牙推进的相关配套资源与制度的不足。

二、展望

尽管西班牙重视工程人才的分类培养，但是其工程教育总体办学布局不清晰。西班牙提供工程教育的高校包括大学与理工大学。理工大学作为西班牙提供工程教育的重要载体而特别成立，共有四所。但是理工大学并未形成自身工程教育特色，提供的工程教育与西班牙其他大学无太大差异。因此，西班牙政府应对大学进行全面合理分类定位，形成各类大学工程教育办学特色及导向性。研究型及综合性大学应发展成为工程教育研究型导向高校，主要培养理论知识扎实、研究能力卓越的研究型工程人才。理工大学则可以发展为工程教育半理论型、半实践型导向高校，主要培养具有一定工程理论知识且能够解决复杂工程问题的高级应用实践型工程人才。教学型大学能发展成工程教育应用实践型高校，主要培养实践经验丰富的应用技术型工程人才。

为解决西班牙高级劳动力市场求大于供的不良局面，吸引西班牙学生就读工程专业这一任务迫在眉睫。为工科学生提供更多奖学金不仅能够吸引学生报考工程专业，同时还能提高生源质量，提升学生保留率，同时鼓励更多学生按时毕业。西班牙高校目前有必要招收更多工程专业学生，特别是高质量生源。奖学金一直以来都是世界各地高校吸引优质生源的最佳利器。西班牙大学给工程专业学生发放更多的奖学金，必将吸引更多优秀的学生就读工程专业。西班牙大学部最新发布的数据显示，奖学金有效降低了学士学位（Grado）工科学生和硕士学位（Máster）工学学生第一年的退学率，也有效降低了工学硕士生第一年的转专业率②。换句话说，拥有奖学金的工程学生不会轻易选择在第一年退学或转专业。由此可以看出，向工程专业在读学生以及未来学生投放更多奖学金，能够有效提升工程学生的保有率。另外，由于奖学金大多拥有发放时限，所以更多的工程专业

---

① LLAMAS M, MIKIC F A, CAEIRO M, et al. Engineering Education in Spain: Has it improved with the Bologna Process? [A]. In 2018 IEEE Frontiers in Education Conference (FIE) [C]. San Jose: IEEE, 2018: 1–8.

② Ministerio de Universidades. Datos y cifras del sistema universitario Español: Publicación 2021—2022 [R]. Madrid: Ministerio de Universidades, 2022.

学生获得奖学金，也能够鼓励他们按时毕业，从而提升工程专业的按时毕业率，为西班牙工业界更为及时的输送工程人才提供保障。

西班牙工程教育由政府主导，通过出台各类法令推动工程教育发展。消除博洛尼亚进程在西班牙推进过程中的"水土不服"，同样需要西班牙政府出台相关法令。这些法令应包括鼓励增加工科教师数量，减少官僚主义性质文书工作，开展形成性评估适应性研究等。目前，西班牙工科教师短缺，博洛尼亚进程给这些教师带来了更大的工作量。另外，工科教师比例严重失衡，男教师数量是女教师的两倍多。因此，增加工科教师数量，特别是女教师数量，能够有效缓解目前工科教师的工作负担，同时也能够调整工程教育师资队伍结构。另外，政府需出台法令尽量减少师生不必要的工作量，比如处理官僚主义性质的文书等。政府还需要出台法令及拨发研究资金，鼓励工程教育研究人员开展有关形成性评估适应性的研究，解决形成性评估在博洛尼亚改革中的问题，使得形成性评估在培养工程人才的过程中发挥更优质的效果。除此之外，政府应与高校保持沟通交流，遇到博洛尼亚进程推行中的新阻碍时，尽快与高校共同探究原因，出台相应政策，解决其中的问题。这样，博洛尼亚改革最终将在西班牙成功实施，西班牙工程教育也将由此得到大发展。

执笔人：吴倩　刘惠琴　李锋亮　Luis Manuel Sánchez Ruiz

爱尔兰

工程教育发展概况

一、英国殖民时期：初步发展阶段

　　由于历史和地缘因素，爱尔兰的工程教育发源于英国。早在 1796 年，剑桥大学就已经开始举办一些关于工程原理的讲座。18 世纪起，学徒制逐渐在英国盛行，工程教育正式在英国起步。直至 20 世纪 40 年代，学徒制一直是英国工程教育的主要形式。1812 年，由于半岛战争，英国建立了一所特殊的皇家工程学院[①]，这标志着英国正式成立工程教育专业学院。

　　19 世纪的英国，工程专业团体逐步形成。当时的爱尔兰是英国的重要组成部分。工程专业团队也在爱尔兰土壤上生根开花。1835 年，爱尔兰土木工程师学会（Civil Engineers Society of Ireland）成立，这是爱尔兰成立的首个工程专业团体，同时也是爱尔兰工程教育的开端。爱尔兰土木工程师学会主要由受过大学教育的土木工程师组成，他们享有比英国同行更高的"地位"。同年，爱尔兰模仿巴黎综合理工学院（École Polytechnique），成立了第一所工程学校——都柏林圣三一学院（Trinity College Dublin），即现在的都柏林圣三一大学（Trinity College Dublin, the University of Dublin, TCD）。[②] 1842 年，都柏林圣三一学院任命了爱尔兰首位工程实践教授——约翰·尼尔（John Nc Neill）[③]。1844 年，爱尔兰土木工程师学会将其英文名称改为 Institution of Civil Engineers of Ireland（ICEI）。在接下来的 125 年时间里，爱尔兰土木工程师学会都使用这一名称。1877 年，爱尔兰土木工程师学会获得了皇家特许状，成为有权代表爱尔兰工程相关职业的专业机构。

　　在 20 世纪，英国和爱尔兰工程教育都得到了进一步发展。1921 年，英国教

[①] KYNE M R. Engineering Education Quality Assurance Processes–An Exploration of the Alignment or Combination of the Programmatic Review and Accreditation Processes for Engineering Education Programmes in Ireland [D/OL]. Limerick: University of Limerick, 2021. [2022-03-16]. https://ulir.ul.ie/handle/10344/10551.

[②] MCGRATH D. The Bologna Declaration and Engineering Education in Europe [EB/OL]. [2022-07-18]. http://mie.uth.gr/labs/ltte/grk/quality/..%5Cquality%5Cbologna_declaration_engenee.pdf.

[③] KYNE M R. Engineering Education Quality Assurance Processes–An Exploration of the Alignment or Combination of the Programmatic Review and Accreditation Processes for Engineering Education Programmes in Ireland [D/OL]. Limerick: University of Limerick, 2021. [2022-03-16]. https://ulir.ul.ie/handle/10344/10551.

育部引入了国家证书与文凭制度。制度允许技术学院的学生承担高标准的技术工作，同时允许专业协会灵活组织考试。[①] 1928 年，爱尔兰的工程师学会（爱尔兰语：Cumann nahInnealtóirí，CnaI）成立。工程师学会有权代表其成员协商确定工资或雇用条件，并成功地帮助学会成员实现了提高地位和薪酬的目标。工程师学会还于 1940 年 12 月，推出了第一期《工程师杂志》（*Engineers Journal*）。[②]

1931 年，"二战"爆发。"二战"成为当时英国发展工程教育的主要驱动力。1943 年，诺伍德委员会（Norwood Committee）报告建议，建立技术学校，并将技术学校教育纳入中学教育。英国的社会等级制度致使技术学校的地位低于文法学校。依据 1944 年颁布的巴特勒教育法案（Butler Education Act），英国全国建立了 200 所中等技术学校。巴特勒教育法案同时也促成了高等技术教育委员会（Committee on Higher Technological Education）的成立。1945 年，珀西委员会（Percy Committee）报告确立了五类技术人员，分别是高级管理人员，工程科学家和开发工程师，工程经理（设计、制造、运营、销售），技术助理和设计绘图员，绘图员、工头和工匠[③]。该报告还建议建立 6 所技术学院以及国家技术文凭委员会（National Council for Technological Awards，NCTA）。

二、独立后至 20 世纪 70 年代：形成本国特色阶段

1937 年，爱尔兰宣布成立共和国并独立。1949 年 4 月 18 日，英国承认爱尔兰独立。由此，爱尔兰工程教育逐渐开始脱离英国。爱尔兰虽依然受到英国工程教育的影响，但开始逐渐形成具有本国特色的工程教育体制。直至 20 世纪 60 年代，爱尔兰工程教育的主要形式是学徒制[④]。当时的爱尔兰教育系统中，中等教育是以学术为导向的，通常旨在帮助学生为高等教育和白领职业做好准备[⑤]。职

---

① BUCCIARELLI L, COYLE E. MCGRATH D. Engineering Education in the US and the EU [M]//Engineering in Context. Denmark: Academica, 2009: 105–128.

② COX R, O'DWYER D. Called to Serve: Presidents of the Institution of Civil Engineers of Ireland 1835—1968 [M]. Dublin: Engineers Ireland, 2014.

③ British Ministry of Education. Higher Technological Education: Report of a Special Committee appointed in April 1944 [R/OL]. (1945-04) [2022-07-29]. http://www.educationengland.org.uk/documents/percy1945/percy1945.html.

④ KYNE M R. Engineering Education Quality Assurance Processes–An Exploration of the Alignment or Combination of the Programmatic Review and Accreditation Processes for Engineering Education Programmes in Ireland [D/OL]. Limerick: University of Limerick, 2021. [2022-03-16]. https://ulir.ul.ie/handle/10344/10551.

⑤ GARAVAN T, COSTINE P, HERATY N. Training and Development in the Republic of Ireland: context, policy and practice [M]. Dublin: Oak Tree Press, 1995.

业学校主要提供以技术为导向的教育和实践培训，为以后的就业做准备。爱尔兰高等教育在 1972 年之前仅存在于大学中。1972 年，地区性技术学院（Regional Technical Colleges）的建立，标志着爱尔兰高等教育已经从大学扩展至地区性技术学院。尽管当时技术教育有所发展，但熟练工匠和高素质技术员仍然严重短缺。

自 20 世纪 50 年代以来，爱尔兰工程教育课程得到巨大发展。工科课程发展主要由职业协会和专业评估机构推动，并且通过内部专业审查和外部专业认证相结合的方式保证课程质量。为确保非大学学位与大学学位具有可比性，爱尔兰于 1972 年成立了国家教育文凭委员会（National Council for Educational Awards，NCEA）[①]。国家教育文凭委员会（NCEA）的具体职能包括许可教育机构的成立，批准教育机构的专业设置，向通过考试的学生授予文凭，组织会议和研讨会，委托研究非大学的高等教育部门的关键问题，发行刊物等[②]。这其中，最主要的职能是评估和审查高校专业。1979 年的国家教育文凭委员会法案（National Council for Educational Awards Act 1979）确立了国家教育文凭委员会作为非大学部门的授予机构[③]。同样在 1972 年，爱尔兰另一工程教育重要相关机构，高等教育局（爱尔兰语：An tÚdarás um Ard-Oideachas，Higher Education Authority，HEA）成立。1971 年颁布的高等教育局法案（Higher Education Authority Act 1971）明确了高等教育局的职能，包括促进高等教育发展，协调国家对高等教育的投资，促进对高等教育和研究价值的认识，促进实现高等教育机会均等，以及推进高等教育结构民主化[④]。

三、20 世纪 80 年代以来：快速变革阶段

自 20 世纪 80 年代起，爱尔兰在向工业国家转型过程中，逐步完善其高等工程院校建设；同时爱尔兰顺应国际潮流，也将其工程教育朝着国际互认和实质等效的方向发展。20 世纪八九十年代，爱尔兰的强势产业是普通制造业。1998 年，经爱尔兰教育主管部门批准，地区性技术学院更名为理工学院（Institute

---

① CHURCH C H. Practice and perspective in validation [A]. In Society for Research into Higher Education Proceedings [C]. Guildford: Society for Research into Higher Education, 1983.

② National Council for Educational Awards. Curriculum Development in Third Level Education [M]. Dublin, NCEA, 1974.

③ Irish Department of Education. Higher Education and Training Awards Council [EB/OL]. [2022-07-20]. http://www.education.ie.

④ HEA. Higher Education Authority Annual Report 2020 [R/OL]. [2022-07-15]. https://hea.ie/assets/uploads/2021/12/v3-AR-HEA-2020-v-2020.pdf.

of Technology，IoT）[①]。爱尔兰政府通过扶持发展理工学院（IoT），培养了更多的技术工人、应用型人才，加速发展国内制造业。理工学院在那个时期蓬勃发展。爱尔兰分别在 1989 年签署了《华盛顿协议》（Washington Accord），2001 年签署了《悉尼协议》（Sydney Accord），2002 年签署了《都柏林协议》（Dublin Accord），这标志着爱尔兰由此开始发展国际互认的工程教育。1999 年，包括爱尔兰在内的 29 个欧洲国家提出的欧洲高等教育改革计划，博洛尼亚进程（Bologna Process）正式启动。博洛尼亚进程对爱尔兰的工程教育影响并不大，因为爱尔兰在签署《博洛尼亚协议》（Bologna Declaration，BD）之前就已经达到了该协议要求的大多数目标。例如，爱尔兰传统的高等教育层级结构就已经是该协议要求的三阶段模式（本科—硕士—博士）。

博洛尼亚进程强调高等教育的质量保障，为此爱尔兰政府推动并监督本国工程教育资格和认证的逐步统一与规范。1999 年，教育与培训文凭法案［Qualifications（Education and Training）Act］解散了国家教育文凭委员会（NCEA），并创建了爱尔兰高等教育与培训授予委员会（Higher Education and Training Awards Council，HETAC）。从 2001 年开始，高等教育与培训授予委员会（HETAC）授予爱尔兰除大学（universities）以外的高等教育机构的毕业生文凭。HETAC 可以直接授予理工学院（IoT）的毕业生文凭，也可以授权给理工学院（IoT）颁发文凭。HETAC 制定了文凭授予的政策和标准，以及学生在获得文凭前要获得的知识、能力、素质要求。另外，HETAC 还对爱尔兰所有高等教育专业都进行了评估。[②]爱尔兰国家学历资质管理局（National Qualifications Authority of Ireland，NQAI）也是因为教育与培训文凭法案而成立的。该管理局主要负责创建和维护爱尔兰国家资格框架（National Framework of Qualifications，NFQ），以及为高等教育与培训授予委员会（HETAC）制定程序等[③]。2008 年 10 月，爱尔兰政府宣布合并高等教育与培训授予委员会（HETAC）、爱尔兰国家学历资质管理局（NQAI）以及根据 1999 年教育与培训文凭法案成立的另外两个机构。2012 年 11 月，HETAC 解散，其职能被移交给新创建的爱尔兰质量与资格认证委员会（Quality and Qualification Ireland，QQI）。爱尔兰质量与资格认证委

---

① 中华人民共和国驻爱尔兰共和国大使馆. 爱尔兰高等教育概况 [EB/OL]. [2022-08-09]. https://www.fmprc. gov.cn/ce/ceie/chn/jy/lxxx/t213659.htm.

② Irish Department of Education. Higher Education and Training Awards Council [EB/OL]. [2022-07-20]. http:// www.education.ie.

③ Citizens Information. The National Qualifications Authority of Ireland [EB/OL]. [2022-07-20]. https://www. citizensinformation.ie.

员会（QQI）负责颁发学历资质、评估专业、审查教育和培训机构、维护国家资格框架（NFQ）、授权国际教育标志（International Education Mark，IEM）等[1]。

20世纪末开始，由于流水线在世界范围内的广泛使用，普通制造业正在爱尔兰慢慢消亡，爱尔兰的产业结构也因此开始转型，普通制造业正逐渐转变为高精尖科技产业。爱尔兰政府正在引导理工学院（IoT）逐步转型为理工大学（Technological universities，TU），试图培养更多高端技术人才，使得高等教育结构能够更好地扶持爱尔兰的产业发展。为此，2011年开始，爱尔兰政府颁布了一系列的法令，以促成和指导理工大学的建立。这些法令包括《到2030年的国家高等教育战略》（National Strategy for Higher Education to 2030）、《面向未来的高等教育蓝图》（Towards a Future Higher Education Landscape）、《理工大学条例草案》（Technological Universities Bill）、《理工大学法案2018》（Technological Universities Act 2018）等。在理工大学改革运动推动下，爱尔兰首所理工大学于2019年1月1日成立，由原都柏林理工学院（Dublin Institute of Technology，DIT）、塔拉理工学院（Institute of Technology，Tallaght，ITT）、布兰察斯顿理工学院（Institute of Technology，Blanchardstown，ITB）三所理工学院合并成为都柏林理工大学（Technological University Dublin，TU Dublin）[2]。

小结

爱尔兰的工程教育起源于英国。在英国殖民地阶段，爱尔兰在英国的推动下成立了首个工程专业团队和第一所工程学校，任命了首位工程实践教授，爱尔兰工程教育逐渐起步。"二战"驱动了英国和当时仍作为英国殖民地的爱尔兰工程教育进一步发展。爱尔兰在独立后形成了具有本国特色的工程教育体制。20世纪60年代前，爱尔兰工程教育的主要形式是学徒制。到了20世纪70年代，爱尔兰的工程教育扩展至高等教育阶段，形成了地区性技术学院。同一时期，爱尔兰成立了国家教育文凭委员会（NCEA）和高等教育局（HEA），这使得爱尔兰的高等工程教育结构和质量都得到了保障。20世纪80年代以来，爱尔兰为应对国家产业结构转型，适时调整工程教育结构。在20世纪八九十年代，爱尔兰为发展普通制造业，培养应用型人才，建立了理工学院（IOT）。到了21世纪，爱

---

[1] Citizens Information. The National Qualifications Authority of Ireland [EB/OL]. [2022-07-20]. https://www.citizensinformation.ie.

[2] 中华人民共和国教育部. 爱尔兰 [EB/OL].（2022-03-25）[2022-08-04]. http://jsj.moe.gov.cn/n1/12026.shtml.

尔兰调整产业结构，为发展高精尖科技产业，培养高端技术人才，建立了理工大学。同时，爱尔兰的工程教育力求国际互认和实质等效。为此，爱尔兰签署了《华盛顿协议》《悉尼协议》和《都柏林协议》，并与1999年成为博洛尼亚进程签约国。博洛尼亚进程促使爱尔兰全面完善工程教育质量保障体系。爱尔兰由此创建了国家资格框架（NFQ）以及爱尔兰质量与资格认证委员会（QQI）。

爱尔兰工程教育汲取了英国工程教育的精髓，同时又形成了爱尔兰本土的工程教育特色。但爱尔兰并不满足于此，而是不断完善本国的工程教育，赋予工程教育新特征和新内涵。爱尔兰不断调整工程教育结构，以适应国家产业结构转型；同时爱尔兰为顺应时代发展与国际接轨，确保其工程教育的国际互认和实质等效。可以看出，爱尔兰工程教育不拘于现状，不断力求发展。

第二节

工业与工程教育发展现状

一、工业发展现状

（一）工业发展概况

爱尔兰政府在过去的几十年强调发展知识经济，因此爱尔兰已经完全由20世纪的农业大国转变为现在的工业强国。这种产业结构的巨变，实现了经济的突飞猛进，爱尔兰一举从欧洲最穷国家之一跃升为世界人均收入最高的国家之一，其经济增长率曾一度高居欧盟成员国榜首[①]，创造了著名的"爱尔兰奇迹"。爱尔兰因其发达的经济，赢得了"欧洲小虎"的美誉。爱尔兰已经加入欧盟（EU）、世界经合组织（OECD）、世贸组织（WTO）和联合国（UN）等世界最主要的贸易组织。在2022年瑞士洛桑国际管理发展学院（IMD）的世界竞争力排名中，爱尔兰的世界竞争力在2022年位列世界第11名，其中经济表现方面的竞争力处

[①] 中华人民共和国外交部. 爱尔兰国家概况 [EB/OL].（2022-06）[2022-07-24]. https://www.fmprc.gov.cn/web/gjhdq_676201/gj_676203/oz_678770/1206_678796/1206x0_678798/.

于全球第 7 位^①。

　　爱尔兰是世界经济表现最好的发达经济体之一，也是世界经济发展速度和工业发展速度最快的国家之一。即使在新冠疫情影响下的 2020 年和 2021 年，其实际国内生产总值（GDP at constant prices）依然达到了 3 728.36 亿欧元和 4 234.98 亿欧元^②。作为一个国土面积仅为 7 万平方千米，人口仅为 501 万^③的小国来说，这种经济表现非常强势。2021 年爱尔兰实际国内生产总值增长 13.6%^④，是新冠疫情背景下为数不多的保持经济正增长的欧盟经济体^⑤，且是欧洲 2021 年增长最快的经济体^⑥。爱尔兰的人均国内生产总值，从 2015—2021 年一直保持欧洲第二，仅次于卢森堡；在 2020 年和 2021 年，达到峰值，分别是 70 961 欧元以及 79 844 欧元，位居世界第三^⑦。

　　爱尔兰强势经济主要依赖工业。爱尔兰中央统计局（Central Statistics Office，CSO）于 2022 年 7 月 15 日发布的数据显示，2021 年，爱尔兰的工业（不包括建筑业）占实际国内生产总值的比例最高，达 63.3%，遥遥领先于排名第二的信息与通信产业（22%）^⑧。爱尔兰的工业规模还在不断扩大。爱尔兰的工业（不包括建筑业）在 2021 年增长 24%，比排名第二的信息与通信产业（增长 14.1%）增速快将近一倍^⑨。

　　爱尔兰工业的迅猛发展一直以来主要依赖外资。2021 年，爱尔兰吸引外国直接投资（Foreign direct investment，FDI）存量增至创纪录的 11 949.2 亿欧

① IMD World Competitiveness Online. Competitive ranking: Ireland [EB/OL]. [2022-07-24]. https://worldcompetitiveness.imd.org/countryprofile/IE/wcy.

② Central Statistics Office. Annual National Accounts 2021 [EB/OL]. (2022-07-15) [2022-07-24]. https://www.cso.ie/en/releasesandpublications/ep/p-ana/annualnationalaccounts2021/gdpandgrowthrates/.

③ 中华人民共和国外交部. 爱尔兰国家概况 [EB/OL]. （2022-06）[2022-07-24]. https://www.fmprc.gov.cn/web/gjhdq_676201/gj_676203/oz_678770/1206_678796/1206x0_678798/.

④ Central Statistics Office. Annual National Accounts 2021 [EB/OL]. (2022-07-15) [2022-07-24]. https://www.cso.ie/en/releasesandpublications/ep/p-ana/annualnationalaccounts2021/gdpandgrowthrates/.

⑤ 中华人民共和国外交部. 爱尔兰国家概况 [EB/OL]. （2022-06）[2022-07-24]. https://www.fmprc.gov.cn/web/gjhdq_676201/gj_676203/oz_678770/1206_678796/1206x0_678798/.

⑥ 中华人民共和国商务部. 爱尔兰 2021 年经济运行情况及 2022 年经济展望 [EB/OL]. （2022-04-21）[2022-07-24]. http://www.mofcom.gov.cn/article/zwjg/zwdy/zwdyoz/202204/20220403306831.shtml.

⑦ World Bank Open Data. GDP per capita (constant LCU) [EB/OL]. [2022-07-24]. https://data.worldbank.org/indicator/NY.GDP.PCAP.KN?end=2021&name_desc=false&start=2021&view=map.

⑧ Central Statistics Office. Annual National Accounts 2021 [EB/OL]. (2022-07-15) [2022-07-24]. https://www.cso.ie/en/releasesandpublications/ep/p-ana/annualnationalaccounts2021/gdpandgrowthrates/.

⑨ 中华人民共和国商务部. 爱尔兰 2021 年经济运行情况及 2022 年经济展望 [EB/OL]. （2022-04-21）[2022-07-24]. http://www.mofcom.gov.cn/article/zwjg/zwdy/zwdyoz/202204/20220403306831.shtml.

元①，相当于其国内生产总值的近 282%，使爱尔兰成为世界上全球化程度最高的经济体之一。相比之下，欧盟的平均水平为 79%，世界经合组织的平均水平仅为 43%。爱尔兰投资发展局（Industrial Development Agency Ireland，IDA Ireland）是爱尔兰主要执行吸引外资职能的政府机构。该局在过去的几十年成功地将大量跨国公司吸引到了爱尔兰。依据该局网站数据显示，目前大约有 1 700 家跨国公司的总部或分支设立在爱尔兰②。爱尔兰吸引外资的主要优势在于：①国家年轻有活力；②欧盟唯一的英语国家；③灵活的劳动力；④强大的教育体系；⑤具有商业意识的高等教育机构；⑥便于出口到欧洲的地理位置；⑦在英国脱欧后吸引欧洲人才的潜能；⑧在某些工业和商业部门的"集群效应"。基于这些优势，外国直接投资项目仍在爱尔兰不断增加。根据爱尔兰投资发展局（IDA Ireland）2021 年年度报告显示，2021 年爱尔兰共吸引 249 项外国直接投资，其中 104 项为首次到爱尔兰投资，爱尔兰投资发展局（IDA Ireland）客户公司的总就业人数达到创纪录的 275 384 人③。截至 2020 年年底，爱尔兰外资存量的前三大来源国分别为美国（2 400.5 亿欧元）、荷兰（1 334.8 亿欧元）、卢森堡（1 193.1 亿欧元），占当年爱尔兰外资总存量（10 975.5 亿欧元）的比例分别为 21.9%、12.3%、10.9%。从外资最终来源国（Ultimate Investor）看，2020 年爱尔兰最终来自美国的投资达 8 360.2 亿美元，占比 76.2%。④

（二）工业发展战略重点

爱尔兰的工业主要包括电子、电信、化工、制药、机械制造、采矿、纺织、制衣、皮革、造纸、印刷、食品加工、木材加工等⑤。近年来，信息通信技术、医疗技术、生物制药、工业自动化等先进制造业突飞猛进，已经成为爱尔兰的支柱产业。爱尔兰在工业 4.0 准备成熟度方面在欧洲诸国中名列前茅。

爱尔兰的信息通信技术产业主要包括应用软件和硬件系统的生产及数字通信

① 中华人民共和国商务部. 爱尔兰 2021 年经济运行情况及 2022 年经济展望 [EB/OL]. (2022-04-21) [2022-07-24]. http://www.mofcom.gov.cn/article/zwjg/zwdy/zwdyoz/202204/20220403306831.shtml.

② IDA Ireland. Ireland's economy [EB/OL]. [2022-07-24]. https://www.idaireland.com/why-companies-choose-ireland/ireland-s-economy.

③ IDA Ireland. IDA Ireland Annual Report and Accounts 2021 [R/OL]. [2022-07-24]. https://www.idaireland.com/annual-reports.

④ Central Statistics Office. Foreign Direct Investment 2020 [EB/OL]. (2021-12-16) [2022-07-27]. https://www.cso.ie/en/releasesandpublications/er/fdi/foreigndirectinvestmentannual2020/.

⑤ 中华人民共和国外交部. 爱尔兰国家概况 [EB/OL]. (2022-06) [2022-07-24]. https://www.fmprc.gov.cn/web/gjhdq_676201/gj_676203/oz_678770/1206_678796/1206x0_678798/.

和信息支持领域的服务，是推动爱尔兰经济强劲增长的主要引擎之一，且处于世界领先水平。爱尔兰的软件产业在政府引导下异军突起。爱尔兰政府在 20 世纪 90 年代，就已经开始建立软件科学园，吸引跨国公司进驻的同时，也鼓励本国的中小软件公司注册进园。从 2000 年开始，爱尔兰已经超越美国成为世界第一大软件出口国。在欧洲市场销售的软件产品中，50% 以上产自爱尔兰。微软（Microsoft）、英特尔（Intel）、甲骨文（Oracle）等软件巨头，都将欧洲总部设在爱尔兰。全球五大软件公司都在爱尔兰建立工厂[①]。这些软件公司中的一些还在爱尔兰设立了研发中心，如英特尔（Intel）著名的 Quark 芯片就是在爱尔兰设计而成的。除了软件产业之外，爱尔兰的硬件系统的生产及数字通信和信息支持领域的服务，在世界范围内也具有领先竞争力。世界领先的 20 大信息通信技术企业有 16 家在爱尔兰落户，包括华为、腾讯、亚马逊（Amazon）、苹果（Apple）等。50% 的信息通信技术企业落户爱尔兰超过 10 年，33% 的信息通信技术企业已经在爱尔兰 20 多年。超过 37 000 人在爱尔兰的数字与信息产业就业。[②]欧洲市场上 43% 的计算机产自爱尔兰，计算机产品中也有 40% 由爱尔兰制造。爱尔兰拥有欧洲最先进的富有竞争力的电信基础设施。爱尔兰通信公司与世界级先进的光纤网络公司合作。爱尔兰已成为公认的欧洲最大数据中心集群，其创新力和变革力完美迎合了全球数据库的飞速发展，保持了爱尔兰作为 Tier 1 信息中心的领先地位。为了引领未来信息技术，爱尔兰拥有超过 40 家的信息通信技术企业正在使用或者研发人工智能技术[③]。正是因为信息通信技术产业的突出表现，爱尔兰赢得了"欧洲硅谷""欧洲软件之都"等美誉。

爱尔兰在医疗技术与生物制药产业方面取得了令人瞩目的全球竞争力。爱尔兰发展医疗技术产业已有 50 年的时间。该产业目前有超过 300 家外国公司在爱尔兰落户，包括世界知名的百特（Baxter）、GE 医疗（GE Healthcare）、强生（Johnson and Johnson）、西门子医疗（Siemens Healthineers）等。其中的雇员有大约 4 万人。爱尔兰是欧洲第二大医疗器械出口国，供应隐形眼镜、支架、诊断试剂和人工关节等产品。爱尔兰的医疗技术产业年出口额已经超过 130 亿欧元，占爱尔兰年出

---

① IDA Ireland. Reasons to invest in Ireland [EB/OL]. [2022-07-27]. https://www.idaireland.com/why-companies-choose-ireland.

② IDA Ireland. Technology [EB/OL]. [2022-07-27]. https://www.idaireland.com/explore-your-sector/business-sectors/technology.

③ 同②.

口额的 8%。①除了迅猛发展的医疗技术产业外，爱尔兰也是全球生物制药的领导者。爱尔兰已成为世界第三大药品出口国。全球 15 大制药公司中有 13 家在爱尔兰投资，包括辉瑞（Pfizer）、葛兰素史克（GlaxoSmithKline）、默克药厂（MSD）、赛诺菲（Sanofi）、诺华（Novartis）、艾伯维（AbbVie）等。共有超过 85 个外国制药企业在爱尔兰落户。世界 15 大畅销药品有 9 种在爱尔兰设有生产线。有大约 3 万员工在该产业就职。生物制药产业为爱尔兰每年贡献超过 800 亿欧元的出口额，占爱尔兰年出口总额的 39%。②

以工业自动化为代表的工程工业是爱尔兰的另一大支柱产业。全球 8 大工业自动化工厂都设置在爱尔兰。除工业自动化以外，爱尔兰的强势工程工业还包括汽车制造、航空航天等领域。工程工业每年为爱尔兰的出口贡献超过 56 亿欧元。利勃海尔（Liebherr）、空中客车（Airbus）、通用汽车（GM）、霍尼韦尔（Honeywell）、苏尔寿公司（Sulzer）等工程行业的巨头都在爱尔兰开设工厂，开展生产制造。不仅如此，全球 10 大工程设计公司中有 4 家开设在爱尔兰。爱尔兰在超过 50 年的时间里，一直在吸引工程公司投资。目前，爱尔兰共有超过 250 家工业技术和工程公司，雇用了超过 23 000 名员工。随着工业 5.0 浪潮对于工程和制造业的重塑，爱尔兰的工程产业已经展开了增强现实、工业物联网、机器人和自动化方面的研发项目，以加强和优化其制造能力。③

二、工程教育发展现状

爱尔兰的工程教育发展迅猛，以规模小、质量高而闻名于世。爱尔兰的工程教育全部由爱尔兰公立高校开设，私立高校不提供工程教育。爱尔兰所有的公立高校都开展工程教育。爱尔兰近些年不断合并重组理工学院（IoT）为理工大学（TU），理工大学（TU）已经成为爱尔兰提供工程教育的主力军。爱尔兰工程教育的发展重点在于本科层次。

① IDA Ireland. MedTech [EB/OL]. [2022-07-27]. https://www.idaireland.com/explore-your-sector/business-sectors/medtech.

② IDA Ireland. Biopharma [EB/OL]. [2022-07-27]. https://www.idaireland.com/explore-your-sector/business-sectors/biopharma.

③ IDA Ireland. Engineering [EB/OL]. [2022-07-28]. https://www.idaireland.com/explore-your-sector/business-sectors/engineering.

（一）提供工程教育的高校

爱尔兰的工程教育体系机构呈现二元制特征，即大学与理工院校两类公立高校，这两类高校都是爱尔兰工程教育的重要载体。所谓大学，即为传统普通大学（University）；而理工院校，则包括理工大学（Technological University, TU）和理工学院（Institute of Technology, IoT）。爱尔兰目前共有 7 所大学（University）、5 所理工大学（TU）和 2 所理工学院（IoT）提供工程教育。这 14 所高校的名称详见表 5–1。

表 5–1　爱尔兰提供工程教育的高校

大学 （University）	都柏林圣三一大学 （Trinity College Dublin, the University of Dublin, TCD）
	都柏林大学学院 （University College Dublin, UCD）
	科克大学学院 （University College Cork, UCC）
	爱尔兰国立大学高威分校 （National University of Ireland, Galway, NUI Galway）
	爱尔兰国立大学梅努斯分校 （National University of Ireland, Maynooth, NUIM）
	都柏林城市大学 （Dublin City University, DCU）
	利默里克大学 （University of Limerick, UL）
理工大学 （TU）	都柏林理工大学 （Technological University Dublin, TU Dublin）
	芒斯特理工大学 （Munster Technological University, MTU）
	香农理工大学：中部 / 中西部 （Technological University of the Shannon：Midlands Midwest, TUS）
	大西洋理工大学 （Atlantic Technological University, ATU）
	东南理工大学 （South East Technological University, SETU）
理工学院 （IoT）	邓莱里文艺理工学院 （Dun Laoghaire Institute of Art, Design and Technology, IADT）
	邓多克理工学院 （Dundalk Institute of Technology, DKIT）

爱尔兰的大学（University）构成在近几十年间未发生大的改变，但是理工大学（TU）和理工学院（IoT）则不同。从 2018 年开始，在理工大学改革运动

推动下，爱尔兰的理工学院（IoT）纷纷合并为新的院校类型即理工大学（TU）。因此，近些年，爱尔兰理工大学（TU）的数量逐渐增加，而理工学院（IoT）正在大幅减少，仅剩邓莱里文艺理工学院（IADT）和邓多克理工学院（DKIT）这两所理工学院（IoT）。2019 年 1 月 1 日，爱尔兰首所理工大学（TU）——都柏林理工大学（TU Dublin）成立。该理工大学是由原都柏林理工学院（Dublin Institute of Technology，DIT）、塔拉理工学院（Institute of Technology，Tallaght）、布兰察斯顿理工学院（Institute of Technology，Blanchardstown）三所理工学院合并而成。继都柏林理工大学（TU Dublin）建成之后，2021 年 1 月，科克理工学院（Cork Institute of Technology，CIT）与特拉利理工学院（Institute of Technology，Tralee，IT Tralee）合并建立了爱尔兰的第二所理工大学（TU）——芒斯特理工大学（MTU）。同年 10 月 1 日，阿斯隆理工学院（Athlone Institute of Technology，AIT）和利默里克理工学院（Limerick Institute of Technology，LIT）合并为香农理工大学：中部 / 中西部（TUS）。该校重点服务于爱尔兰中部与中西部地区。2022 年 4 月 1 日，大西洋理工大学（ATU）成立，主要服务于爱尔兰西部和西北部地区。这所理工大学（TU）是由高威—马约理工学院（Galway-Mayo Institute of Technology，GMIT），斯莱戈理工学院（Institute of Technology，Sligo，ITS）以及莱特肯尼理工学院（Letterkenny Institute of Technology，LYIT）合并而成。2022 年 5 月 1 日，沃特福德理工学院（Waterford Institute of Technology，Waterford IT）和卡洛理工学院（Institute of Technology，Carlow，IT Carlow）合并组成东南理工大学（SETU）。这所理工大学（TU）是爱尔兰东南部地区唯一的一所大学，重点支持该区域发展。

爱尔兰的大学（University）和理工大学（TU）享有高度自治权，独立授予学历学位证书[①]。值得注意的是，爱尔兰存在一个相对独立且特殊的大学文凭授予联盟，即爱尔兰国立大学（National University of Ireland，NUI）学历学位证书联盟。都柏林大学学院（University College Dublin，UCD）、科克大学学院（University College Cork，UCC）、爱尔兰国立大学高威分校（National University of Ireland，Galway，NUI Galway）、爱尔兰国立大学梅努斯分校（National University of Ireland，Maynooth，NUIM）这四所大学（University）以爱尔兰国立大学（NUI）名义颁发学历学位证书[②]。与大学（University）和理工大学（TU）

---

① Citizens Information. Third-level education in Ireland [EB/OL]. (2022-05-03) [2022-08-05]. https://www.citizensinformation.ie/en/education/third_level_education/colleges_and_qualifications/third_level_education_in_ireland.html.

② 中华人民共和国教育部. 爱尔兰 [EB/OL].（2022-03-25）[2022-08-04]. http://jsj.moe.gov.cn/n1/12026.shtml.

不同的是，理工学院（IoT）的毕业生获得爱尔兰质量与资格认证委员会（Quality and Qualification Ireland，QQI）授予的学历学位证书[①]。

（二）爱尔兰国家资格框架（NFQ）与工程教育

爱尔兰于 2003 年正式建立了国家资格框架（National Framework of Qualifications，NFQ）[②]，是继南非和澳大利亚之后世界上第 3 个自主开发国家资格框架的国家[③]。

爱尔兰国家资格框架（NFQ）立足于学历资质国际互认，在满足博洛尼亚进程要求的本科—硕士—博士三级学位结构的前提条件下，以欧洲资格框架（European Qualifications Framework，EQF）为蓝本，在 8 个等级的欧洲资格框架（EQF）的基础上，将爱尔兰各类教育划分为由低到高的 10 个等级，涵盖各个教育层次和学科领域的学历资质和文凭证书，[④] 如图 5-1 所示。

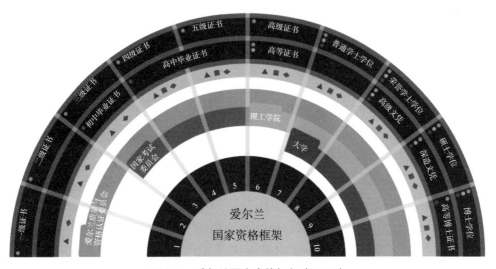

图 5-1　爱尔兰国家资格框架（NFQ）

资料来源：QQI. Comparing Qualifications in Ireland and Hong Kong: Making Connections for You [EB/OL]. [2023-02-20]. https://www.qqi.ie/sites/default/files/2021-11/comparing-qualifications-in-ireland-and-hong-kong.pdf.

---

① Citizens Information. Third-level education in Ireland [EB/OL]. (2022-05-03) [2022-08-05]. https://www.citizensinformation.ie/en/education/third_level_education/colleges_and_qualifications/third_level_education_in_ireland.html.

② QQI. NFQ Fan Postcard English [EB/OL]. [2022-08-04]. https://www.qqi.ie/sites/default/files/2022-01/nfq-fan-postcard.pdf.

③ 王慧，张常洁. 爱尔兰国家资格框架质量保障体系探究 [J]. 教育导刊，2016（4）：87-92.

④ QQI. National Framework of Qualifications [EB/OL]. [2022-08-04]. https://www.qqi.ie/what-we-do/the-qualifications-system/national-framework-of-qualifications.

爱尔兰国家资格框架（NFQ）的第 1 级至第 5 级与中等教育及以下的教育层次相对等。国家资格框架（NFQ）的第 6 级及以上为高等教育层次。工程教育同样反映在国家资格框架（NFQ）的第 6 级及以上，（见图 5-1，表 5-2）。高等教育层次存在两类不同的学历资质，分别是学历学位和文凭证书。学历学位是爱尔兰高等教育最主要的授予类型。第 6 级至第 10 级的学历学位分别是高级证书（Advanced Certificate）、普通学士学位（Ordinary Bachelor Degree）、荣誉学士学位（Honours Bachelor Degree）、硕士学位（Masters Degree）以及博士学位（Doctoral Degree）。第 6 级的高级证书（Advanced Certificate）对应的同等资质是高等证书（Higher Certificate）。第 7 级的普通学士学位（Ordinary Bachelor Degree）无相对应的同等资质。第 8 至第 10 级对应的同等资质分别是高级文凭（Higher Diploma）、深造文凭（Post-graduate Diploma）以及高等博士证书（Higher Doctorate）。相较于学历学位，文凭证书入学要求普遍更低，不属于国际通用的正式学历体系。[①]

表 5-2　爱尔兰国家资格框架（NFQ）中的高等工程教育层次

NFQ 等级	学 历 学 位	同 等 资 质	提 供 高 校
6	高级证书	高等证书	理工学院
7	普通学士学位	无	大学、理工大学、理工学院
8	荣誉学士学位	高级文凭	大学、理工大学、理工学院
9	硕士学位	深造文凭	大学、理工大学、理工学院
10	博士学位	高等博士证书	大学、理工大学、理工学院

爱尔兰国家资格框架（NFQ）将学习成果作为学历资质考核的标准和依据，通过知识（Knowledge）、技能（Know-how and Skill）和素质（Competence）三维度分别对应 10 个等级来考察学历资质。其中知识指的是理论或者事实；技能是指认知或者实践操作能力；素质是指责任心和自主性。结合本国的教育结构和特点，这 3 个维度又做了进一步的划分，其中知识包含知识的广度和种类，技能包括技能的范围和选择性，素质（competence）包括素质的情境、作用、学习能力和洞察力。[②③]

在传统的爱尔兰工程教育中，不同类型的高校特点鲜明、教学侧重点不同。

---

① QQI. National Framework of Qualifications [EB/OL]. [2022-08-04]. https://www.qqi.ie/what-we-do/the-qualifications-system/national-framework-of-qualifications.

② 同①.

③ 王慧，张常洁. 爱尔兰国家资格框架质量保障体系探究 [J]. 教育导刊，2016（4）：87–92.

理工学院（IoT）提供以实践为导向的工程教育，因此开设高级证书（NFQ 6 级）、普通学士学位（NFQ 7 级）、荣誉学士学位（NFQ 8 级）的工科专业；而大学（University）则偏向于理论，提供荣誉学士学位（NFQ 8 级）、硕士学位（NFQ 9 级）和博士学位（NFQ 10 级）层次的工程教育。而在近几十年，爱尔兰因为产业结构转型，政府倡导培育高学历劳动力，同时爱尔兰高等教育也进行了扩招，这使得理工学院（IoT）和大学（University）之间的区别不再明显。理工学院（IoT）不仅提供高级证书（NFQ 6 级）、普通学士学位（NFQ 7 级）、荣誉学士学位（NFQ 8 级）层次的工程教育，而且开始开设硕士学位（NFQ 9 级），其至博士学位（NFQ 10 级）的工学专业。大学（University）和新建的理工大学（TU）则提供普通学士学位（NFQ 7 级）、荣誉学士学位（NFQ 8 级）、硕士学位（NFQ 9 级）、博士学位（NFQ 10 级）层次的工程教育。

（三）工程教育的规模与特征[①]

爱尔兰工程教育对于学生具有一定的吸引力。依据 2013 年版的国际教育分类标准（International Standard Classification of Education：Fields of education and training 2013，ISCED-F 2013）的十一大教育与培训学科领域分类，爱尔兰的工程、制造与建设（Engineering，Manufacturing，and Construction）学科的在读学生数和毕业生数，常年位列爱尔兰所有学科的第四。常年位列前三的学科分别是商业、行政与法律（Business，Administration and Law），健康与福利（Health and Welfare），艺术与人文（Arts and Humanities）。依据 2020 年的统计数据，工程、制造与建设学科的毕业生数（8 895 人）仅为排名第一的商业、行政与法律学科（20 202 人）的 44.03%。[②]

爱尔兰工程教育总体规模较小，但发展速度快。如图 5–2 所示，爱尔兰工程教育在读学生数及其在所有学科中的占比均呈逐年上升趋势。2018/2019 学年，各类高校各学历层次的工程教育在读学生总数达 25 490 人，占所有学科在读学生的 11.16%。2019/2020 学年，工程教育在读学生总数 26 640 人，占比攀升至 11.30%。2020/2021 学年，工程教育在读学生总数达到峰值，27 882 人，占比更

---

① 依据 2013 年版的国际教育分类标准（International Standard Classification of Education，ISCED-F 2013），将第七大类广义学科：工程、制造与建设（Engineering，Manufacturing and Construction）作为本节爱尔兰工程教育规模的统计口径。

② HEA. Access our data-graduates [EB/OL]. [2022-08-05]. https://hea.ie/statistics/data-for-download-and-visualisations/access-our-data/access-our-data-graduates/.

是达到 11.35%。[1]

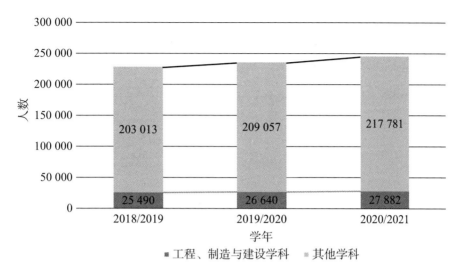

图 5-2 爱尔兰工程教育在读学生数及占比变化

数据来源: HEA. Access our data-students [EB/OL]. [2022-08-05]. https://hea.ie/statistics/data-for-download-and-visualisations/access-our-data/access-our-data-students/.

  爱尔兰工科人才性别比例不平衡, 更多的男性选择接受工程教育。如图 5-3 所示, 2018/2019 学年, 工程教育在读男生达 20 156 人, 而女生仅为 5 330 人; 2019/2020 学年, 工程教育在读男生有 20 781 人, 女生只有 5 842 人; 2020/2021 学年, 工程教育在读男生为 21 552 人, 女生为 6 305 人。[2]历年工科的在读学生, 无论是男生还是女生, 数量都在增加。工程技术领域的性别平等问题由政府主导解决, 性别平权越发得到重视。在爱尔兰政府先后出台的 STEM 教育报告等诸多文件中, 都反复提出了女性在工程领域的缺位问题。政府的 STEM 教育政策阐明, 到 2026 年的发展目标包含计划提升女性在 STEM 学科占比 40%。目前, 工程教育在读学生性别比例的差距正在逐年减小, 从 2018/2019 学年的 3.78, 缩小到 2020/2021 学年的 3.41, 距离性别平等目标还有较大提升空间。

① HEA. Access our data-students [EB/OL]. [2022-08-05]. https://hea.ie/statistics/data-for-download-and-visualisations/access-our-data/access-our-data-students/.

② 同①.

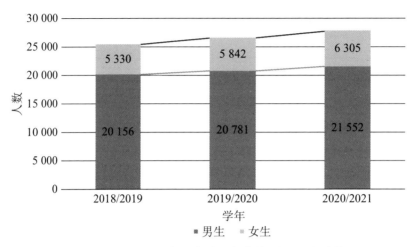

图 5–3　爱尔兰工程教育各性别在读学生数及比例变化

数据来源：HEA. Access our data-students [EB/OL]. [2022-08-05]. https://hea.ie/statistics/data-for-download-and-visualisations/access-our-data/access-our-data-students/.

　　爱尔兰工程教育主要由理工大学（TU）和大学（University）来提供，其中理工大学（TU）是工程教育的主要提供方。如图 5–4 所示，2018/2019—2020/2021 学年，工程教育在读学生集中于理工大学（TU）和大学（University），占所有工程教育在读学生的 95% 以上。理工大学（TU）发展势头强劲，已成为爱尔兰工程教育的主力军，推动了爱尔兰工程教育的转型与发展，工程教育在读学生数占爱尔兰所有接受工程教育学生数的将近 60%。理工大学（TU）和大学（University）的工程教育在读学生的比例大约为 3∶2。①

　　爱尔兰工程教育着重培养本科层次人才，研究生所占比例小。如图 5–5 所示。过去，本科层次（NFQ 7 级、8 级）工程教育的在读学生数远高于研究生层次（NFQ 9 级、10 级），是研究生层次在读学生数的 5 倍左右。近几年，研究生层次工程教育在读学生数快速上升，本科和研究生层次工程教育的在读学生数差距正在不断减小。②

① HEA. Key facts and figures 2020/2021 [EB/OL]. [2022-08-05]. https://hea.ie/statistics/data-for-download-and-visualisations/key-facts-figures-2020-2021/.

② HEA. Access our data-students [EB/OL]. [2022-08-05]. https://hea.ie/statistics/data-for-download-and-visualisations/access-our-data/access-our-data-students/.

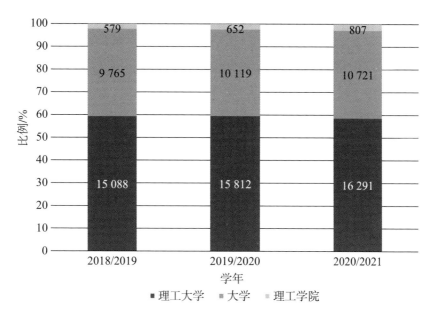

图 5–4　爱尔兰工程教育在读学生的高校类型分布

注：2018/2019 学年至 2020/2021 学年，不同类型高校的工程教育在读学生数统计口径都按照当前的 7 所大学（University）、5 所理工大学（TU）和 2 所理工学院（IoT）计算。

数据来源：HEA. Key facts and figures 2020/2021 [EB/OL]. [2022-08-05]. https://hea.ie/statistics/data-for-download-and-visualisations/key-facts-figures-2020-2021/.

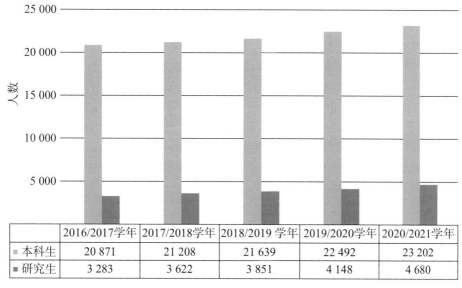

	2016/2017学年	2017/2018学年	2018/2019 学年	2019/2020学年	2020/2021学年
本科生	20 871	21 208	21 639	22 492	23 202
研究生	3 283	3 622	3 851	4 148	4 680

图 5–5　爱尔兰本科和研究生层次工程教育在读学生数

数据来源：HEA. Access our data-students [EB/OL]. [2022-08-05]. https://hea.ie/statistics/data-for-download-and-visualisations/access-our-data/access-our-data-students/.

爱尔兰研究生层次工程教育呈现"两家独大"的局面，但是这种局面正在逐渐改变。近几年，都柏林大学学院（UCD）是研究生层次工程教育在读学生数最多（2018/2019 学年，1 031 人；2019/2020 学年，1 076 人；2020/2021 学年，1 122 人）①，以及研究生层次工程教育毕业生数最多（2018 年，473 人；2019 年，599 人；2020 年，582 人）②的高校。都柏林大学学院（UCD）和都柏林理工大学（TU Dublin）在读的工学研究生占爱尔兰全国在读工学研究生的大约 50%，但是这个比例正在逐年下降。③

都柏林理工大学（TU Dublin）从建校至今，发展势头迅猛。该校工程教育在读学生数连续几年蝉联第一（2018/2019 学年，5 896 人；2019/2020 学年，5 987 人；2020/2021 学年，6 042 人）④。该校还拥有最多本科层次工程教育在读学生（2018/2019 学年，4 906 人；2019/2020 学年，4 934 人；2020/2021 学年，4 943 人）⑤，以及最多本科层次工程教育毕业生（2018 年，1 229 人；2019 年，1 271 人；2020 年，1 393 人）⑥。不仅如此，该校的研究生层次工程教育在读学生数也一直位列第二（2018/2019 学年，990 人；2019/2020 学年，1 053 人；2020/2021 学年，1 099 人）⑦。

爱尔兰工程教育的毕业生就业率一直高于各学科各学历层次的平均就业率。2017 年，爱尔兰各学科各学历层次毕业生在毕业后第 9 个月的平均就业率为 78%，而工程、制造与建设学科的就业率达 82%，位列国际教育分类标准（ISCED-F 2013）教育与培训十一大学科的第三，仅次于教育（Education）学科（93%），以及健康与福利（Health and welfare）学科（88%）⑧。2018 年，爱尔兰各学科各学历层次毕业生在毕业后第 9 个月的平均就业率上升至 80.1%。工程、制造与建设学科的就业率依然高于平均就业率，达 85.3%，但是该学科的就业率跌

---

① HEA. Key facts and figures 2020/2021 [EB/OL]. [2022-08-05]. https://hea.ie/statistics/data-for-download-and-visualisations/key-facts-figures-2020-2021/.

② HEA. Access our data-graduates [EB/OL]. [2022-08-05]. https://hea.ie/statistics/data-for-download-and-visualisations/access-our-data/access-our-data-graduates/.

③ HEA. Key facts and figures 2020/2021 [EB/OL]. [2022-08-05]. https://hea.ie/statistics/data-for-download-and-visualisations/key-facts-figures-2020-2021/.

④ 同③.

⑤ HEA. Key facts and figures 2020/2021 [EB/OL]. [2022-08-05]. https://hea.ie/statistics/data-for-download-and-visualisations/key-facts-figures-2020-2021/.

⑥ 同⑤.

⑦ 同⑤.

⑧ HEA. Graduate Outcomes 2017-Main Graduate Destination [R/OL]. [2022-08-06]. https://hea.ie/statistics/graduate-outcomes-data-and-reports/graduate-outcomes-2017/main-graduate-destination/.

至十一大学科的第五位。^① 2020 年由于新冠疫情席卷全球，爱尔兰各学科各学历层次毕业生在毕业后第 9 个月的平均就业率下降至 75.9%。而工程、制造与建设学科的就业率仍高于平均就业率，达到 81.3%，恢复位列所有学科的第三，仅次于教育学科（93.1%）以及健康与福利学科（87.3%）。^②

小结

对知识经济的强调，使得爱尔兰发展成为工业强国。爱尔兰的工业规模庞大，占爱尔兰实际国内生产总值的比例远高于其他产业，且还在不断扩大。爱尔兰工业迅猛发展主要依赖外资，这使得爱尔兰成为世界上全球化程度最高的经济体之一。爱尔兰工业发展战略的重心在于信息通信技术、医疗技术、生物制药、工业自动化等产业。这种强势的工业发展使得爱尔兰的经济突飞猛进。爱尔兰目前是世界经济表现最好的发达经济体之一，也是世界经济发展速度和工业发展速度最快的国家之一。爱尔兰因此跃居为世界人均收入最高的国家之一，创造了著名的"爱尔兰奇迹"。

爱尔兰工程教育对爱尔兰工业发展的贡献功不可没。爱尔兰工程教育以规模小、质量高而闻名于世。工程教育虽然总体规模较小，但发展迅猛。爱尔兰的工程教育全部由公立高校开设，同时爱尔兰所有的公立高校都开展工程教育。从2018 年开始，在理工大学运动改革推动下，爱尔兰不断合并重组理工学院（IoT）为理工大学（TU）。爱尔兰目前共有 7 所大学（University）、5 所理工大学（TU）和 2 所理工学院（IoT）提供工程教育。理工大学（TU）已经成为爱尔兰提供工程教育的主力军。爱尔兰的大学（University）和理工大学（TU）享有高度自治权，独立授予学历学位证书，而理工学院（IoT）由爱尔兰质量与资格认证委员会（QQI）授予学历学位证书。爱尔兰国家资格框架（NFQ）的 6 级及以上为高等教育层次。理工学院（IoT）提供国家资格框架（NFQ）6 级至 10 级的工程教育，而大学（University）和理工大学（TU）则提供国家资格框架（NFQ）7 级至 10 级的工程教育。爱尔兰工程教育的发展重点在于本科层次（NFQ 7 级和 8级）。爱尔兰工程教育的毕业生就业率一直高于各学科各学历层次的平均就业率。但是爱尔兰工程教育也存在着工科人才性别比例不平衡的问题。为此，爱尔兰政

---

① HEA. Graduate Outcomes 2017-Main Graduate Destination [R/OL]. [2022-08-06]. https://hea.ie/statistics/graduate-outcomes-data-and-reports/graduate-outcomes-2017/main-graduate-destination/.

② HEA. Graduate Outcomes 2020-Main Graduate Destination (GO 2020) [R/OL]. [2022-08-06]. https://hea.ie/statistics/graduate-outcomes-data-and-reports/graduate-outcomes-2020/main-graduate-destination/.

府正做出努力，并有一定成效。

爱尔兰工业发展已经达到了前所未有的新高度，但是发展过度依赖外资，并没有走独立自强的发展道路。因此，爱尔兰工业发展的稳定性不强。爱尔兰工程教育结构体系的不断完善，是爱尔兰工业迅猛增长的重要支撑。为了适应工业结构的变化，爱尔兰工程教育的结构也在不断调整，试图培养出更多经济社会需要的工业人才。爱尔兰蓬勃发展的工程教育已经培养出了大量工程人才，所以爱尔兰有实力且有底气发展民族工业，虽然这种转型将是长期的。

第三节

工程教育与人才培养

爱尔兰不同类型的高校，培养不同类型的工程人才。大学（University）提供理论导向的工程教育，培养学者、理论型工程人才；而理工学院（IoT）则提供实践导向的工程教育，培养应用型工程人才。理工大学（TU）的定位介于大学（University）和理工学院（IoT）之间，基于实践性教学，注重应用性科研，同时紧密联系周边地区和产业，培养高级应用型人才。

但是，爱尔兰每类高校并未形成统一的工程人才培养模式。本节通过另一视角——学位层次，总结爱尔兰的工程人才培养方式。

一、本科层次工程人才培养

爱尔兰本科层次的工程人才培养指的是培养出获得工科专业普通学士学位（NFQ 7 级）和荣誉学士学位（NFQ 8 级）的人才。

（一）本科层次工科专业入学要求

爱尔兰高中毕业生均需参加每年 6 月举行的毕业证书考试（Leaving Certificate Examination）。该考试由必选科目和工程、设计、文学等自选科目组成，其中生物、数学、化学、建筑等 11 个相关科目分为高等和普通两个级别。对于同一科目的毕业证书考试来说，高中毕业生通过高等级别考试获得的分数要高于通过普通级别考试的分数。这也使得选择参加高等级别考试的高中毕业生的总成绩更高。爱尔兰高等教育阶段的入学要求与学生高中毕业资格考试成绩挂钩。学生选择的学位层级由考试科目级别决定。学生就读专业也往往与考试成绩密切相关。本科层次工科专业录取要求高数取得 C 以上的成绩。荣誉学士学位（NFQ 8 级）的入学要求普遍高于普通学士学位（NFQ 7 级）。具体而言，荣誉学士学位（NFQ 8 级）的入学资格通常要求学生通过 6 个科目的考试，其中至少有 2 个科目达到高等级别的要求。而普通学士学位（NFQ 7 级）层次入学要求则较低，通常要求通过 5 个科目的考试，且只需参加普通级别考试。普通学士学位（NFQ 7 级）和荣誉学士学位（NFQ 8 级）的每个工科专业都有各自的录取分数线。

爱尔兰普通学士学位（NFQ 7 级）、荣誉学士学位（NFQ 8 级）的工科专业的申请和录取主要通过中央申请办公室（Central Application Office，CAO）系统完成。高中生的毕业证书考试成绩会转换为中央申请办公室（CAO）系统的分数。高校依据高中毕业生在中央申请办公室（CAO）系统中的分数开展招生。如果有一些工程专业没有纳入中央申请办公室（CAO）系统，则高中毕业生可以直接向高校提出申请。[①]

（二）本科层次工程人才培养方式及过程

爱尔兰普通学士学位（NFQ 7 级）工程教育的目标是：学习各个相关领域的专业知识，重点锻炼分析、判断、设计能力，掌握制造和维修技术，使学生成为能够解决实际问题的应用型工程技术人才。爱尔兰工程人才培养与爱尔兰工程师制度相衔接。普通学士学位（NFQ 7 级）工科专业是评定爱尔兰工程师学会的副工程师（Associate Engineer）的学历要求。爱尔兰荣誉学士学位（NFQ 8 级）工程教育的目标主要是让学生更深入地了解工程原理，培养出具备一定创新能力和解决问题能力的工程人才。

爱尔兰本科层次所有工科专业都存在全日制（Full Time）和非全日制（Part Time）两种授课形式，但并非每个提供工程教育的高校都提供同一工科专业的两种授课形式[②]。全日制普通学士学位（NFQ 7 级）工科专业的学制一般为 3 年，需

---

① KYNE M R. Engineering Education Quality Assurance Processes–An Exploration of the Alignment or Combination of the Programmatic Review and Accreditation Processes for Engineering Education Programmes in Ireland [D/OL]. Limerick: University of Limerick, 2021 [2022-03-16]. https://ulir.ul.ie/handle/10344/10551.

② 本节重点关注全日制本科层次工程人才培养方式。

要修满 180 个欧洲学分转换体系（European Credit Transfer System，ECTS）的学分。完成普通学士学位（NFQ 7 级）工科专业，可以选择继续 1～2 年学习，获得该专业的荣誉学士学位（NFQ 8 级）。全日制荣誉学士学位（NFQ 8 级）工科专业的学制一般是 3～4 年，要求 180～240 个 ECTS 学分[1]。

爱尔兰的本科工科专业设置和教学安排清晰透明。所有提供工程教育的高校都在其官方网站上发布工科的专业设置和教学安排相关信息，不仅是在校的老师和学生有权查阅这些信息，校外人士和外国人也能够轻松找到相关信息。

爱尔兰本科层次所有工科专业都清晰阐明专业成果（Programme Outcomes），对应国家资格框架（NFQ）的知识（Knowledge）、技能（Know-how and Skill）和素质（Competence）这三大维度。

爱尔兰高校一学年为两个学期。本科层次的工科专业每学期 5～6 门课程（Module），每门课程一般为 5 个 ECTS 学分。所有课程都有明确的学习成果（Learning Outcomes），每项作业和考试都对应着该学习成果中的具体条款。课程包括必修课程和选修课程，以必修课程为主，选修课程为辅，可供选修的课程数量不多。必修课程采取分布渐进式教学。具体而言，高校以专业课程中的知识点需求为导向，将基础课程分布一般在 1～3 学年分散讲授。例如，利默里克大学（UL）机械工程专业荣誉学士学位（NFQ 8 级）中的工程数学课程被分成 5 个阶段，分别在第一和第二学年的每个学期，以及第三学年的第二学期讲授[2]。这样既分散了基础理论的难点，便于学生理解，也便于专业知识讲授和理解，充分体现了这类课程的基础性和支撑性。同样采用分布渐进式教学，专业课程的安排也是难易程度呈逐渐递升的趋势，与学生的培养层次及课程体系相匹配。例如，芒斯特理工大学（MTU）电子工程专业普通学士学位（NFQ 7 级）中的模拟电路课有两个阶段，被安排在第一学年的第一和第二学期[3]。必修课程层次之间呈线性排列，上一层次为下一层次的课程提供了基础，下一层次的课程是上一层次的扩展和深入。

爱尔兰本科层次工科专业的工作实习（work placement）时长为 2～6 个月，且不同高校不同工科专业将工作实习安排在整个学位学习的不同阶段。比如，在都柏林理工大学（TU Dublin）的土木工程专业荣誉学士学位（NFQ 8 级）的学

---

① 董会庆，董真. 爱尔兰学历学位体系发展机遇与挑战论析 [J]. 世界教育信息，2011（3）：37–45.

② UL. Bachelor/Master of Engineering in Mechanical Engineering [EB/OL]. [2022-08-10]. https://www.ul.ie/courses/bachelormaster-engineering-mechanical-engineering.

③ MTU. Bachelor of Engineering in Electronic Engineering [EB/OL]. [2022-08-10]. https://courses.cit.ie/index.cfm/page/course/code/CR_EELXE_7.

习周期中，工作实习被安排在第二学年末的暑期^①。芒斯特理工大学（MTU）电子工程专业普通学士学位（NFQ 7 级）中的工作实习部分，被作为最后一个学期的课程之一^②。

爱尔兰高校的官方网站都显示学生完成该工科专业将获得的就业能力（employability skill），以及职业定位。

学生从爱尔兰大部分高校的本科层次工科毕业将获得 6 种类型的学士学位，分别是工学学士学位（NFQ 7 级）（Bachelor of Engineering，BEng），理学学士学位（NFQ 7 级）（Bachelor of Science，BSc），工程技术学士学位（NFQ 7 级）（Bachelor of Engineering Technology，BEngTech），荣誉工学学士学位（NFQ 8 级）［Bachelor of Engineering（Honours），BEng Hons，BE］，荣誉理学学士学位（NFQ 8 级）［Bachelor of Science（Honours），BSc Hons］，荣誉工程技术学士学位（NFQ 8 级）［Bachelor of Engineering Technology（Honours），BEngTech Hons］。都柏林圣三一大学（TCD）还授予本科层次工科毕业生另外 3 种学士学位，分别是文学学士学位（NFQ 7 级）（Bachelor of Arts，BA），工程科学学士学位（NFQ 7 级）（拉丁语：Baccalaureus in Arte Ingeniaria，BAI），荣誉文学学士学位（NFQ 8 级）［Bachelor of Arts（Honours），BA Hons］。

（三）本科层次工科毕业生就业情况

爱尔兰高等教育局（HEA）网站发布的《2020 年毕业生结果调查》显示，爱尔兰各学科高级证书（NFQ 6 级）和普通学士学位（NFQ 7 级）层次毕业生，在毕业后第九个月的平均就业率是 26.8%^③。工程、制造与建设学科在这两个学历层次的毕业生的就业率远高于平均就业率，达到 39.3%，位列所有学科之首。爱尔兰各学科高级证书（NFQ 6 级）和普通学士学位（NFQ 7 级）层次的平均继续深造比例是 67.6%，而工程、制造与建设学科在这两个学历层次毕业生的继续深造比例仅为 57.2%，位列所有学科最末位。^④

该调查还显示，爱尔兰各学科荣誉学士学位（NFQ 8 级）在毕业后第 9 个

---

① TU Dublin. Civil Engineering [EB/OL]. [2022-08-10]. https://www.tudublin.ie/study/undergraduate/courses/civil-engineering-tu826/?courseSubjects=Engineering&keywords=&courseType=Undergraduate.

② MTU. Bachelor of Engineering in Electronic Engineering [EB/OL]. [2022-08-10]. https://courses.cit.ie/index.cfm/page/course/code/CR_EELXE_7.

③ 《2020 年毕业生结果调查》将爱尔兰各学科高级证书（NFQ 6 级）层次毕业生的就业率与普通学士学位（NFQ 7 级）层次毕业生的就业率合并统计。

④ HEA. Graduate Outcomes 2020-Level 6 & 7 Graduates (GO 2020). [EB/OL]. [2022-08-10]. https://hea.ie/statistics/graduate-outcomes-data-and-reports/graduate-outcomes-2020/level-6-7-graduates/.

月的平均就业率是 69.7%。工程、制造与建设学科荣誉学士学位（NFQ 8 级）的就业率仍高于平均就业率，达到 75.7%，位列所有学科第四，仅次于教育学科（92.5%），健康与福利学科（86.5%），以及信息与通信技术（Information and Communication Technologies，ICTs）学科（77.6%）。[①]

二、研究生层次工程人才培养

爱尔兰的研究生层次包括硕士学位（NFQ 9 级）和博士学位（NFQ 10 级）。硕士学位又拥有两种不同形式，分别是授课型硕士学位和研究型硕士学位。爱尔兰研究生层次工程人才培养指的是培养出获得工学专业硕士学位和博士学位的人才。

（一）研究生层次工学专业入学要求

爱尔兰各高校自主招收研究生层次工学专业的学生。

申请授课型硕士学位工学专业，一般要求申请人拥有工学或相关专业的二等一级（Upper Second Class）或二等二级（Lower Second Class）及以上的荣誉学士学位（NFQ 8 级），申请人直接向专业所在高校提出申请。

申请博士层次工学专业的过程与申请研究型硕士学位工学专业的过程相同。第一步，申请人需要满足学历要求，一般为工学或相关专业的二等一级（Upper Second Class）或二等二级（Lower Second Class）及以上的荣誉学士学位（NFQ 8 级），或工学或相关专业的硕士学位（NFQ 9 级）。第二步，申请人寻找一位和自身学术兴趣相符的未来导师。第三步，撰写硕士或博士研究计划。第四步，和中意的未来导师取得联系，并将硕士或博士研究计划递交给该未来导师。第五步，未来导师同意接受申请人为学生，申请人向该校的研究生院递交该研究型硕士学位工学专业的申请或博士学位工学专业的申请。

（二）研究生层次工程人才培养方式及过程

爱尔兰硕士学位（NFQ 9 级）工程教育的目标是，培养出能够结合使用基础和专业工程知识以及合适的实践方法，分析与解决复杂的工程问题，优化现有和未来技术应用，并且承诺遵守职业行为准则，对社会、职业和环境负责的工业界

[①] HEA. Graduate Outcomes 2020-Undergraduate Honours Degree Graduates (GO 2020) [EB/OL]. [2022-08-10]. https://hea.ie/statistics/graduate-outcomes-data-and-reports/graduate-outcomes-2020/undergraduate-honours-degree-graduates/.

领导者。爱尔兰工程人才培养与爱尔兰工程师制度相衔接。硕士学位（NFQ 9级）工科专业是评定爱尔兰工程师学会的特许工程师（Chartered Engineer）的学历要求。爱尔兰博士学位（NFQ 10级）工程教育的目标是，通过与职业发展相结合的高质量原创研究经验，来提高工程相关知识水平，形成高级研究技能和可转移技能，培养出高级研究型工程人才。

爱尔兰研究生层次所有工学专业都存在全日制和非全日制两种授课形式，但并非每个提供工程教育的高校都提供同一工科专业的两种授课形式[①]。

1. 爱尔兰硕士层次工程人才培养方式

全日制的授课型硕士学位工学专业的学制为1～2年，需要修满60～120个ECTS学分。爱尔兰的授课型硕士学位工学专业设置和教学安排清晰透明，清晰阐明专业成果，对应国家资格框架（NFQ）的知识（Knowledge）、技能（Know-how and Skill）和素质（Competence）这三大维度。授课型硕士学位工学专业每学期5～6门课程，每门课程一般为5～10个ECTS学分。所有课程都有明确的学习成果，每项作业和考试都对应着该学习成果中的具体条款。课程包括必修课程和选修课程。选修课程的数量远多于必修课程，且选修课程的选择也非常丰富。大多数两年制的授课型硕士学位工学专业包含实习（Internship）部分，而一年制的则不含实习。实习时长为6～8个月，一般安排在学院的合作企业或公司中进行。不同高校不同工科专业将实习安排在整个学位学习的不同阶段。授课型硕士学位工学专业的最后一学年或最后一学期，有一个一般为20～30个ECTS学分的必修研究项目。该研究项目存在两种形式。一种形式是由学术导师指导学生完成一项与该专业相关的研究课题，最后由学生完成一篇硕士学位论文（Thesis）以及口头论文答辩。另一种形式是学生设计、分析、实施一项以实验为主的研究项目，学生最后上交一份项目报告，同时口头汇报该研究。

全日制的研究型硕士学位工学专业的学制为1～2年，以导师负责制为培养方式。学院给每个研究生安排一位导师，指导该学生的学习和研究。研究生也可以要求增加一位导师，作为合作导师。另外，研究小组（Research Studies Panel，RSP）会监督和建议研究生的研究进度，同时帮助协调学生和导师之间的关系。研究小组第一年与学生会面至少两次，之后每年会面至少一次。学生最后将完成一篇硕士学位论文（Thesis），但不要求口头论文答辩。研究型硕士生在硕士学位工学专业的第二年可申请转读博士学位（PhD）工学专业。申

---

① 本节重点关注全日制研究生层次工程人才培养方式。

请人需要参加一场转学面试，由该学院相关领域的专家组成的转学评估小组（Transfer Assessment Panel）做出判断。如果转学成功，学生将转至相关专业的博士第一阶段。[①]

爱尔兰大多数高校的硕士层次工学专业毕业生将获得 3 种类型的硕士学位，分别是工程硕士学位（Master of Engineering，MEng），理学硕士学位（Master of Science，MSc），以及哲学硕士（Master of Philosophy，MPhil）。都柏林圣三一大学（TCD）还授予硕士层次工学毕业生另外一种硕士学位——工程科学硕士学位（拉丁语：Magister Arte Ingeniaria，MAI）。

2. 爱尔兰博士层次工程人才培养方式

全日制的博士学位工学专业的学制为 3～4 年，以导师负责制为培养方式。与研究型硕士学位工学专业的导师安排相同，学院给每个博士研究生安排一位导师，指导该学生的学习和研究。博士研究生也可以要求增加一位导师，作为合作导师。另外，研究小组（Research Studies Panel，RSP）会监督和建议博士研究生的研究进度，同时帮助协调学生和导师之间的关系。研究小组第一年与学生会面至少两次，之后每年会面至少一次。[②]全日制的博士学位工学专业的学习和研究分为两个阶段。第一阶段是确定博士研究计划，发展研究技能，并开始初期研究。博士研究生需要在博士项目开始的 20 个月内进行阶段转移测试（Stage Transfer Assessment），通过测试的者将从博士项目的第一阶段升级至第二阶段。第二阶段主要是完成博士研究并最终上交博士学位论文[③]，并通过博士考核委员会（PhD Examination Committee）组织的博士学位论文口头答辩。在此之前，博士研究生需要完成至少 30 个 ECTS 博士课程学分[④]。完成这两个阶段的博士研究生将最终获得哲学博士学位（Doctor of Philosophy，PhD）或工程博士学位（Doctor of Science，DEng）。

（三）研究生层次工学毕业生就业情况

近年来，爱尔兰授课型硕士层次工学毕业生的就业情况逐渐向好。2017

---

① UCD. Research Master's in a Nutshell [EB/OL]. [2022-08-11]. https://www.ucd.ie/graduatestudies/researchstudenthub/researchprogrammes/keypointsonresearchprogrammes/researchmastersnutshell/.

② UCD. PhD in a Nutshell [EB/OL]. [2022-08-11]. https://www.ucd.ie/graduatestudies/researchstudenthub/researchprogrammes/keypointsonresearchprogrammes/phdinanutshell/.

③ UCD. PhD Lifecycle [EB/OL]. [2022-08-11]. https://www.ucd.ie/graduatestudies/researchstudenthub/phdlifecycle/.

④ 同②。

年和 2018 年，工程、制造与建设学科的授课型硕士层次毕业生就业率（81%和 88.1%）都略低于各学科同学历层次的平均就业率（86%，88.4%）[1][2]。但在 2020 年，虽然受到新冠疫情冲击，工程、制造与建设学科的授课型硕士层次毕业生就业率逆势上行，高于平均就业率（84.9%），达到 85.7%，位列所有学科的第四，仅次于教育学科（93.7%），健康与福利学科（90.7%），以及农业、林业、渔业和兽医学科（87.8%）[3]。

爱尔兰研究型硕士层次和博士层次工学毕业生的就业情况一直较好，都高于各学科同学历层次的平均就业率。2017 年，工程、制造与建设学科的研究型硕士和博士层次毕业生的就业率（97%），远高于同学历层次的平均就业率（91%）[4]。2018 年，这种优势虽然缩小，但是工程、制造与建设学科的研究型硕士和博士毕业生的就业率依然达到 89.5%[5]。2020 年，工程、制造与建设学科的研究型硕士层次（NFQ 9 级）和博士层次（NFQ 10 级）毕业生的就业率跃居所有学科之首，达到 95.5%[6]。

小结

爱尔兰本科层次（NFQ 7 级和 8 级）的工科专业申请和录取主要通过中央申请办公室（CAO）系统完成。全日制普通学士学位（NFQ 7 级）工科专业的学制一般为 3 年，需要修满 180 个 ECTS 学分；全日制荣誉学士学位（NFQ 8 级）工科专业的学制一般是 3～4 年，要求 180～240 个 ECTS 学分。本科层次所有工科专业都清晰阐明专业成果。爱尔兰高校一学年为两个学期。本科层次的工科专业每学期 5～6 门课程，每门课程一般为 5 个 ECTS 学分。所有课程都有明确的学习成果。以必修课程为主，选修课程为辅。必修课程采取分布渐进式特色教学。

① HEA. Graduate Outcomes 2017-Postgraduate Taught Graduates [EB/OL]. [2022-08-11]. https://hea.ie/statistics/graduate-outcomes-data-and-reports/graduate-outcomes-2017/postgraduate-taught-graduates/.

② HEA. Graduate Outcomes 2018-Postgraduate Taught Graduates [EB/OL]. [2022-08-11]. https://hea.ie/statistics/graduate-outcomes-data-and-reports/graduate-outcomes-2017/postgraduate-taught-graduates/.

③ HEA. Graduate Outcomes 2020-Postgraduate Taught Graduates (GO 2020) [EB/OL]. [2022-08-10]. https://hea.ie/statistics/graduate-outcomes-data-and-reports/graduate-outcomes-2020/postgraduate-taught-graduates/.

④ HEA. Graduate Outcomes 2017-Postgraduate Research Graduates [EB/OL]. [2022-08-11]. https://hea.ie/statistics/graduate-outcomes-data-and-reports/graduate-outcomes-2017/postgraduate-research-graduates/.

⑤ 同④.

⑥ HEA. Graduate Outcomes 2020-Postgraduate Research Graduates (GO 2020) [EB/OL]. [2022-08-11]. https://hea.ie/statistics/graduate-outcomes-data-and-reports/graduate-outcomes-2020/postgraduate-research-graduates/.

本科层次工科专业的工作实习时长为 2~6 个月。学生完成工科专业将获得的就业能力以及职业定位都有明确阐述。

爱尔兰各高校自主招收研究生层次工学专业的学生。申请授课型硕士学位工学专业，需满足学历要求，直接向高校提出申请。博士层次工学专业与研究型硕士学位工学专业的申请人，需在满足学历要求和找到学术兴趣相符的未来导师的前提下，向该校的研究生院递交申请。全日制的授课型硕士学位工学专业的学制为 1~2 年，需修满 60~120 个 ECTS 学分。授课型硕士学位工学专业都清晰阐明专业成果。授课型硕士学位工学专业每学期 5~6 门课程，每门课程一般为 5~10 个 ECTS 学分。所有课程都有明确的学习成果。课程包括必修课程和选修课程。选修课程的数量远多于必修课程。大多数两年制的授课型硕士学位工学专业包含实习部分，实习时长为 6~8 个月。授课型硕士学位工学专业的最后阶段有一个必修研究项目，分为两种形式：学术导师指导学生完成研究课题，学生形成硕士学位论文以及完成口头论文答辩；或者由学生完成以实验为主的研究项目，最后上交项目报告并口头汇报该研究。全日制的研究型硕士学位工学专业的学制为 1~2 年，以导师负责制为培养方式。学生最后将完成硕士学位论文，但不要求口头论文答辩。全日制的博士学位工学专业的学制为 3~4 年，以导师负责制为培养方式。全日制博士学位工学专业包括初期博士研究，通过阶段转移测试，完成博士课程，完成博士研究并最终上交博士学位论文，且通过论文口头答辩。

爱尔兰采用了西方普遍使用的本科和研究生层次工科人才培养方式和过程。入学要求、培养方式和培养过程清晰透明，值得借鉴。同时，爱尔兰工程人才培养与爱尔兰工程师制度相衔接，保障了爱尔兰未来工程师的质量。爱尔兰本科层次工科专业的必修课程采取的分布渐进式教学方式，使学生更容易消化吸收知识点，同时与同教学阶段的其他课程相互支撑，形成更好的教学效果，这对中国高校工科课程安排有重要启示。爱尔兰本科和硕士层次工学毕业生的就业率均高于平均就业率，可见爱尔兰的工科人才培养非常成功。

工程教育研究与学科建设

一、工程学科建设

（一）工程学科分类

联合国教科文组织（UNESCO）最新发布的国际教育分类标准（ISCED-F 2013）将所有教育与培训的学科领域分为十一大类，其中第七大类是工程、制造与建设（Engineering, Manufacturing and Construction）学科领域[①]。爱尔兰高等教育界和高等教育局（HEA）均使用该标准对工程学科进行分类和统计。具体而言，在该分类标准中，工程、制造与建设的学科领域被分为六大较为狭义的学科领域，分别是未进一步定义的工程、制造与建设，工程与工程行业，制造与加工，建筑设计与建设，涉及工程、制造与建设的跨学科专业与学历，未在他处分类的工程、制造与建设。这些狭义的学科领域，进一步分为 20 个更为详细的学科领域，详见表 5–3。

表 5–3　2013 年国际教育分类标准（ISCED-F 2013）的教育与培训学科领域第七大类：工程、制造与建设

广义学科领域	狭义学科领域	具体学科领域
07 工程、制造与建设	070 未进一步定义的工程、制造与建设	0700 未进一步定义的工程、制造与建设
	071 工程与工程行业	0710 未进一步定义的工程与工程行业 0711 化学工程与工艺 0712 环保技术 0713 电力与能源 0714 电子与自动化 0715 机械与金属贸易 0716 机动车辆、船舶和飞机 0719 未在他处分类的工程与工程行业

[①] UNESCO Institute for Statistics. International standard classification of education: Fields of education and training 2013 (ISCED-F 2013)-Detailed field descriptions [R]. Montreal: UNESCO, 2015.

广义学科领域	狭义学科领域	具体学科领域
07 工程、制造与建设	072 制造与加工	0720 未进一步定义的制造与加工 0721 食品加工 0722 材料（玻璃、纸张、塑料和木材） 0723 纺织品（衣服、鞋类和皮革） 0724 采矿与提取 0729 未在他处分类的制造与加工
	073 建筑设计与建设	0730 未进一步定义的建筑设计与建设 0731 建筑设计与城市规划 0732 建筑与土木工程
	078 涉及工程、制造与建设的跨学科专业与学历	0788 涉及工程、制造与建设的跨学科专业与学历
	079 未在他处分类的工程、制造与建设	0799 未在他处分类的工程、制造与建设

资料来源：UNESCO Institute for Statistics. International standard classification of education: Fields of education and training 2013 (ISCED-F 2013)-Detailed field descriptions [R]. Montreal: UNESCO, 2015.

（二）工程学科布局与特色

根据泰晤士高等教育（Times Higher Education，THE）2022 年提供的信息，爱尔兰提供工程教育的高校主要开设四大类工程学科，分别是电子与电气工程（Electrical and Electronic Engineering）、土木工程（Civil Engineering）、机械工程（Mechanical Engineering）、化学工程（Chemical Engineering）。

爱尔兰绝大多数的高级证书（NFQ 6 级）、普通学士学位（NFQ 7 级）、荣誉学士学位（NFQ 8 级）的工程专业的申请，通过中央申请办公室（CAO）系统来完成。2022 年，CAO 系统共发布了 213 个爱尔兰高校的工程相关专业。其中，58% 的是荣誉学士学位（NFQ 8 级）的工程专业，剩余的 42% 是高级证书（NFQ 6 级）和普通学士学位（NFQ 7 级）的工程专业。近年来，工程教育的基础化特征逐渐得到广泛认可。工程教育改革不断推动科学与技术的融合，从单一的技术教学，发展到将数学、计算机、语言等工具基础，以及自然科学的知识性基础纳入工程教育培养范畴。而且，工程教育的技术教学特征相对弱化，而科学教育的特质得到强化。此外，跨学科发展成为工程教育发展的重要趋势。然而，爱尔兰工程教育的学科建设存在新旧学科分化明显的特征。由于学校类型层次、学科特质不同，工程教育内部各学科发展状况有所差异。

在新兴工程技术领域，实践导向的教育需求高于传统工科。传统工程教育多局限于与职业实践直接相关的技术教育，在不同学校和学科间的发展分化尤其显著，主要差异存在于教学是侧重于理论不是侧重于实践。土木、机械等传统工程学科重实践，电气、化工等新兴学科重理论。以 2015 年工科学生分布为例，毕业生中传统工科即工程制造建筑类比例相较 2010 年下降 6%，而新型的信息通信技术则处于上升趋势。在工科毕业生中，取得学位的毕业生占据本科毕业生的绝大多数，完成授课制硕士者则占据研究生毕业生的绝大多数。其中，博士学历在传统工科中所占比例高于信息技术学科，而研究生资质（非硕士学位）则在信息技术学科中占比更高。以研究为导向的领域则是大学和全日制学制占据主体。

（三）工程学科平台

爱尔兰 7 所提供工程教育的大学都设有工程与其他学科融合的学部（Faculty/College）。其中将工程与科学（Science）学科单独设置在一个学部的大学数量最多，包括 3 所大学，分别是爱尔兰国立大学高威分校（NUI Galway）、爱尔兰国立大学梅努斯分校（NUIM）、利默里克大学（UL）。另有两所大学除工程与科学学科外，还将其他学科也融入形成一个学部，分别是都柏林圣三一大学（TCD）与科克大学学院（UCC）。除了爱尔兰国立大学梅努斯分校（NUIM）之外，其余 6 所大学在学部之下都设置了多个学院（School）。如工程学院（School of Engineering）是一个学部下的多个学院之一，该校一般在工程学院下设有多个工程学科的学系（Department）。例如，都柏林圣三一大学（TCD）的工程学院（School of Engineering）中包含三大学系，分别是土木、结构与环境工程系（Department of Civil, Structural and Environmental Engineering），电子与电气工程系（Department of Electronic and Electrical Engineering），机械、制造与生物医学工程系（Department of Mechanical, Manufacturing and Biomedical Engineering）。也有大学不设学系，直接在学部下将不同的工程学科设置为学院。例如，都柏林大学学院（UCD）的工程与建筑设计学部（College of Engineering and Architecture），下设六大学院，分别是建筑设计、规划与环境政策学院（School of Architecture, Planning and Environmental Policy），生物系统与食品工程学院（School of Biosystems and Food Engineering），化学与生物过程工程学院（School of Chemical and Bioprocess Engineering），土木工程学院（School of Civil Engineering），电气与电子工程学院（School of Electrical and Electronic Engineering），机械与材料工程学院（School of Mechanical and Materials Engineering）。爱尔兰国立大学梅努斯分校（NUIM）与众不同，该校不设学院，而是直接在科学与工程学部（Maynooth University Faculty of Science and Engineering）下设立了九大学系。

不同于这 7 所大学，爱尔兰的 5 所理工大学（TU）都是在 2019 年及之后建立而成的，所以尚未全面划分学部、学院和学系，而是将工程学科的各类专业直接开设在各个校区，且校区的设置一般为合并前的几所学院的所在地。例如，香农理工大学：中部 / 中西部（TUS）提供工科专业的利默里克市（Limerick City）校区和阿斯隆（Athlone）校区，分别是该大学合并前的阿斯隆理工学院（AIT）和利默里克理工学院（LIT）的所在地。部分理工大学（TU）目前已逐步开始设置学部、学院和学系。例如，都柏林理工大学（TU Dublin）准备建立五个学部，其中包括工程与建筑环境学部（Faculty of Engineering and Built Environment）。该学部计划筹建 5 个学院，分别是建筑设计、环境与规划（空间与交通）学院 [School of Architecture，Environment and Planning（Spatial and Transport）]，测量学院（School of Surveying），电气与电子工程学院（School of Electrical and Electronic Engineering），土木工程、工程科学与交通工程学院（School of Civil Engineering，Engineering Science and Transport Engineering），机械工程学院（School of Mechanical Engineering）。东南理工大学（SETU）已经建立了航空航天、机电工程学系（Department of Aerospace，Mechanical and Electronic Engineering）。

2 所理工学院（IoT）的工程学科布局则与提供工程教育的 7 所大学有所类似。邓莱里文艺理工学院（IADT）设有电影、艺术、创意技术学部（Faculty of Film，Art + Creative Technologies）。学部下未设学院，而是直接设置了包括技术与心理学系（Department of Technology and Psychology）在内的多个学系。邓多克理工学院（DKIT）不设学部，而是把工程学科设置在工程学院（School of Engineering），并在该学院下设置了 3 个工程学系，分别是电子与机械工程学系（Department of Electronic and Mechanical Engineering），建筑环境学系（Department of the Built Environment），工程贸易与土木工程学系（Department of Engineering Trades and Civil Engineering）。

（四）工程学科师资队伍

爱尔兰工程学科师资队伍特点鲜明。第一个特点是工程学科师资很多来自企业，拥有丰富的工程实践经验，为培养工程应用型人才打下了坚实的基础。例如，都柏林理工大学（TU Dublin）的前身都柏林理工学院（DIT）要求专业课教师拥有 5 年及以上的行业企业生产实践经验。第二个特点是爱尔兰工程学科师资队伍的国际化程度高，不少教师来自亚洲、欧洲和美洲。这种多元文化的交融，使得工科学生具有宽广的国际化视野。另外，工程学科师资的学历不高，但随着时代的发展有所变化。以前，爱尔兰工程学科师资的招聘更强调实践性，而非学历，所以工程学科队伍中有不少老师的学历仅为学士学位。现在这种情况正在转变。工程学科师资队伍的学历在理工大学（TU）创建过程中有了明确且较高的要求。《理工大学法案 2018》（Technological Universities Act 2018）明确规定，申请建立的理工大学（TU）机构应遵守以下标准：①有荣誉学士学位及以上专业的教学成分的全职学术人员（a）至少有 90% 拥有硕士学位或博士学位；（b）至少有 45% 拥有博士学位或与博士学位同等的工作经历，后者不多于 10%。②有博士专业的教学成分且从事科研的全职学术人员中，至少有 80% 拥有博士学位。③作为博士生导师的全职学术人员全部要求拥有博士学位或与博士学位同等的工作经历，且具有与指导学生的专业相关领域的研究记录。

二、工程教育研究

爱尔兰工程教育研究（Engwheeriy Educatiou Roseard，EER）始于 20 世纪 70 年代，目前仍处于起步阶段，其呈现的特征是研究人员和研究机构较少、研究资金匮乏，但研究活动丰富多彩，研究内容主要关注学生的工程能力提升以及可持续发展工程教育。

（一）工程教育研究队伍

爱尔兰工程教育研究（EER）在创始之初，只有少数工科教师凭借个人兴趣零散开展，代表人物是约翰·海伍德（John Heywod）教授。约翰·海伍德是欧洲及爱尔兰最早开展工程教育研究（EER）的学者。他当时调查了工程学生辍学问题，目的是改进教学策略。他先在伦敦诺伍德技术学院教授无线电技术，后被聘任为都柏林圣三一大学（TCD）教育学院的教授，现为 TCD 的荣休教授。由此可见，爱尔兰早期工程教育研究（EER）的学术职位设置在人文社科院系。

此后，爱尔兰工程教育研究（EER）仍然主要由个体研究人员凭借个人兴趣开展。从事工程教育研究（EER）的人员数量少，分散在爱尔兰各所高校，每所高校有 1～2 名。其中爱尔兰工程教育研究（EER）知名学者，包括都柏林理工大学（TU Dublin）的迈克·墨菲（Mike Murphy）教授、比尔·威廉斯（Bill Williams）教授、都柏林圣三一大学（TCD）的凯文·凯利（Kevin Kelly）副教授、都柏林城市大学（DCU）的德英特·布拉巴松（Dermot Brabazon）教授、爱尔兰国立大学戈尔韦分校（NUI Galway）的玛丽·登普西（Mary Dempsey）高级讲师、都柏林大学学院（UCD）的汤姆·柯伦（Tom Curran）副教授等。从事工程教育研究（EER）的学者背景多元化。他们中一些是人文社科领域的学者，重点关注工程教育研究（EER）。而其他一些学者是工程师，除了从事工程教育研究外，也进行工程技术研究。爱尔兰高校尚未开设工程教育研究（EER）教师或研究人员。

（二）工程教育研究平台

近些年，少量工程教育研究（EER）团队在爱尔兰形成。这些研究团队的参与人数不多，规模较小。其中最知名的是都柏林理工大学（TU Dublin）设立的 CREATE（Contributions to Research in Engineering and Applied Technology Education）研究小组。CREATE 成立于 2013 年。作为一个跨学科研究小组，CREATE 由 20 位都柏林理工大学（TU Dublin）内外的、来自物理、数学、工程、计算机科学和社会学等学科的教育研究人员组成，旨在培育、发展和扶持包括工程教育研究（EER）在内的 STEM 教育研究。CREATE 研究小组的规模日益扩大，正逐渐发展成为都柏林理工大学（TU Dublin）的研究中心。爱尔兰其他知名的工程教育研究（EER）团队还包括利默里克大学（UL）的技术教育研究小组、芒斯特理工大学（MTU）的可持续基础设施研究与创新小组（SIRIG）、科克大学（UCC）的可持续发展工程教育研究小组（EESD）等。

爱尔兰尚未形成本土的工程教育研究（EER）协会，但是多个欧洲工程教育研究（EER）协会的主要成员之一。这些协会包括欧洲工程教育协会（European Society for Engineering Education，SEFI）、英国和爱尔兰工程教育研究网络（UK and Ireland Engineering Education Research Network，EERN）、工程教育研究网络（Research in Engineering Education Network，REEN）。这些研究协会为个体研究人员提供了身份认同和归属，为学术交流提供了渠道，为组织培训活动提供了场所，为知名学者发挥影响力、年轻学科获得帮助建立纽带。

（三）工程教育研究经费

爱尔兰工程教育研究（EER）缺乏资金来源，只有一些来自政府、协会、高校等的少量零星资助。在过去近 20 年的时间里，国家仅资助一些小规模的教学项目，通常是一个地区资助 15 000 欧元。这些教学项目中只有极小部分是严格意义上的工程教育研究（EER）。另外，爱尔兰科学基金会（Science Foundation Ireland）资助了少量的外延项目，但只资助这些项目 50% 的费用，这些项目还需自筹其余 50% 的科研经费。欧盟从大约 10 年前就开始为工程教育研究（EER）提供资金支持，但是项目资金的竞争相当激烈。依据雪莉·索尔比（Sheryl Sorby）教授和比尔·威廉姆斯（Bill Williams）教授在 2014 年的一项研究显示，在过去的几年中，爱尔兰仅获得了 120 000 欧元的欧盟工程教育研究（EER）资助。近些年，欧盟对于工程教育研究（EER）拨款增多。都柏林理工大学（TU Dublin）（原都柏林理工学院，DIT）的工程教育研究（EER）在 2013 年获得了欧盟居里夫人（EU Marie Curie）项目 330 000 欧元的资助。高校有一些小型本地资金（特别是种子资金）可以资助工程教育研究（EER）。有限的研究经费反而促成了爱尔兰各个高校在工程教育研究（EER）方向上的合作，进而更容易获得经费。

（四）工程教育研究活动

虽然爱尔兰工程教育研究（EER）的经费有限，但是其科研活动依然形式多样。

爱尔兰没有专门开设的硕士和博士层次工程教育研究（EER）专业，但是有一些硕士和博士研究项目涉及工程教育研究（EER），包括都柏林理工大学（TU Dublin）CREATE 研究小组的博士研究项目，以及都柏林城市大学（DCU）的硕士研究项目。

爱尔兰因其高等教育的规模较小，所以没有本土的工程教育研究（EER）期刊。爱尔兰的工程教育研究（EER）人员主要在欧洲工程教育协会（SEFI）出版的《欧洲工程教育期刊》（*European Journal of Engineering Education*，EJEE）、美国工程教育学会（American society for engineering education，ASEE）出版的《工程教育期刊》（*Journal of Engineering Education*，JEE）、《IEEE 工程教育汇刊》（*IEEE Transactions on Engineering Education*）、《工程教育国际期刊》（*International Journal for Engineering Education*，IJEE）、《英国工程教育期刊》（*British Journal of Engineering Education*，BJEE）、《澳大拉西亚工程教育期刊》（*Australasian Journal of Engineering Education*）等世界工程教育知名期刊上发表。

爱尔兰积极主办工程教育研究（EER）相关的学术会议、研讨会等活动。都柏林理工大学（TU Dublin）的 CREATE 研究小组在 2016—2019 年举办了一系列工程教育研讨会（workshops）。其中，2019 年的研讨会（workshops）是与英国和爱尔兰工程教育研究网络（EERN）联合举办的，研讨会主题涉及结合工程教育认证和专业评估、工程技巧要求、工程教育法等多个工程教育研究（EER）方面。爱尔兰多次主办英国和爱尔兰工程教育研究（EER）网络年度研讨会

（UK and Ireland EERN Annual Symposium）、国际工程教育研讨会（International Symposium of Engineering Education Conference，ISEE Conference）等。都柏林理工大学（TU Dublin）计划在 2023 年承办欧洲工程教育协会 2023 年年会（SEFI Annual Conference 2023）。

（五）工程教育研究热点

通过分析《欧洲工程教育期刊》（EJEE）、《工程教育期刊》（JEE）、《IEEE 工程教育汇刊》（*IEEE Transactions on Engineering Education*）、《工程教育国际期刊》（IJEE）等覆盖工程教育全学科领域的工程教育研究（EER）期刊文献，以及爱尔兰最知名的 4 个工程教育研究（EER）团队网页发现，爱尔兰工程教育的相关研究重点正在逐渐从重视宏观层面的探索分析，下落到微观层次的课程设计、学生课业表现影响因素分析、学习成果。同时，学者们结合世界发展现状，纷纷专注于探索可持续发展的工程教育研究（EER）。

在宏观层面，有少部分学者关注爱尔兰及欧洲工程教育研究（EER）的整体发展情况。雪莉·索尔比（Sheryl Sorby）教授和比尔·威廉姆斯（Bill Williams）教授（2014）依据 Fensham 定义的科学教育研究领域分类标准，分析了西班牙和爱尔兰工程教育研究（EER）历史。娜塔莉·温特（Natalie Win）博士及其团队（2022）分析了 13 部工程教育研究（EER）期刊在 2018 年和 2019 年发表的文章后，概述了爱尔兰和英国工程教育研究（EER）的现状。郭卉和杨佳润（2022）对欧洲工程教育研究（EER）发展进行了历史与比较分析。

在微观层面，对于个体的重视正在不断提升。基础学科素养的相关研究实践对于工程教育和研究发展有着重要意义。数学教学被视作工程教育教学的基础。近年研究普遍认为，数学学习对于高中学生是否选择工科专业、大学工科学生的发展有着至关重要的影响。然而，迈克尔·卡尔（Michael Carr）及其团队研究发现大学新生数学学习基础薄弱，但相关结论并未达成一致。此外，包括空间能力在内的学生其他素养也逐渐被研究者重视，相关研究结论与工程教育的人才培养模式密切相关。都柏林理工大学（TU Dublin）的 CREATE 研究小组正在开展的 7 项研究中，有两项关注学生空间能力的提升，一项研究教师空间能力发展。在技术教育之外，商务管理等人文社科教育也在 20 世纪被纳入工程教育的范畴。另外，女性工程师正在成为热门研究主题。CREATE 研究小组目前提供的 3 项研究生课题中，有两项探索影响女性成为工程师的因素。

工程教育的可持续发展性是最热门的研究方向之一。爱尔兰最知名的 4 个工程教育研究（EER）团队中有两个，分别是芒斯特理工大学（MTU）的可持续基础设施研究与创新小组（SIRIG）以及科克大学（UCC）的可持续发展工程教育研究小组（EESD），基于可持续发展工程教育研究（EER）建立而成，其中所有的研究课题都涉及工程教育的可持续发展性。都柏林理工大学（TU Dublin）的CREATE研究小组正在开展的7项研究中，最主要的研究名为"A-Step 2030"，也重点关注与实现联合国可持续发展目标（UN Sustainable Development Goals，SDGs）相关的工程师能力。

小结

爱尔兰普遍采用联合国教科文组织（UNESCO）最新发布的国际教育分类标准（ISCED-F 2013）中的第七大类——工程、制造与建设，对工程学科进行分类和统计。爱尔兰高校主要开设电子与电气工程、土木工程、机械工程、化学工程这四大类工程学科。2022年，中央申请办公室（CAO）系统发布的爱尔兰高校的工程相关专业中，58%是荣誉学士学位（NFQ 8级）的工程专业，剩余的42%是NFQ 6级和7级的工程专业。爱尔兰工程教育新时期的一大特色是强调科学与技术的融合，工具基础和知识性基础被纳入工程教育培养范畴。工程教育的技术教学特征被弱化，而科学教育的特质得到强化。跨学科发展成为爱尔兰工程教育发展的另一大特色。另外，在新兴工程技术领域，实践导向的教育需求高于传统工科。爱尔兰提供工程教育的大学（University）和理工学院（IoT）大多设有工程与其他学科融合的学部；在学部之下一般开设多个学院，包括工程学院；在工程学院下又设有多个工程学科的学系。而爱尔兰的理工大学（TU）尚未全面划分学部、学院和学系，而是将工程学科的各类专业直接开设在各个校区。爱尔兰工程学科师资的三大特点是：①多来自企业，具有丰富的工程实践经验；②国际化程度高；③以往学历要求不高，更强调实践性，但是现在有了明确且较高的学历要求。

爱尔兰工程教育研究（EER）始于20世纪70年代，目前仍处于起步阶段。工程教育研究（EER）主要由研究人员凭借个人兴趣开展，且研究人员数量少，不集中，背景多元化。爱尔兰形成了少量工程教育研究（EER）团队，但是参与人数不多，规模也较小，其中以都柏林理工大学（TU Dublin）设立的CREATE研究小组最为知名。爱尔兰尚未形成本地的工程教育研究（EER）协会。爱尔兰工程教育研究（EER）资金匮乏，但反而促成了各个高校在工程教育研究（EER）

方向上的合作，科研活动丰富多彩。爱尔兰未专门开设研究生层次工程教育研究（EER）专业，但是有一些硕士和博士研究项目涉及工程教育研究（EER）。爱尔兰没有本土的工程教育研究（EER）期刊，但积极主办工程教育研究（EER）相关的学术会议、研讨会等研究活动。爱尔兰工程教育的相关研究重点正在逐渐从重视宏观层面的探索分析，下落到微观层次的课程设计、学生课业表现影响因素分析、学习成果等。同时，学者们开始专注于探索可持续发展的工程教育研究（EER）。

爱尔兰使用的国际教育分类标准（ISCED-F 2013）中的第七大类——工程、制造与建设，并没有涵盖爱尔兰所有的工程学科。爱尔兰高等教育界和高等教育局（HEA）用此标准来统计工程教育相关数据有失精准。另外，爱尔兰工程学科师资目前不仅强调实践程度，同时也开始重视学历。由此可见，爱尔兰工程教育质量也将上一个新台阶。但是爱尔兰工程教育研究（EER）才刚刚起步，政府加大投入将是有效促进工程教育研究（EER）蓬勃发展的突破点。爱尔兰高校也应开设研究生层次的工程教育研究（EER）专业，以培养出工程教育研究（EER）专业化人才，壮大工程教育研究（EER）队伍。

第五节

政府作用：政策与环境

爱尔兰政府一直以来在大力推动着工程教育的发展。政府通过推行不同的政策，调整工程教育整体结构，以引导爱尔兰工程教育朝着更适应经济和社会的方向发展。

一、工程教育政府投入

爱尔兰政府在工程教育发展过程中起着扶持和引领作用，主要体现在政府投入方面。

爱尔兰的各届政府都把教育作为重要的发展方向，投资和支持力度都很大，在政府总支出中占比为第三大支出，所占比例相对稳定于15%～17%。工程教育更是几乎完全由政府出资。爱尔兰对于工程教育的投入始于爱尔兰教育部，首先由教育部拨款给高等教育局（HEA），再由高等教育局（HEA）将款项下发至各个提供工程教育的高校。

爱尔兰工程教育政府投入遵循高等教育局（HEA）的经常性拨款分配模型（Recurrent Grant Allocation Model，RGAM），主要分为基础拨款（Block Grant）、顶层拨款（Top Slices）和绩效拨款（Performance-Based Funding）三部分，如图5-6所示。

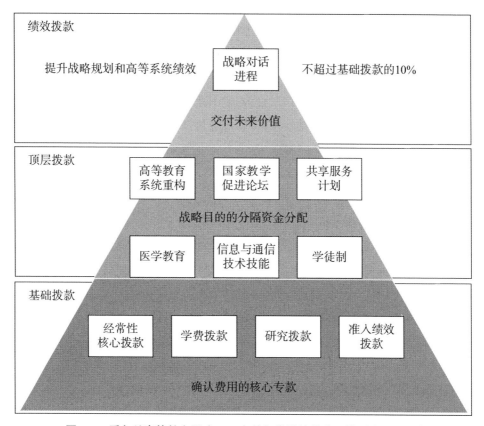

图5-6 爱尔兰高等教育局（HEA）的经常性拨款分配模型（RGAM）

资料来源：HEA. The HEA allocates close to a billion in state funds annually through what is called the Recurrent Grant Allocation Model–RGAM [EB/OL]. [2022-08-18]. https://hea.ie/funding-governance-performance/funding/how-we-fund/.

基础拨款是高校获得的政府主要拨款，由各个高校提供预算，高等教育局（HEA）审核。该款项包含经常性核心拨款和学费拨款两个部分。通过拨款公式，依据前一年该高校学生人数，对不同学科的教学成本进行加权，同时对研究和准入绩效进行加权，计算出某高校的经常性核心拨款。研究拨款包含在以上拨款公式中，主要依据该高校的研究型学位在读学生人数，以及每位学术型教师获得的竞争性科研收入、过去 3 年内研究型学位的产出、知识转移指标等学术成果计算得出。以上拨款公式中的准入绩效增加了弱势社会群体中理科学生的权重。学费拨款的标准为每位学生 3 000 欧元。①

顶层拨款是根据战略性需求进行迅速响应的分割拨款（Ring-fenced Allocation）机制，即高等教育系统重构（如建立理工大学）、高等教育学科重构（如医学教育）、战略创新［如国家教学促进论坛（National Forum for Enhancement of Teaching and Learning）］、高等教育新学科开设或已有学科发展、共享服务计划（例如 Athena SWAN）、信息与通信技术技能和学徒制等事关国家重要发展战略的方面，以灵活高效解决资金问题。其中有多项都是与工程教育密切相关的战略需求。②

绩效拨款建立在高校和教育部之间基于任务的 3 年契约上。在这些契约中，高校依据教育部设定的目标，提出高校自身的目标。高校依据上一年商定目标对应的实际绩效，获得不超过基础拨款 10% 的政府拨款。③

二、工程教育发展最新政策

（一）颁布《理工大学法案 2018》，扶持理工大学发展

爱尔兰政府近年推动的理工大学（TUs）改革是工程教育领域的一大里程碑事件。爱尔兰的产业结构转型，对高级劳动力产生了前所未有的需求。为了扶持新兴产业的发展，爱尔兰有必要从高校培养这类特定人才。但是爱尔兰的高校无法满足这类人才培养要求，因此建立一种与以往不同的工科高校成为当务之急。爱尔兰理工大学（TUs）被赋予的使命在于：既能够延续理工学院（IoTs）的核心任务，即执行 NFQ 6 级至 8 级的工科教学任务，又能够开展以产业为中心的应用性研究，从而满足所在地区的社会和经济需求④。另外，当时世界上不少国家

---

① HEA. The HEA allocates close to a billion in state funds annually through what is called the Recurrent Grant Allocation Model–RGAM [EB/OL]. [2022-08-18]. https://hea.ie/funding-governance-performance/funding/how-we-fund/.

② 同①.

③ 同①.

④ HEA. New Technological Universities are being created under the reforms set out in Ireland's National Strategy for Higher Education [EB/OL]. [2022-08-18]. https://hea.ie/policy/he-reform/technological-universities/.

已经形成了理工大学模式。

以此为契机，爱尔兰政府开始引导建立理工大学（TUs）。《到 2030 年的国家高等教育战略》（National Strategy for Higher Education to 2030）建议创建理工大学（TUs），2012 年颁布的《面向未来的高等教育蓝图》（Towards a Future Higher Education Landscape）中又规定了理工大学（TUs）的建立过程和标准，2015 年 12 月发布的《理工大学条例草案》（Technological Universities Bill）形成了理工大学（TUs）模式。该草案在 2018 年最终形成了《理工大学法案 2018》（Technological Universities Act 2018）。[①]

爱尔兰政府通过拨款加速了理工大学（TUs）发展的步伐。政府在 2020 年的预算中，宣布了一项理工大学转型基金（Technological Universities Transformation Fund，TUTF）。该基金由爱尔兰继续教育、高等教育、研究、创新和科学部（Department of Further and Higher Education，Research，Innovation and Science，DFHERIS）提供，为期 3 年（2020 年 9 月 1 日至 2023 年 8 月 31 日），总金额为 9 000 万欧元，旨在扶持理工大学（TUs）的发展。该基金的管理与发放任务由爱尔兰高等教育局（HEA）执行。[②]

在爱尔兰政府的政策推动和资金扶持下，爱尔兰已建成 5 所理工大学（TUs）（具体详见表 5–1），这些理工大学（TUs）正履行着它们的使命。

（二）出台一系列计划，鼓励民众提高或再造就业技能

为促进信息与通信技术（ICT）、工程、绿色技能、制造、建设等关键领域的经济增长，爱尔兰政府出台"Springboard+"以及人力资本计划（Human Capital Initiative，HCI），通过大量的政府补贴，提供免费或者低学费的高校课程，鼓励民众提高或再造这些领域的就业技能。

"Springboard+"始于 2011 年，主要是在国家所需的技能领域提供大量相关高等教育机会。该计划作为政府工作计划（Government's Jobs Initiative）的一部分，由爱尔兰高等教育局（HEA）代表教育部进行管理，是对政府核心教育和培训系统的拨款进行的补充。该计划刚推出时的主要目标群体是有工作经历的失业人员。近年来，随着失业人数的下降，目标群体已转移到在职人员以及重返劳动

---

① HEA. New Technological Universities are being created under the reforms set out in Ireland's National Strategy for Higher Education [EB/OL]. [2022-08-18]. https://hea.ie/policy/he-reform/technological-universities/.

② HEA. The Technological University Transformation Fund is a €90 million fund from the government to assist and support the development and progression of technological universities, running from 1 September 2020 to 31 August 2023 [EB/OL]. [2022-08-18]. https://hea.ie/policy/he-reform/technological-university-transformation-fund/.

力市场人员。"Springboard+"主要提供爱尔兰公立和私立高校的非全日制 NFQ 6 级至 9 级的同等资质证书或文凭课程。91% 的课程采取灵活的教学方式，如混合学习、在线 / 远程学习等。所有课程都能够为就业做好准备，并且大多数课程都提供工作实习、基于项目的学习或行业实地考察的机会。"Springboard+"中所有的课程，均由来自产业界和教育界的专家组成的独立小组通过竞争性招标过程择出。那些拥有学生重新就业良好记录的课程优先获得拨款。[1] 2022—2023 年，"Springboard+"推出了在 11 602 个学习地点，由 40 所高校提供的 302 个专业的相关课程[2]。爱尔兰高等教育局（HEA）最新的研究表明，90% 的"Springboard+"学生，在课程开始时尚享受政府福利，目前已经就业[3]。

人力资本计划（HCI）是爱尔兰政府 2019 年宣布的预算的一部分，总拨款 3 亿欧元，为期 5 年（2020—2024 年），平均每年分配 6 000 万欧元。该计划主要提供全日制的高级文凭（Higher Diploma）（NFQ 8 级）和深造文凭（Postgraduate Diploma）（NFQ 9 级）的课程[4]，以满足工业界的优先技能需求。其中的技能需求是通过国家技能委员会（National Skills Council）中详细而全面的技能框架所确定的。[5] 该计划最主要的目标是使得毕业生具备未来所需的新兴技术行业相关技能。人力资本计划（HCI）由三大主要支柱组成。[6] 其中第一大支柱——全日制研究生转换课程已经被纳入"Springboard+"。这些课程包括信息与通信技术（ICT）、数据分析、工程、制造、建设等，学生能够在这些技能短缺和新兴技术领域重新学到技能。人力资本计划（HCI）第一大支柱已经分配到 6 560 万欧元的政府拨款，向所有爱尔兰人开放。[7] 2022—2023 年，人力资本计划（HCI）第一大支柱推出了在 2 136 个学习地点，由 25 所高校提供的 89 个专业的相关

① HEA. Springboard+2022 [EB/OL]. [2022-08-19]. https://hea.ie/skills-engagement/springboard/.

② Springboard+. Springboard Courses 2022 [EB/OL]. [2022-08-19]. https://springboardcourses.ie/search.

③ HEA. Government launches 17,000 free and subsidised higher education places on Springboard+ 2020 and Human Capital Initiative (HCI) Pillar 1 [EB/OL]. [2022-08-19]. https://hea.ie/2020/06/17/government-launches-17000-free-and-subsidised-higher-education-places-on-springboard-2020-and-human-capital-initiative-hci-pillar-1/.

④ Springboard+. HCI Courses 2022 [EB/OL]. [2022-08-19]. https://springboardcourses.ie/search.

⑤ 同③.

⑥ HEA. The Human Capital Initiative (HCI) is delivering an investment targeted towards increasing capacity in higher education in skills-focused programmes designed to meet priority skills needs [EB/OL]. [2022-08-19]. https://hea.ie/skills-engagement/human-capital-initiative/.

⑦ 同③.

课程①。

（三）开展中等教育和高等教育 ICT 活动，保障该领域人才供应

爱尔兰的《技术技能 2022》制订了一项计划，提供适当的教育和培训途径，使得民众能够培训、学习和提升各种高级信息与通信技术（ICT）技能，以确保爱尔兰经济的持续增长。为此，从 21 世纪初开始，爱尔兰高等教育局（HEA）每年将信息技术投资基金（Information Technology Investment Fund，ITIF）提供给高校，用于开展中学生计算机技术夏令营，鼓励中学生将 ICT 和计算机技术作为未来的职业方向。同时该基金还拨给高校用于开展高校 ICT 专业学生保留行动，帮助有困难的学生渡过难关，完成 ICT 专业学习，以保障爱尔兰 ICT 领域人才供应。②

近年来，爱尔兰的信息通信技术产业蓬勃发展。为了确保高技能毕业生持续供应该产业，政府在 2017 年拨款 100 万欧元，鼓励高校在 2017/2018 学年开设理学硕士（MSc）计算机科学转换专业。这些专业主要面向那些已经获得其他领域学位、但希望进入信息通信技术产业从业的个人。③

（四）建立 Athena SWAN 爱尔兰分部，引导女性在 STEMM 领域就业

爱尔兰政府非常重视工程领域的性别平等问题。Athena SWAN 是支持和改变高等教育和研究中性别平等问题的全球框架。2015 年，爱尔兰的 Athena SWAN 分部成立，主要鼓励女性在科学、技术、工程、数学和医学（Science，Technology，Engineering，Maths and Medicine，STEMM）领域就业。爱尔兰的 Athena SWAN 分部是高等教育性别平等国家战略的关键支柱之一，因此爱尔兰高等教育局（HEA）资助高校加入该分部。Athena SWAN 设有金、银、铜奖，颁发给成功促成这一目标的高校和部门。高等教育局（HEA）专家组于 2016 年 6 月发布的《爱尔兰高等教育局高等教育机构性别平等国家评述》，以及教育部发布的《2018 年至 2020 年性别行动计划》，都明确建议爱尔兰高校申请 Athena SWAN 科研经费。④

---

① Springboard+. Springboard Courses 2022 [EB/OL]. [2022-08-19]. https://springboardcourses.ie/search.

② HEA. The HEA provides funding to support a number of ICT initiatives such as retention and summer camps [EB/OL]. [2022-08-19]. https://hea.ie/skills-engagement/ict-skills/.

③ 同②.

④ HEA. Athena SWAN Charter [EB/OL]. [2022-08-19]. https://hea.ie/policy/gender/athena-swan/.

小结

  爱尔兰政府在工程教育发展过程中起着扶持和引领作用。政府非常重视工程教育的发展，通过拨款和出台相关政策，大力推动爱尔兰工程教育向前发展。爱尔兰工程教育几乎完全由政府出资，依据高等教育局（HEA）的经常性拨款分配模型（RGAM），将款项从教育部、拨给高等教育局（HEA），再由高等教育局（HEA）下发到各个提供工程教育的高校。

  爱尔兰政府近年出台了四大政策，以引导爱尔兰工程教育朝着更适应经济和社会的方向发展。为适应产业结构转型，爱尔兰政府颁布《理工大学法案2018》，以引导建立理工大学（TUs）。同时，政府又在 2020 年的预算中，宣布了理工大学转型基金（TUTF）。在政策和拨款的共同作用下，爱尔兰已经建成了 5 所理工大学（TUs）。为促进信息与通信技术（ICT）、工程、绿色技能、制造、建设等关键领域的经济增长，爱尔兰政府出台"Springboard+"以及人力资本计划（HCI），通过大量的政府补贴，提供免费或者低学费的高校课程，鼓励民众提高或再造这些领域的就业技能。大部分"Springboard+"的学生，在课程开始时尚未就业政府福利，但是在课程进行中或课程完成后就已经就业。爱尔兰高等教育局（HEA）将信息技术投资基金（ITIF）发放给高校，用于开展中学生计算机技术夏令营，鼓励中学生将 ICT 和计算机技术作为未来的职业方向。同时该基金还拨给高校用于开展 ICT 专业学生保留行动，帮助有困难的学生渡过难关，完成 ICT 专业学习，以保障爱尔兰 ICT 领域人才供应。为解决工程领域存在的性别不平衡问题，爱尔兰在 2015 年加入 Athena SWAN，成立爱尔兰的 Athena SWAN 分部，主要鼓励女性在科学、技术、工程、数学和医学（STEMM）领域就业。

  爱尔兰高等教育局（HEA）的经常性拨款分配模型（RGAM）下发给高校基础拨款，同时考虑战略目标发放顶层拨款，也关注高校的绩效，依据绩效，给予绩效拨款。这种高等教育拨款分配模型具有合理性，对我国具有一定的启示作用。另外，爱尔兰政府目前将大量的资金用于发展理工大学（TU），有些忽视提供工程教育的大学（University）和理工学院（IoT）的发展。爱尔兰政府应考虑到工程人才培养的多样性，特别是大学（University）培养的研究型人才，在发展理工大学（TU）的同时，应给与大学（University）和理工学院（IoT）适量的拨款，同时颁布相应的政策，一并扶持这两类高校的发展。

第六节

工程教育认证与工程师制度

　　爱尔兰工程教育认证与工程职业资格注册由同一个机构管理和执行，即爱尔兰工程师协会（Engineers Ireland，EI）。这也决定了爱尔兰工程教育认证是为工程师注册而服务，且最终目的是使得工程师能将学习成果运用到实际工作中。爱尔兰工程教育认证制度和工程师注册制度上下游有机衔接，形成了一套完整的体系。

一、爱尔兰工程师协会

（一）爱尔兰工程师协会概述

　　EI 成立于 1835 年，是爱尔兰历史最悠久、规模最大的专业机构之一[①]。EI 代表着爱尔兰工程专业人士的声音，至今已有 25 500 名会员。该协会在 2021 年发布了 2021—2023 年六大战略意图，包括：①保证工程师培养过程的质量；②增加会员人数和多样化程度；③授予工程职业头衔需标志着申请人已达到学历、技能、经验和培训的标准；④持续职业发展，以提升从业者能力；⑤宣传工程职业对社会、环境和经济发展的贡献；⑥维护符合公共利益的职业标准。[②]

　　EI 是国际工程联盟（International Engineering Alliance，IEA）的成员。EI 签署了国际工程联盟（IEA）的三个国际工程教育认证互认协议，分别于 1989 年加入《华盛顿协议》，2001 年加入《悉尼协议》，2002 年加入《都柏林协议》，这使得 EI 认证的工程教育学历和评定的工程职业资格能够在签约国得到认可。[③] EI 同时又是欧洲工程教育认证联盟（European Network for Accreditation of Engineering Education，ENAEE）的成员，因此通过该协会认证的本科和硕士层次的工程教育专业都将被授予具有国际及欧洲影响力的 EUR-ACE 质量标签。另外，该协会

---

① Engineers Ireland. About us [EB/OL]. [2022-06-25]. https://www.engineersireland.ie/About-Us/Who-We-Are.

② Engineers Ireland. Statement of Strategic Intent [R/OL]. (2021-01-18) [2022-06-25]. https://www.engineersireland.ie/listings/resource/517.

③ Engineers Ireland. Accreditation Criteria [R/OL]. (2021-01) [2022-06-25]. https://www.engineersireland.ie/listings/resource/519.

还加入了欧洲国家工程协会联合会（European Federation of National Engineering Associations，FEANI）。EI 的这些国际合作，实现了爱尔兰工程教育认证的实质等效和国际可比，促进了爱尔兰工程专业人才的国际流动。

（二）爱尔兰工程师协会（EI）组织体系

EI 有一套非常完善的组织体系，由理事会（Council）、执行委员会（Executive Board）、总干事和秘书长（Director General and Secretary）、区域分支机构（Regional Branches）、工程部门和学会（Engineering Divisions and Societies）、联络委员会（Liaison Committee）以及委员会（Boards and Committees）六大机构组成。

理事会（Council）是 EI 的最高权力机构，其成员构成包括 4 位官员（1 位主席、2 位副主席、1 位前任主席）、1 位财务委员会主席、1 位会员及学历委员会主席、1 位审查委员会主席、每个区域分支机构 1 位代表、每个工程部门 1 位代表、6 位持有特许工程师头衔的会员、3 位持有副工程师或工程技术员头衔的会员，以及 3 位满足学历要求但尚未获得特许工程师头衔的会员，理事会主要的职责和权力包括选举执行委员会，审议战略规划和政策问题，召开成员大会，编制年报等。

理事会下设执行委员会（Executive Board），理事会负责监督执行委员会履行职责。执行委员会最主要的职责是代表理事会管理 EI，同时确定和各个委员会（Committees）应遵照执行的政策。执行委员会应监督政策执行。理事会的 4 位官员和 1 位财务委员会主席同样是执行委员会的成员，同时理事会选出的 9 位成员中至少要有 5 位是执行委员会的成员。另外，在提名主席时，理事会会增补 3 位成员。

总干事（Director General）由执行委员会任命，同时兼任秘书长（Secretary）和理事会书记员（Council Recorder）。总干事应履行章程和细则规定的职责，同时负责管理会员名册和特许工程师名册。总干事应对理事会负责并向主席报告。总干事应对 EI 的财产、资产、资金和记录的日常管理负全责。

理事会应从成员中建立起区域分支机构（Regional Branches）和工程部门（Engineering Divisions），从成员和非成员中建立起学会（Societies）。同时理事会有权合并或解散此类区域分支机构、工程部门和学会，且有权不时修改这三类机构的职权范围。区域分支机构、工程部门和学会应依据理事会发布的最新版指南运作。每个区域分支机构、工程部门和学会都应各自任命 1 位代表到联络委员会（Liaison Committee）工作。

联络委员会（Liaison Committee）是 EI 中各个机构的沟通枢纽。联络委员会的主席由理事会任命，应为 EI 的 1 位副主席。EI 中每个部门的 1 位成员代表组成了联络委员会。联络委员会的职责主要包括促进区域分支机构、工程部门和学会之间的合作，传播会员活动信息，与理事会、执行委员会和秘书沟通交流等。

EI 的委员会（Boards and Committees）包括上诉委员会（Appeal Board）、认证委员会（Accreditation Board）、慈善基金管理委员会（Benevolent Fund Committee of Management）、审查员委员会（Board of Examiners）、爱尔兰工程出版物委员会（Board of Irish Engineering Publications）、持续职业发展常务委员会（CPD Standing Committee）等。[①]

二、工程教育认证

爱尔兰的工程教育认证指的就是工程教育专业认证，是爱尔兰工程教育质量保障的重要途径之一。

（一）工程教育认证历史

历史上，爱尔兰工程教育认证由英国相关工程机构执行，并非在爱尔兰本土认证。爱尔兰本土的工程教育认证始于 20 世纪 80 年代，由 EI 执行，是对英国工程教育认证的沿袭[②]。时至今日，爱尔兰工程教育认证的政策、程序等方面，仍然具有当时英国工程教育认证的影子。

1980 年，EI 成立了认证委员会（Accreditation Committee），其目的是准备关于国家工程教育专业认证体系报告。该报告详细列出了爱尔兰工程教育认证的程序，并于 1981 年获得了 EI 执行委员会与理事会（Executive and Council）的批准。随后，该报告分发给了爱尔兰所有高校的工学院。爱尔兰工程教育认证体系的建立，为爱尔兰工程教育在之后欧洲以及世界上有关文凭实质等效性的国际谈判提供了重要的筹码。[③]

---

① Engineers Ireland. Bye-laws [R/OL]. (2012-04) [2022-06-25]. https://www.engineersireland.ie/listings/resource/171.

② KYNE M R. Engineering Education Quality Assurance Processes–An Exploration of the Alignment or Combination of the Programmatic Review and Accreditation Processes for Engineering Education Programmes in Ireland [D/OL]. Limerick: University of Limerick, 2021. [2022-03-16]. https://ulir.ul.ie/handle/10344/10551.

③ COX R. Called to Serve Two. Presidents of the Institution of Engineers of Ireland 1969—2018 [M/OL]. Dublin: Engineers Ireland, 2019. [2022-03-16]. https://www.engineersireland.ie/LinkClick.aspx?fileticket=hjpycsbe7cA%3D&portalid=0&resourceView=1.

1982 年，依据制定出的工程教育认证程序，EI 首次执行工程教育认证，认证了都柏林圣三一大学（TCD）和利默里克大学（UL）的工程教育专业。1983 年，EI 开始全面认证爱尔兰所有高校的工程教育专业。认证程序会定期更新，大约每 10 年更新一次。[①]

（二）工程教育认证执行机构

目前共四家机构认证爱尔兰的工程教育专业，分别是 EI、特许建筑服务工程师协会（Chartered Institution of Building Services Engineers，CIBSE）、英国皇家结构工程师学会（Institution of Structural Engineers，IStructE）以及机械工程师学会（Institution of Mechanical Engineers，IMechE）。

EI 是唯一一家爱尔兰本土的工程教育认证执行机构。该协会也是爱尔兰最主要的工程教育认证执行机构，可以认证爱尔兰所有高校的全部 NFQ 6 级至 9 级的工程教育专业。EI 是爱尔兰授予工程职业头衔的唯一法定机构，获得 EI 认证的工程教育学位是工程毕业生获得工程职业头衔的第一步。爱尔兰高校绝大部分工程教育专业通过 EI 进行认证。

特许建筑服务工程师协会（CIBSE），英国皇家结构工程师学会（IStructE）和机械工程师学会（IMechE）均为英国伦敦的工程教育认证执行机构，且只认证特定工程专业。爱尔兰和英国都是华盛顿协议（Washington Accord）的正式会员。正是因为华盛顿协议允许签约成员国间开展工程教育认证，这三家英国机构在爱尔兰开展工程教育认证活动。特许建筑服务工程师协会（CIBSE）只认证爱尔兰建筑服务相关专业，且英国皇家结构工程师学会（IStructE）只对于爱尔兰高校的结构工程专业进行认证。机械工程师学会（IMechE）只认证爱尔兰机械工程相关专业。爱尔兰只有极少一部分工程教育专业接受这三家机构的认证。因此，后文主要阐述 EI 执行的工程教育认证。

（三）工程教育认证标准

在爱尔兰，要想获得工程职业头衔的首要步骤是获得 EI 认证的工程教育学位。EI 执行的工程教育认证是基于工程教育认证标准，对被认证的工程教育专业的客观评估，旨在使未来获得特许工程师、副工程师和工程技术员职业头衔的

---

① KYNE M R. Engineering Education Quality Assurance Processes–An Exploration of the Alignment or Combination of the Programmatic Review and Accreditation Processes for Engineering Education Programmes in Ireland [D/OL]. Limerick: University of Limerick, 2021. [2022-03-16]. https://ulir.ul.ie/handle/10344/10551.

人士满足职业所需的教育要求。工程教育专业通过 EI 的认证，不仅符合爱尔兰工程教育质量标准，本科和硕士专业还将被授予 EUR-ACE 质量标签，满足欧洲乃至国际的工程教育质量要求。

　　EI 执行的工程教育认证标准严格对应爱尔兰工程师制度。EI 主要授予三种工程职业头衔，分别为特许工程师（Chartered Engineer）、副工程师（Associate Engineer）以及工程技术员（Engineering Technician）。EI 依据这三种工程职业头衔以及需进一步学习的特许工程师（Chartered Engineer with further learning），设置了相应的工程教育认证标准。EI 并未对特别会员（Fellow）设置工程教育认证标准。另外，爱尔兰工程师制度对工程职业头衔的最低学历要求做出了规定，即特许工程师需获得硕士学位（NFQ 9 级），副工程师需获得普通学士学位（NFQ 7 级）或荣誉学士学位（NFQ 8 级），工程技术员需获得高级证书（NFQ 6 级）。因此，EI 执行的工程教育认证标准适用于爱尔兰高级证书（NFQ 6 级）、普通学士学位（NFQ 7 级）、荣誉学士学位（NFQ 8 级）和硕士学位（NFQ 9 级）层次的工程教育认证。

　　EI 制定的最新版本（2021 版）工程教育认证标准，分为 3 个维度，即专业成果（Programme Outcomes）、专业领域（Programme Areas）和专业管理（Programme Management）。在这 3 个维度之下，设计了具体的认证标准[①]，如表 5-4 所示。

表 5-4　爱尔兰工程师协会（EI）执行的工程教育认证标准

维　　度	具 体 标 准
专业成果	知识与理解
	问题分析
	设计
	调查
	专业和伦理责任
	团队合作与终身学习
	沟通交流
	工程管理

---

① Engineers Ireland. Accreditation Criteria [R/OL]. (2021-01) [2022-06-25]. https://www.engineersireland.ie/listings/resource/519.

维　　度	具　体　标　准
专业领域	科学与数学
	专业技术
	软件和信息系统
	创意与创新
	社会和商业环境
	工程实务
	可持续性
专业管理	学历标准、转专业和流动性
	学习年限与专业结构
	学习目标、资源和可行性
	学生表现评估
	专业发展和质量保障

资料来源：Engineers Ireland. Accreditation Criteria [R/OL].（2021-01）[2022-06-25]. https://www.engineersireland.ie/listings/resource/519.

专业成果即学习成果，反映学习者应获得的知识、能力、素质（Knowledge, Skills and Competences）。在专业成果维度上，对应三大工程职业头衔以及需进一步学习的特许工程师，分别阐述了包括知识与理解、问题分析、设计、调查、专业和伦理责任、团队合作与终身学习、沟通交流以及工程管理这八大认证标准。每一认证标准下的毕业生特质（Graduate Attributes）也被详细阐述。不同工程职业头衔在专业成果维度的各个认证标准上有着程度上的区别，详见表5–5。

表5–5　在专业成果维度上不同工程职业头衔的标准程度区别

维　　度	具　体　标　准	不同工程职业头衔的标准程度区别
专业成果	知识与理解	知识与理解的深度与广度
	问题分析	问题的复杂性
	设计	问题的复杂性与设计中发挥的作用
	调查	调查的复杂性与广度
	专业和伦理责任	专业实践水平
	团队合作与终身学习	专业实践水平
	沟通交流	交流活动的复杂性
	工程管理	管理与决策水平

专业领域即学习者需要学习知识的多个领域，分别包括科学与数学、专业技术、软件和信息系统、创意与创新、社会和商业环境、工程实务以及可持续

性这七大认证标准。专业成果与专业领域这两大维度组成模块，不同工程职业头衔在模块的各个认证标准上有着程度区别。比如，工程技术员的认证标准之一要求基础科学与数学的知识与理解，而特许工程师则要求科学与数学知识的深度理解。

专业管理即有关专业设置的相关要求，包括学历标准、转专业和流动性，学习年限与专业结构，学习目标、资源和可行性，学生表现评估以及专业发展和质量保障这五大认证标准。不同工程职业头衔在学历标准、转专业和流动性，学习年限与专业结构，学习目标、资源和可行性这三大认证标准上有所不同，都做了详细阐述。

（四）工程教育认证程序

EI 执行的工程教育认证全过程包含 5 个阶段，详见表 5-6，共耗时 3~6 个月时间。

第一个阶段是高校提交申请阶段。高校在审查组实地考察至少 6 周前在线递交认证申请表、自评报告以及相关证明。高校可以申请认证一个专业或一组专业。高校递交的自评报告需要详细阐述是否符合 EI 工程教育认证的各项标准，以及认证的专业是否适用于申请一项工程职业头衔。

第二阶段主要是 EI 检查申请报告和相关证明，任命审查组，分发申请报告和相关证明，以及安排实地考察日期。审查组一般由一位主席和两位审查员组成。审查员由 EI 的登记事务员（Registrar）任命。

第三阶段是在实地考察前 6 周，审查组分配任务。在实地考察前两周，审查组和 EI 登记事务员召开在线会议，审查讨论高校递交的认证申请表、自评报告以及相关证明，准备初步审查报告以及讨论实地考察日程。

第四阶段是审查组实地考察。审查组一日实地考察或在线考察，报告初步结果，包括优点、初步认证结论以及建议。

第五阶段是 EI 发布认证报告和认证结论。审查组决定认证的专业是否符合全部的认证标准。在实地考察后的两周内，审查组将认证报告草案提交给 EI 的登记事务员。登记事务员会将该认证报告发给高校，以验证事实细节。如果无误，认证报告将递交至认证委员会。认证委员会召开会议，与审查组主席讨论认证结论。认证委员会将认证结论发给 EI 执行委员会。执行委员会将给出最终的认证结论。EI 认证的专业将被发布在 EI 的网站上。认证报告不公开，认证报告中的总体结论将发给高校。[①]

表 5-6　爱尔兰工程师协会（EI）执行的工程教育认证基本程序

阶　　段	执 行 机 构	详 细 步 骤
（1）提交申请	高校	高校在实地考察至少 6 周前在线递交认证申请表、自评报告以及相关证明
（2）检查申请，计划实地考察	EI	EI 检查申请报告和相关证明，任命审查组，分发申请报告和相关证明，以及安排实地考察日期
（3）审查相关证明	审查组	审查组分配任务，审查相关证明，初步讨论，准备初步审查报告，以及准备实地考察
（4）实地考察	审查组	审查组一日实地考察或在线考察，报告初步结果
（5）发布报告和结论	EI	审查组报告草案提交给 EI，以检查高校的相关事实。认证委员会给出认证结论

（五）工程教育认证结论

EI 执行的工程教育认证结论分为 3 种，分别是无条件通过、有条件通过、不通过。

无条件通过，指被认证的专业完全满足认证标准的要求，专业认证正式通过，获得 5 年的认证有效期。本科和硕士层次专业还将被授予 5 年的 EUR-ACE 标签。

有条件通过，指专业不满足一项或多项认证标准的要求，依据未满足认证标准的程度，授予认证专业 3 年的有效期。本科和硕士层次专业还将被授予 3 年的 EUR-ACE 标签。未满足的认证标准作为条件加以描述和列出，审查组报告给出改进建议。

不通过，指专业不满足大量的认证标准的要求，使得专业未通过认证，并且不授予 EUR-ACE 标签印章。未满足的认证标准给予描述。

三、工程师制度

EI 是爱尔兰授予工程职业头衔的唯一法定机构，授予包括特别会员（Fellow）、特许工程师（Chartered Engineer）、副工程师（Associate Engineer）和工程技术员（Engineering Technician）的头衔。EI 针对注册这 4 种工程职业头衔，有着不同的要求和程序差异。

[①] Engineers Ireland. Procedure for Accreditation of Engineering Education Programmes [R/OL].(2021-04-21) [2022-06-27]. https://www.engineersireland.ie/listings/resource/587.

（一）工程师协会特别会员制度

EI 的特别会员（Fellow）是这 4 种工程职业头衔中的最高等级头衔。其定位是高技能的专业人士，特别会员帮助塑造、影响和激励工程师和工业界的未来。[①]

特别会员的申请要求与其他 3 种工程职业头衔不同，较为简易。申请人必须已经获得特许工程师头衔至少 5 年。如果少于 5 年，则申请人必须已经获得特定令人满意的学历超过 10 年。另外，在申请该头衔前的 5 年内，申请人必须在重要工程工作的设计和执行中担任负责人职位。申请人还需证明：①作为公司高层，负责设计或执行重要的工程工作；②在工程领域的领导力或专业知识；③对政策、战略或意见的影响力；④推广其职业，并致力于持续职业发展（CPD）。申请人需要有 3 位推荐人，第一位是 EI 的特别会员，第二位是 EI 或与 EI 有共同协议的另一个专业工程机构的特别会员，第三位是 EI 的特别会员或特许工程师。

（二）工程师协会特许工程师制度

EI 的特许工程师（Chartered Engineer）的定位是工业界的领导者，特许工程师是拥有最高水平能力和职业操守的从业者，善于开发新技术并使用创新方法来解决复杂问题。[②]申请人需要最少 8 年的学习和工作经历来申请这个职业头衔。申请特许工程师头衔需经历两个阶段，分别是学历证明阶段和最初职业发展（IPD）阶段。在申请特许工程师头衔前的至少 3 个月，申请人需成为 EI 会员。

从 2013 年 1 月 1 日起，在学历证明阶段，申请人需证明其已获得 EI 认证的工学硕士学位（NFQ 9 级）（一般需要 5 年学习获得）或同等学位。同等学历包括华盛顿协议签署国的工学硕士学位，以及欧洲国家工程协会联合会（FEANI）认证为欧洲工程师头衔的 4 年以上的工程学位等。这一阶段用以证明申请人所需的基础工程知识水平。2013 年之前，特许工程师的学历要求仅为荣誉学士学位（NFQ 8 级）。

最初职业发展（IPD）阶段是申请人通过相关工作经验来证明其所拥有的工程能力水平的阶段。申请人需要至少 3 年时间来积累与最初职业发展（IPD）相关的工作经验。申请人需上交一份申请，包含申请人的详细信息和声明、专业领域、能力陈述、职业总结报告、持续职业发展（CPD）和未来发展声明、两篇论文以及推荐人声明这 7 个方面，以证明其最初职业发展（IPD）程度。其中，能

① Engineers Ireland. Fellow [EB/OL]. [2022-6-30]. https://www.engineersireland.ie/Professionals/Membership/Registered-professional-titles/Fellow.

② Engineers Ireland. Chartered Engineers [EB/OL]. [2022-06-29]. https://www.engineersireland.ie/Professionals/Membership/Registered-professional-titles/Chartered-Engineer.

力陈述部分需要申请人详细陈述工程知识、工程知识应用、领导力、沟通技巧、伦理实践这 5 个特许工程师应具备的能力，每一项能力要求用 500 字左右阐述。职业总结报告要求大约 2 000 字，概述申请人迄今为止的职业经历。持续职业发展（CPD）和未来发展声明主要陈述申请人目前和未来工程师的职业生涯中计划获得的知识、经验和技能，既包含技术方面，又包含非技术方面。两篇论文各 500 字，一篇由申请人自由选择工程话题进行写作，另一篇是由申请人选择 EI 网站上发布的话题来写作。两篇论文旨在提供给申请人一个机会，能够对工程专业实践的相关重要议题深入表达专业意见。申请人需要有两位推荐人，他们需是 EI 的特许工程师。同时他们应该熟悉申请人的专业工程师职业生涯以及申请人的工程经验和能力，如申请人的单位上级主管。申请人在上交该份申请之后，将被安排进行一小时的专业面试。面试后，特许工程师申请结果将被公布。[①]

　　申请成功，申请人将被授予 EI 特许工程师签章，同时有权在姓名后使用 EI 特许工程师的缩写 CEng MIEI。特许工程师将拥有三方面的价值。首先，特许工程师在工作中将被自动授权签署建筑法规及相关协议。其次，EI 注册的特许工程师在世界上多个国家都被认可，便于工程师的国际流动。最后，EI 的研究显示，特许工程师与具有相同经验但没有该头衔的工程师相比，每年的收入多约 5 000 欧元。[②]

（三）工程师协会副工程师制度

　　爱尔兰工程师学会的副工程师（Associate Engineer）的定位是问题解决者，副工程师在日常工作中使用当前的技术并进行独立的技术判断。一般来说，他们的经验非常丰富，并能够积极参与财务决策。[③]申请人需要最少 7 年的学习和工作经历来申请这个职业头衔。申请副工程师头衔需经历两个阶段，分别是学历证明阶段和最初职业发展（IPD）阶段。在申请副工程师头衔前的至少 3 个月，申请人需成为 EI 会员。

　　在学历证明阶段，申请人需证明其已获得 EI 认证或批准的工程技术专业普通学士学位（NFQ 7 级）（一般需要 3 年学习获得）或同等学位。同等学历包括悉尼协议签署国的工程技术学位等。这一阶段用以证明申请人所需的工程技术学科相关的工程原理的认识水平。

---

① Engineers Ireland. Regulations for the Registered Professional title [R/OL]. (2018-12-03) [2022-06-29]. https://www.engineersireland.ie/listings/resource/89.

② Engineers Ireland. Why become a Chartered Engineers [EB/OL]. [2022-06-29]. https://www.engineersireland. ie/Professionals/Membership/Registered-professional-titles/Chartered-Engineer.

③ Engineers Ireland. Associate Engineer [EB/OL]. [2022-06-30]. https://www.engineersireland.ie/Professionals/ Membership/Registered-professional-titles/Associate-Engineer.

最初职业发展（IPD）阶段是申请人证明如何将高校学习的知识运用到解决实际工程技术问题的能力水平发展的阶段。申请人需要至少 4 年时间来积累与最初职业发展（IPD）相关的经验。申请人需要上交一份工程实践报告，包括职业详情概述、参加过的培训课程以及最初职业发展（IPD）阐述。职业详情概述需要大约 2 000 字，按时间顺序一一列出职位、相关职责等信息。以表格形式列出参加过的培训课程和持续职业发展（CPD）活动，累计时间需达到一年 35 小时，至少两年。最初职业发展（IPD）阐述要求 2 500～3 000 字，应全面准确地阐述申请人在工程知识、工程应用、识别问题与提出解决方案、财务与商业考虑、沟通技巧、伦理实践这 6 个方面副工程师应具备的能力。申请人需要有两位推荐人，一位副工程师和一位特许工程师，或是两位特许工程师。两位推荐人应该熟悉申请人的工程技术员职业生涯以及申请人的工程经验和能力。申请人在上交该份申请之后，将被安排进行 45～60 分钟的专业面试。[①]

申请成功，申请人有权在姓名后使用 EI 副工程师的缩写 AEng MIEI。

（四）工程师协会工程技术员制度

爱尔兰工程师学会的工程技术员（Engineering Technician）的定位是为产品和服务的设计、开发和制造做出贡献[②]。申请人需要最少 5 年的学习和工作经历来申请这个职业头衔。申请工程技术员需经历两个阶段，分别是学历证明阶段和最初职业发展（IPD）阶段。在申请工程技术员头衔之前，申请人需成为 EI 会员。

在学历证明阶段，申请人需证明其已获得 EI 认证或批准的工程技术专业高级证书（NFQ 6 级）（一般需要两年学习获得）或同等学位。同等学历包括都柏林协议签署国的工程技术学位等。这一阶段用以证明申请人所需的工程学科相关的工程原理的认识水平。

最初职业发展（IPD）阶段是申请人证明如何在高校和工作场所发展能力的阶段。申请人需要至少 3 年时间来积累与最初职业发展（IPD）相关的经验。申请人需要上交一份工程实践报告，包括职业详情概述、参加过的培训课程以及最初职业发展（IPD）阐述。职业详情概述需要大约 2 000 字，按时间顺序一一列出职位、相关职责等信息。以表格形式列出参加过的培训课程和持续职业发展（CPD）活动，累计时间需达到一年 35 小时，至少两年。最初职业发展（IPD）

---

① Engineers Ireland. Regulations for the title of Associate Engineer [R/OL]. (2019-01-22) [2022-06-27]. https://www.engineersireland.ie/listings/resource/182.

② Engineers Ireland. Engineering Technician [EB/OL]. [2022-06-30]. https://www.engineersireland.ie/Professionals/Membership/Registered-professional-titles/Engineering-Technician.

阐述要求为 1 500～2 000 字，应全面准确地阐述申请人在技术判断、工程知识、沟通技巧、工程责任、伦理实践这五个方面，工程技术员应具备的能力。申请人需要有两位推荐人，两位特许工程师，或是一位特许工程师和一位工程技术员。两位推荐人应该熟悉申请人的工程技术员职业生涯以及申请人的工程经验和能力。申请人在上交该份申请之后，将被安排进行 45～60 分钟的专业面试。[①]

申请成功，申请人有权在姓名后使用 EI 工程技术员的缩写 EngTech IEI。

小结

爱尔兰的工程教育认证制度和工程职业资格注册制度上下游有机衔接，形成了一套完整的体系。工程教育认证与工程职业资格注册都由爱尔兰工程师协会（EI）管理和执行。为实现爱尔兰工程教育认证的实质等效和国际可比，EI 强调国际合作，它是国际工程联盟（IEA）的成员，并签署了《华盛顿协议》《悉尼协议》和《都柏林协议》；同时又是欧洲工程教育认证联盟（ENAEE）和欧洲国家工程协会联合会（FEANI）的成员。

爱尔兰工程教育认证是为工程师注册而服务的。爱尔兰工程教育认证是对英国工程教育认证的沿袭。EI 是爱尔兰唯一一家本土的工程教育认证执行机构，爱尔兰高校绝大部分工程教育专业都通过 EI 进行认证。在爱尔兰，获得工程职业头衔的首要步骤是获得 EI 认证的工程教育学位。EI 依据特许工程师、副工程师以及工程技术员这 3 种工程职业头衔以及需进一步学习的特许工程师，设置了相应的工程教育认证标准。另外，特许工程师需获得硕士学位（NFQ 9 级），副工程师需获得普通学士学位（NFQ 7 级）或荣誉学士学位（NFQ 8 级），工程技术员需获得高级证书（NFQ 6 级）。EI 制定的最新版本（2021 版）工程教育认证标准，分为专业成果、专业领域和专业管理。在这 3 个维度之下，又设计了具体的认证标准。不同工程职业头衔在认证标准上有区别。EI 执行的工程教育认证全过程包含提交申请；检查申请，计划实地考察；审查相关证明；实地考察；发布报告和结论这 5 个阶段。EI 执行的工程教育认证结论分为无条件通过、有条件通过、不通过。无条件通过和有条件通过的本科和硕士层次专业还将被授予 EUR-ACE 标签。

EI 是爱尔兰授予工程职业头衔的唯一法定机构，授予包括特别会员、特许工

---

① Engineers Ireland. Regulations for the title of Engineer Technician [R/OL]. (2019-01-22) [2022-06-27]. https://www.engineersireland.ie/listings/resource/181.

程师、副工程师和工程技术员的头衔。EI 针对注册这四种工程职业头衔，有着不同的要求和程序差异。EI 的特别会员是这 4 种工程职业头衔中的最高等级头衔，其定位是高技能的专业人士。其申请要求与其他 3 种工程职业头衔不同，较为简易。其他 3 种工程职业头衔需要申请人有一定年份的学习和工作经历，申请需经历学历证明阶段和最初职业发展（IPD）阶段。申请人需要有两位推荐人，另被安排进行专业面试。申请特许工程师成功，将被授予 EI 特许工程师签章。这 3 种工程职业头衔申请成功，申请人都有权在姓名后使用 EI 该种工程师的缩写。

爱尔兰一体化的工程教育认证与工程职业资格注册，有利于培养出满足资质要求的工程人才，有效保障了爱尔兰工程人才质量。同时，这也对于我国构建工程教育专业认证与工程职业资格衔接体系具有重要的启示作用。爱尔兰积极加入国际和欧洲的各类工程联盟和组织，使得其工程人才不但满足爱尔兰本国的经济和社会发展需要，还能够在国际上流动；同时，也使得爱尔兰的工程教育认证与工程师制度具有实质等效和国际可比的特性。

EI 可以认证 NFQ 6 级至 9 级的工程教育专业，而博士层次（NFQ 10 级）的工程教育专业尚未有认证标准，也不开展认证工作。高层次工程人才质量也应得到保障，所以建议建立博士层次（NFQ 10 级）的工程教育认证制度，以补充和完善目前的爱尔兰工程教育认证体系。

第七节

特色及案例

一、工程教育特色

（一）以产业需求为导向的工程教育

爱尔兰工程教育深层次联系产业，充分以产业需要为导向。高校主动了解产业对工程人才的需求，努力提供适应产业发展的工程教育，以确保工程在读学生对未来职业有所准备。具体而言，爱尔兰工程教育与产业联系主要基于专业层面，高校确保工科专业总能满足产业需求。爱尔兰高校必须得到产业界明确的肯定，才能够开设新的工科专业。换句话说，高校的院系不能单独决定开设新的工科专业。在开设新的工科专业前，高校必须证明即将开设的专业由一系列产业支撑。在新开设专业的设计方面，高校需与产业界协商，了解产业界的需求，将这些需要作为新专业的教学内容。新的工科专业即将开设的时候，将经历审查，这其中包括产业界检查会专业是否具备产业界所需的特点和内容。当工科专业正式开设之后，产业界代表将时常来检查专业质量。另外，工科师资队伍富有相关产业工作经验，同时工科还邀请不少产业界的讲师为学生授课。由此可见，工科专业从准备开设到正式开设的过程中，产业界永远是工程教育的导师和顾问，爱尔兰工程教育的质量因而得到充分保障。

（二）将联合国可持续发展目标融入工程教育

爱尔兰高校将联合国可持续发展目标（SDGs）充分融入工程教育，为实现这 17 个全球发展目标做出最大的努力。在高校层面，联合国可持续发展目标（SDGs）被列入高校战略计划，可见 SDGs 在爱尔兰高等教育中的受重视程度。例如，都柏林大学学院（UCD）在发布的《UCD 战略 2020—2024》中，将"创建一个可持续的全球社会"作为学校的四大战略主题之一。高校还创建了多个以可持续性为核心的研究中心，比如都柏林圣三一大学（TCD）的三一生物多样性研究中心和三一环境中心。在专业层面，多个高校开设了工程可持续发展专业，都柏林理工大学（TU Dublin）和芒斯特理工大学（MTU）都开设了的可持续能源工程（Sustainable Energy Engineering）专业荣誉学士学位（NFQ 8 级）的，都柏林理工大学（TU）开设了可持续运输管理（Sustainable Transport Management）专业荣誉学士学位（NFQ 8 级）等。在课程层面，可持续发展理念被融入工科课程中。例如，都柏林圣三一大学（TCD）的环境科学专业的课程大纲，要求学生完成一个与可持续发展相关的研究项目。另外，高校通过跨学科计划支持学生为可持续化发展做贡献。例如，都柏林大学学院（UCD）通过人类、动物及环境健康科学方面的跨学科研究，试图形成疾病预防等方案。

二、工程教育案例

（一）都柏林圣三一大学

1. 都柏林圣三一大学简介

都柏林圣三一大学（TCD），于 1592 年由都铎王朝的英格兰及爱尔兰女王伊丽莎白一世，以牛津大学、剑桥大学为蓝本设立的一所世界顶级研究型大学。

TCD 拥有 430 年历史，爱尔兰最古老的大学，也是欧洲最著名的高等学府之一，也是英语世界最古老的 7 所古典大学之一。TCD 同时也是爱尔兰第一所工程学校。TCD 在 2022 年 QS 世界大学排名列 101 位，2022 年 THE 世界大学工程学排名列 146 位。其医药卫生、自然科学、计算机科学等理工科领域处于世界顶尖水平。同时 TCD 在 QS、THE 和 US News 世界大学排名中常年稳居爱尔兰第一。TCD 是欧洲研究型大学联盟成员之一。

  2. 都柏林圣三一大学工程教育特色

  1）课程设置注重分阶段开展理论课程与实践活动

  TCD 的工程学科具有两大基本特性：理论性和实践性。TCD 想要在教学中协调这两种特性是十分困难的。也正因如此，如何在有限时间内既能培养学生扎实的理论基础又能兼顾学生的动手能力成为工程教育改革的焦点之一。

  TCD 工程学院的学生在本科阶段的前两年一同学习工程学科所需要的通用课程。在第一年里，学生学习的内容包括工程科学、数学、计算机科学、物理、化学、力学、电学、磁学、图形学和计算机辅助工程的入门课程，以及一个小组设计和建造项目。在第二年里，学生进一步学习工程科学模块，如固体和结构，热流体和电子学，并完成另外两个小组设计和建造项目。通过前两年的工程基础课程学习，学生对工程专业有了初步了解，同时也为学生顺利进行第 3 年专业选择打下了基础。在第 3 年和第 4 年里，工程学院致力于通过课程拓宽和加深学生对所选专业的认识和理解。学生通过实际动手操作开展项目。如果学生选择土木、结构和环境工程，那么他最终可能会测试用于建造帕丁顿到希思罗的铁路的预制混凝土；如果学生选择计算机工程，那么他可能会构建一个微处理器系统。对希望出国深造的学生工程学院也给出了相应的实习计划。工程学院面向第 4 学年的学生推出 UNITECH 计划，该计划是由 8 所合作大学和 16 家跨国企业合作开展的。学生将在与工程学院合作的大学里度过第 4 年的一个学期，然后与其中一个企业合作伙伴一起进行为期 6 个月的实习，最后返回 TCD 完成他们第 5 年的学习。[①]值得注意的是，虽然工程学院的课程设置有着明显的阶段性，但在处理理论学习和工程实践的关系时，工程学院在保留其偏向理论的工程教育特色的基础上逐步结合工程实践，以达到其工程教育的目的。

  2）注重与行业展开学术合作

  TCD 致力于支持行业，从中小企业到跨国公司，从短期项目到长期正在进行的合作项目。在国家或国际背景下，TCD 与行业利益相关者和机构合作，共

---

① TCD. Engineering [EB/OL]. [2022-05-18]. https://www.tcd.ie/courses/undergraduate/courses/engineering/.

享基础设施和专业知识，应对与行业相关的研究问题或应对重大挑战。[①] 目前已有许多行业领军企业与 TCD 进行学术合作。其中一家代表性的合作企业是 Thomas Swan。这是一家特种化学品的领先独立制造商，它与 TCD 的纳米科学研究所（CRANN）的教授乔纳森·科尔曼（Jonathan Coleman）合作，资助了一个以工业为重点的研究项目，利用科尔曼（Coleman）教授在石墨烯生产领域的专业知识，开发大规模生产高质量纯石墨烯的方法。在合作过程中，Thomas Swan 在 CRANN 安排了一名任期两年的加工工程师，这确保了该计划始终与公司的战略保持一致。[②] 另一家行业学术合作的代表企业是阿尔克梅斯公司。该公司是创新药物的领导者，致力于解决中枢神经系统（CNS）衰弱性疾病。TCD 的 O'Mara 研究小组采用体内多电极神经生理学、行为分析、分子生物学和药理学干预的组合方法，来研究与记忆功能有关的功能障碍以及精神疾病。[③] 为了帮助药物更快地从试验到开发，阿尔克梅斯公司与 TCD O'Mara 实验室建立合作伙伴关系，这种合作模式使公司能够从学术专业知识中受益，以实现其特定的研究重点，而不受任何知识产权限制。该研究计划由行业方推动，学术界提供了大量的技术和智力投入，与企业开展学术合作推动了 TCD 科研向更高水平迈进。

3）将可持续发展理念贯穿在学术和课程中

TCD 通过积极创建与可持续发展相关的研究和课程，继续培养下一代环境和可持续发展领导者。在研究方面，TCD 创建了多个以可持续性为核心的教育课程和研究中心，包括三一生物多样性研究中心和三一环境中心。TCD 还将"智能和可持续的地球"作为其关键研究主题之一。[④] 在课程方面，TCD 将可持续发展理念加入课程要求当中。例如，环境科学专业要求学生在完成课程的教学部分后，开始一个需要密切监督的研究项目，包括：大气重金属沉积、环境教育、污水处理系统、海洋污染的生物指标以及非洲湖泊侵蚀、海洋化学和气候变化的影响等[⑤]。TCD 希望学生将所学的知识应用在保护大自然上，以推动人类社会的可

---

① TCD. Industry Academic Collaborations [EB/OL]. [2022-05-09]. https://www.tcd.ie/innovation/industry/corp-partnerships/.

② TCD. Thomas Swan & Co. Ltd. [EB/OL]. [2022-05-09]. https://www.tcd.ie/innovation/industry/corp-partnerships/t-swan.php.

③ TCD. Alkermes Inc. [EB/OL]. [2022-05-09]. https://www.tcd.ie/innovation/industry/corp-partnerships/alkermes.php.

④ TCD. Research and Education [EB/OL]. [2022-05-09]. https://www.tcd.ie/provost/sustainability/researcheducation/.

⑤ TCD. Courses—Environmental Sciences (M. Sc./P. Grad. Dip.) [EB/OL]. [2022-05-09]. https://www.tcd.ie/courses/postgraduate/courses/environmental-sciences-msc--pgraddip/.

持续发展。

4）积极鼓励学生自主创业

TCD 希望学生能够通过创业来坚定和遵循自己选择的道路，其中最具代表性的是学生加速器 Launchbox。Launchbox 是一个面向早期创业公司的暑期计划，该计划能为学生创业者提供资金，让他们能够接触投资者和创业导师，从而推出他们的想法。到目前为止，在 Launchbox 的帮助下，一些非常成功的企业得以成功推出，如 Food Cloud，NuWardrobe 和 Foodture。[①] 除此之外，为了将可持续发展理念转化为行动，TCD 推出了 Climate Greenhouse，该计划为期 6 个月，旨在将早期气候创新理念转化为可持续的商业模式和适销对路的产品或服务。

5）高度重视国际化

TCD 正在成为发展国家合作伙伴关系的领导者。2022 年 TCD 位列 THE 全球国际化大学排名第 12 位。TCD 在国除际合作方面历史悠久。TCD 拥有 4 个多世纪的国际合作，近一半的研究出版物涉及国际合作伙伴，以及来自 120 多个原籍国的多元化国际学生群体。TCD 与全球 300 多所大学合作，是一所全球参与和全球联系的大学，拥有多元化的学生、员工和校友社区，致力于教育下一代全球公民和全球领导人。[②]

（二）都柏林理工大学

1. 都柏林理工大学简介

都柏林理工大学（TU Dublin）成立于 2019 年 1 月 1 日，是爱尔兰国内第一所理工大学。TU Dublin 同时也是爱尔兰学生数最多的高等学府，截至 2022 年 5 月，在校生人数达 29 700 人。TU Dublin 还是爱尔兰规模最大的提供工程教育的高校。TU Dubiln 设立 3 个校区，分别为位于都柏林北部的 Grangegorman 主校区，以及位于 Blanchardstown 和 Tallaght 的两个分校区。

2. 都柏林理工大学工程教育特色

1）重视技术转移和孵化

TU Dublin 建立了非常完善的技术转移体系。从 2007 年开始，爱尔兰政府开始资助技术转移加强项目（Technology Transfer Strengthening Initiative programme，TTSI），该项目总投入超过了 5 000 万欧元，主要用于大学技术转移系统的建

---

① TCD. Sustainability Education, Research and Entrepreneurship [EB/OL]. [2022-05-09]. https://www.tcd.ie/provost/sustainability/initiatives/educationresearchentrepreneurship/.

② TCD. Trinity Global [EB/OL]. [2022-05-09]. https://www.tcd.ie/global/partnerships-networks/.

设。^①在 TTSI 的资助下,都柏林地区创新联盟(DRIC)成立。TU Dublin 是该联盟的成员之一,并且起着至关重要的作用。迄今为止,DRIC 占 TTSI1 和 TTSI2 提供的技术转让产出的 10%～20%。仅在 TTSI2 下,已有 23 种产品或服务投放市场,其中包括 Optrace 的全息防伪标签,Decawave's ScenSor(单芯片无线收发器)芯片天线等。

TU Dublin 拥有 3 个孵化中心: DIT Hothouse、IT Tallaght Synergy Centre 和 IT Blanchardstown LINC。自创立以来,Hothouse 一直领先爱尔兰国内其他同类机构。Hothouse 帮助创建了近 400 家可持续发展企业,吸引了超过 2 亿欧元的股权投资,并创造了约 1 700 个优质工作岗位。^②值得一提的是,在 Hothouse 里有一项外延项目—开放实验室(Open Labs)。开放实验室是 TU Dublin 以市场为中心的计划,旨在降低行业参与的障碍,从而向公司开放世界领先的设施和专业知识。开放实验室协助从事食品创新、产品原型设计、虚拟现实 / 增强现实、木材技术、可持续基础设施、商业 / 人工智能数据分析等。^③开放实验室为每个中小企业都分配了一名专门的 TU Dublin Hothouse 案例经理。在合作过程中,开放实验室的案例经理需要确定并优先考虑合作企业的创新需求,将其与合适的研究专业知识和设备联系起来,并确定最合适资助方案。这种开放式的研究环境极大地促进了 TU Dublin 研究水平的提高,使校企双方都能从中受益。IT Tallaght Synergy 是塔拉赫特的商业和生物孵化设施,为创新企业家和基于知识的早期初创企业提供支持性环境。IT Blanchardstown LINC(学习与创新中心)是研究所与商业界之间的切实联系,提供一系列设施,包括支持,指导和商业孵化计划。^④

2)注重帮助女性群体

在工程领域里,女性工程师的受关注程度不高。为解决该问题,TU Dublin 推出"WE 支持"计划,旨在解决这一历史遗留问题,并增加女性在 TU Dublin 所有学科中的创业比例。该计划的目标是:增加女学生对创业的参与,增加 TU Dublin 女性校友在外部组织中担任高级领导职位的数量,增加女性领导 / 联合创始人的数量^⑤。"WE 支持"计划将提供端到端支持,并为女性参与者提供专门的

① 李律成,程国平. 爱尔兰大学技术转移的经验及启示 [J]. 中国科技论坛,2017(3): 185–192.

② DIT, ITB, ITT. TU4Dublin: Application for designation as a technological university [R]. 2018.

③ TU Dublin. What is Open Labs? [EB/OL]. [2022-05-09]. https://www.tudublin.ie/research/innovation-and-enterprise/hothouse/open-labs/.

④ 同②.

⑤ TU Dublin. Apprenticeship Courses [EB/OL]. [2022-05-09]. https://www.tudublin.ie/study/apprenticeships/apprenticeship-courses/.

活动信息、相关资源、潜在资金和其他支持。

3）注重践行联合国可持续发展目标

在高质量教育方面，为了支持学生与国际基础课程接轨，TU Dublin 开设了学生主导的科学与数学教程。在这个课程里，学生领导者配备了 stylus 驱动的 MS Surface Pro 设备，使他们能够在虚拟空间中运行每两周一次的沉浸式教程，并且使用 MS 和其他协作程序帮助新冠疫情限制隔离的小组。在气候进程方面，TU Dublin 的学生融合了饥饿和气候变化等现今世界关注的热点话题。设计了免费的在线游戏 Sustainimals，在游戏里，玩家需要提供一场大规模风暴和洪水来破坏社区的家庭、水源和粮食作物，玩家可以通过完成有趣的迷你游戏来获得辅助用品以达到通关。[①]这些利用教程或者游戏方式来推进可持续化理念落地的举措都说明了 TU Dublin 十分重视可持续化发展理念在日常教学中的应用。在全球环境不断恶化的大背景下，学校努力践行可持续发展目标具有重大意义。一方面展现出了 TU Dublin 作为爱尔兰国内领先院校的担当；另一方面也体现了 Tu Dublin 在育人实践上的突破。

（三）都柏林大学学院

1. 都柏林大学学院简介

都柏林大学学院（UCD），又称爱尔兰国立大学都柏林大学学院或爱尔兰国立都柏林大学。UCD 源于 1854 年在爱尔兰首都都柏林建立的爱尔兰天主教大学，1908 年以爱尔兰主教大学为主，与科克女王学院和高威女王学院合并而成。UCD 属于爱尔兰国立大学系统下属的 4 个成员之一、UCD 是世界大学联盟、Universitas 21 和欧洲大学协会的成员之一。

UCD 拥有六大学院，其中与工程教育直接相关的院系为工程与建筑学院。工程与建筑学院拥有 320 多名教职员工和近 2 200 名学生（包括 626 名国际学生），提供本科和硕士阶段的课程，是爱尔兰国内规模最大、学生数最多、专业覆盖最全面的工程学院。工程与建筑学院下设 8 个系，涵盖化学、土木、电气、电子、生物系统、食品、机械和材料工程等工程学科，以及建筑、景观建筑、规划和环境政策。[②]在 2022 年度的泰晤士报世界大学排名中，UCD 的工程学科位列

---

① TU Dublin. Creating Impact [EB/OL]. [2022-05-09]. https://www.tudublin.ie/explorc/about-the-university/strategicintent/creating-impact/.

② UCD. About UCD College of Engineering & Architecture [EB/OL]. [2022-05-08]. https://www.ucd.ie/eacollege/about/.

176～200 的区间中。工程与建筑学院参与研究的学者包括如 EI、化学工程师协会（Institution of Chemical Engineers，IChemE）和 IEEE 等的主要成员与研究员，除此之外也包括爱尔兰皇家学院、皇家工程院和美国国家工程院。

2. 都柏林大学学院工程教育特色

1）关注教师教学过程的管理

UCD 要求每位教师都要创建一个专门的在线教学档案，涵盖了教学理念、辅助模块、学生反馈、强化教学、反思及加强课程建设、教师发展、创新和领导力七大模块内容。[①]在线教学档案的推出让 UCD 的教师可以更好地管理教学过程，促进教师对教学的反思，同时有利于将精品课程保留下来。

2）注重在职教师的能力培养

UCD 开展职业资格证书项目，为不同职业阶段的教师发展提供机会，帮助他们提升相关的知识和技能。教师可以获得两种类别的职业资格证书，即教与学职业资格证书（PCP）和教与学继续专业发展资格证书（CCPD）。[②]以 2016—2017 学年为例，该项目提供了"成为一位更好的大学老师""在教学中嵌入研究""对教与学进行评价"和"运用现代技术进行积极学习"4 个主题学习模块。[③]教师的职业能力发展是提升教学质量的基本保障之一。UCD 深刻地认识到提高教师能力的重要性，并且推出与之匹配的计划，为工程教育的顺利开展培养了一批高素质的教师队伍。

3）重视技术孵化

UCD 建立起了专门的技术孵化中心——NovaUCD。NovaUCD 是专门为知识密集型公司建造的最先进的孵化设施，为客户公司提供全面的业务支持计划，该计划包括咨询、研讨会和讲习班，以及提供机会给 NovaUCD 研究人员，商业领袖和投资者网络的机会。[④]UCD 因处于创新研究和创造性发现的最前沿而享誉国

---

① UCD. The Professional Certificate in University Teaching and Learning & The Certificate in Continuous Professional Development in University Teaching and Learning Handbook 2020/21 [EB/OL]. https://www.ucd.ie/teaching/t4media/utl_programme_handbook2020_21updated.pdf#:~:text=The%20Professional%20Certificate%20%2815%20ECTS%20credits%29%20and%20the,higher%20education%20%28i.e.%20NQF%20level%207%20or%20above%29.

② 欧阳琰.爱尔兰都柏林大学卓越"教与学学术"发展路径审视 [J]. 比较教育研究，2017，39（2）：39–45.

③ UCD. Professional Certificate/Certificate of CPD in University Teaching and Learning Academic Schedule 2016/17 [R/OL]. https://www.ucd.ie/t4cms/UTL%20Programmes%20Timetable.pdf.

④ UCD. Start-Ups: Locate your new venture at NovaUCD [EB/OL]. [2022-05-08]. https://www.ucd.ie/innovation/start-ups/.

际，而创新研究成果的持有者往往会走上创业的道路。在 NovaUCD 的支持下，UCD 里许多前沿研究成果得的顺利转化为社会生产力。

4）重视学生实习与校企合作

工程与建筑学院无论是本科生还是硕士研究生都需要完成专业工作经验（PWE）实习模块才能顺利毕业。该模块要求学生接受 6～8 个月的实习，部分专业的学生的实习时间可能达到 6～12 个月。对于止步于本科阶段只需获得荣誉学士学位（NFQ 8 级）的学生而言，需在第 3 年的 1 月或 2 月开始为期 6～8 个月的实习。[1]生物系统与食品工程、电能工程、材料科学与工程、生物医学工程、电子与计算机工程、光学工程、土木结构与环境工程、能源系统、结构工程与建筑、化学与生物工艺工程和机械工程的学生需要接受 6～8 个月的实习，这些实习从 1 月或 8 月开始。为了保证实习质量，UCD 工程与建筑学院给学生设立一名学术主管，并安排实地考察，以确保学生在实习期间的进步。学生必须留有工作日记，并根据要求向模块协调员或学术主管展示。临近实习结束时，学生必须完成最终报告，总结工作经历，并结合他们的课堂知识，探讨在实践中的应用。实习结束后，雇主填写评估表。[2]这些实习旨在将学生的学术知识和职业兴趣与实际工作经验相结合，也为学生更好地寻得工作机会提供了一定的技能保障。

在校企合作方面，学院与工业界的合作旨在分享研究专业知识，并提供人才和研究基础设施，以满足行业的优先事项和需求。现阶段工程与建筑和工业界合作的案例包括先进制造研究中心（I-Form）、能源系统整合伙伴计划、未来网络与通信中心（CONNECT）、合成和固态制药中心、乳品加工技术中心、复合材料中心等。[3]规范化的实习体系和丰富的校企合作资源，为 UCD 的工程教育提供了扎实的基础。

5）基于联合国可持续发展目标提出适应自身实际情况的育人理念

《UCD 战略 2020—2024》中提到，将通过追求 4 个战略主题来应对未来的全球挑战：创建可持续全球社会，通过数字技术实现转型，建设健康世界，赋予

① UCD. Internships: Professional Work Experience (PWE) for UCD College of Engineering & Architecture students [EB/OL]. [2022-05-08]. https://www.ucd.ie/eacollege/study/internships/.

② UCD. Frequently Asked Questions [EB/OL]. [2022-05-08]. https://www.ucd.ie/eacollege/study/internships/faq//.

③ UCD. Industry Collaborations [EB/OL]. [2022-05-08]. https://www.ucd.ie/eacollege/research/industrycollaborations/#collapseeps.

人类权力。[①] 在创建可持续全球社会方面，UCD希望通过跨学科计划支持学生为可持续化发展做贡献。在数字技术实现转型方面，UCD致力于开创新的跨学科方法，数字化记录与分析我们的生活，并使用数字技术塑造和发展人类的未来。在建设健康世界方面，UCD利用其在人类、动物和环境健康科学的研究优势，致力于制定与促进身体健康、预防疾病和不良健康状况等的方案。在赋予人类力量方面，UCD将加强对人类行为的研究，为大学社区的每个成员提供对人类行为和思维理解的机会，促进学生获得应对未来挑战所需的人际交往技能。

小结

爱尔兰工程教育最显著的两大特色，分别是以产业需求为导向以及将联合国可持续发展目标融入工程教育。爱尔兰的工程教育密切联系产业，主要体现在专业层面。工科专业从准备开设到正式开设的过程中，每一步都必须满足产业需求，产业界也充分融入工科专业开设放各个步骤中。这也使得爱尔兰工程人才培养得到了充分的质量保障。联合国可持续发展目标（SDGs）从5个方面融入爱尔兰工程教育，分别是SDGs被列入高校战略计划，高校创建以可持续性为核心的研究中心，多个高校开设了工程可持续发展专业，可持续发展理念被融入工科课程中，高校通过跨学科计划支持学生为可持续化发展作贡献。都柏林圣三一大学（TCD）、都柏林理工大学（TU Dublin）以及都柏林大学学院（UCD）是爱尔兰提供工程教育的范例高校，它们不仅反映了爱尔兰工程教育的共性，同时也反映了爱尔兰工程教育具有各自的特性。

充分反映产业需求的工程教育是我国目前所需要的。爱尔兰提供了一个开展工程教育的优秀蓝本——在工科专业设置到运行过程中，不断征得产业界的意见，同时引入产业界的专业人员作为工科老师进行教学。这有助于培养产业界所需的工程人才。另外，联合国可持续发展目标（SDGs）尚未被我国工程教育充分重视，并未作为重要内容充分融入我国的工程教育。为实现可持续发展的共同目标，各国需要携手同步开展以可持续发展为要义的工程教育。我国作为工业大国，必须尽快将可持续发展理念作为重要主题加入到工程教育中。

---

① UCD. UCD Strategy 2020—2024 [EB/OL]. [2022-05-08]. https://strategy.ucd.ie/.

第 八 节

总结与展望

一、总结

　　爱尔兰是为步入"工业 4.0"时代，准备最成熟的欧洲国家之一。为实现普通制造业向高精尖科技产业的转型，爱尔兰积极调整工程教育结构体系，政府颁布了《理工大学法案 2018》，建议创建具有新功能与新定位的理工大学（TUs），即一种新型高校类型。理工大学（TU）的定位介于大学（University）与理工学院（IoT）之间，主要培养注重应用性科研且紧密联系周边地区与产业的高级应用型人才。法案的颁布掀起了一场理工大学运动改革，爱尔兰的理工学院（IoT）纷纷合并为理工大学（TU）。短短 5 年时间，爱尔兰已建立起 5 所理工大学（TUs），满足了高级劳动力的培养要求。另外，"工业 4.0"强调信息技术和制造技术的融合，这需要跨学科人才予以支撑。为培养这种类型的人才，爱尔兰提供工程教育的大学（University）以及理工学院（IoT）都设有工程与其他学科融合的学部，作为跨学科平台。

　　爱尔兰工程教育凭借高质量闻名于世，其背后的质量保障体系扮演了重要角色。爱尔兰工程教育质量保障体系分为两部分。一部分是专业设立制度。爱尔兰工科专业的设立必须以产业需求为导向。在专业开设前，产业需求必须作为新专业的教学重点与内容。经过产业界审查通过后，才能开设该专业。在专业开设后，产业界会时常来抽查专业质量，其教学是否依然反映产业需求。产业界作为爱尔兰工程教育的导师与顾问，助推爱尔兰高校培养出优质且适应产业发展的工程人才。另一部分是工程教育认证制度与工程师注册制度的上下游有机衔接。爱尔兰的工程教育认证与工程职业资格注册都由同一个机构——EI 管理与执行的，由此决定了爱尔兰工程教育认证是为工程师注册而服务的。在爱尔兰，获得 EI 认证的工程教育学位是毕业生获得工程职业头衔的第一步。EI 既是国际工程联盟（IEA）的成员，并签署了《华盛顿协议》《悉尼协议》和《都柏林协议》；同时又是欧洲工程教育认证联盟（ENAEE）和欧洲国家工程协会联合会（FEANI）的成员。因此，爱尔兰工程教育认证标准与制度充分反映了实质等效与国际可比的特性。申请工程职业头衔除了 EI 认证的工程教育学位外，还需要有一定年份

│ 第五章　爱尔兰 │ 339

的相关工作经历。这种一体化的工程教育认证与工程职业资格注册，有利于培养出满足工程职业资质要求的人才。

工程教育研究（EER）是世界上较晚产生的研究领域，而爱尔兰属于较早开始工程教育研究（EER）的国家。虽然如此，但爱尔兰工程教育研究（EER）发展步伐缓慢，目前仍处于起步阶段。爱尔兰从事工程教育研究（EER）的专家学者较少，且并非为专职人员。他们主要进行其他学科领域的研究，仅凭个人兴趣爱好开展工程教育研究（EER）。爱尔兰形成了少量工程教育研究（EER）团队，但参与学者不多，规模较小。同时，爱尔兰并未形成本国的工程教育研究协会，主要是参与欧洲工程教育研究协会，以此为学术交流的重要途径。爱尔兰工程教育研究（EER）资金严重缺乏，爱尔兰政府几乎无拨款投入，欧盟项目资金竞争也相当激烈。尽管如此，但爱尔兰工程教育研究（EER）依然在夹缝中求生存。爱尔兰虽未开设专门的研究生层次工程教育研究专业，但是部分高校的硕士和博士研究项目涉及工程教育研究（EER）。爱尔兰并未形成本国的工程教育研究（EER）期刊，但学者们依然活跃于该领域，将研究发表在世界工程教育知名期刊上。同时，爱尔兰还积极主办工程教育研究（EER）相关的学术会议、研讨会等学术活动。

二、展望

爱尔兰通过建立理工大学以及在大学和理工学院设立多学科融合学部这两大举措，不断调整工程教育结构，已形成"工业 4.0"时代相对完善的工程教育体系。但是，爱尔兰的工业及经济发展一直以来严重依赖外资。爱尔兰虽然是世界上全球化程度最高的经济体之一，但是其工业发展的稳定性掌握在别国手中，并未走独立自强的发展道路。"工业 4.0"时代的到来将引起世界范围内的一场数字化与智能化的工业纷争，会对世界各国的工业实力与地位重新洗牌。这时，民族工业将发挥重要作用。爱尔兰已经拥有了相对完善的工程教育结构体系，且正在培养多种类型的工程人才。因此，爱尔兰完全有实力与底气摆脱外资，发展民族工业，最终成为"工业 4.0"时代的全球工业强国。

爱尔兰 NFQ 6 级至 9 级的工程教育专业获得 EI 认证是为毕业生在未来注册 EI 工程职业头衔而服务的，而 NFQ 10 级的工学博士并非任何 EI 工程职业头衔所要求的学历，因此 EI 不开展工学博士认证。然而，开展博士层次工程教育认证具有必要性。一方面，认证工学博士能够有效保障高层次工程人才质量；另一方面，目前，高层次工程人才国际流动趋势明显。爱尔兰高等教育局（HEA）在 2022 年的一份报告显示，2017 年、2018 年和 2020 年的爱尔兰高校博士毕业生中，有 19% 去国外工作[1]，可见博士毕业生出国就业需求旺盛。加之，博洛尼亚进程明确要求签署国促进师生和学术人员的流动。因此，开展博士层次工程教育认证将非常有利于高层次工程人才的国际流动。博士层次工程教育认证是爱尔兰高等工程教育认证中唯一缺失的部分。这一部分工程教育认证制度的补充，将有效促使爱尔兰形成全面完善的工程教育质量保障体系。

爱尔兰工程教育研究（EER）的基础已经形成，要促成进一步大发展，让爱尔兰成为世界工程教育研究（EER）的领军国，就需要爱尔兰政府与工程教育界的共同努力。爱尔兰国内工程教育研究（EER）的利益相关者，包括政府、学术界、工业界以及工程专业学生应积极开展对话，促成爱尔兰工程教育研究（EER）领域发展议程的制定[2]。Malmi 及其团队研究显示，欧盟无法为欧洲国家的工程教育研究（EER）提供资金，因为工程教育研究（EER）不符合欧盟 Horizon 2020 项目申请标准[3]。爱尔兰政府应继续发挥工程教育发展过程中扶持者和引领者的作用，成为爱尔兰工程教育研究（EER）的主要资助方，加大在该领域的研究拨款，为爱尔兰工程教育研究（EER）提供资金保障。这是促进爱尔兰工程教育研究（EER）蓬勃发展的最关键因素。爱尔兰工程教育研究（EER）群体也应同时努力，寻求与工程教育研究（EER）领军国专家们的合作机会，开展工程教育前沿研究。这有利于爱尔兰工程教育研究（EER）队伍地不断壮大，构建更多的工程教育研究（EER）平台，形成大量的工程教育研究（EER）活动；同时也会构成跨学科研究，从而进一步吸引不同学科的拨款资助。

执笔人：吴倩　刘惠琴　李锋亮　Mike Murphy

---

① HEA. Employment Outcomes for Doctoral Graduates 2017, 2018 and 2020 [EB/OL]. (2022-04) [2023-02-24]. https://hea.ie/assets/uploads/2022/05/Research-Info-Byte-Doctoral-Graduates.pdf.

② WINT N, MURPHY M, VALENTINE A, et al. Mapping the engineering education research landscape in Ireland and the UK (Research) [A]. The European Society for Engineering Education (SEFI) Annual Conference 2022 [C]. Barcelona, Spain: Universitat Politècnica de Catalunya, 2022.

③ MALMI L, ADAWI T, CURMI R, et al. How authors did it-a methodological analysis of recent engineering education research papers in the European Journal of Engineering Education [J]. European Journal of Engineering Education, 2018, 43 (2): 171–189.

第六章

丹　麦

工程教育发展概况

一、基本国情

　　丹麦是欧盟成员国之一，首都是哥本哈根，其本土地处欧洲北部，海岸长约7 314千米。地势较低，平均海拔30米左右。2021年3月，人口583.7万，其中丹麦人占总人口的86%，外国移民及其后裔约占14%，主要来自北欧其他国家、中东欧、中东、北美、东南亚、中亚和东北非。官方语言为丹麦语，英语为通用语言。约74%的居民信奉基督教路德宗，0.6%的居民信奉罗马天主教。[①]丹麦的人均国内总产值居全球前列，2020年约为3 472亿美元，人均国内总产值约6.4万美元，经济增长率 –3.3% 左右，失业率约5.8%[②]。

二、工程教育发展

　　丹麦传统上是农业国家，进入工业化的时间较晚。"二战"以后，为了适应工业化建设的需要，丹麦的高等工程教育才有了实质性的发展，为本国的经济高速发展提供了高素质的人力资源和有效的技术保障。丹麦有5种类型的机构提供高等教育项目[③]：①商业学院（丹麦语：Erhvervsakademi），主要提供职业导向的短线和本科学位项目；②大学学院（丹麦语：Professionshøjskole），主要提供职业导向的本科学位项目；③海事教育机构，主要提供职业导向的短线和本科学位项目；④大学（丹麦语：Universitet），主要提供本科、硕士和博士学位项目；⑤艺术建筑专业学院，主要提供建筑、设计、音乐、美术和表演艺术等领域的本科、硕士、博士学位项目。丹麦的大多数高等教育机构由高等教育和科学部（类型1~5）管理。文化部管理一些提供美术和表演艺术项目（第5类）的高等教育机构。丹麦现有大学8所、由教育部主管的大学学院10所、艺术建筑专业学

---

① 中华人民共和国外交部. 丹麦国家概况 [EB/OL]. https://www.mfa.gov.cn/web/gjhdq_676201/gj_676203/oz_678770/1206_679062/1206x0_679064/.

② 世界经济论坛.2019年世界经济论坛全球竞争力报告 [EB/OL].https://www.docin.com/p-2266037663.html.

③ 丹麦高等教育科学部. 丹麦高等教育体系简述[EB/OL]. https://ufm.dk/en/education/recognition-and-transparency/transparency-tools/europass/diploma-supplement/danish-higher-education-system-short-description.

院 9 所、商学院 9 所、海事教育机构 12 所。2020 年，丹麦领先大学的学生数量如图 6–1 所示。除以上机构外，丹麦还有 100 所左右的工业学校。工业学校主要提供职业教育，集理论培训和工厂实习为一体，持续时间为 1 年半至 5 年半，具体取决于学习的专业领域。培训结束时，要参加一次学徒期满测试或最终职业测试。25 岁以下青年如果还没有完成教育，可去工业学校就读。

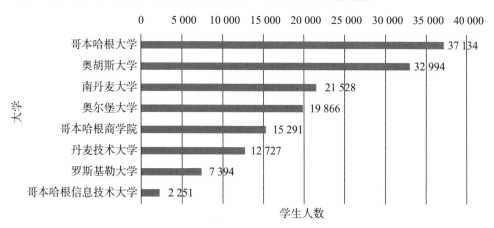

图 6–1　2020 年丹麦领先大学的学生数量

第二节

工业与工程教育发展现状

一、工业发展现状

丹麦三大产业发展均处于国际先进水平，第二产业对丹麦经济发展具有重要作用。2020 年，第一、二、三产业对 GDP 的贡献占比分别为 3.8%、33.48%、62.8%。主要工业部门包括食品加工、机械制造、石油开采、造船、水泥、电子、化工、冶金、医药、纺织、家具、烟草、造纸和印刷设备等。产品 60% 以上供出口，约占出口总额的 70%[①]。丹麦工业技术先进，十分重视创新，在某些细分领域技

---

① 中华人民共和国外交部. 丹麦国家概况 [EB/OL]. https://www.mfa.gov.cn/web/gjhdq_676201/gj_676203/oz_678770/1206_679062/1206x0_679064/.

术领先，优势产业相对集中，风电、生物制药、清洁技术、声学、海事设备和医疗设备等领域的产品和技术享誉世界。丹麦服务业高度发达，产值约占 GDP 的四分之三，其中航运业实力雄厚，是丹麦外贸顺差的主要来源之一。[①]

丹麦是创新密集型的发达经济体。根据世界知识产权组织（WIPO）发布的《2020 年全球创新指数（GII）报告》，在全球 131 个经济体中，丹麦以 57.53 分排名第 6，相较于 2019 年上升了一名[②]。丹麦在世界经济论坛 2019 年全球竞争力报告中列第 10 位，如图 6–2 所示。在宏观经济稳定性（第 1）、技能（第 3）、劳动力市场（第 3）等指标上均表现不俗。

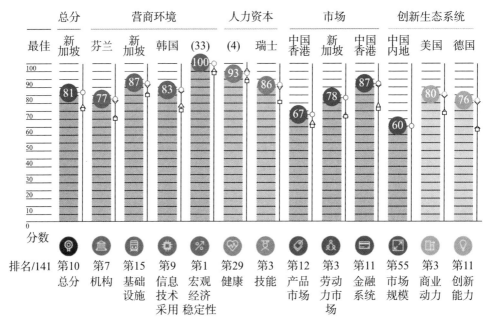

图 6–2　丹麦在世界经济论坛 2019 年全球竞争力排名

数据来源：2019 年世界经济论坛全球竞争力报告

在 2020 年 Universitas 21 国家高等教育系统排名中，丹麦排名第 3，比 2019 年排名上升两位。[③]在资源维度，政府支出在 GDP 中所占份额排名第 5，生均总支出（公共与私人）排名第 17。高等教育机构的研发支出占 GDP 的比例排名第

① 商务部国际贸易经济合作研究院，中国驻丹麦大使馆经济商务处，商务部对外投资和经济合作司. 对外投资合作国别（地区）指南 2021. [EB/OL]. http://www.mofcom.gov.cn/dl/gbdqzn/upload/danmai.pdf.

② WIPO. 2020 年全球创新指数报告 [EB/OL]. https://www.wipo.int/edocs/pubdocs/en/wipo_pub_gii_2020.pdf.

③ U21 国家高等教育系统排名报告

1，人均国内研究人员数量排名第 2。大学整体质量排名第 3[①]。丹麦高等教育的毛入学率见表 6–1。

表 6–1　丹麦高等教育毛入学率（占总百分比）[②]　　　　　　　　　%

高等教育毛入学率	年　份									
	2010	2011	2012	2013	2014	2015	2016	2017	2018	2019
总	73.6	76.76	79.11	80.93	81.03	82.13	81.06	80.62	81.18	81.84
女	87.44	90.59	93.12	94.5	95.34	96.29	93.95	93.58	...	...
男	60.36	63.56	65.77	68.03	67.44	68.7	68.85	68.36	...	...

丹麦高等教育生均支出在经济合作与发展组织（OECD）国家名列前茅，达到 2.17 万美元，如图 6–3 所示，充裕的高等教育投入，为确保教育质量发挥了重要作用。

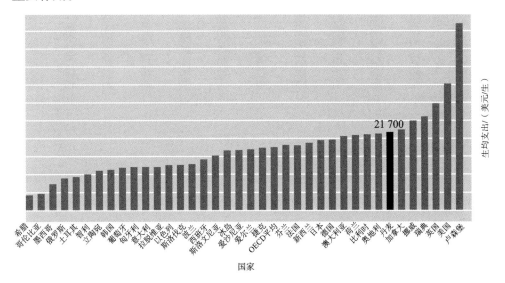

图 6–3　OECD 国家高等教育年度生均支出

资料来源：Education at a glance：Educational finance indicators. OECD (2022), Education spending (indicator). doi: 10.1787/ca274bac-en (Accessed on 18 October 2022).

二、高等工程教育体系

丹麦的高等工程教育主要在大学和大学学院进行。2020 年，丹麦大学注册

[①] https://studyindenmark.dk/news/denmark-has-the-fifth-best-higher-education-system-in-the-world.

[②] http://uis.unesco.org/en/country/dk.

的学生规模约 15 万人，^①见图 6-4。在所有高等教育机构中，大学在校生占比
43%，大学学院在校生占比 37%，商学院在校生占比 18%，其他高等教育机构在
校生占比 2%^②。联合国教科文组织统计研究所的数据显示，丹麦高等教育毛入学
率 2020 年达到 82.84%^③。截至 2020 年，25～45 岁丹麦人中，44% 完成或正在接
受高等教育^④。

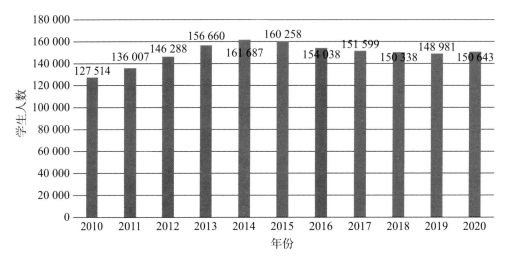

图 6-4　2010—2020 年丹麦注册大学生人数

　　丹麦高等教育课程根据培养目标不同进行了详细分类，各类课程各有侧重，
见表 6-2。综合性大学侧重学术研究，一般开设本科和研究生课程，可以颁发学
士（Bachelor）、硕士（Master）和博士（PhD）学位。大学学院颁发职业学士学
位（Professional Bachelor），学制一般为 3 年至 4 年半，涉及领域包括教师培训、
工程、护理、商务、社会工作等专业。短线高等教育（相当于专科）具有较强的
实践性和实用性，致力于使学生具备相关领域的知识和独立解决问题的能力，主
要开设课程的领域包括经贸、通信、实验、医疗等。本科教育的目标强调对学生

① Statista. 丹麦大学注册学生人数 [EB/OL]. https://www.statista.com/statistics/1111224/number-of-registered-university-students-in-denmark/.

② Statista. 丹麦高等教育机构在校生占比 [EB/OL]. https://www.statista.com/statistics/1119940/share-of-students-in-higher-education-in-denmark-by-type-of-institution/.

③ 联合国教科文组织统计研究所.https://uis.unesco.org/en/country/dk.

④ 丹麦国家统计局. https://www.dst.dk/en/Statistik/emner/uddannelse-og-viden/fuldtidsuddannelser/alle-uddannelser.

基本科研能力的培养，并为学生提供广阔的学术基础、知识理论和分析技能；研究生教育课程以开展科研活动为基础，致力于使学生获得必要的理论知识、科研分析和实践技巧，并在完成学习后能够参加相关领域的科研活动。

表 6-2 丹麦不同层次教育招生人数[①]   单位：人

培 训 项 目	2017 年	2018 年	2019 年	2020 年
职业教育与培训（基础课程）	12 236	12 596	12 904	13 136
职业教育和培训	60 489	57 841	58 942	58 427
合格教育项目	1 091	949	723	691
短线高等教育	13 307	12 658	13 086	13 562
职业学士学位教育	32 033	32 234	32 375	32 793
学士课程	27 567	27 322	27 244	28 451
硕士课程	27 215	27 307	26 914	27 381
博士课程	2 470	2 438	2 318	2 403

第三节

工程教育与人才培养

一、工程教育规模

丹麦科学和工程专业毕业生占比大约为 20%，且有增长趋势，年均增长率约为 0.71%，如图 6-5、图 6-6 所示。

---

① 丹麦国家统计局. https://www.dst.dk/en/Statistik/emner/uddannelse-og-forskning/fuldtidsuddannelser/ uddannelser-paa-tvaers-af-uddannelsesniveau.

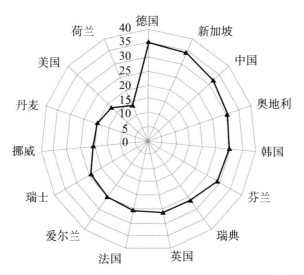

图 6-5　2016 年科学和工程专业毕业生占比（%）[1]

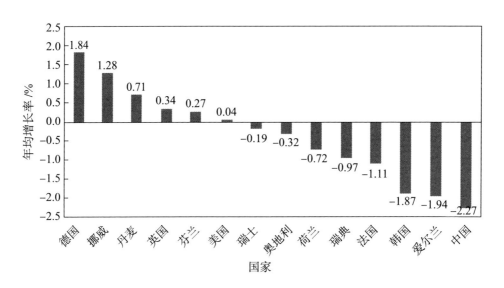

图 6-6　科学和工程专业毕业生占比年均增长率[2]

二、工程人才培养

　　1995 年后，丹麦的高等工程教育项目主要有两种。一种是相当于硕士的 5

---

① 王乾，严利，刘家琛等. 典型创新国家创新人才培育评价指标及比较分析 [J]. 创新人才教育，2019（4）：65–78.

② 同①.

年制项目（Cioilingenier）。丹麦技术大学（Technical University of Denmark）和奥尔堡大学（Aalborg University）可授予这样的学位。另一种是学士学位项目，需要 3 年半完成，其中包括半年的实习（Diplomingenior）。除了前面两所大学外，哥本哈根等 7 所院校也开设学士学位项目。毕业生进行两年的继续学习取得硕士学位。有的学校如奥尔堡大学的科技学院，招收的新生不分本科和研究生，直到第 3 学年后，学生才选择他们最后的发展方向。目前，丹麦将创新人才培养深度融合在教育体系中，通过模式开发、课程设置、评价形式多元化等激发学生的创新潜能，培养具有创新品质的人才。在高等教育阶段，除了大专课程注重实用技能掌握之外，本科、研究生教育也注重对学生的科研能力培养，重视对学生的创新能力激发与创新成果转化[1]。

丹麦已经启动了几项举措，以增强数字能力和技术理解，并研究包括人工智能在内的新技术。政府通过《技术公约》和 STEM 行动计划，提高员工的技能，并且将在数字和技术教育（如人工智能）中吸引更多的年轻人。借助《技术公约》，政府设定了一个目标，即在 STEM 领域内培养超过 10 000 名受过高等教育或技术教育的人员。政府已经启动了一项人才计划，将拨款 1.9 亿欧元，为最有才华和进取心的学生提供更好的机会和更大的挑战，使他们更加精通自己的领域。这一项人才计划涵盖了所有学科领域，包括人工智能等新技术。大学将在未来几年内努力将诸如编程、数据分析和技术理解等能力整合到教育中。在这些措施的支持下，2020 年丹麦 STEM 课程的入学人数增加了 1 380 人，增幅 9%。STEM 课程入学人数的增长高于总体入学人数的增长[2]。

丹麦《人工智能战略报告》的愿景是将丹麦发展成为负责任地开发和使用人工智能的领跑国家。其发展目标之一是加强人工智能技术的研究和开发。目前丹麦在该领域还存在一系列的挑战，例如，缺乏人工智能伦理框架、缺乏人工智能专业人才、相关投资不足等[3]。要实现上述目标，人才培养必不可少。预计丹麦的人才发展会进一步向科技型、创新型人才倾斜。

---

① 刘家琰，仲平. 丹麦教育体系及其创新人才培养特点 [J]. 创新人才教育，2019（3）：5.

② https://ufm.dk/en/newsroom/press-releases/2020/record-number-of-applicants-offered-places-in-higher-education.

③ https://www.secrss.com/articles/10328.

工程教育研究与学科建设

一、工程教育研究的兴起

工程教育研究（Engineering Education Research，EER）对工程教育政策制定和工程教育教学质量提升具有十分重要的意义，对高校乃至国家的工程教育发展产生重要的影响。欧洲作为工程教育相对发达的地区，其工程教育研究兴起较早，丹麦作为其中一员发挥着不可或缺的作用。

欧洲聚焦工程教育的宏观研究开始于"二战"后，20世纪70年代又掀起了一场针对高等教育大众化的研究运动，许多大学开始创建高等教育研究中心。在这一背景下，一些理工科大学建立了服务自身工程学科教学的机构，丹麦的奥尔堡大学和丹麦技术大学分别成立了PBL教学改革研究机构和工程教学法研究小组[①]。但此时丹麦的工程教育研究并未成体系，这些研究机构和研究小组的研究内容并不统一，产出的研究成果也较为零散。之后丹麦同爱尔兰等国一起加入了欧洲共同体，各国之间开始了工程学科教育的交流，工程教育研究有了较大的进展。1972年和1973年，国际工程教育学会（IGIP）与欧洲工程教育协会（SEFI）相继成立，之后每年召开的会议成为工程教育的实践者与研究者交流学习的重要场所。SEFI于1976年创办了《欧洲工程教育杂志》（*European Journal of Engineering Education*，EJEE），集中刊发反映欧洲地区工程教育进展的研究成果。

20世纪末，一些欧洲大学成立了教学发展中心。这些中心最初的目的是加强工程领域教师的教学能力，主要由教育学者或工程学领域的教学专家担任中心的教学培训师（Educational Developer），而这些人也成为这段时期欧洲工程教育研究的主力军。21世纪初，欧洲与美国工程教育的交流更加频繁深入，一些大学开始建立专门的工程教育研究机构，丹麦的工程教育研究发生了重要的变化。例如，奥尔堡大学在UNESCO教席的基础上，在工学院建立了工程科学与可持续发展问题学习中心（Aalborg UNESCO Center for Problem Based Learning in

---

[①] Advances in Engineering Education in the Middle East and North Africa. [M] Mahmoud Abdulwahed; Mazen O. Hasna; Jeffrey E. Froyd. Springer. 2016.

Engineering Science and Sustainability，UCPBL），其中的研究人员不仅包括曾经的工程学科研究者，还包括来自教育研究人员，这一专门的机构的成立，标志着该校工程教育研究正式成为一项专门的研究领域。

二、工程教育研究的特点

丹麦的大学工程教育研究没有走学科化的道路，与其他欧美国家类似，较为侧重教学环节的微观研究。为了满足企业的用人需求，丹麦的大学工程教育对教学方式进行了改革，教学研究需求日益增长。例如，在工程教育中强化基于问题和基于项目的学习模式（Problem Based Learning），通过项目实践培养学生的问题解决能力和合作沟通能力。这种教学模式对本国乃至国际上其他院校的工程教育改革产生了重要的影响。奥尔堡大学在这一领域积累了丰富的经验，在设计课程时，将教学内容编成工程项目，让学生组成工程师团队，在教授的指导下共同完成项目，以此来培养学生解决问题的能力；大量的研究聚焦于课程设计、教学方法，非常精细和丰富。

第 五 节

政府作用：政策与环境

一、政府与科技教育政策制定

丹麦政局总体稳定。2019 年 6 月，丹麦社会民主党在社会人民党、红绿联盟、激进党三党支持下组成一党少数政府，施政重点主要涵盖绿色、福利、移民三大领域。主要包括 2030 年在 1990 年的基础上减排温室气体 70%，2050 年实现碳中和；完善国家福利体系，维护弱势群体权益，加大对地方财政支持以应对老龄化；走中间路线处理难、移民问题，打造公平人道的新型难民庇护机制。

在丹麦，政府在科技政策特别是高技术性新兴产业发展的规划中扮演着重要引导角色，关注技术研发"必要性""可行性"两个方面，基于全球科技竞争现状和问题分析，对大学与企业的能力进行诊断，为推动建立"大学—企业—政府"对话合作关系奠定基础。大学根据政府与大学签订的新技术研究协议，对企业有基础知识支持、前期数据提供与专才培养的职责。丹麦企业在参与国家重大科技计划中拥有较高的决策干预能力，在新产品标准制定，细分衍生市场分析，反向对政府与大学研发计划进行修正等方面，企业的影响力较大。丹麦高等教育通过政府、大学和企业三方的协同互动，把技术发展所需的政策流、知识流、数据流、人才流、信息流、资金流等集中在同一体系之中，实现"1+1+1>3"的效果[①]。

政府、大学、企业各个主体通过契约、资源共享、权责分配制对合作内容与方式进行引导与规制，充分发挥各个主体的优势。目前，产业发展、社会公众满意度的提升是丹麦大学科技创新框架的核心宗旨之一。

二、大学科学研究重视产业需求

作为没有"农民"的农业大国，丹麦的农业机械化水平很高，依靠其完整的"农业科技研究与教育体系"，打造了"集农、工、商于一体，种植、饲养、加工、销售、科研、检疫一条龙，各个环节相互关联、互为依存、互相发展"的现代化农业体系。大学对应学科均与丹麦的所有产业界建立了"联合委员会"并建立合作研究机构，所从事的各项研究经费主要来自政府拨款。比如，在农业方面，大学代表与农业协会一起组成"科研联合委员会"，通过"产—研"全面对接农业发展，使大学的基础研究具有极强的针对性和可转化性，能够达到从实验室落地到农业的水平。

三、提倡大学的公共事务参与

鼓励大学研究人员参与公共事务，既是反映丹麦持续推进"技术治理"战略，也是体现科学民主的重要举措。一方面，运用现代科学技术替代传统政治构架，实现"乌托邦"式的社会运行机制重构是一项趋势，技术专家由于其丰富的学识分享一定的政治权力，引导产业与社会的走向；另一方面，大学参与公众事务是降低"科技危害"的重要方式，产业界人士与公众能够对大学研究决策发挥逆向监督与纠正作用。

---

① 张瑞. 三螺旋视角下的丹麦科技创新实践及对我国的启示 [J]. 科学管理研究，2019, 37（5）: 167–172.

四、重视创新资源重组与治理优化

丹麦政府根据团队的要求和不同的研究项目，将所有创新资源进行重组，优化资源的使用配置和管理，通过宏观层面大学资源重组、赋予大学科研团队更大自主权、多层次的科研资助和成果评价方式以及科研腐败规制，从规模经济角度提升大学资源使用效率，赋予了大学科研团队更大的自主权。

大学承担着"以产促研"、加速学科建设与人才培养的重任，有着与产业界企业界进行合作的动力，通过共建研发中心与特殊人员共同培训等活动，向企业提供创新资源，也对前期研发成果的前景大小与商业价值进行了检验[①]。

工程教育认证与工程师制度

一、重视继续工程教育

继续工程教育是现代工程教育系统的一个重要组成部分，是提高工程人才素质，保持技术团队活力，增强国际竞争力的重要途径。丹麦早在 20 世纪 50 年代就开始着手大学生毕业后的培训和继续教育。1975 年，丹麦正式成立了一个独立的、服务性的机构，负责全国的继续工程教育。丹麦继续工程教育的宗旨是将新的技术课程纳入课堂环境中，通过讲授和讨论启发新的学术思想。在丹麦，继续教育已经成为工程教育的重要手段之一。这种体系还可以最大限度地为工程技术人员提供工作同时或间隔接受培训的机会，使得教育与工作可以轮流交替、不会发生冲突。丹麦企业对于继续工程教育的参与度很高，一些公司提出了基于工作的学习（Work-based Learning，WBL）模式，与奥尔堡大学的（Problem-based Learning，PBL）模式类似，都旨在培养解决实际问题的能力[②]。

---

① 王弘，余承海，陈赪. 从学术共和国到社会的"发动机"—1970 年以来丹麦高等教育的变革轨迹 [J]. 高教探索，2019（10）：66–70+81.

② Implications of facilitated work-based learning implemented as an approach to continuing engineering education Bente Nørgaard.

二、EUR-ACE 框架下开展工程教育认证

为了实现欧洲各国工程教育的互认，欧洲建立了工程教育认证标签制度（EUR-ACE）。欧洲工程教育认证网络（ENAEE）是欧洲范围内工程教育认证机构的联合组织，丹麦是其中一员。欧洲工程教育认证网络授权成员组织实施 EUR-ACE 认证标签制度。EUR-ACE 认证标签适用于学士和硕士学位项目。

EUR-ACE 认证标签制度要求被授权的认证机构需要具备以下七个标准来确保认证的质量：认证机构的方法和程序必须确保按照既定标准能够对工程学位课程进行准确认证；认证标准和程序必须公开可获取；认证过程必须能够有效获取做出结论所必需的所有证据；认证决定必须是准确、一致和公正的；认证机构必须发布认证评估的结果；认证机构的管理、组织和行政活动必须确保其认证职能得到准确可靠的实施；机构必须不受外界影响，并提供足够的资源开展认证[①]。

三、工程师注册

欧洲包括丹麦在工程师流动方面借鉴了北美的做法，但也非常重视促进欧洲一体化进程中不同工程师体系的包容互通。"工程毕业生"一词主要用于描述那些成功完成工程学学位课程的人。之所以避免使用"工程师"一词，是因为这个词语在欧洲和世界范围内的不同解释可能会引起混淆，包括某些国家的特定法规含义。一般而言，每个国家的工程师资格均由权威机构来认定，主要是确认工程毕业生是否能够在该国进行工程注册或资格认证，或者是否需要进一步的教育、培训或掌握行业经验。

丹麦的工程师注册主要由丹麦工程师协会（IDA）实施。要成为丹麦注册工程师，需要具备专业学术背景。丹麦工程师协会规定，申请工程师注册的人员，至少是在计算机科学与信息技术、工程学或自然科学领域学习至少 3 年以上的高校毕业生。其他要求还包括从事高技术行业、在技术驱动的公司工作等[②]。

---

① https://www.enaee.eu/eur-ace-system/standards-and-guidelines/#standards-and-guidelines-for-accreditation-of-engineering-programmes.

② https://english.ida.dk/who-can-become-a-member-of-ida.

特色及案例

一、丹麦技术大学以研究为基础的工程教育

丹麦技术大学（Technical University of Denmark，DTU）是一所历史悠久、科研实力雄厚的理工类研究型大学，坐落于丹麦哥本哈根市，由著名物理学家奥斯特（H.C.Ørsted）于 1829 年以巴黎综合理工为蓝本创建。丹麦技术大学被认为是北欧最顶尖的理工大学之一，是欧洲卓越理工大学联盟、北欧五校联盟等多个组织的重要成员，拥有很强的创新能力和高质量的教育资源，2020 年全校共有11 200 名学生和 6 000 名员工。经院系改革后，目前大学共含 15 个系或研究中心，均为理科或工科，是一所为丹麦培养优质工程师人才典型院校。

（一）培养理念与目标

根据学校官网的介绍，丹麦技术大学以研究为基础、以商业为导向并面向国际，基于技术和自然科学，致力于通过教学、研究、基于研究的公共建议和创新来创造社会的可持续价值和福利。

丹麦技术大学在其《2020—2025 战略：技术为民》（Strategy 2020—2025：Technology for People）中，将自身定位表述为"我们提供欧洲最好的工程教育，学生可以充分发挥他们的潜力，掌握技术并造福民众和社会。为了应对全球气候挑战和地球资源的加速枯竭，我们努力通过为人类开发技术来实现一个可持续的未来。我们引领可持续的变革，通过对社会有益的创新和前沿研究，探索数字化带来的机遇"。丹麦技术大学在新时代的教育使命为"通过技术科学与自然科学为社会发展创造价值"（Develops and Creates Value Through the Technical and Natural Sciences for the Benefit of Society），并提出了在工程教育、国际化研究、创新工程师培养、可持续发展和数字化技术应用等方面的发展愿景。

（二）课程体系及教学方法

丹麦技术大学提出了学校整体的四大核心工作：Education（基于研究的工程教育）、Research（工作的核心）、Public Sector Consultancy（为公共事业和国家政策提供科学指导）、Innovation（应用中知识产权的转化）。其中工程教育部分

的整体原则表述为：在工程专业的发展中起领导作用，以新颖的相关数字学习工具和方法为后盾，以深厚的学术能力、奉献精神和创新思维来教育工程师。

丹麦技术大学提供工程学科的本科、硕士和博士的学位，同时也提供相关领域的继续教育。在工程教育的本科教学中，丹麦技术大学主张以研究为基础、以应用为导向的教学模式，设立了多学科的基于研究和工程项目 Research-based Engineering Programmes，提倡教师将自身研究课题带入课堂，让学生在研究和实际工程案例中学习作为一名工程师必备的知识和技能，同时培养其创新能力、数字化系统的运用能力和可持续发展潜力。

本科项目分为学习时长三年半（包含半学期公司实习）的工程学士学位项目（BEng Programmes）和两种语言教学的工程科学学位项目（BSc Eng Programmes）。在 BEng 学位的项目中，最初两年学生要按照既定的教学大纲进行通识学习，运用 CDIO 教学法充分了解实际工程应用的实现过程，包括问题的发现、产品构思（Conceive）、工程设计（Design）、项目实施方案（Implement）和最终操作实现（Operate）。两年后，学生可在丹麦技术大学各专业的选修课组合中，选择自己感兴趣的特定领域进行进一步的创新探索，独立完成一个本科的创新课题（类似于国内的毕业设计）。BSc Eng 项目中学生可以更自由地设计学习计划，180 学分被分为 4 个模块，学生在每个模块修完 45 学分即可顺利毕业。以上两个教学项目均为丹麦语教学。

本科项目中较为特殊的是国际化的通用工程项目科学学士（BSc in General Engineering），采用英语教学，近一半的学生或教师具有国际交流的经历。该项目的学生在第一学期进行数学物理化学等学科的基础内容学习，从第二学期开始逐渐聚焦某一新兴的交叉领域，如生命系统、新材料、未来能源等。在特定学科的学习过程中主要以实践为导向的跨学科小组为教学单位进行学习，完成一系列设计项目（Design-build Projects）。在第 5 或第 6 学期学生会前往公司进行实习或参与国际交换，获得充分的学科交流机会和广泛的国际视野。这一培养项目在通识教育与专业聚焦、跨学科教学、国际化交流等方面的探索和实践，对目前国内工科的"书院制"教学有一定借鉴意义。

（三）产学研合作

丹麦技术大学的工科教学建立了非常广泛的产学研互动机制。由于丹麦技术大学本身定位为一所研究型大学，其核心工作是理工学科的创新研究和探索，在教学领域专门强调了"Research-based"这一方式，提倡学校的研究和教学相互融合，在本科阶段培养学生的项目意识和研究技能，帮助学生在相关领域进一步探索做好准备。

作为丹麦典型的纯理工类大学，丹麦技术大学也承担着引领丹麦工程教育成果转化步伐的使命。无论是本科项目中的实习要求，还是在战略计划中着重提出的创新应用和对公共事业提供科学指导，均体现了其对科研成果技术转化的重视和参与国家工程发展政策的责任意识。

二、奥尔堡大学基于问题和项目的学习

奥尔堡大学（Aalborg University，AAU）是一所位于丹麦奥尔堡的综合性大学，于 1974 年创建。这所大学以"基于问题的学习"（Problem Based Learning，PBL）作为立校之本并闻名于世。奥尔堡大学的工程教育是欧洲顶尖的，工科实力较强，在 USNews 2021 的排名中，奥尔堡大学的工程学排在全球第 6 位。[①]截至 2021 年，奥尔堡大学在校生规模超过 20 000 人，其中国际学生超 3 000 人。

（一）培养理念与目标

奥尔堡大学作为一所研究型大学，其 2016—2021 年的使命表述为"为全球社会的知识积累以及为丹麦社会的繁荣、发展和文化建设做出贡献。这是通过研究、以研究为基础的教育、公共部门服务和知识协作来实现的。我们为未来培养学生，我们的活动基于与当地社区的动态和变革合作。我们的教职员工拥抱所有的学术领域，采取全面的方法，挑战现有的范式，创造强大的、基于研究的解决方案，以应对复杂的社会挑战"。[②]从这一陈述中可以看到，奥尔堡大学非常强调与校内外组织和机构的互动协作，综合性、研究性、创新性的特色突出。

奥尔堡大学在 2021 年的愿景中强调培养"面向未来社会的学生"，并希望问题和研究导向型的 PBL 教学模式可以进一步被认可和推广，得到更多的国际合作和荣誉成就。这两点均与丹麦的工程师培养需求相契合。虽然奥尔堡大学是一所综合性大学，但在该理念和目标的引导下，其工程教育脱颖而出。在麻省理工学院《全球一流工程教育》报告中，奥尔堡大学被认为是全球工程教育的新兴领导者之一。

（二）课程体系及教学方法

奥尔堡大学的本科培养强调学生通过基础科学学习、专业方向探索和校外实

---

① https://www.usnews.com/education/best-global-universities/engineering?int=994b08.

② https://www.en.aau.dk/.

习达到培养目标，可以选择继续深造或直接到企业就业。

奥尔堡大学的核心教学方法是"基于问题的学习"（PBL）的"奥尔堡模式"。本硕连读教育为 5 个学年，共 10 个学期，每个学期约 5 个月，在这段时间里学生需修满 30 个 ECTS（欧盟通用学分），同时进行项目工作。课程学习占 7.5～15 学分，项目工作占 15～22.5 学分，为期 4 个月，第 5 个月为考试月[1]。奥尔堡大学自创校开始就应用这一模式，取得了良好成效。特别是进入 21 世纪以来，众多研究人员以该校为案例探索和阐述工程教育中的 PBL 模式。特别是关注其单学科、跨学科、校级三层次的课程设计、教学方式和教学内容、课程评价方式（形成性评价、终结性评价、课程评估等）。PBL 能力涵盖了包括问题导向、项目导向、团队导向和元认知在内的四类基本能力，它能反映并进一步发展那些领域内的或学科内的特定能力，对于教育十分重要[2]。奥尔堡大学在学校院系组织之外，单独设立了一个 PBL 委员会，负责对学校的整体教学进行指导、统筹、评估、反馈、改进和推广。该委员会 2015 年系统介绍了 PBL "奥尔堡模式"，讨论了该模式对奥尔堡大学的重要意义、PBL 课程设计原则、考核方式及影响因素等，同时分析了奥尔堡大学的 PBL 模式与目前其他高校 PBL 模式变体的异同，见图 6-7。

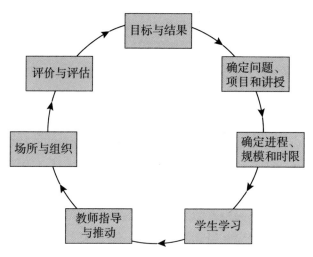

图 6-7　PBL 课程开发的过程模型流程图

资料来源：Anette Kolmos. Change Strategies from Vision to Action plan [Z]. In IIDEA Workshop Session. Beijing: Tsinghua University，2011.

---

① 杜翔云，钟秉林，Anette Kolmos. 以问题为基础的学习理念及其启示 [J]. 中国高等教育，2008（2）：20-24.

② 安奈特·科莫斯，里卡·布罗加德·贝特尔，杰蒂·埃格兰德·霍尔加德，等. 项目类型和复杂问题解决能力的概念框架 [J]. 清华大学教育研究，2021，42（3）：47-54.

奥尔堡大学 PBL 教学模式的原则与核心可以概括为：以真实的、有科学依据的问题为起点，依托有时间限制、目标明确的学科项目，在课程充分讲授理论和方法的前提下，学校组织学生形成项目小组，以小组为单位进行知识共享、集体决策和协调行动，最终完成项目要求。在此过程中，教师应作为参与者和指导者，从所选问题的典型性、项目的科学性、研究过程的正确性等方面进行指导和建议。最后，在整个项目实现过程中，学生可自行选择需要的课程进行学习，但同时小组需对每位组员的学习计划负责，保证其完成了基本的培养目标并契合项目需求。

（三）产学研合作

奥尔堡大学提出"所有学位课程和研究活动都以问题和项目为基础，并以跨学科为重点。通过教职员工和学生之间的紧密互动以及与公共、私营部门的紧密合作，我们提供具有真实世界探索视角的学位课程，并提供世界级的研究"。[①]奥尔堡大学与当地、丹麦国内和国际的大量企业有着紧密的联络与合作，学生课堂学习的案例项目均来自企业的真实应用，且学生的探索结果也将反馈给企业作为进一步攻克产业瓶颈问题的方案参考。

产学合作在研究生项目中更为广泛。奥尔堡大学的政策文件中指出，2015年该校由 50% 的硕士论文是与企业合作完成的，其中许多成果均作为企业发展的指导；60% 的毕业生能够进入私企进行工作，这充分体现雇主对于奥尔堡大学学生的认可和好评。

三、奥胡斯大学跨学科工程教育

奥胡斯大学（Aarhus University）建立于 1928 年[②]，位于丹麦日德兰半岛的奥胡斯，是丹麦的顶尖研究型大学。该校 1970 年成为国立大学。2006—2007 年，海宁商业与技术学院、奥胡斯商学院、丹麦农业科学研究所、国家环境研究所和丹麦教育大学先后并入，2012 年奥胡斯工程学院并入。2011 年和 2020 年，奥胡斯大学重构了组织结构。目前有艺术、技术科学、自然科学、健康科学、商业研究与社会科学五个学部。在校学生 4 万名，教职工 1 万名。[③]诺贝尔经济学奖得主

---

① https://www.en.aau.dk/.

② https://www.au.dk/om/.

③ 奥胡斯大学的历史. https://auhist.au.dk/en/history.

特里夫·哈维默和戴尔·莫滕森都曾在经济系担任教职。奥胡斯大学在 2022 年的泰晤士高等教育世界大学排名中位列第 104 位，在 QS 世界大学排名中位列第 155 位。

（一）培养理念与目标

奥胡斯大学 2025 年工程教育发展目标，是在建筑、生物、化学、土木、计算机、电气和机械工程等经典技术学科中建设全面的研究生课程。奥胡斯大学的工程教育重视科研训练，将学术专业精神和基于研究的颠覆性新技术结合起来，要求工程专业的学生在不同学科中接受严格的训练，使之具备整合资源、实施和交付任务的能力，强调工程教育由最前沿的研究推动，并不断发展，让学生站在技术前沿，并能快速为丹麦社会带来价值。奥胡斯大学重视在工程研究生教育中培养未来领导者，希望应对社会挑战，引入超出市场和政策制定者想象的新技术。

奥胡斯大学的工程教育理念十分注重跨学科性，注重在科学和工程相关院系之间建立紧密联系，确保重要的基础研究突破可以直接应用到新的高影响技术领域。例如，在可持续能源系统、先进的医疗保健技术和未来的农业工程等领域引入新技术，不断创造可显示、可衡量的社会影响；在信息通信技术、生物技术和材料工程等领域进行深入研究，以解决这些专业领域的问题，等等。

（二）课程体系及教学方法

奥胡斯大学每年招收大约 7 000 名新生，大学提供超过 200 个学位项目和 4 400 门左右国际水准的课程，有一半以上的硕士学位课程用英语开设。奥胡斯大学工程教育活动由工学系和大学工程学院两个部门承担，均归属于技术科学学部。教学科研活动由工程委员会协调。其中，工学系负责全部工程科学硕士项目和研究活动，大学工程学院负责工程学士项目。学校本科生课程用丹麦语讲授，时长三年半。前两年结合工程项目进行基础教学，第 5 学期开始进行带薪实习，最后一年撰写论文。

在 2011 年学部成立后，奥胡斯大学的工程教育开始了跨学科整合，如图 6-8 所示。主要特点是将跨学科技术教育项目，与传统工程学科"锚定"，使跨学科专业从学科中获得强大支持，以应对跨学科教育的重大挑战。这些跨学科教育项目包括可持续能源、健康医疗、农业、制造专业。这项改革试图在新兴技术领域与学科之间建立一一映射关系，创建更有国际竞争力的跨学科教育项目。为了更好地实现工程教育的跨学科整合，2015 年奥胡斯大学重构了组织体系，将工程教育机构划分为 4 个系：生物与化学工程系（Department of Biological and Chemical

Engineering BCE)、土木和建筑工程系（Department of civil and Architectural Engineering，CAE）、电气与计算机工程系（Department of Electrical and computer Engineering，ECE）和机械工程系（Department of Mechanicol Engineering，ME）。

奥胡斯大学每个学科有300~500名工程专业学生，努力培养优秀的研究人员，使之能够根据组织发展速度和卓越水平的需要，动态扩展学科、跨学科项目和研究中心，实施不同战略提高技术领域的实力。

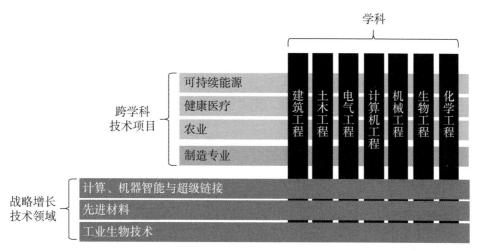

图6-8 技术工程学科与战略增长技术和战略跨学科技术项目的互动[①]

（三）产学研合作

奥胡斯大学强调个别研究领域的专业知识深度，在研究、教育、人才发展方面开展跨学科合作，以及公私与企业和机构的合作，以解决复杂的社会问题和应对全球挑战。该校产学研合作致力于通过跨国家、跨机构和跨学科，将研究突破到新水平。奥胡斯大学不断发展其物理研究基础设施，为科学突破提供适当的条件。大学自己的研究人员以及国家和国际合作伙伴，均可以使用这些设施。

例如，社交机器人——那些看起来像人类，可以与人互动的机器人——是未来的一部分。跨学科研究项目试图精确地解决这个问题。奥胡斯大学科研人员采用"综合社会机器人"的方法，将机器人研究与包括哲学、人类学在内的广泛学科相结合。心理学、认知科学、社会学、政治学、设计和艺术学通过与工程系合作，创建了AU社交机器人实验室，为人才培养服务。学生可以在实验室探索新的、创造性的和负责任的方法来使用社交机器人。这种与应用相结合的教育模式广受认可。

---

① 奥胡斯大学. Department of engineering：strategic plan 2016–2020.

四、哥本哈根大学科教紧密结合的工程教育

哥本哈根大学（University of Copenhagen）位于丹麦首都哥本哈根，是丹麦最高学府，4EU+欧洲大学联盟、国际研究型大学联盟、欧洲研究型大学联盟成员。哥本哈根大学建于 1479 年，不仅是丹麦最古老的大学，也是北欧最早的大学之一，[①] 最初只对社会名流开放，现已发展成为一所学科全面、集教育与科研于一身的世界顶尖研究型大学，提供学士、硕士、博士学位课程。哥本哈根大学拥有高水平的师资队伍。共有 4 500 多名教师，其中有 40% 以上是教授。在校生共有 39 000 多名，包括来自不同国家的留学生，其中有 45% 来自北欧国家。从该大学毕业的学生中有 39 位获得诺贝尔奖，有 1 位获得图灵奖。[②]

（一）培养理念与目标

哥本哈根大学注重知识和文化内涵，以高水平独立研究和研究生教育为基础，培养学生批判性思维、见解和追求真理的精神。哥本哈根大学的目标是以其研究和教育的质量，成为世界上最好的大学之一。近年来，学校更新了发展战略。第一项战略的重点是发展卓越的基础研究，逐渐增强学术实力，吸引来自世界各地的教职工和学生来此工作和学习。第二项战略的重点是开发以研究为基础的项目和基础设施，增加教学强度，优化学习环境。第三项战略可称为凝聚力战略，重点关注在研究和教育之间、学科领域之间和行政过程之间的凝聚力。这三项战略可称为工程教育提供了良好的契机，在工程专业学生的学术素养和跨学科能力培养等方面提出了新的要求。哥本哈根大学重视大学和社会的合作，包括在教学和实践之间、研究和雇主之间的合作。该校希望利用哥本哈根大学广泛和强大的国际学术地位，与利益相关者建立更紧密的联系，并吸引人才到丹麦以造福于国家和全社会。尤其是在工程教育方面，哥本哈根大学致力于使人才培养和社会需求紧密结合，提高学生的实践能力和水平。

哥本哈根大学在工程教育方面重视提供以研究为基础的课程，目的是培养学生坚实的核心能力，并确保高质量的学术养成，并将其作为个人发展和终身学习的基础。哥本哈根大学强调，要为丹麦和全球的就业市场培养有才华的毕业生，但并不是每个人都应该成为一名研究者。因此，大学有特殊的责任，以确保工程领域及其他领域毕业生具有学术洞察力和跨学科技能，具有扎实学术技能、了解实践和跨领域合作能力。哥本哈根大学旨在提供高度创造性的学习环境并提高学

---

① 哥本哈根大学. Talent and collaboration: Strategy 2023.

② https://www.huane.net/school/232.

位课程的质量。重将研究渗透到所有的学位课程中，学生必须积极参与研究。该校认为，要关注研究和教育之间的关系来构建学习环境；此外，还必须关注课程和实践之间的联系，以确保工程领域及其他领域的毕业生具备分析洞察力和学术技能。

（二）课程体系及教学方法

哥本哈根大学本科基本教学语言为丹麦语，在研究生阶段也提供相当数量的英语课程。

哥本哈根大学的学位项目分为 3 个层次。3 年制本科获得学士学位，另外两年获得硕士学位。从哥本哈根大学获得硕士学位后，可以再进行 3 年的研究生学习，从而获得博士学位。学校还设有普通教师资格证书课程，学制 2 年；大学教师资格证书课程学习 7～8 年。国家提供所有经费，并免收学费。教学用语为丹麦语。[①] 对于国际学生，哥本哈根大学每学期提供大量英语课程。对于学习计划的质量保证，哥本哈根大学强调必须符合最严格的高等教育国际标准，质量保证体系基于欧洲高等教育区域质量保证标准和指导方针，以及丹麦认证机构的指导方针。[②]

哥本哈根大学提供以研究为基础的工程教育（Research-based Education）。学校的基本理念是，其终身学术人员应该同时从事研究和教学。通过教师和学生之间的互动在研究和教育之间建立联系，加强研究与教学的融合；通过学生与学术人员更紧密的互动，创造密集的学习环境。哥本哈根大学工程教育的出发点，是在整个大学发展创新和循证教学。学校不断优化具有挑战性的学习环境，为教职工和学生之间的正式和非正式会议提供更多空间；为所有学术团体提供强有力的框架，以研究为基础，并公开认可优秀的教学；进一步发展学生参与研究活动的模式，并使其成为项目的信用承载要素；加强和协调大学的倡议，以进一步加强教育实践，并分享新的循证教学方法，包括反馈、辅导等。

在研究型教学的基础上，哥本哈根大学的工程教育要求必须让学生有机会应对实践挑战，必须允许他们在接受教育期间，在实践中应用专业知识和技能，如通过案例研究、方案研究来进行实践。这是发展学生的学术专业知识和跨学科技能的重要组成部分，将使学生把基于研究的学术知识，转化为解决具体的、复杂的社会问题的能力得到加强。[③]

---

① http://school.liuxue360.com/dk/ku/.

② https://www.huane.net/school/232.

③ University of Copenhagen. Talent and collaboration: STRATEGY 2023.

总结与展望

一、总结

丹麦对工程教育与国家创新发展非常重视。工程教育规模虽小但是体现出很强的发展势头。尽管高等院校数量较少，但工程教育各具特色，特别是奥尔堡大学的 PBL 模式、丹麦技术大学和哥本哈根大学的研究性学习模式，强调大学教学与科学研究和产业发展的互动关系，这些理念和做法都比较深入地渗透到工程教育的课程体系和教学方法中。丹麦技术大学、奥尔堡大学等院校也成为著名的工程教育学府，不断为丹麦乃至全世界输送工程人才。

丹麦工程教育的启示主要有以下几点：

第一，回应产业发展需求开展深度产教合作。丹麦大学的工程教育非常重视回应国家产业结构调整和劳动力市场的人才需求。丹麦的几所高水平大学都与产业界建立了密切和有效的合作机制，一方面面向产业需求开展基础和应用研究；另一方面向产业界输送高质量工程人才。丹麦大学以及大学学院的工程教育体系，为不同职业发展定位的学生提供了差异化的学位项目和课程，体现了较强的应用导向。

第二，跨学科工程教育是大势所趋。例如，丹麦技术大学通过将新兴技术培养项目与传统学科锚定，为跨学科人才培养奠定了基础；奥尔堡大学通过问题和项目，使工程学习天然具备跨学科性。

第三，注重通过研究性学习培养工科学生的创新能力。例如，丹麦技术大学、哥本哈根大学都非常强调以研究为基础的学习，将科学研究与工程教育紧密结合起来；奥尔堡大学 PBL 模式注重培养学生解决实际工程问题的能力，等等。

二、展望

培养卓越工程师不仅需要提供必备的知识基础，还要借助科学研究和企业合作资源，为学生提供高质量的工程训练，使他们能够在毕业后真正解决工程创新中的问题。丹麦的工程教育一直保持了持续的探索和创新，在培养理念、课程体系、教学方法和产学研合作机制等方面特色鲜明，值得参考和借鉴。

创新是丹麦工程教育始终追求的目标。为应对新一轮工业革命和可持续发展目标挑战，丹麦的工程教育更加重视以 PBL 为特色的研究性学习和产学研合作模式创新，提高学生创新能力，为丹麦和世界输送更多、更优秀的工程人才。

执笔人：李曼丽　乔伟峰　杨艺冰　党漾

第七章

瑞　典

工程教育发展概况

一、基本国情

瑞典是一个人口稀少的国家，拥有漫长的海岸线、广阔的森林和大量的湖泊。它是世界上最北端的国家之一。就陆地面积而言，瑞典与西班牙、泰国或美国的加利福尼亚州相当[①]。2021 年，瑞典的国内生产总值为 47 900 亿瑞典克朗，折合为 4 600 亿欧元，是欧盟最高之一，相当于人均国内生产总值 47 万瑞典克朗，折合为 45 000 欧元[②]。瑞典 2019 年主要经济指标：国内生产总值约 5 376 亿美元；人均国内生产总值约 5.19 万美元。经济增长率 –2.8%。通货膨胀率（CPI）约 0.5%。失业率约 8.45%。

2020 年，瑞典在校生共计 89.2 万人，其中高中在校生 39.5 万人。全国有各类高校 49 所（其中综合性大学 7 所，艺术类院校 9 所），其中乌普萨拉大学（Uppsala University）距今已有 500 多年历史。高校在校学生 41 万人，教师 15 万人。瑞典文化生活丰富，产业发达，有各类博物馆 241 个，各类专业图书馆 389 个[③]。

二、工程教育发展

多年来，瑞典被公认为世界上最具竞争力和全球化程度最高的经济体之一，拥有现代、开放和以商业为导向的国际营商环境。在世界银行发布的《2020 营商环境报告》中，瑞典在全球 190 个经济体营商环境排名中位列第 10，在获得电力、登记财产、跨境贸易和办理破产等衡量营商环境便利度的分项领域表现尤其突出[④]。美国彭博社发布了 2020 年度"彭博创新指数"（Bloomberg Innovation Index），该指数从研发强度、生产力、高新技术密度、研究人员集中程度、制造能力、高等教育指标和专利情况 7 个方面进行综合评估，其中排名前 10 的国家分别是德国、韩国、新加坡、瑞士、瑞典、以色列、芬兰、丹麦、美国、法国。

---

① Sweden (http://facts.sweden.cn/government/sweden-an-overview/).

② Sweden (http://facts.sweden.cn/quick-facts/economy/).

③ 对外投资合作国别（地区）指南瑞典 2020 年版，http://www.mofcom.gov.cn/dl/gbdqzn/upload/ruidian.pdf.

④ 新华社 (http://www.xinhuanet.com/world/2019-12/05/c_1125311556.htm)。

按人均来算，瑞典首都斯德哥尔摩，是全球孵化"独角兽"企业最多的城市；按地区算，其地位仅次于美国硅谷。这也是斯德哥尔摩常被称为"世界独角兽之都"的原因之一。

早在 19 世纪 70 年代，瑞典就拥有如爱立信（电信系统）和阿特拉斯·科普柯（工业设备）这样的工业跨国公司。在工程教育理念上，瑞典高校以开创性的 CDIO 模式闻名。CDIO 是美国麻省理工学院和瑞典皇家工学院等四所高校共同研发创立的创新工程教育架构，包含"构思—设计—实施—运行"（Conceive、Design、Implement、Operate）四个环节，以产品（或项目）的整个生命周期为载体，为学生提供理论知识与实践应用相结合的教学情境①。其核心思想是"做中学"的教育理念和"基于项目学习"的教学方法，将产业界对于工程理论与工程真实工作环境中所需的相关知识，融入相关课程改革。瑞典国家高教署于2005 年开始采用 CDIO 标准对工程学位进行评估，瑞典多所大学也纷纷建立了与 CDIO 标准相适应的课程架构。

教育和研究一直是瑞典高校的两大使命。瑞典的工程教育于 19 世纪初开始形成，并在国家工业化进程中进一步发展，工业和工程专业实践建立了的紧密联系。在 20 世纪上半叶，受德国强调高等教育研究与教学之间牢固联系理念的启发，学术研究也成为瑞典工程教育院校学术人员的任务，因此工程教育中的研究与教学的联系增加了②。其他欧洲国家和美国也出现类似的学术化进程。因此，专业实践和研究的联系，是瑞典工程教育的重要组成部分，尽管瑞典各高校对此的重视程度不同。

瑞典的大学在 20 世纪中期后急速扩张，70 年代瑞典的大学被要求响应社会需求与解决社会问题，因而瑞典开始将政治与社会因素纳入其办学策略中，并进一步转变其发展方向。20 世纪 80 年代末期，瑞典政府积极推动大学与产业的合作计划，允许大学接受企业的研究经费资助，大学的研发成果也因此与产业需求配合，快速地在产业、学术界传播扩散。1993 年瑞典进行高等教育改革，降低中央政府对大学的控制，将去中心化观念导入了政策制定中，并加强对机构与产出的控制的需求；同时，大学也开始响应当地社区的需求。

---

① CRAWLEY E, MALMQVIST J, OSTLUND S, et al. Rethinking engineering education [J]. The CDIO approach, 2007, 302 (2): 60–62; CRAWLEY E F, MALMQVIST J, ÖSTLUND S, et al. The CDIO Appro ach [M/OL]// CRAWLEY E F, MALMQVIST J, ÖSTLUND S, et al. Rethinking Engineering Education: The CDIO Approach. Cham: Springer International Publishing, 2014: 11–45 [2022-09-25]. https://doi.org/10.1007/978-3-319-05561-9_2.

② MAGNELL M. Academic staff on connections to professional practice and research in engineering ed ucation: a discourse analysis [J]. European Journal of Engineering Education, 2020: 1–14.

工业与工程教育发展现状

一、工业发展现状

2020 年数据显示，瑞典第一、二、三产业占 GDP 的比例分别为 1.39%、21.11%、66.14%。瑞典工业占 GDP 比例的峰值为 2010 年的 23.75%，谷值为 2020 年的 21.11%，维持在 20% 以上。相比之下，瑞典的服务业比例从 2010 年的 62.83% 显著上升到 2020 年的 66.14%，多年来一直是贡献瑞典国民经济的核心产业[①]。

2020 年，在全球肆虐的新冠疫情影响下，瑞典经济出现衰退。2020 年第三季度以来，瑞典经济复苏态势强劲，各项经济指标传递出积极信号，行业信心提振，瑞政府也多次调高经济预测数据。2021 年 6 月，瑞典统计局（SCB）表示，瑞典经济已大体上恢复至疫情前水平，如图 7–1 所示。国际货币基金组织（IMF）对瑞典长期经济发展的展望持积极态度，预计 2022—2027 年，有望保持持续增长[②]，如图 7–2 所示。

瑞典是世界上重要的新技术研发国家之一，在信息通信、生命科学、清洁能源、环保、汽车等领域研发实力强。瑞典工业发达，主要包括矿业、机械制造业、森林及造纸工业、电力设备、汽车、化工、电信、食品加工等。瑞典也是信息通信产业高度发达的国家，2018 年，瑞典企业 IT 设备及服务开支为 615 亿瑞典克朗。瑞典从事电信产业的企业约 1.7 万家，其中 94% 为 IT 服务业，6% 为电子工业，从业人员 25 万。瑞典出口的电信产品 75% 是通信设备。瑞典生命科技产业在国际上具有重要地位，拥有世界知名大学和研究机构，如卡罗林斯卡医学院（Karolinska Institute）、乌普萨拉大学（Uppsala University）、皇家理工学院（KTH）等。

[①] Statista (https://www.statista.com/statistics/375611/sweden-gdp-distribution-across-economic-sectors/).

[②] Statista (https://www.statista.com/statistics/375279/gross-domestic-product-gdp-in-sweden/).

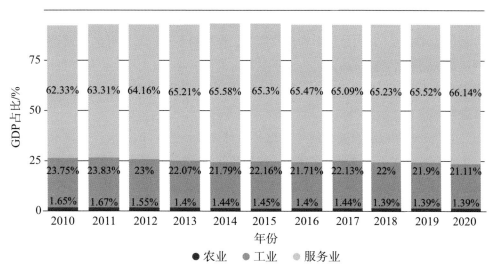

图 7–1 瑞典 2010—2020 年产业结构分布

资料来源: Statista, https://www.statista.com/statistics/375611/sweden-gdp-distribution-across-economic-sectors/.

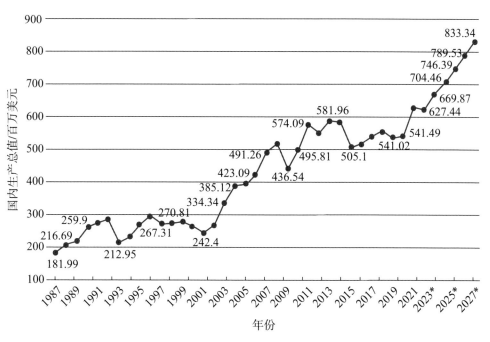

图 7–2 瑞典 1987—2027 年的 GDP 发展轨迹及展望

资料来源: Statista, https://www.statista.com/statistics/375279/gross-domestic-product-gdp-in-sweden/.

瑞典出口产品数量的一半以上是工程技术产品, 其中, 电子和通信设备、机械和交通设备等占有重要地位。2020 年 1—2 月，瑞典机械及交通设备出口占出口总量的 43.2%；其次是化工和橡胶产品、原材料等；汽车以外的交通设备出口增速最快，同比增长 68%。瑞典工业主要为组装工业，很大程度上依赖进口货物，大部分货物进口都是出于工业的需要。机电产品、矿产品和运输设备是瑞典的主要进口商品。[①]

世界知识产权组织发布的《2020 年全球创新指数（GII）报告》显示，在全球 131 个经济体中，瑞典排名第 2，在排名前 25 位领先者中，有 16 个是欧洲国家。[②] 在瑞士洛桑管理学院发布的 2020 年全球竞争力报告中，瑞典排名第 6 位，较去年上升 3 位。[③]

瑞典的人口增长缓慢，且增速逐年放缓，2015—2020 年年均增长率约为 1.1%；男女比接近 1∶1，且长期稳定，如图 7–3 所示。

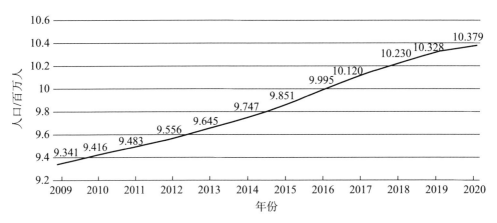

图 7–3　瑞典 2009—2020 人口变化

资料来源：Ceicdata, https://www.ceicdata.com/zh-hans/indicator/sweden/population.

二、高等教育体系

1998 年，瑞典的高等教育毛入学率达到 51.97%（1997 年为 49.64%），突破 50%，迈向高等教育普及化的阶段。截至 2019 年，瑞典高等教育毛入学率已达 77.33%，居于世界前列，如图 7–4 所示。

---

① 对外投资合作国别（地区）指南瑞典 2020 年版，http://www.mofcom.gov.cn/dl/gbdqzn/upload/ruidian.pdf.

② WIPO (https://www.wipo.int/edocs/pubdocs/en/wipo_pub_gii_2020.pdf).

③ IMD (https://www.imd.org/wcc/world-competitiveness-center-rankings/world-competitiveness-ranking-2020/).

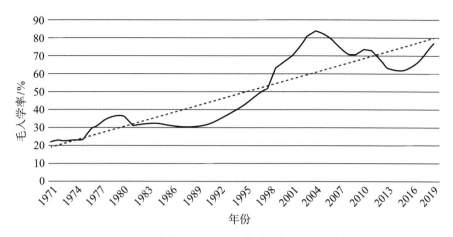

图 7-4 瑞典 1971—2019 年高等教育毛入学率

资料来源：世界银行，https://data.worldbank.org.cn/indicator/SE.TER.ENRR?contextual=default&end=2019&locations=SE&start=1971&view=chart.

瑞典高等教育多年来秉持和推广终身学习的理念，成年人为不断提高职业胜任力，通过在职培训、进修等方式学习、增长工作经验，入读全日制研究生课程的学生并不鲜见。由此可见，各年龄段的高校学生均有一定比例的分布。2019年瑞典高校共有在读学生 357 729 名，其中 30 岁以上的学生 112 720 名，占比 31.5%，其中 55 岁及以上的学生达 7 864 名，占比 2%，如图 7-5 所示。

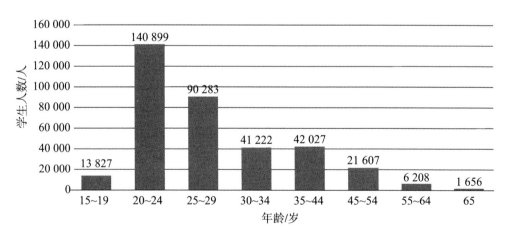

图 7-5 2019 年瑞典高校学生年龄段分布

资料来源：Statista，https://www.statista.com/statistics/532396/sweden-participation-in-higher-education-by-age-group/.

此外，瑞典高等教育多年来致力于性别平等，尤其是鼓励女性参与到高等教育中。如图7–6所示，自2010年以来的10年里，在瑞典高校的博士研究生中，女性占比始终在47%或以上，并于2020年达峰值的50%。

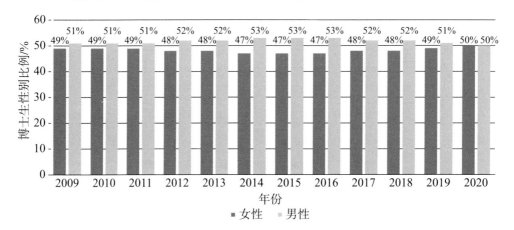

图 7–6 瑞典高校博士研究生性别比（2010—2020 年）

资料来源：Statista，https://www.statista.com/statistics/549782/sweden-number-of-doctoral-students/.

从高等教育的质量来看，瑞典也走在世界前列。在2019年的国家高等教育系统排名（U21）报告中，瑞典高等教育总体排名第5，资源排名第5，环境排名第14，连通性排名第8，产出排名第6。瑞典政府支出占国内生产总值的比例排名第7（约占总支出的90%），总支出排名第18，研究支出排名第3。学生人均支出排名第5。瑞典的政策环境排名最低，其制度自主性得分仅在中值附近。瑞典在业界参与方面表现良好：合作发表排名第2，知识转移排名第12。瑞典与国际研究人员联合发表的论文排名第6。瑞典在网络连接方面名列前10。在产出方面，瑞典人均出版物排名第4，平均影响力排名第7。瑞典大学的平均质量排名第3。大学毕业生在商业属性方面得分最高，在3个通用技能水平（识字、算术和解决问题）中排名前5。瑞典劳动力的高等教育学历排名第16。按人均计算，瑞典的研究人员数量排名第3。考虑到人均GDP水平，瑞典总体排名第6，其得分远高于预期的收入水平[①]。

值得留意的是，如表7–1所示，尽管瑞典在U21国家高等教育系统的历年排名中都位于前5，但2012—2019年的数据显示，在激烈的国际竞争中，瑞典的

① U21 国家高等教育系统排名报告（https://universitas21.com/what-we-do/u21-rankings/u21-ranking-national-higher-education-systems-2020/comparison-table）。

排名呈下降趋势，瑞典近年的发展势头已经被瑞士（第2）、丹麦（第3）、新加坡（第4）赶上乃至反超。

表7–1　瑞典在U21国家高等教育系统排名（2012—2019年）

年　　份	2012	2013	2014	2015	2016	2017	2018	2019
位次	2	2	2	5	5	5	4	5

三、高等工程教育发展

科学和工程专业毕业生占比，体现了未来可能从事科学工程和技术职业的人员比例。如表7–2所示，2018—2019年，瑞典工科学生在本科生中占比9%左右，在硕士研究生中占比25%～27%。如图7–7所示，在2020年瑞典高校的17 150名博士研究生中，医药及健康医学、自然科学、工程技术和农业科学占比达77%，全国超过四分之三的博士研究生从事理工科学习和研究。值得留意的是，女博士研究生在医药及健康医学和农业科学两个理工科领域的人数均超过了男博士研究生。不过，有研究指出，与经济体实力和规模接近的其他北欧国家如挪威、丹麦和芬兰相比，自2000年以来，瑞典的科学和工程专业毕业生占比呈现负增长趋势[①]，如图7–8所示。瑞典共49所高等院校，近一半的院校开设工程学科相关的专业。

表7–2　瑞典工程学科学生占比

年　　份	2016	2017	2018	2019
本科毕业人数	56 818	53 957	25 394	25 340
在总毕业人数中占比 /%	74.72	74.16	57.40	57.17
本科工程科学人数	12 175*	11 399	2 357#	2 150#
工程科学本科生占比 /%	21.43	21.13	9.28	8.47
硕士毕业人数	16 234	15 959	16 056	16 260
总毕业人数中占比 /%	21.35	21.94	36.29	36.64
硕士工程科学人数			4 082	4 480
工程科学人数硕士生中占比 /%			25.42	27.55

资料来源：瑞典高等教育报告2016—2020年版
* 表示数据分类为technology；# 表示数据分类为science in engineering

[①] 王乾，严利，刘家琰，等. 典型创新国家创新人才培育评价指标及比较分析 [J]. 创新人才教育，2019（4）：14.

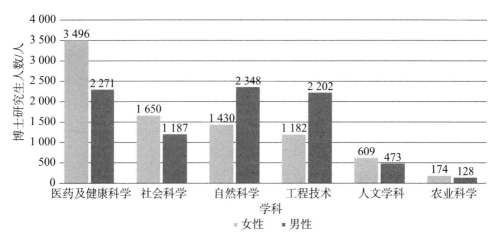

图 7–7　2020 年瑞典高校博士研究学科及性别分布

资料来源：Statista，https://www.statista.com/statistics/549782/sweden-number-of-doctoral-students/.

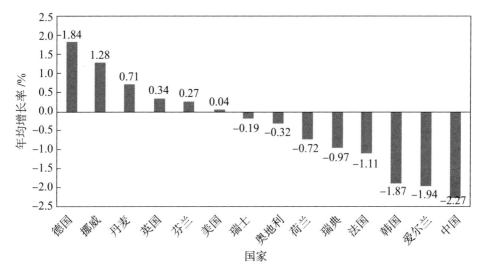

图 7–8　各国科学和工程专业毕业生占比年均增长率

资料来源：王乾，严利，刘家琰，等.典型创新国家创新人才培育评价指标及比较分析 [J].
创新人才教育，2019（4）：65–78.

第三节

工程教育与人才培养

一、信息科技人才计划促就业

瑞典是高度工业化的市场经济体，非常重视科技发展和技术革新，以科技推动发展。瑞典对于高新技术领域的人才培养尤为重视，自1992年开始，瑞典各大学开始设立不同的信息教育课程供学生选修，信息技术的相关学科也在20世纪90年代后期持续增加，借以培养信息科技发展所需的专业人才。事实上，即便1999年瑞典信息技术领域的研究生已经比1977年增长了325%，但瑞典企业仍旧出现信息科技人才供不应求的现象。

21世纪初，瑞典政府推出"校园信息技术计划"（IT Programme for Schools），旨在支持大学增设信息技术相关院系，培养优秀信息科技人才。其中，以查尔姆斯理工大学与哥德堡大学共同出资1 000亿瑞典克朗，于西斯塔（Kista）科学园区设立的信息科技大学（IT University）最为出名。信息科技大学除了主要以通信技术研发、提供Kista科学园发展所需的产学合作机会，更希望培育大量素质佳且有良好训练的电机与工程领域研究生，以响应瑞典信息技术产业对于专业资讯科技人才的需求。为使学生毕业后可以快速融入信息技术产业，信息科技大学的学生在学期间参与科学园区内产学合作计划，参与技术研发，毕业后可以直接获聘于合作的企业，节省在职训练的成本与时间。为使学生快速融入职场，学校与13个以信息技术发展为主的科学园区的企业均有密切的合作关系[①]。

二、备战人工智能时代

人工智能是第四次工业革命的主要引领性技术之一。

为了进一步应对新时代信息科技和人工智能对科学研究和社会发展带来的巨大变革，2018年5月，瑞典政府发布人工智能战略《国家人工智能报告》，该报告指出了瑞典人工智能的大方向，旨在为今后的政策行动和优先事项提供基础。该战略报告帮助政府概述即将采取相应政策举措，通过充分利用人工智能的好处

---

① 陈柔蓁.国家竞争力与产学合作：以芬兰、瑞典、丹麦为例[D].台湾新竹交通大学硕士论文，2008.

来加强瑞典的福利和竞争力。该战略报告建议将重点放在以下优先领域：教育培训、研究、创新和使用、框架和基础设施。在发布该战略之前，瑞典政府创新局（Vinnova）发布了一份的政策报告，概述了瑞典人工智能的机遇和挑战，以及瑞典充分发挥人工智能潜力的能力[①]。

瑞典社会的特点是高度数字化，信息技术基础设施发达。政府及企业相关部门的数字化均已取得长足进步。大多数国民可连接及使用互联网，同时拥有高水平的信息科技素养。以上特点皆为瑞典人工智能研究与应用的强劲发展提供了重要基础。该报告指出，人工智能的研究与应用将是一个重大挑战，当下全球各国均急需此类专业知识，人工智能的应用预计在未来几十年内会急剧增加，严重缺乏人工智能研究与应用的情况将进一步改善。

在技术和信息技术能力方面，瑞典无论是刚毕业的高校学生还是在劳动力市场接受信息技术教育的雇员，都有良好的起点。数字化转型和人工智能的发展将改善研究和个体能力发展的条件。技术发展越来越多地需要通过跨学科，即通过不同技术和能力领域之间的新联系来实现。在这种情况下，研究和教育方面的程序和体制越来越不适合这种发展。

报告指出，瑞典高校在调整其研究和教育重点，以适应人工智能的快速产生和多学科变化方面的能力尚存不足。有许多迹象表明，继续教育必须占教育系统适应商业和社会人工智能要求的大部分。然而，瑞典高校发现，很难开发与工作生活需求直接适应的单独课程，因此，瑞典高校与商业和社会合作，以更快和更好地适应需要。瑞典教育机构的数字化要在基层和高校中发展，要在课程中使用数字技术和人工智能[②]。

三、国内外人才的培养及招揽

瑞典是一些具有全球影响力的成功公司的诞生地，如宜家（IKEA）、爱立信（Ericsson）等。数字经济与企业成功密切相关。瑞典的经济主体主要为大型跨国企业，较少中小企业；面对全球激烈的竞争，瑞典重视发展具有研发能力与技术基础的中小企业来维持其生产力与竞争力，因而"创业"与"创业精神"一直为瑞典关注的焦点议题之一。瑞典政府正在规划从小学到大学整合性的创业教育，

① VINNOVA. Artificial intelligence in Swedish business and society: Analysis of development and potential [R]. Stockholm, Sweden: VINNOVA, 2018.

② GERGILS H. Dynamic Innovation Systems in the Nordic Countries?: A Summary Analysis and Assessment. Denmark, Finland, Iceland, Norway & Sweden [M]. Stockholm, Sweden SNS Förl, 2006.

希望在教育体系中传授与建立创业精神①。除了跨国大公司外，瑞典的创业型企业也走到了世界前列。瑞典有许多孵化器和加速器，培育雄心勃勃的企业家和初露头角的科技创业公司。根据欧洲工商管理学院 2018 年全球城市人才竞争力指数，斯德哥尔摩是全球第二大人才吸引力的城市。

瑞典的职业教育体系比较完备。高中教育有两大类，一类是面向大学的理论型教育，另一类是面向职业培训或就业的职业型教育②。产业工人的职业教育使工人获得了较高的工作技能，适应迅猛的技术变革。在劳资和谐的环境下，资方可以把更多精力投入于企业专利技术的研发，而这一切都得益于瑞典政府提供的社会公共服务功能。为了提高瑞典职业教育的吸引力，瑞典政府主要进行了 3 个方面的努力：第一，允许学校颁发不同的文凭，不再允许入读职业教育的学生自动获得普通高等教育文凭；第二，为了衔接职业教育与普通教育，允许职业教育与培训的学习者仍然可以选修课程以考取大学，获得普通高等教育文凭；第三，通过强制性的企业内部培训，提高职业培训吸引力和企业参与度。

此外，瑞典的技术移民政策也为包容性技术创新带来生机。从全球范围内广纳贤才，并且给予技术移民丰厚的待遇，使得瑞典更加深入地嵌入全球化发展轨道中③。

第四节

工程教育研究与学科建设

一、工程教育模式创新

瑞典未设立专门的工程教育学科，但非常重视教育模式创新，客观上推动了工程教育学的发展。进入 21 世纪以来，瑞典工程院校始终围绕其参与开创的

---

① GERGILS H. Dynamic Innovation Systems in the Nordic Countries?: A Summary Analysis and Assessment. Denmark, Finland, Iceland, Norway & Sweden [M]. Stockholm, Sweden SNS Förl., 2006.

② 杨娟，夏川苗，张正仁. 瑞典高中新课程研究 [J]. 外国中小学教育，2017（1）：6.

③ 李佳. 美国、瑞典技术发展实践对我国实现"中国制造 2025"的启示 [J]. 现代管理科学，2016（11）：54–56.

CDIO 模式，对相关工程项目进行顶层设计。课程规划强调创造力、设计与企业家精神，以增加动手做的学习、强化问题形塑与问题解决能力、加强概念学习以及学习反馈机制等多学科训练，将课堂所学与真实的工程工作现场链接，响应真实工程工作环境中的复杂性①。

瑞典工程教育的 CDIO 模式，先后经历过 3 个版本的迭代。2004 年，CDIO 第 1 版出台，包括了 1 个愿景、1 个大纲和 12 条标准，包含工程师必备的工程基础知识、个人能力、人机团队能力和整个 CDIO 的全过程能力。2012 年更新的 CDIO 第 2 版，相较第 1 版，体系更加完善，覆盖面更广，强调更广泛的学科知识、工具运用能力、领导力、道德和责任感、环境意识和系统观念。整体而言，CDIO 2.0 更加注重工程师的社会属性，强调在学习专业学科知识后，能够有效地、正确地运用知识。自 2017 年的正式版本中，强调了工程教育在 CDIO 模式下面临的可持续发展的挑战，以及数 CDIO 3.0 化带来的技术机遇②。

CDIO 模式回应了自 20 世纪 80 年代以来"科学理论型"工程师和"实践型"工程师孰轻孰重的争辩。当时，国际工程教育界通常会批评，工程教育总是提供理论教学，给数学、科学、技术学科以优先地位，而不重视实践、设计、团队工作和沟通交流。这体现了工程教育中一直存在的矛盾：把工程师培养成熟练掌握专业知识和能力的专才还是专业能力优秀、人际沟通能力卓越的通才。CDIO 模式综合思考上述各种挑战，希望培养全面发展的工程师，希望未来的工程师能够理解，在一个现代的、团队合作的环境中如何设计增值型产品、熟悉如何生产、制作该产品的整个流程和系统。在具体教学层面，课程主要聚焦三大板块：①深入理解技术的基础知识；②提出新产品的设计创意、加工制作流程；③理解该产品的开发生产对研究以及对人类社会重要影响。相关学者指出，CDIO 的优越性，首先，体现在工程教育中工程专业知识与数学、自然科学的关系问题处理上，始终强调对数学和自然科学基础的重视③；其次，体现在工程实践环境上，突出工程专业学生的知识和能力、人际交往及沟通能力、产品生产制造过程和系统建构技能等，必须在真实的工程实践中得到锻炼和培养；最后，针对课堂教学，强调不能忽视课堂讲授前的专心准备。

---

① 耿乐乐. 发达国家产学研协同育人模式及启示——基于德国、日本、瑞典三国的分析 [J]. 中国高校科技，2020（9）: 5.

② MALMQVIST J, EDSTRÖM K, ROSÉN A. CDIO Standards 3.0–Updates to the Core CDIO Standards [C]//16th International CDIO Conference: 1. Gothenburg, Sweden. 2020: 60–76.

③ 李曼丽. 用历史解读 CDIO 及其应用前景 [J]. 清华大学教育研究，2008，29（5）: 78–87.

二、创新创业的工程化

在 CDIO 模式基础上，瑞典的工程教育始终聚焦于创新性，特别是创新创业的工程化、科学化，这对于发展可持续性的工程体系至关重要。总的来看，瑞典高校讲创新创业工程化，讲创业作为未知的科学领域，不断进行小规模、低成本的试错和纠正，工程教育实验的特色非常明显。比如布京理工学院（Blekinge Institute of Technology）的 BTH Innovation 中心下设商业实验室，肩负创新领域的研究工作，与 BTH 的创业教育进行对接。隆德大学的创业实验室也是如此，任何形式的商业想法都可通过创业实验室进行检验，同时获得办公场地、创业指导和一定量的资金支持。同时，创业实验室具有广阔的社会网络，能够为创业项目提供资金技术支持。

第五节

政府作用：政策与环境

一、中央管理与政府出资

20 世纪中后期，随着网际互联网络的兴起和全球化扩散，瑞典应对国际化与区域经济整合的经济压力和机遇，成功地从劳动密集型经济转向知识技术密集型经济。瑞典高等教育具有更浓厚的中央管理与政府出资色彩，大学课程与科系招生数均需根据政府所做市场需求与预测调查结果调整，因而瑞典高等教育毕业生的失业率远低于其他 OECD 国家，高技能工作者也较低技能工作者容易找到工作。

二、政府—大学—产业—城市互动

自 20 世纪 90 年代中期起，瑞典政府出台了一项法律，规定瑞典高校的"第三使命"（Third Mission）：支持知识应用转化。作为加强大学与产业之间互动的国家政策的一部分，瑞典政府资助了一个区域性的大学技术转移办公室（TTO）

系统，该系统作为各高校联系的纽带，重点关注大学的附带利益（Spin-off）。此外，瑞典国家创新局（Vinnova）为各种大学和行业创新项目提供资金，推动行业合作[1]。每个 TTO 都有一个区域任务，为该地区的几所大学和规模较小的学院提供服务。瑞典高校的 TTO 通常由传统的技术转让办公室、孵化器和高校控制的投资公司组成。大学控股公司的投资基金有限，因此他们经常与投资者合作，包括私人和其他国有投资公司[2]。

整体而言，瑞典高等教育朝着大众化、大学自主、高质量、创新与竞争力等重点方向发展[3]。以斯德哥尔摩大学为例，在政府和社会各界大力资助下，该校的实验室、仪器设备等科研条件堪称世界一流，而且该大学科技合作的国际化程度很高，已成为全球研发和创新网络的重要节点[4]。斯德哥尔摩大学化工专业实验室获得政府资助项目，与大众、沃尔沃等汽车企业合作，开发新一代电池材料，有望将电动汽车续航里程提升数倍，并采用无线充电技术，应用前景广阔。这种深度创新合作有 3 个好处，既可使瑞典保持在新能源产业上的全球竞争力，又可使大学研究人员活跃在相关领域研究前沿，还可培养造就大量适应产业发展需要的专业人才。

同时，瑞典的创新制度也与瑞典产业发展紧密结合。国家创新系统（National Innovation System）是瑞典中央政府、产业、大学与政府所属研究机构、社会独立研究机构为达成共同的经济与社会目标。通过建立与发展相互间的关联性而形成的科技研发、交流与扩散的网络状体系，瑞典国家创新系统分为的 6 个层级[5]。第一层级为由瑞典议会、政府内阁相关部门组成的创新政策制定层；第二层级为创新政策的规划与实施层，由瑞典研究理事会、瑞典国家空间委员会与瑞典国家创新局（VINNOVA）、瑞典能源局、瑞典环境、农业科学和空间计划理事会，以及瑞典官方的各研究基金会组成；第三层级为研发执行层，由大学机构（Universitet）与大学学院（Högskolan）（以下统称为"大学"）、瑞典政府民用研究机构、国际研发机构与社会研发机构组成；第四层级为知识与技术扩散层，包括大学能力中

① ASPLUND C J, BENGTSSON L. Knowledge spillover from Master of Science Theses in Engineering Education in Sweden [J]. European Journal of Engineering Education, 2020, 45 (3): 443–456.

② BENGTSSON L. A comparison of university technology transfer offices' commercialization strategies in the Scandinavian countries [J]. Science and Public Policy, 2017, 44 (4): 565–577.

③ ETZKOWITZ H, KLOFSTEN M. The innovating region: toward a theory of knowledge-based regional development [J]. R&D Management, 2005, 35 (3): 243–255.

④ 贺达水. 北欧国家如何构建国家创新体系 [J]. 国家教育行政学院学报，2016（10）: 4.

⑤ CHAMINADE C, ZABALA J M, TRECCANI A. The Swedish national innovation system and its relevance for the emergence of global innovation networks [J]. CIRCLE Electronic WP series, Paper, 2010 (2010/09).

心、大学技术转移基金、大学衍生企业、大学科技园、区域产业联盟；第五层级是支持企业技术研发的资助层；第六层级是由瑞典专利注册局与瑞典发明者协会组成的关于国家创新系统的规范管理层。瑞典的知识传播、民用研发及商业化活动主要是在第三、四层级，即研发执行、知识与技术扩散这两层展开。

图 7–9 表明，在瑞典，基于大学与产业合作的知识与技术转移是一个非线性过程，信息与能量的双向流动广泛存在，大学、研究人员、产业、政府机构在其间的身份与角色有新的定义。瑞典大学是新知识与技术的主要提供者。瑞典大学经过转型，着力将知识资本化，通过大学控股公司及其衍生企业、科技园，鼓励大学研究人员的知识创新。一项对瑞典隆德大学 529 篇硕士学位论文的研究指出，瑞典高校在硕士研究生培养上非常重视大学与工业界的合作，企业借助产学合作机制，获得员工招聘和技术转移的机会。不同规模的工业企业，在产学合作中获益的方式不同，大公司更受益于早期的相关知识和产品创新；中小企业更受益于后期的产品创新，尤其在原模开发和测试阶段[1]。

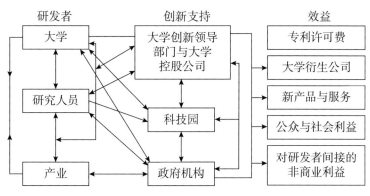

研发者　　　　创新支持　　　　效益

图 7–9　瑞典大学的知识转移与商业化

资料来源：陈立，刘华. 瑞典大学与产业的合作 [J]. 宁波大学学报（教育科学版），2016，38（4）：43.

为了激发初创阶段的企业创新，瑞典政府专门设立了风险资本。2016 年，瑞典国有风险投资公司 Saminvest AB 成立，由总理牵头、政府出资，旨在为早期创新企业提供资金，政府向每一笔投资提供补贴。此方案从提出议案、讨论、国会修改、表决通过，到政府落实投资、成立公司，仅历时 18 个月。

此外，为了对技术转移设置制度保障，瑞典还建立了"创新友好型"的政府

---

① JOHANNESSON C. University strategies for knowledge transfer and commercialisation—An overview based on peer reviews [R]. VINNOVA-Swedish Governmental Agency for Innovation Systems, 2008.

采购制度，从需求侧助推创新，把政府采购作为创造市场需求的重要手段。例如，瑞典《公共采购法》针对创业公司资金实力弱、营运时间短、业绩少等状况，允许其提出满足采购合同指标的新解决方案，允许用融资计划等文件代替银行担保来证明其经济能力，允许用公司部分核心员工此前的工作经验代替公司业绩来证明其专业实力，允许数个中小企业组团联合投标，为中小企业参与政府采购标扫清障碍[1]。

功能型政府采购是提出需要而非产品规格的采购方式。政府不指定具体产品，而是通过提出待解决的问题或需要的功能来实施采购。例如，政府要改善城市路灯系统，写标书不是提出需要何种亮度的灯泡、何种规格的摄像头或何种功能的天线系统，而是提出对街道亮度的要求、实时监控交通和公共安全的具体需要、实现无线管理各类城市服务的需要等，调动市场主体的创造力满足采购需要。

瑞典政府采购由专职机构落实，有功能型采购的特点：将政府采购作为促进创新和发展的政策工具；提出功能要求而非产品要求，激发潜在供应商的创造力和创新能力；通过需求侧变革激发活力，在创新能力层面创造中小型企业与大型企业同台竞争的机会；规定政府采购括标意见书须强调功能性要求，而非具体产品和服务要求；规定其他政府部门须辅助支持首创精神、配合采购机构的功能型采购行为。

三、多方协作的产业创新集群

据瑞典贸易与投资委员会资料，近年来，瑞典尤其重视私立部门与大学和科研机构的密切合作，产生协同效应，带来多赢效果。外国投资者可以通过多种方式从瑞典受益，特别是在清洁技术、生命科学和材料以及汽车行业等领域。此外，瑞典政府支持企业实行"走出去"发展策略，尤其强调高新技术企业（比如，萨博公司、沃尔沃公司、伊莱克斯公司）走出国门[2]。瑞典跨国公司的主营业务涉及各个方面，在国防、航空、汽车等领域均属领先。

瑞典的科学园区紧邻大学或国家研究所，系由大型企业创立经营。瑞典的科学园区具有人才培养中心的功能。为使大学所培养的信息科技人才快速融入产业中，瑞典13个以信息科技发展为主的科学园区均有合作的大学，使学生在就学

---

① 贺达水. 北欧国家如何构建国家创新体系 [J]. 国家教育行政学院学报，2016（10）：4.

② 李佳. 美国、瑞典技术发展实践对我国实现"中国制造2025"的启示 [J]. 现代管理科学，2016（11）：54–56.

期间可以参与合作研究、共同开发新技术，毕业后即可进入合作的公司任职①。例如，瑞典约有 800 家企业从事生命科学产业，共有雇员 4 万人左右，大部分从事研发和市场工作。还有大量专业咨询和分包公司，形成了完整的产业环境。斯德哥尔摩—乌普萨拉地区是瑞典生命科学三大产业带之一，处于欧洲领先水平，其产业带内拥有世界知名大学和研究机构，如卡罗林斯卡医学院（Karolinska Institute）、乌普萨拉大学（Uppsala University）、皇家理工学院（KTH）等。该地区聚集了瑞典 58% 的生命科学企业，如法玛西亚（Pharmacia，已与辉瑞合作）、阿斯利康（Astra Zeneca）、通用医疗（GE Healthcare）等知名跨国公司。

除了斯德哥尔摩外，瑞典还有一个创新集群典型城市——西斯塔。西斯塔位于斯德哥尔摩的西北部，处在斯德哥尔摩大都市区的中心位置，离市中心和阿兰达（Arlanda）国际机场仅有 15 分钟车程，同时有接近金融服务业集群和乌普萨拉大学城的优势。西斯塔科学城（Kista Science City）是西斯塔科学园（Kista Science Park）结构调整和功能提升的结果，于 2005 年被美国《连线》杂志评为全球第二个最有影响力的高科技中心，其地位仅次于美国硅谷②。西斯塔科学城长期坚持由大学、企业和政府共同构建的创新支持方式，形成了三螺旋的模式。彼此之间的协作关系主要包括：大学与企业紧密联系，使大学科研精准对接市场需求，还使企业原创技术研究可在大学顺利开展；大学研究生到企业任职，直接参与技术研发，企业管理人员亦可到大学讲课交流；企业还为学生提供充足的假期实习岗位，并作为学生在企业就职的一项重要前置条件。

第六节

工程教育认证与工程师制度

一、终身教育理念下的工程教育

自 20 世纪 30 年代经济大萧条后，瑞典政府开始注重社会保障制度的建设，

---

① 陈柔蓁. 国家竞争力与产学合作：以芬兰、瑞典、丹麦为例 [D]. 台湾新竹交通大学硕士论文，2008.

② 秦岩，杜德斌，代志鹏. 从科学园到科学城：瑞典西斯塔 ICT 产业集群的演进及其功能提升 [J]. 科技进步与对策，2008（5）：72–75.

成人受教育机会远高于其他国家，向公民提供免费的受教育机会和终身学习机会。

瑞典的成人教育非常发达，可以划分为四种类型：其一为正规成人教育，主要由市立成人教育学校、全国性成人教育学校承担；其二为成人职业教育，如劳动力市场培训、组织雇员培训、公共和私立单位的职工培训等；其三为广播、电视、函授等远程教育；其四为非正规教育，如学习圈、民众中学等。

四种类型成人教育互为补充，构成瑞典世界领先的成人教育体系。其中值得注意的是，非正规教育（Folkbildning）在瑞典成人教育中的作用远远超过了正规成人教育。非正规教育没有明确的学习计划，但含有重要的学习要素，形式灵活多样、紧密贴近民众生活，其非功利性亦使其成为瑞典终身教育的典范[1]。瑞典非正规教育是民众中学和以课程、学习圈及文化活动为主要形式的统称，至今已有 100 多年的发展历史，其创建旨在为受教育水平较低或者未接受过高等教育的民众提供自由参与学习的机会。

正是在这样的全民终身学习的社会氛围和制度支持下，瑞典的工程教育供给也呈现了灵活及多元化的特征，主要有四大主体[2]。

（1）成人高中（Komvux）：没有中学学历的成年人，包括最近移民的人，或者中学肄业者，可以参加成人教育。

（2）大学（University）：大学教育含学位项目（Programs）和课程（course）两种。所有的学习都是免费的。尽管每一门课程均是瑞典高等教育的基本组成部分，但多年来，这些课程越来越多地被安排在学位项目中。瑞典高等教育机构为学生提供多元化入学方案，为那些满足具体要求的人提供多种选择，以工程学和自然科学为目标的基础年（Foundation Year）课程是目前最常见的。

（3）大学 + 合同制教育（University，Contract Education）：瑞典高等教育机构可以在有权授予专业资格的学科范畴内，向私人或公共组织提供合同制教育（Uppdragsutbildning）。合同制教育的目的可以是面向组织培训雇员，也可以面向更广泛的劳动力市场。瑞典高等教育机构收取的费用主要由公司和组织承担，而不是个人承担。如果合同制教育采用与普通高等教育相同的学术标准，则可以获得 ECTS 学分。

（4）高等职业教育：高等职业教育方案旨在应对劳动力市场的实际需求，并与雇主和行业密切合作，重点是劳动力的再培训。瑞典的工程师可以申请这些课

---

① 孙玲，和震. 瑞典非正规教育模式探析 [J]. 职教论坛，2017（7）：5.

② Association of Nordic Engineers (https://ida.dk/media/3814/report-ane-cvt.pdf).

程。教育提供者是大学、地方当局或私人培训公司等机构，大多数课程培养在工作环境中可以使用的技能。

二、持续进修教育的资助模式

整体而言，瑞典高校的所有课程向社会开放，即任何社会人员支付了课程费用后，都有权注册课程。同时，社会人员参与学习带来工作经验，对未出校门的工程学科的学生是难得的学习工程实践经验的机会[1]。蓝领工人和白领雇员在接受资助参加继续教育或专业发展方面没有严格区别。大学学历项目或课程的录取取决于个人的资质。唯一的例外是政府发起的临时项目（Government Initiated Temporary Projects），这些项目可以侧重于提高专业人员的能力，例如帮助提高教师群体技能。工程师是该临时项目的重要目标群体。

此外，瑞典国民可以申请学生助学金和贷款（Studiemedel）在大学或职业学院学习，根据瑞典工程师协会和雇主之间的集体协议（Collective Agreement），职业持续发展非常重要，是雇主和雇员的共同责任。同时，员工学习与其当前角色和工作相关的新技能雇主有责任支付进修费用。此外，瑞典工程师协会为正式会员提供失业救助基金。

三、工程师认证与学位教育的衔接关系

（一）欧洲工程师认证体系

基于对工程师形成所需经历的工程教育、资格认证、资格保持 3 个阶段的共识，世界范围内逐渐形成了工程教育和工程师资格的多边互认体系[2]。国际性工程师互认工作最早由《华盛顿协议》成员在 1995 年提出，历经 20 多年的发展与完善，最终形成了《国际职业工程师协议》。该协议为职业工程师的工程能力建立了国际标准框架，授权各正式成员建立并维护国际职业工程师注册名录，致力于推动工程师能力认证标准和质量保障体系形成国际化共识，通过简化其正式成员的工程师认证过程来促进互认。截至 2021 年年底，该协议共有来自不同国家（地区）的 16 个正式成员和 3 个预备成员。

---

① 张丽娟，李钒. 瑞典高等工程教育的启示 [J]. 山东化工，2018，47（23）：166–167.

② 张鸣天，郝胤博，方四平. 工程师多边互认体系及对我国工程师国际流动的思考 [J]. 科技管理研究，2022，42（6）：229–235.

为了更好地促进工程师流动，欧洲工程师认证体系也于 2004 年建立。2006 年，在欧盟 Tempus 计划的支持下，欧洲工程认证联盟 ENAEE 正式启动欧洲工程教育质量认证体系 EUR-ACE Accord，建立了以欧洲共同标准为基础的工程教育质量保证体系，对工程教育本科和硕士学位项目进行统一认证。经过 EUR-ACE 认证的学校项目的毕业生被认为符合欧洲工程师（EIR-ING）头衔的教育要求。

欧洲工程师 EIR-ING 由欧洲工程教育学会联盟（European Federation of National Engineering Associations，FEANI）授权实施，现有超过 32 个欧盟国家及欧洲其他国家加入该计划。FEANI 定义了"欧洲工程师"称谓，并建立了注册名录，旨在减少工程师进入其他国家（地区）参加工程职业所面临的贸易壁垒。要获得欧洲工程师头衔，需要在科学知识、专业技能、安全环境意识、社会责任心及沟通交流等方面有一定的竞争力，并且包括攻读工程学位在内至少有 7 年工程实践经验。认证由国家工程协会同行评审程序通过。截至 2018 年 9 月，已有约 33 700 名欧洲工程师被列入注册名录。欧盟委员会在提交给欧洲议会的一份声明中认为，欧洲工程师及其注册名录是 FEANI 成员组织认可国家文凭的宝贵工具，在一定程度上也促进了欧洲工程服务贸易的繁荣发展。

自 1999 年欧洲 30 个国家的教育部长共同推动博洛尼亚进程以来，欧洲高等教育的共同框架逐步确立，一定程度上促进了欧洲工程师的流动性和国际竞争力[①]。参加欧洲标准基础上的工程教育认证，对于瑞典的工程毕业生申请欧洲其他国家的职业岗位很有帮助。

（二）瑞典工程师体系

瑞典工程师协会（The Swedish Association of Graduate Engineers）是瑞典最大的注册工程师网络，拥有 156 500 名会员，其使命为：①加强认证工程师的竞争力，为成员提供个人支持，并在劳动力市场上代表他们发声；②提高工程师研究生课程的质量；③促进技术进步，并且帮助认证工程师的事业繁荣发展。瑞典工程师协会在保障会员权益上发挥了重要作用。

瑞典工程师协会的正式会员资格（Standard Membership）主要面向有工程学（Engineering）硕士学位或者至少 180 学分的工程学学士学位的申请者。此外，

---

① FROYD J E, LOHMANN J R, JOHRI A, et al. Chronological and ontological development of engineering education as a field of scientific inquiry [M]//Cambridge Handbook of Engineering Education Research: 326. Cambridge University Press, 2014: 3–26.

还有三类申请者符合会员申请资格：获得技术（Technology）学士学位或硕士学位；已经在工程学硕士学位课程中获得至少165个学分的人员；获得自然科学及技术学学士乃至更高学位人员[1]。受到新冠疫情的影响，全球经济都受到严重冲击，瑞典工程师协会努力推动《协议2020》，强调雇主应该给予协会的认证工程师3%幅度的加薪。此外，该协会还为注册工程师提供收入保险，注册工程师在失业的情况下，可以在150天内获得最高为80%原薪酬的失业保障。

为了培养瑞典未来工程界的生力军，除了正式会员外，瑞典工程师协会还以低廉的会费鼓励瑞典高校中具备上述学科背景的、修读课程包含至少180个学分的在读大学生加入该组织，成为学生会员（Student Membership）。学生会员在获得学位的确认书后，会员资格会自动转为正式会员。值得留意的是，瑞典工程师协会对设计非常重视，除了传统的土木工程、电气工程和交通工程等传统工程专业外，还把设计学的本科和硕士学位纳入资格认证。

（三）瑞典工程师的持续进修需求

北欧工程师协会（Association of Nordic Engineers）于2018年在瑞典、丹麦、挪威和冰岛四国进行了一项工程师调查[2]，结果如下。

（1）持续进修需求普遍。根据调查结果，在过去12个月里，北欧工程师中有91%参加过某种形式的专业发展活动，超过60%参加了其雇主提供的进修课程，近二分之一受访者（瑞典62%）通过自学。超过60%的瑞典受访者在在职培训中向同事学习。

（2）新技能是更高薪资的推动力。该调查指出，受访者参加进修课程的主要动机是获得当前工作所需的新知识和新技能，以及获得更高工资的可能性。超过60%的人认为，进修是为了满足未来劳动力市场的需求，对相关课程的需求越来越大。在丹麦，这一比例为61%，其次是瑞典（65%）、挪威（71%）和冰岛（74%）。在冰岛、瑞典和挪威，大约50%的人需要持续进修课程来管理目前的工作，在丹麦只有33%。

调查报告还倡议，雇员的职业发展需要在更具战略性的层面上进行，建议雇主必须制定长期的职业发展战略，有必要在雇主和雇员对话的基础上，在工作场所实施长期战略和具体的持续专业进修计划。

---

[1] The Swedish Association of Graduate Engineers (https://www.sverigesingenjorer.se/).

[2] Association of Nordic Engineers (https://nordicengineers.org/lifelong-learning/) (https://ida.dk/media/3814/report-ane-cvt.pdf).

（3）高校应提供更多持续进修课程。调查数据显示，丹麦、挪威和瑞典仅有不到 12% 的受访工程师参加了北欧高校提供的持续进修课程。该调查建议，应该支持高等教育机构提供高质量 STEM 课程给有持续进修需求的工程师。该调查进一步发现，雇主的支持力度是导致差距的重要原因。

数据表明，在瑞典、丹麦和挪威，愿意提供资助的雇主比例约 75%，而冰岛的比例则高达 88%。冰岛政府提供了"国家产品开发基金"，劳动力市场上的每个人都可以获得这些基金，包括具有大学学位的专业人员。如前所述，瑞典还较为缺乏此类专项基金。

第七节

特色及案例

一、查尔姆斯理工大学 Tracks 模式

查尔姆斯理工大学（Chalmers University of Technology，Chalmers 或 CTH）位于瑞典哥德堡，成立于 1829 年，是一所以工程技术、自然科学和建筑学的教育与研究为主旨的欧洲高水平理工院校。查尔姆斯理工大学为瑞典唯一的私立理工大学，为瑞典输送了近四成的工程师与建筑师。在瑞典公众对瑞典大学的信任度评估中，自 2012 年以来，查尔姆斯理工大学连续 8 年获得最高声誉。在 2020 年 QS 世界大学就业竞争力排行榜中，查尔姆斯理工大学位列北欧第 2 位，世界第 81 位；在 2020 年 QS 世界大学排名位列北欧第 8 位，世界第 125 位。

查尔姆斯理工大学与爱立信、萨博、ABB、沃尔沃、CEVT、SKF 等跨国大企业的紧密合作，并为企业培养了众多优秀人才。在 2011 年以毕业生担任世界 500 强 CEO 的数量的衡量指标的排名中，其位列欧洲第 16 位，世界第 38 位。其创新创业孵化器 Chalmers Ventures 获评 2020 年 UBI 世界前 10 位大学企业孵化器，列北欧第 1 位。2020 年 5 月，其连续第 4 年荣获瑞典研究与高等教育国际合作基金会（Stint）颁发的国际化指数最高奖。

查尔姆斯理工大学提供全面的技术和科学教育，覆盖从学士学位到硕士和博

士学位。查尔姆斯理工大学在官网中强调了三大培养理念：首先，重视学生在校园就读的时光（When You Study at Chalmers），学生应学会独立思考，并运用工程方法来应对未来的挑战。查尔姆斯理工大学鼓励学生的创造力，并相信自由思考的重要性，让学生真正检验自己的想法。其次，强调开放性（Openness）。查尔姆斯理工大学致力于促进学生和教师之间的开放和合作，追求一个非正式的氛围，一个非等级结构。将可持续性、创业精神和平等作为大学一切工作的基础。最后，通过以项目为基础的作业（project-based assignments），查尔姆斯理工大学为学生提供实际的、协作的学习体验，着重于应用理论知识解决当前和未来的问题。查尔姆斯理工大学通过与许多相关工业和社会合作伙伴建立良好的联系，确保其研究和教育始终与现实世界的挑战和应用紧密相连。

查尔姆斯理工大学作为瑞典的第二大工科高校，创业教育是其工程教育的最大亮点。在创建之初，校方只是将创业教育作为极小规模的试验教学，起初是为了将实际研究过程中所产生的各种想法商业化，在此过程中也着重加强了对未来企业家的培养。经过后期的不断发展和拓展，该大学形成了一种全新的创业教育模式，每年该校都会从本校的工程、商业及设计 3 个学院中选取大约 23 名本科学生。在经过严格的筛选之后，将会有三分之一的学生参与时限为 1 年的项目研究，在此过程中接受有关创业的教育。所建立的项目强调真正意义上的创新，项目组由 3 人构成，可根据自身研究成果成立全新的企业。与此同时，创业团队还会向参与者提供相应的创业课程，并且根据每个人的实际情况和爱好，经过半年的培训之后，让参与者完成对具体项目和团队的选择。

1. Tracks 模式

从 2019 年 5 月开始，查尔姆斯理工大学实行了新的教育计划，即"Tracks"，致力为学生提供跨学科和个性化的研究。该计划将使学生更好地为解决未来的社会挑战做好准备，如能源供应、运输和更有效地利用资源。具体而言，Tracks 是指学生根据自己的兴趣，在不同课程之间的轨道和常规课程以外的选修课程的轨道之间，选择自己的轨道[①]。该模式有三大目标：学生培养跨学科能力，满足学生对个性化学习计划的期望和需求，以及缩短更改教育课程的准备时间。

Tracks 模式倡导灵活的个性化教育。Tracks 是查尔姆斯理工大学基金会（Chalmers Foundation）为期 10 年的投资，是该校 190 年历史上教育领域最大的

---

① Tracks，查尔姆斯理工大学（https://www.chalmers.se/en/news/Pages/Tracks-prepares-students-for-the-future.aspx）.

投资之一。大部分研究是跨学科的，这意味着研究将跨越教育和学科的界限。这为学生提供了在他们选择的主要领域之外拓宽知识面的好机会。学生的研究主要以项目形式进行，学习计划可以根据新情况进行调整和制定，尤其是在可持续性、运输和基础设施、能源、全球系统和车辆安全等查尔姆斯理工大学拥有尖端研究的领域，帮助学生应对全球性挑战。2019/2020 学年启动第一批主题和项目。将逐步增加更多的主题和项目。

Tracks 模式由挑战驱动的课程和项目（Challenge-driven Courses and Projects）组成，不同学科的学生共同努力理解和 / 或解决复杂的社会挑战，开发、构建、测试和实施新的流程、产品和系统，以获得和发展跨学科能力。这种教育结构将为学生提供更加个性化的学习途径，每个学生借此可以定制自己的教育概况。学生根据兴趣，可以选择一个或多个 Tracks 课程。考虑他们需要哪些先决条件，Tracks 通过支持性基础设施帮助学生实现这些能力。在主题和基于项目的（Thematic and Project-based）Tracks 课程中，来自不同学科领域的学生相互协作，有机会尝试行业内工程师普遍采用的工作方式。与传统的课程模式相比较，Tracks 模式使方案和课程更加灵活，以便能够更快地发展，不断增加新的技术和教学法。

Tracks 还包括对查尔姆斯理工大学学习环境的大量投资。为了满足 Tracks 课程的需要，查尔姆斯理工大学不断创造卓越的现代学习环境，例如，利用机器学习和人工智能的计算机资源、学生可以制作和测试原型的实验室，以及开放的、创造性的小组工作区。整体而言，Tracks 正在使教育和校舍现代化。2020 年秋季开始，Tracks 有 5 个平行主题[①]。Tracks 的主题是广泛的，包括各种各样的基础或高级水平的项目或课程。主题和项目 / 课程都不断增加新的内容。每一个主题至少保留 3 年左右。关于将哪些主题纳入 Tracks，主要考虑的因素是这些主题的相关性、广泛性是否足以包括来自不同教育方案的学生，以及是否有研究人员和教师在该主题 / 领域内工作和研究。设立 Tracks 创造了新的可能性，以便处理新的跨学科社会和研究挑战。

Tracks 在 2020—2021 年度的主题是新兴技术，包括从科学到创新、可持续交通、健康和体育技术、可持续城市和可持续生产。在这些主题下有许多 Tracks 课程。只要有 5 名以上学生选课，即可开课，所有的 Tracks 课程都至少提供 3 次。如果选课人数不足课程将关闭。课程的评估是持续进行的，如果学生兴趣很大，可以再开设 3 次。每个主题下最多 6 门课程（不包括暑期课程），

---

① Tracks，查尔姆斯理工大学（https://student.portal.chalmers.se/en/chalmersstudies/tracks/Pages/Tracks.aspx）.

如图 7-10 所示。

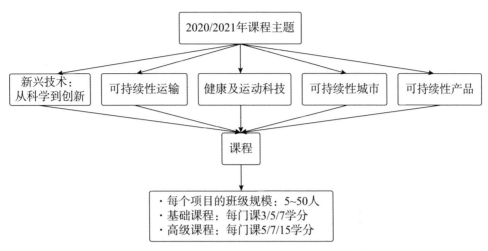

图 7-10　查尔姆斯理工大学 Tracks 模式

资料来源：https://student.portal.chalmers.se/en/chalmersstudies/tracks/Pages/Tracks.aspx.

　　查尔姆斯理工大学的工程教育模式被设计成一个更趋向普通学位的课程，与欧洲传统的"更专业性"的工程教育模式相比，是一个革新。举例来说，工程学和建筑学的研究历来是按学科组织的，如机械工程、化学工程等。对这些学科的深入了解是定性工程工作所必需的，但工程师也需要发展团队合作、道德、沟通、创业等方面的知识和技能，又不损害深厚的学科知识。

　　2. 企业家精神的渗透

　　在查尔姆斯理工大学的创业教育倡议中，提出要给学生一个实践创业方法的机会。它的目的是培养人才，包括学生和查尔姆斯理工大学的教职员，而不是主要创建新公司。拥有创业方法的实践和经验，对所有查尔姆斯理工大学学生将来的职业选择都有裨益。

　　（1）创业学习法。2016—2019 年，查尔姆斯理工大学一直在实施旨在将创业经验融入教育计划的项目。这个项目不是关于新课程、模块或项目，而是为扩大所有学生获得创业经验的机会。在某些情况下，它是关于让学生意识到他们已经在以创业的方式参与学习，如项目工作、研究生和硕士学位论文。

　　在实践中，创业经验指在所有事情都没有纠正、没有对错的情况下工作。可能出现的不确定性对于在教育期间进行培训和反思非常重要，这能更好地为未来工作生活做好准备。这是一种综合的教育方法，不是说每个人都要成为企业家。

（2）为他人创造价值。创业经验的定义是基于查尔斯理工大学的院校历史和发展背景而形成的。包含三个部分。①付诸行动：通过与他人的互动，了解他们的需求，并基于这些需求，为他们创造价值。②想法和机会：一个迭代的过程，包括产生和设计想法，评估它们，选择一个想法，包装和销售想法，并在相关的环境中实施它，以便为他人创造价值。③能力和勇气：能够识别、组合和使用自己和他人的资源，敢于应对不确定性，反思结果，为他人创造价值。

（3）学位课程中至少有一门创业课。为了给所有学生提供机会，查尔斯理工大学的所有学生都必须修读至少一门基础和高级水平的创业课程。在这些课程中，学生将接受成长为企业家的训练。除了这种"学位课程＋创业课"的模式外，学生还可以申请特定课程中的创业课程或申请创业与商业设计硕士课程。总之，查尔斯理工大学将为所有学生提供学习创业方法的选择，为许多数学生进一步发展创业知识提供选择，也为少数学生提供创业方面的卓越发展机会。

二、林雪平大学的跨学科与产业导向工程教育

林雪平大学（Linköping University）是一所国立综合性大学。林雪平大学成立于 1975 年，并在 20 世纪 90 年代开始在邻近的北雪平市（Norrköping）建立北雪平校区。林雪平大学设有 3 个学院：理工学院、医学院和文科学院。理工学院（LITH，建于 1969 年）通常以也"林雪平理工学院"的名称对外招生；医学院于 20 世纪 80 年代由"医科大学"合并改建而来。

林雪平大学以创新精神闻名，包括创立了瑞典第一个计算机专业，以及工业管理和机械的理学博士项目。总体上，学校以理工和医学见长并兼顾人文科学，与工业界结合紧密，大学科技园也颇为著名。林雪平大学医学院是瑞典培养医生最多的医学院之一。该大学发展迅速，以不断创新、敢于尝试，跨学科的大胆合作为主要特点，发展了许多跨越传统边缘的独特教育项目，如生物医学工程专业是国家研究中心。林雪平大学也是欧盟 Erasmus 盟校之一。

（一）培养理念与目标

林雪平大学的任务是在民主世界观和学术传统的基础上创造、传播和使社会能够利用知识，创造和传播具有国际影响力的研究成果，吸引和吸引高素质的学生和研究生毕业，并通过加强与周围社会的合作，为社会发展做出贡献。

林雪平大学选择了 5 个战略领域作为优先事项：完善的核心价值观、数字化转型、终身学习、提高知识利用率和可持续发展。大学的运营计划明确了几项任

务，这些任务将有助于林雪平大学继续在教育和研究领域提供高质量成果，同时改进运营并提高效率。

（二）培养特色

1.跨学科和以学生为中心

林雪平大学以跨学科研究作为立校之本。在学校主页中，林雪平大学强调了"跨越学系边界，实现学科交叉与合作"。林雪平大学在 1979 年发展出一种主题课程构架"Tema"，并由名为 Tema 的研究机构推行。Tema 重视基于科学与社会相关问题为导向的跨领域训练，包含科技与社会变迁、健康与社会、传播研究、水与环境研究、儿童研究、伦理学和性别研究等七个领域的研究与博士训练课程。Tema 多学科训练主要用在研究问题的陈述，要求学生从不同学科观点来分析问题，寻找较为全面性的解决方案[①]。

为了配合 Tema 的框架和理念，与国际上大学通行的做法不同，林雪平大学没有按照学科设置院系，而是学校下属四大学院，学院下设系，系之下设研究分支，在研究分支之下是研究小组。学院属于虚体，学校直接管理系，系是跨学科学术组织。在科研活动中，研究小组是最基层的科研组织，其最大特点是灵活性，它可以自由地选择研究课题。从各系的名称可以看出，大多数系的研究内容很难划入某单一学科中去。与其说林雪平大学不是按照学科类组织学术活动，不如说它是按照自身对科学分类的独特理解组织研究的。相对于其他大学，它采用一个较为宽泛的学科门类划分方式，各个系都遵循一定的跨学科组织原则[②]。

林雪平大学在引导学生进行专业选择上，坚持以学生的兴趣为中心。根据2020 年林雪平大学最新版的网页信息设置来看，学生选择课程不按照学院、学系选择课程，而是按照兴趣进行选择（All Interest Areas），专业分为人文艺术、经济管理、工程及计算机科学、环境学习、医药健康、自然科学、社会及行为科学和教师教育。

2.以产业界需求为导向

林雪平大学的课程非常注重课程与商界和业界的联系。以机械工程硕士（Master's Programme in Mechanical Engineering）为例，第一学期包括机械工程的

---

① LIND I. Organizing for interdisciplinarity in Sweden: The case of tema at Linköping University [J]. Policy Sciences, 1999: 415–420.

② 曾开富，朱晓群，聂俊，等.跨学科建设的理念与实践——3 所国外大学的研究 [J]. 北京教育（高教），2012（3）：77–79.

必修课，如流体动力系统、计算力学、工程材料的变形与断裂、产品开发等。在第二学期，学生可以从 5 个专业中选择其一：应用力学（经典和现代应用力学，重点关注固体力学、流体力学和热力学的建模和模拟）、工程设计和产品开发（现代先进的 CAD、设计优化和产品开发方法）、工程材料（对经典金属工程材料的性能有深入了解，同时也了解塑料和新兴材料）、制造工程（涵盖从供应链到自动化和制造过程的各个方面，了解未来的工厂）和机电一体化（如何设计和分析控制机械系统，如液压系统），如表 7-3 所示。

表 7-3　机械工程硕士课程

第一学期	必修课：流体动力系统、计算力学、工程材料的变形与断裂、产品开发等
第二学期	5 个专业选其一：应用力学、工程设计和产品开发、工程材料、制造工程和机电一体化
第三学期	项目课程：与一位同学以及一家公司密切合作
第四学期	根据项目课程的探索，撰写硕士学位论文

在第三学期，每一个专业（Specialization）都有一个主要的项目课程（Major Project Course）。在这门课程中，学生将直接处理与行业相关的问题，并应用从专业课程中获得的学科知识[①]。本课程也为学生在最后一学期的硕士学位论文项目做准备。这个硕士项目还有一个显著特色就是，硕士学位论文通常是与一位同学以及一家公司密切合作撰写。这些公司要么是当地的小企业，要么是像西门子或斯堪尼亚这样的全球性工业公司。论文项目也可以作为林雪平大学研究项目的一部分。

通过项目课程在整个硕士体系的融入，林雪平大学的学生可以把最前沿的知识和业界最迫切、最现实的问题进行结合，一方面推美了学科知识的边界，另一方面帮助企业解决应用问题。最后在劳动力市场端，帮助毕业生找到相匹配的企业，增强就业竞争力。

3. 鼓励支持学生创业

林雪平大学为鼓励学生自行创业，设计了为期近一年的创业与新事业发展计划（Entrepreneurship and New Business Development Programme，the ENP Programe）。该计划希望建立全校性创业文化，提供创业的环境与平台，与科技知识密集公司进行合作，借由创业课程、特殊训练，教导学生撰写商业计划书（Business Plan）。大学以举办工作坊的方式，由专业人士带领学生探讨在创业过

---

① 林雪平大学（https://liu.se/en/education/program/6mmec）。

程中可能面临的销售与法律等问题，同时建立企业家导师制度，给予学生不同层面的建议与协助。学生可以透过课程尝试将其想法化为实际的商业计划，企业家导师也给予适切的建议。林雪平大学每年平均有 100 家公司是由创业训练活动和与其他大学的合作计划中衍生出来的[①]。

三、瑞典皇家理工学院的可持续工程教育

瑞典皇家理工学院（KTH Royal Institute of Technology，KTH）建校于 1827 年，也是目前瑞典境内唯一以"皇家"冠名的工程院校，被称为瑞典工程师的摇篮，瑞典国内约 30% 的工程师出自该校。

在工程教育方面，KTH 设有本硕博学科点。自 1827 年成立以来，KTH 一直处于瑞典技术进步的中心。KTH 提供 60 多个英语硕士课程，并在一系列技术和工程领域进行世界一流的研究。其强大的研究声誉巩固了该校作为欧洲最著名技术大学之一的地位和世界影响力，KTH 的工程学科在 QS 世界排名中，2019 年位列 36，2020 年跃升至 30 位。而在 QS 的就业竞争力排行中，KTH 在 2019 年和 2020 年分别位列 79 位和 75 位。

（一）培养理念与目标

自 1827 年成立以来，KTH 已发展成为欧洲领先的技术和工程大学之一，还是瑞典最大的技术研究和学习机构。KTH 与业界和社会合作，寻求解决人类面临的最大挑战：气候变化、未来能源供应、城市化以及快速增长的老年人口的生活质量。KTH 在自然科学和工程的所有分支，以及建筑、工业管理、城市规划、历史和哲学方面，以世界领先的、影响深远的研究和教育来解决这些问题。在 40 亿瑞典克朗的院校收入中，近三分之二与研究有关[②]。

KTH 对基础研究和应用研究并重，跨学科研究与特定领域的工作并行。这种方法鼓励多方面的解决方案，创新的氛围为实现想法创造了许多机会。KTH 的教育项目培养了新一代的工程师、建筑师、教师。KTH 与学术界和公共及私营部门合作，并且参与了广泛的国际研究合作，并与欧洲、美国、澳大利亚、亚洲和非洲的大学和学院开展了大量的教育交流或联合项目。

---

① ETZKOWITZ H, KLOFSTEN M. The innovating region: toward a theory of knowledge-based regional development [J]. R&D Management, 2005, 35 (3): 243–255.; ETZKOWITZ H. The evolution of the entrepreneurial university [J]. International Journal of Technology and Globalisation, 2004, 1 (1): 64–77.

② KTH (https://intra.kth.se/en/styrning).

1. 三个"领先"的理念

KTH 在《发展战略纲领 2027》（The KTH Vision 2027）中，强调了三个"领先"的理念[①]：

首先，KTH 是欧洲领先的技术大学之一。最优秀的教师、研究人员和学生形成了卓越的教育、研究和推广质量，以及独特的身份认同。KTH 重视技术在社会中的作用，关注其对社会产生的影响，为应对全球挑战提供创新的解决方案。

其次，KTH 是世界领先的技术教育公司。其教育的特点是，在创新的教学环境中提供个人为中心的学习。KTH 的重点是高等教育和研究生教育。

最后，KTH 在技术研究方面处于世界领先地位。研究是有远见的，通过技术和人之间的持续合作，在相互交流中确定新的技术解决方案，以改善生活条件。

2. 两大持续性发展目标

KTH 在其 2018—2023 年的发展计划中，始终把可持续发展作为大学的核心指标[②]。强调，"毕业生应为社会的可持续发展做出贡献；大学必须将可持续性观点纳入研究方案，并确保在这一领域取得明显进展；大学对工程师、建筑师和教师等的教育具有明确的可持续性"。具体而言，KTH 的可持续性发展策略主要体现在两大方面。

首先，研究方向与可持续发展目标挂钩。KTH 研究项目的很大一部分可以与联合国 17 个可持续发展目标中的多个联系起来，包括应对气候变化和减排、循环经济和生物经济、可持续城市发展、可持续社会数字化、公共卫生和交通。KTH 认为，可持续性是发展新的和现有研究领域的推动力，在以上领域，开展具体的多学科和跨学校活动，包括工程科学的应用和商业研究，以及更多的科学导向和基础研究。KTH 还进行社会科学、人文和艺术研究。KTH 认为必须发展这种多学科协作，尤其是要在具有可持续性的项目中创造更大的活力。

其次，建立多方协作可持续发展平台。除了在学术研究上往可持续发展方向靠拢外，KTH 还在国内与国际层面，分别与工业界、政府部门、国际组织和国际高校建立战略伙伴关系，为应对可持续发展的长期挑战建立一个平台。在地区层面，KTH 还与斯德哥尔摩市政府、斯德哥尔摩议会和其他教育机构合作，为可持续城市发展做出贡献。

---

① KTH (https://intra.kth.se/en/styrning).

② KTH (https://intra.kth.se/polopoly_fs/1.944012.1575559539!/KTH_Utvecklingsplan_ENG.PDF).

（二）课程体系与教学方法

为了促进教学发展和提高教学地位，激励和奖励各种形式的成功教学，提高教学技能的学术价值，KTH 将 e-learning 技术所带来的机会纳入教学，使虚拟校园与实体校园变得同样重要。这种认识体现了大学对教育创新与技术和社会创新日益明显联系的深入理解。

1. 以学生为中心

KTH 教育的核心是以学生为中心的学习。师生比提高，个性化学习机会增多，导师制度已经到位。KTH 希望，在自己的教育体系中，每个学生都有宾至如归的感觉。所有高级课程，甚至一些基础课程，都有一个国际化的学习环境。KTH 重视培养大量的留学生。所有教育项目都有国外交流学习期。为了招收最适合的学生，KTH 采用不同形式进行选拔。学生也以进入 KTH 学习为荣。

2. 培养全面发展的工程师

KTH 重视激发学生独立思考，培养学生的创造力和好奇心，并对现有技术实践进行批判性检查。其培养的工程师和建筑师确定的解决方案，既体现了创新，又对可持续性发展的题有着鲜明的关注。

3. 为业界和政府培养管理者

KTH 认为，工程师和建筑师培养将继续保持世界一流水平，但他们的角色不应局限于专业领域，业界和政府也需要工程师和建筑师作为管理者。KTH 培养的工程师和建筑师，更重视基础工程领域的扎实知识、创造力、沟通能力和独创性训练。

（三）教育质量保障体系

KTH 的质量保障体系由两个主要部分组成，目的是跟踪、确保和发展课程和学习方案、研究和合作的质量。其一是年度持续监测，包括对所有课程和学习方案的跟踪、对所有研究的跟踪，以及对教育和研究领域合作后续行动的推进。系主任每年计划并领导持续的监督。其二是 6 年周期性审查，包括所有课程和学习计划、所有研究以及教育和研究方面的所有合作。这一周期性检查与瑞典高等教育质量保障人本子相协调，并遵循欧洲高等教育部门（ESG）的质量保证标准和指南。

1. 持续监测原则

每年进行一次持续监测，包括由院长领导的质量对话。持续监测涵盖课程、学习计划和研究，包括研究人员和教师之间的合作以及学术技能的发展。持续监测以学校报告为基础，对 KTH 所有课程、每个机构的研究以及学校提供和发展学术技能的计划进行综合分析。持续监测的目的是跟踪所有学位课程、所有研究和学术技能的提供，以查找质量方面的任何不足或问题，明确发展需要以及短期和长期措施。THS 学生会指定学生将始终参与持续监控测和质量评估。监测结果公布在 KTH 持续监测和质量对话网络平台上。研究结果还将反馈给学校和副校长，纳入 KTH 年度计划相关工作。

2. 定期审查原则

课程和方案的定期审查，包括合作，在 6 年周期内持续进行，这一进程的责任下放给每一所学校。研究的定期审查，包括合作，由 KTH 负责研究的副校长计划和执行，每 6 年一次。课程和方案的定期审查、研究和合作包括自我评估过程和同行评审。同行专家组必须始终包括来自另一所瑞典或外国大学的评估员。研究评估必须始终由该领域国际专家组成的小组进行。

对目前的方案进行书面自我评价，分别进行研究，是审查的主要依据。现场访问和访谈也是审查过程中的重要部分。KTH 通过持续监测和定期审查，有效调动了利益相关方对教学、研究质量的关注和参与改进的积极性。

（四）课程特色

1. 全球胜任力的培养：证书模式

目前的工程教育将使毕业生具备在社会和文化多样性的环境中，有效和合乎道德地工作所需的技能。调整课程设置以满足这一需要是一个具有挑战性的任务。为了以务实的方式解决这一问题，KTH 自 2016 年起，推出全球胜助任力课外证书（Extra-curricular Certificate of Global Competence），作为对现有课程的一种补充。证书由两门课程和一个国际经验模块组成。这项计划的目的不仅是帮助学生发展全球胜任力，而且鼓励和确保国际流动的质量。证书课程是大学所有专业的选修课，学生有机会与来自不同专业和背景的人密切合作。这有助于促进跨学科的理解，并鼓励在地国际化。该证书在瑞典其他大学没有先例，这给管理层带来了不确定性。该证书的优点之一是它可以加强大学的全球胜人助任力教育，同时不影响现有课程[①]。

---

① KJELLGREN B, KELLER E. Introducing Global Competence in Swedish Engineering Education [C]//2018 IEEE Frontiers in Education Conference (FIE). IEEE, 2018: 1–5.

2. 遵循工程规律与市场要求

KTH 强调，工程教育不只是注重技术层面的"制造工程""产品工程"类的直接与工艺工程相关的课程，教师会不断强调技术经济指标的核算、环境指标的评价等非直接技术因素在工程教育中的重要影响。在课程中专门设有 1～2 个专题，请瑞典国家工业经济研究所的导师辅导，内容包括人员、原料成本核算等问题；也请相关行业协会的专家解读相关法律法规。这类课程的考核、要求，学生仅仅完成项目的技术可行性论证是不合格的，必须深入进行相关技术经济指标的初步核算，如对比某一企业与竞争企业的相同产品或相同生产技术进行分析①。

3. 将国情与危机意识贯穿始终

在 KTH 的制造工程课程中，重视学习和讨论瑞典的铁矿石资源储备、矿石类型、储量与世界其他地区的对比等。课程中提到，目前钢铁制造业的主要威胁来自亚洲，包括中国钢铁的巨大产量、日益兴起的印度塔塔公司以及韩国、日本等亚洲的企业，如果瑞典不采用先进制造技术生产别人生产不了的产品，那么高额的人力成本和有限的矿产资源很难支持瑞典支柱产业钢铁业的良好发展。这让学生对未来从业后将面对的问题十分清醒。

4. 重视与企业合作支持学生实践

KTH 非常重视实践，尤其重视与企业、行业协会的合作，学生在校的实践实验室都是由企业捐助或企业冠名，而且学校与行业协会提供各类奖学金以鼓励学生参与实践活动，接收学生实践的企业也会给学生提供资金支持和帮助。

四、隆德大学的工程创业教育与"反思——行动"模式

隆德大学（Lund University），是瑞典一所现代化、有活力和历史悠久的学府，其历史可以追溯到 1425 年毗邻隆德大教堂的方济各会学校，是斯堪的纳维亚半岛最古老的高等教育机构。隆德大学创立于 1666 年，在超过 350 年的建校史中，诞生过多位诺贝尔奖得主、菲尔兹奖得主以及瑞典首相等知名校友。隆德大学有 9 个院系以及研究中心和专业学术机构，分别为自然科学学院、法学院、社会科学学院、经济管理学院、医学院、工程技术学院、人文学院、艺术学院及航空航天学院。隆德大学有将近 7 000 名教职员工，是北欧最大的高等教育和科研机构。

---

① 张丽娟，李钒. 瑞典高等工程教育的启示 [J]. 山东化工，2018，47（23）：166–167.

该校是欧洲研究型大学联盟（LERU）、Universitas 21（U21）、瑞日 Mirai 成员，国家财政投入经费在瑞典各大学校中遥遥领先。

隆德大学所在的隆德地区是欧洲最具创造力的科技和文化中心之一，吸引了众多全球知名企业的投资。隆德大学地处一个科技园附近，该科技园拥有众多的孵化器和创业公司。隆德大学与科技园内企业与孵化器、学生组织、服务机构展开强力合作，以提升其在社会创业系统中的竞争优势。隆德大学的创业教育实践主要依赖大型企业的参与，大多由创业中心负责，创业教育实践的主体内容是：创业教学、创业风险投资、知识产权服务、研究成果转化等。此外，隆德大学创业教育实践最明显的特色是嵌入区域发展。隆德大学创业教育生态系统的构建，不仅仅在于通过创业教学、创业实践培养学生的创业能力，以及激发教师的积极参与，还在于通过各种合作渠道发挥大学服务区域发展的职能。

（一）培养特色

1. 创业课程

隆德大学的创业教育为其教育体系的一大特色，创业教育课程覆盖本科教育、研究生教育层次[①]。在本科教育层面，创业课程是必修课或选修课，大部分与创业相关的本科课程都需要先修创业课程或学分。在硕士生教育层面，最有成效的创业课程是"新企业创建"（New Venture Creation，NVC）和"企业家精神及创新"（Corporate Entrepreneurship and Innovation，CEI）。在博士研究生教育层面，有两门跨学科的创业课程以及一门专门为科学、技术、医学学生开设的创业课程。NVC 包括 4 个课程模块，提供创业相关的理论知识。其一，"创业机会识别"课程向学生介绍创业理念的产生和评估，要求学生提交心得体会，通过创业讲师的反馈，学生最终呈现创业想法。在这个过程中，学生可以向学校提出申请，就此确定自己的毕业论文选题。其二，在"创业营销"课程中，学生会和潜在的客户会面，客户对学生的想法进行可行性分析。其三，"管理新风险"课程介绍新风险及其挑战。其四，"创业金融"课程涵盖创业融资、说服风险投资家等。NVC 为学生提供了在创业领域获得实践经验与发展创业能力的机会。该课程在两个学期内为学生配备导师，一般是企业家或企业管理者，师生之间一个月至少见面一次。

CEI 也包括四个课程模块，涉及创业挑战和创新管理。其一，"创业精神"课程要求学生了解该区域社会发展基本情况，激发创意。学生还要了解"创业

---

① 胡天助. 瑞典隆德大学创业教育生态系统构建及其启示 [J]. 中国高教研究，2018，No.300（8）：87–93.

挑战",面对企业老牌管理团队,创业者需要想出新的商机,并说服管理团队支持自己的创意。其二,在"组织创新创业"课程中,学生学习如何习得创业精神和创新能力。该课程侧重于讨论创业领导力在企业处于新机遇时的作用。其三,"创新管理与开放创新"课程提供创新的工具和模式,特别是在产品与服务创新方面。其四,"创业项目与创业研究方法"课程,为学生提供从事商业发展项目和完成硕士学位论文所需的知识和工具。该课程专为有兴趣从事商业发展或者有意向在创业领域工作的学生设计,主要提供最新的创新创业知识与信息。该课程的第一学期不配备导师,第二学期在企业实习期间,会配备企业的骨干员工或管理者为导师。

2. 创新教学模式

隆德大学对创业教育加以研究,提炼了"行动—反思"(Action-Reflection)的教学模式,认为创业学习最适合的方式是以行动为导向,学习过程需要不断反思,消化有关创业的理论知识。行动—反思法根据"认知负荷理论"(Cognitive Load Theory)提出,是对"行动学习"的完善。创业教育模式不断改革,创业教学过程重视商业理念、实践环境、社会网络和创业技能等,这是部分高校创业教育所忽视的。传统上,认知负荷理论认为将学生置于复杂的实际环境会对其认知能力产生负面影响,在实践性学习开始前,学生关于实践任务的先验知识储备有限,导致他们的工作超负荷,难以有效地消化实践见闻,没法将实践习得转化为学习经验,从而降低了他们的解决问题能力。行动—反思法强调反思性思维的存在能将特定领域的知识与实践结合起来,只有这样,学习经历才会有意义,才会逐渐积累成宝贵的经验与知识体系。

3. 创业实践平台

隆德大学创业实践平台主要分为校内、校外两种。校外实践平台是 IDEON 科学园,为学生提供校外创业实践机会。IDEON 科学园于 20 世纪 80 年代由隆德大学、地区政府共同成立,吸引了许多组织的参与和资金支持。至今已有 900 多家企业落户该科学园,很多是高科技企业。IDEON 科学园为隆德大学学生创业实践提供了较多的实践平台,帮助创业者更迅速地建立公司,同时也为隆德大学创业教学提供师资和讲座。除了平台提供创业实践资金外,创业实践者还会获得国家资助。

校内实践平台是 SKJCE 创业中心,为学生提供创业教学与实践。SKJCE 的雄心是在国家层面及国际合作领域,成为大学、工业界和企业家之间展开创新创业的最活跃场所之一。SKJCE 所属的孵化器 Venture Lab 被认为是学生实现创业想法、开展业务或项目的平台，面向隆德大学 8 个学院招纳具有创业意向的学生，申请人的两个主要评价标准是：创业规划呈现的清晰度以及所提出的经营理念的独特性、发展潜力。此外，SKJCE 在隆德大学 8 个学院提供 5 种创业课程，覆盖本科、研究生层次和不同学科的学生。尤其成功的是硕士创业课程，申请人之间的竞争非常激烈。

（二）隆德大学创业生态

创业生态是一个充满活力的"闭环"。学生通过高质量的创业课程学习，得以快速、高效地习得创业必须具备的基本知识。但如果采用一般性的人文和自然科学的学习方式，创业知识就难以与真正的市场结合起来，容易丧失技术前沿性和市场敏感性。在创业生态的创建方面，教师的引导和激发、真实的平台检验都至关重要。隆德大学的成功之处在于，构建了"课程学习—知识教学—实践平台"三位一体的创业生态圈。隆德大学的创业课程为本科生和研究生提供了夯实创业理论的机会。第一，让学生有机会跳出原有学科框架，把学科知识的优势应用到创业学习当中去，并让长期在"象牙塔"环境内的学生有机会接触一线的企业家和管理人员，了解业内动态和职场需求。第二，强调真实商业环境在创业教育中的嵌套，让学生在"仿真"的学习环境中，接受知识加工和社会化的双重训练，强化知识和实践的结合，从真正意义上把学习经验转化为职场认知。从这一点来说，隆德大学是 CDIO 模式的典型案例院校，CDIO 模式教学理念强调的正是对工程实践环境的关键性把握，以及在产品生产制造过程中对"真实的工程实践"重要性的理念。第三，也是最为关键的一点，隆德大学从顶层设计的层面，为学生提供了充分的校内外实践机会，帮助学生实现创业想法、开展业务。创业的起步阶段是最具挑战性的，不管是初始经费的投入，还是相关法律法规的培训，这对涉世未深的大学生和研究生均有一定的门槛，而隆德大学校方牵头的创业平台、创业孵化器等，给充满想法年轻人的创意实现和创新落地保驾护航。

第八节

总结与展望

一、总结

瑞典在资源有限的情况下，经济保持高速发展，其工程教育体系功不可没。首先，在顶层设计上，瑞典政府过去数十年来持续推出一系列前瞻性的支持政策，为工程教育领域打造了充满活力和生机的外部环境。以国家创新局 Vinnova 为代表的瑞典各级管理机构，早在 20 世纪就引入了一些有远见的投资，以促进 IT 产业和互联网的发展和普及。政府的扶持政策起到了关键作用。虽然瑞典是全球纳税最高的国家之一，但瑞典人同时也享受高的社会福利。例如，免费教育、高补贴的医疗保健和日托、带薪育儿假以及失业补偿。这些都有助于减轻企业家的财务负担，同时极大激励了他们的创业精神。因而在产学研合作及成果转化上，瑞典一直具备极强的国际竞争力。

其次，瑞典教育部门和大学一直精心打造以产学研为核心的工程教育体系。多年来，瑞典工程教育在 CDIO 模式引领下，以产品（或项目）的整个生命周期为载体，为学生提供理论知识与实践应用相结合的教学情境，最终打造与产业界高度呼应的产品和人才。从上文的案例分析可以看出，不管是查尔姆斯理工大学强调的企业家精神、林雪平大学的以业界需求为导向的课程、皇家理工学院注重的"全方面发展"工程师培养理念，还是隆德大学创业实践平台，无不凸显了产学研协作在瑞典工程教育中的核心位置。

最后，创新与创业是瑞典工程教育高速发展的"双轨道"。随着各个国家纷纷进入新兴技术赛道，科技创新和产品创新迎来新一轮重大机遇。瑞典是全世界最早部署新兴技术战略的国家之一，发布了人工智能战略《国家人工智能报告》，强调教育、科研、创新和基础设施建设，瑞典政府一方面大力招募国际上的高新科技人才，另一方面引导高校围绕创新人才培养改革课程和培养模式。与科技创新相比，创业面临更大的资本市场风险，也需要更多的社会经验。瑞典很多高校都把企业家精神、创业精神融入正规课程体系，激励学生勇于尝试、不怕失败。这对激发更多学生投入创新创业，保持国家经济活力起到关键作用。

二、展望

作为发达经济体，瑞典对工程教育的持续重视有力支持了工业发展，以技术为基础的创新创业教育也结出了硕果。

瑞典工程教育经验对我国具有参考价值。一是建立完善的创新创业支持体系。瑞典政府重视创新创业起步阶段的资金支持、奖金激励，在大学设置大规模、多批次、灵活金额的专项经费，有效带动高校和师生参与创新创业。在进阶阶段，瑞典政府重视知识产权保护，确保创新行为得以持续推广和拓展。二是将创新创业教育融入人才培养的核心环节。我国部分高校的创新创业教育停留在"偶尔尝试""课外参与"层面，导致创新创业教育与正式课程脱节、断裂，学生对专业知识的应用、试错机会少，无法达到创造性学习的程度。三是工程教育特别强调工程人才培养基于真实情境。瑞典强调培养过程回应真实工程环境中的问题，课程体系回应工业界的需求，通过建立"仿真"商业环境，促进学生学习投入和参与。这些经验都值得我们借鉴。

执笔人：李曼丽　乔伟峰　梁淮亮　廖正山

比利时

工程教育发展概况

一、基本国情

比利时是由三大语区（弗拉芒语区、法语区和德语区）和三大地区（布鲁塞尔首都大区、弗拉芒区和瓦隆区）组成的联邦国家，联邦政府对外交、国防、司法等重要领域保留核心权力。除此之外，三大语区（Communities）根据各地所讲语言划定，主要在教育、文化、青少年支持、卫生等领域分别具有政策权力。出自经济自治而形成的三大地区（Regions）的独立权力，则主要针对领土问题、工程、农业、就业、城乡规划等领域，如图 8-1 所示。比利时国土总面积 30 528 千米^2，人口近 1 150 万，人口密度排在欧洲第 6 位、世界第 22 位。首都布鲁塞尔位于比利时中北部，是比利时最大、人口最多的城市，是比利时的行政、金融和经济中心。作为欧盟六大创始成员国之一，比利时一直以来在加深和扩大欧洲一体化的进程中发挥重要作用，数以千计的国际组织及欧盟机构均将总部设立在布鲁塞尔，因此比利时常被称为"欧洲首都"。

图 8-1　比利时三大地区及官方语言分布图

二、工程教育发展

由于历史影响，比利时的教育体系十分复杂。比利时的整体教育系统可分为

4个阶段：2.5～6岁的学前教育阶段、6～12岁的小学教育阶段、12～18岁的中学教育阶段，以及平均4年的大学或非大学形式的高等教育阶段。从学前教育到中学教育阶段，任一普通学年从9月开始，而大学一般从10月的第二周开始新的一学年①。

比利时注重普通教育和职业教育的衔接。1983年起实施的教育法规定，6～18岁为义务教育期，其中前9年须全日制，最后3年（15～18岁）可放宽至半工半读。在中等职业教育方面，比利时学生参与率非常高，在所有3个教育区域中，从15岁或16岁起，学生就可以参加继续教育和"在职培训"，如参加被认为满足义务教育要求的培训计划或进入学徒制。所有拥有中学文凭的学生均可接受高等教育。比利时有4种中学教育：普通中学教育、技术中学教育、艺术中学教育和职业中学教育。一般从职业中等教育毕业的学生必须多学习一年，才能进入大学或学院学习②。据UNESCO统计，比利时高等教育毛入学率2019已超过80%，女性甚至高达92%③，如图8-2所示。多年来用于从小学到大学教育的支出占国内生产总值（GDP）的比例稳定在6.5%左右，是经合组织国家中所占份额最高的国家之一④。2010—2020年，弗拉芒语区的年度教育投入预算持续增长，2019年起每年投入超过1 200亿欧元，为各级教育发展提供了充分支持，如图8-3所示。

比利时拥有开放的高等教育体系，包括皇家军事学院和布鲁塞尔自由大学联合研究所在内，共有19所大学。大约一半的大学提供综合课程，包括哲学、文学、社会科学、经济学、法律、自然科学和医学等专业课程或学位项目。与此同时，非大学高等院校还提供专业和技术教育，包括长线（4～5年）或短线（2～3年）教育，为学生将来进入工业、商业、艺术和海洋等领域提供专业学习机会⑤。

① https://education.stateuniversity.com/pages/152/Belgium-EDUCATIONAL-SYSTEM-OVERVIEW.html.

② Higher Education in Belgium–Matching in Practice (matching-in-practice.eu).

③ http://uis.unesco.org/en/country/be?theme=education-and-literacy.

④ 同③.

⑤ Belgium-Higher Education-Universities, University, Students, and Institutions-StateUniversity.com https://education.stateuniversity.com/pages/155/Belgium-HIGHER-EDUCATION.html#ixzz74GZS822q.

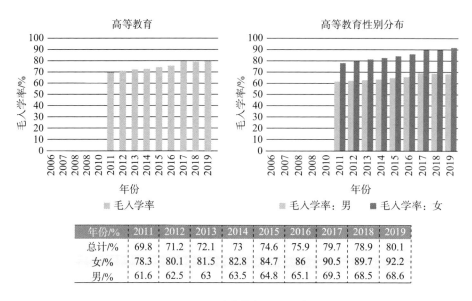

年份/%	2011	2012	2013	2014	2015	2016	2017	2018	2019
总计/%	69.8	71.2	72.1	73	74.6	75.9	79.7	78.9	80.1
女/%	78.3	80.1	81.5	82.8	84.7	86	90.5	89.7	92.2
男/%	61.6	62.5	63	63.5	64.8	65.1	69.3	68.5	68.6

图 8-2　比利时高等教育毛入学率

资料来源：UNESCO

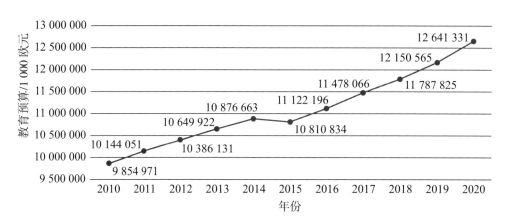

图 8-3　2010—2020 年比利时弗拉芒语区的教育年度预算

目前，比利时有 81 所高等教育机构，其中 30 所是私立的。学院、大学和研究生院提供工程和应用科学、计算机科学、企业管理、生物化学、生物医学、医学、法律、教育、化学工程、机械和美术领域的研究生课程，授予硕士学位、工商管理硕士学位或博士学位。除了少数小型学院外，比利时的所有大学和学院都由公共财政资助。

在弗拉芒语区，大学根据教学活动（包括学生人数）和研究产出获得补贴。在法语区，资助是根据学生人数计算的，但分配给大学和学院的预算总额是固定的，因此大学或学院只有在增加学生规模时才增加资金。从 2016—2021 年，比利时高等教育注册学生总数逐年增加。在 2016—2017 学年，有超过 236 500 名学生接受高等教育，而在 2020—2021 年，比利时高等教育注册学生人数已增加到约 270 680 人，如图 8-4 所示。比利时总人口中，受过高等教育的比例约为 30.8%[①]。学费低、招生公开的政策导致高等教育参与率高，42.2% 的 24～29 岁人口在比利时获得高等教育学位，而欧盟平均为 31.6%。为实现可持续发展目标，比利时曾计划到 2020 年，本国 30～34 岁人口中拥有高等教育学历的比例至少要达到 47%。目前这个目标已经实现，2020 年，该年龄段高等教育学历比例高达 47.8% [②]。

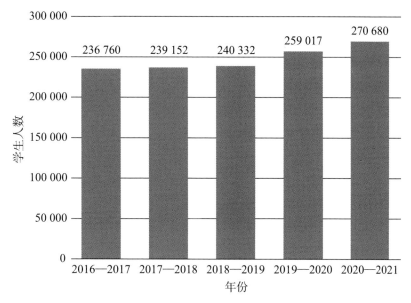

图 8-4 比利时高等教育在校生规模

资料来源：Statista

在博洛尼亚进程之后，比利时的高等教育系统在 2004 年进行了重大改革，2003 年颁布《弗拉芒高等教育改革法》，2004 年颁布《法语共同体博洛尼亚法令》，将不同类型的高等教育进一步整合成学士、硕士和博士学位教育。这一系统留有转换接口。以弗拉芒语区为例，通过国家资历框架（NQF），获得第二级教育学历证书的学生，可以进入到大学学院和成人教育中心短期学位项目（副学士），甚至进入更高层次的学位项目学习。这种制度设计有效保证了中等职业教育的学生能够在教育上向上流动。当然，这种制度设计对大学教育形成了挑战，其中最

[①] Global: older OECD population with tertiary education | Statista.

[②] https://www.indicators.be/en/i/G04_HEG/Higher_education_graduates.

大的挑战是如何调整大学的课程，以适应异质性学习者的需求。根据目前的模式，比利时有 72% 的年轻人将在 25 岁之前进入学士学位阶段或同等阶段的学习，这是经合组织国家（不包括国际学生）中最高的。[①] 但是，根据 OECD 的跨国比较，比利时的高等教育的入学率高，毕业率却相对较低。2011 年，弗拉芒语区 3 年后的平均完成率为 67%，法语区为 54%。高入学率、低毕业率是比利时高等教育系统面临的难题。

　　弗拉芒语区（Flemish）的高等教育系统为二元系统，由 18 所公立高等教育机构组成：5 所综合性大学（University），其中最古老的可以追溯到 1425 年；13 所中小型学院（College），也称为应用科学（艺术）大学。大学一般为研究密集型，提供学术学士学位、硕士学位、高级硕士学位、博士学位和研究生证书。应用科学（艺术）大学注重实践，提供副学士学位、专业学士学位、高级学士学位和研究生证书。作为欧洲高等教育的一部分，弗拉芒语区使用 ECTS 学分系统（欧洲学分转换系统）。在大学或应用科学大学一年的全日制学习通常价值 60 ECTS 学分，并定义为等于 1 500～1 800 小时的学习工作。弗拉芒语区内所有学位课程都获得了荷兰和佛兰德斯认证组织（NVAO）的认证[②]，如图 8–5 所示。

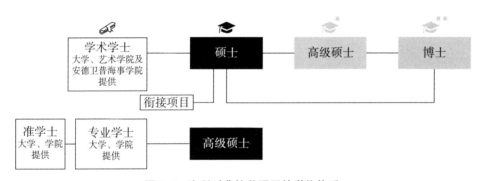

图 8–5　比利时弗拉芒语区的学位体系

资料来源：Flanders 官网

　　瓦隆—布鲁塞尔联邦的高等教育，将 26 个研究领域分为 4 个主要专业领域：人文与社会科学、健康、科学与技术、艺术。其中，科学与技术即为工程教育主要覆盖的专业范畴。高等教育被划分为 3 个关键周期，每个周期都需要获得学位，原则上这是进入下一个学习周期所必需的。第 1 个学习周期，称为"过渡"，在至少 180 个学分的课程结束时获得学士学位。第 2 个学习周期，称为"专业化"，

① Education at a Glance: OECD Indicators (OECD, 2019).

② https://www.studyinflanders.be/higher-education-in-flanders.

包含硕士学位（60 学分或 120 学分）、博士（至少 180 学分）、兽医（至少 180 学分）
的学位。120 学分的硕士学位是一种培训，其目的可以是教学（旨在教学），也可
以是深入的（为科学研究做准备），也可以是专业的（在课程相关领域的特定学
科中）。第 3 个学习周期包括博士培训（60 学分），获得研究培训证书和与准备博
士学位论文相关的工作（至少 180 学分），才能获得博士学位[①]，如图 8-6 所示。

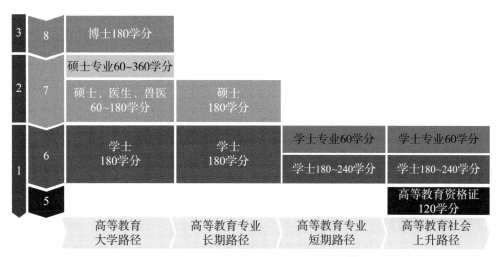

图 8-6　瓦隆—布鲁塞尔联邦学位体系[②]

资料来源：瓦隆—布鲁塞尔教育官网

工业与工程教育发展现状

一、工业发展现状

比利时为发达的资本主义工业国家，经济高度对外依赖，80% 的原料靠进口，
50% 以上的工业产品供出口，出口占国内生产总值比重列全球第 19 位。2021 年

[①]　http://www.enseignement.be/index.php?page=27757&navi=4025.

[②]　http://www.enseignement.be/index.php?page=26646&navi=3713.

第八章　比利时　｜　415

比利时经济概况如表 8-1 所示。

表 8-1　2021 年比利时经济概况

国内生产总值	6 947 亿美元
经济增长率	6.1%
通货膨胀率	3.87%
失　业　率	5.7%
公　债　率	108.2%

资料来源：中国驻比利时大使馆官网

作为一个高收入国家，比利时的工业对 GDP 贡献的占比约为 20%，服务业占比约为 70%，农业占比低于 10%。这种经济结构近 10 年来（2010—2020 年）没有大的变化，如图 8-7 所示。

根据世界知识产权组织发布的《2020 年全球创新指数（GII）报告》，在全球 131 个经济体中，比利时以 49.13 分排名全球第 22 名，欧洲第 14 位。比利时的高等教育入学率位居全球第 19 位。其中，科学和工程专业毕业生占比相对较低，仅有 16.7%，位居全球 83 位，这与其服务业为主的经济结构有关。在知识和技术产出方面，比利时的研发总支出在 GDP 中的占比为 2.8%，位居全球第 10，而专利申请量、引用论文 H 指数衡量知识影响力的指标也都位居全球前 20[①]。

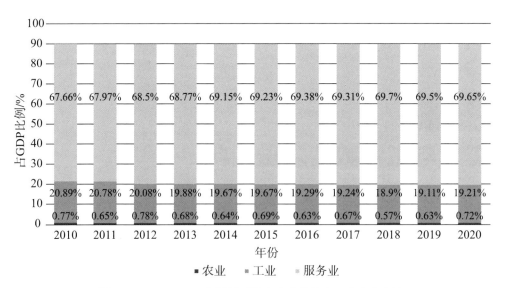

图 8-7　2010—2020 年比利时国内生产总值在三大产业占比

资料来源：Statista

① https://www.wipo.int/edocs/pubdocs/en/wipo_pub_gii_2020/be.pdf.

此外，根据世界经济论坛发布的《2019 年全球竞争力年度报告》，比利时在141 个被评比国家中排名第 22 位。在分项评比中，知识产权保护排名第 7 位，国际合作研发排名第 8 位，研发支出排名第 12 位（占 GDP 2.5%），科学出版排名第 14 位，人均专利排名第 16 位（每百万人口中有 114.31 项专利），创新能力排名第 17 位，集群式发展排名第 18 位[①]，如图 8-8 所示。

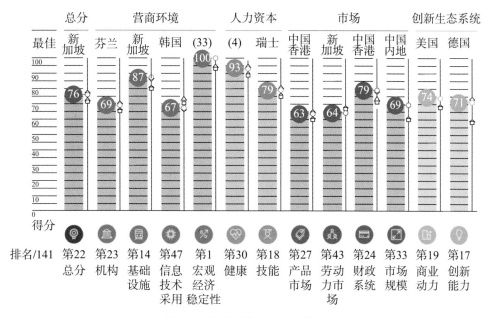

图 8-8　比利时全球竞争力排名

资料来源：世界经济论坛《2019 年全球竞争力年度报告》

二、科学研究与工程教育发展

比利时的特色产业包括化工和生命科学、食品、汽车、航天、可再生能源与信息技术等。其中，化工产品和食品是比利时出口的重要组成部分。以化工产业为例，比利时约 75% 以上的化工产品出口到欧洲和世界各地，且巴斯夫、道达尔等国际化工巨头和辉瑞、葛兰素史克等跨国制药企业都在比利时设立了生产基地[②]。与此同时，比利时还拥有 4 个领先的战略研究中心和众多领军科研院所。四大战略研究中心分别是：①比利时微电子研究中心（IMEC），是全球最大、最先

① https://www.weforum.org/docs/WEF_TheGlobalCompetitivenessReport2019.pdf.

② http://www.mofcom.gov.cn/article/i/dxfw/jlyd/202007/20200702984147.shtml.

进的纳米电子和数字技术研究与创新中心，其技术领先业界3～10年的技术需要；②比利时工业技术研究院（VITO），是欧洲清洁技术和可持续发展领域领先的独立研究机构，其研究成果广泛应用于新型生产技术、能源、生物材料、环保、遥感等领域；③比利时生物技术研究所（VIB），是推动比生命科学研究的引擎之一，在细胞生物学、基因表达、癌症治疗等多领域进行了大量创新型的基础研究；④比利时机电一体化技术中心（Flanders Make），是比制造业战略研究中心，在汽车制造业、智能机电系统、机器人柔性装配等领域有较强科研实力。此外，其他重要科研机构还包括比利时核能研究中心（SCK·CEN）、比利时航空航天领域科研机构等。受益于成熟的集群式联合研发模式和科研成果转化平台，比利时在微电子、生物医药、航空航天、能源环保等领域保持世界领先水平。

比利时的大学在传统的医学、兽医、物理、化学、农学等专业领域水平都比较高，近些年来在微电子、核能、生物医药、材料、环境、航天等领域也取得新的突破，出现了许多新兴强项学科和专业，为比利时的工业发展奠定了坚实基础。根据路透社公布的欧洲最具创新力的大学排名，荷语鲁汶大学（KV Lewen）从2016—2019年，已连续4年被评为欧洲最具创新力的大学，在微电子、纳米科技和信息技术等领域，荷语鲁汶大学的研究成果领先于行业需求7～10年。根特大学在兽医、农林水产、生物科学、环境科学、材料科学、药剂药理学等领域的研究水平世界领先[①]。

第三节

工程教育与人才培养

一、实施人工智能计划应对第四次工业革命挑战

数据是推动第四次工业革命的能源，技术进步是推动社会进步的关键力量。比利时政府出台《投资协定》，确定了近300亿欧元的数字化转型投资。在这一背景下，来自公共部门、私营部门、学术界和民间社会的人工智能关键参与者，

[①] http://be.china-embassy.gov.cn/ljbls/202008/t20200831_2148267.html.

共同成立了比利时人工智能联盟，于 2019 年提出比利时人工智能计划（AI 4 Belgium）。该计划是一个综合性的倡议，旨在为比利时的未来发展注入数字化和智能化动力。该计划提出了六项具体建议①。

（1）建立一个新的学习协议。该计划认为，技术和人工智能正在改变社会和就业市场。比利时目前缺乏支持这一过渡的能力和工具，学校也没有为 21 世纪下一代人的教育做好准备。因此，必须制定一个针对成年人的通用技能培养计划，让比利时年轻人拥有更多的数字技能。

（2）制定负责任的数据策略。该计划认为，信任是任何转型的基石。需要有一个强有力的法律框架、道德原则和更高的透明度。当前许多数据往往仍然无法访问，因此要建立一个数据生态系统，通过加强开放数据政策、更多的协作，搭建一个结构良好的工具和方法的平台，促进更负责任的数据策略。

（3）支持私营部门采用人工智能。该计划提出，由于缺乏内部资源，而迭代方法可能过于昂贵，公司尤其是中小企业，很难应用人工智能合作。因此，建议通过灯塔方法包括培训计划、大型活动和社会影响项目来促进人工智能的发展。此外，通过国家人工智能中心可以获得更多资源。

（4）创新和扩散。计划认为，虽然比利时有世界级的研究人员，但规模不足。比利时尚未培养、吸引和留住足够的人工智能人才。创新型的初创公司也很难超越早期阶段。因此，建议通过大规模合作，将比利时定位为欧洲的人工智能实验室。建议创建更多与人工智能相关的培训计划，更加关注实际应用和更具选择性的迁移。建议通过投资基金来支持人工智能公司的增长。

（5）改善公共服务和促进生态系统。计划认为，目前尝试应用人工智能的公共组织仍然太少。建议公共机构重新思考自己的角色，并逐步走向平台化。要为公共机构提供实验工具，如滚动投入基金和更有利于创新的采购政策。建议创建一个首席数字官的角色来组织内部转型并启动大型横向项目。

（6）要确保计划能够可持续执行，需要遵循若干原则：包括确保公众的持续信任、适合欧洲的发展路径、所有利益攸关方之间的合作、基层/社区主导的路径，以及侧重于具体领域，如医疗保健和生命科学等。计划预计，到 2030 年，将需要至少 10 亿欧元的投资。

（一）建立的面向未来终身学习体系

计划提出，要将终身学习作为所有学校的核心使命，尤其是大学和学院。该

---

① https://www.ai4belgium.be/wp-content/uploads/2019/04/report_en.pdf.

计划制订的一项重要依据是，根据经合组织的数据，5个弗拉芒人中，有4个没有接受培训的动机。很少有人把时间或金钱投入到学习新技能上，而且大多数公司都专注于短期目标培训。这种危机感促使利益相关者必须共同推动资源的协调，来保证改变这一现状。具体的做法包括：提高对潜在工作变化和个人技能水平的认识；让所有的利益相关者担负起投资终身学习的责任；改进工具和标准，邀请工作者识别技能的差距，并找到适当的技能升级的培训方案；为每个人提供更多机会参与学习推动新培训计划，包括吸引非传统学生，采用非传统学习方式，内容上也不仅专注于数字技能。

（二）从基础教育和高等教育两个阶段考虑人工智能应用

对于基础教育系统，必须更加注重学习态度、批判性思维、创造力、协作精神的培养，在小学时就要进行算法思维的介绍，将编程作为学校必修语言，并为儿童与技术互动创造机会。在具体的学习模式上，采用基于项目和基于团队的方法，并综合所有类型课程中技术和数据的使用案例，增加STEM科目对学生的吸引力，特别是对女生的吸引力。对于高等教育系统，要引入数据、技术以及跨学科的人工智能课程，激发跨学科学习热情，具体内容包括伦理方面的学习。对于教师而言，必须加强教师的算法思维和编程课程，使之通过培训获得或提升信息技术能力，使教师能够将数据、技术及其影响整合到课程中。此外，要借助人工智能工具加强教学，为学生提供个性化的学习支持。

（三）人工智能计划引发了各语区的教育行动[①]

2019年3月，弗拉芒政府启动了弗拉芒斯人工智能培育行动计划，每年预算为3 200万欧元。为了促进弗拉芒人工智能知识和技能的发展，弗拉芒政府支持在所有教育层次上增加STEM和数字技能（包括与AI相关的科目）的各种政策：通过智能教育@学校计划以及人工智能教育发展箱、STEM学院，支持5～18岁在学生课余时间内的所有STEM相关活动和STEM伙伴关系等工具，刺激中小学教育中的人工智能学习；应用弗拉芒创新与创业机构（VLAIO）与弗拉芒教育部合作，通过"未来学校"和"i-learn"项目，培养中小学数字技能的个性化学习方法；支持改革学士和硕士课程，以包括与人工智能有关的课程；弗拉芒政府还批准了"DigiJump行动计划"，这是一项信息通信技术计划，旨在支持学校提供高质量数字教育，同时关注数据素养、数据使用和人工智能。

---

① Belgium AI Strategy Report | Knowledge for policy (europa.eu).

除教育改革外，弗拉芒政府在支持针对劳动力和一般公民的终身学习中，还有关于 STEM 和人工智能相关科目的实践课程：高级中学可以求助于 DataBuzz 和 VUB AI 体验中心，为人工智能和机器人应用及演示提供教育支持。数据和社会及媒体素养两个专门知识中心合作创建了通过教育门户 Klascement（针对学校）分发的人工智能开放式教学模块；开发大型在线课程：职业培训服务局（VDAB）举办的两门人工智能在线课程；由 Sirris 数据和 AI 能力实验室（EluciDATA 实验室）为硕士课程提供务实和面向行业的课程，以及数据驱动创新网络研讨会；由豪斯特应用科学大学和弗拉芒雇主组织（Voka）共同发起人工智能学院，为对人工智能应用感兴趣的企业家提供一系列研讨会。除此之外，2019 年 7 月 1 日，瓦隆尼亚地区启动了"数字瓦隆尼亚"行动计划，总预算为每年 1 800 万欧元，行动计划汇集了瓦隆尼亚—布鲁塞尔联邦的大学和研究中心。

在行动计划的基础上，比利时政府在 2021 年第一季度发布国家人工智能战略。政府、大学、企业等利益相关者的广泛动员和参与，使得该计划成为推动比利时教育改革的一项重要战略举措。这项计划如果能够顺利推进，将对比利时终身学习体系的建立发挥十分重要的作用。

二、建立工作学生制度

比利时建立了比较完善的工作学生制度（Work Student）[①]。对从事工程技术学习的学生，出于实践和生活的需要，大量签订学生雇用合同。工作学生以学习为主业，工作只是辅助性质。在比利时，法律上并没有界定学生的概念，学生在广泛意义上理解，包括所有在中等教育（无论是普通教育、技术教育还是职业或艺术教育）、第三级教育或大学教育中的学生身份的人。

（一）学生雇用合同保护

成为工作学生的一个重要依据是签订学生合同。学生雇用合同是学生与雇主签订的雇用合同，根据该合同，学生承诺在雇主的授权下从事有偿工作。雇主雇用学生身份的工作人员，必须签订雇用合同，而不能签订普通合同。签订学生雇用合同，旨在保护偶尔面对劳动力市场，但尚未在劳动力市场有丰富经验的学生。法律没有规定学生雇用合同的最长期限。但是，一旦学生连续为同一雇主工作 12 个月，其合同将受普通雇用合同相关规则的约束。在这 12 个月结束时，学

---

① Contrat d'occupation d'étudiants-Service public fédéral Emploi, Travail et Concertation sociale (belgique.be).

生雇用合同的具体规则将不再适用，学生有权获得"每月平均最低收入"。

签订学生雇用合同有例外，在夜校就读或接受短期教育的人员，不能签订学生雇用合同。完成无薪实习的学生，工作是其学习计划的一部分，进行的实习工作不应被视为应得到特别保护的有偿工作，而应被视为学习不可分割的一部分。因此，这些学生在实习时不能签订学生雇用合同。但是，在实习期之外，这些学生可以与雇主签订学生雇用合同，前提是他们必须具有前述学生身份。

（二）学生雇用合同的年龄限制

年满 15 周岁不再接受全日制义务教育的，以及年满 16 岁的，可以签订学生雇用合同。比利时的义务教育从儿童 5 岁开始，到年满 18 岁的日历年 6 月 30 日结束。16 岁之前是全日制义务教育期，然后是非全日制义务教育期。全日制义务教育一结束，年轻人至少完成了前两年的全日制中等教育。只要年轻人年满 16 岁，无论在这两年中学业是否成功，这项义务会终止，不再有义务接受全日制教育，但可以继续接受义务的非全时教育，这个教育至多在年满 18 岁的日历年 6 月 30 日结束。

学生雇用合同的一些法律限制。学生雇用合同必须签订一个固定期限，并以书面形式写成两份：一份给雇主，一份给学生。学生雇用合同必须独立签署，如果学生未满 18 岁，他可以单独订立和终止合同，除非父母或监护人反对。学生雇用合同可以在假期和学年签订。违反法律强制性规定和学生雇用合同的，雇主将受到制裁。学生雇用合同不同于社会人员的临时雇用合同，后者属于普通合同的一种。此外，学生雇用合同有试用期，如果雇主想在试用期后违反协议，则必须遵守通知期。如果合同期限为一个月或更短，通知期为 3 天。如果签订一个月以上的合同，雇主必须遵守 7 天的通知期。

（三）学生雇用合同的主要类型和工作时长配额制

学生雇用合同分为校内（on Campus）和校外（off Campus）两种。为了保证学生的学习时间，比利时政府制定了工作学生工作时长配额制度。这种制度规定，作为一名学生，每年从政府获得 475 小时配额计划，这是一种针对学生工人的保障措施。在此期间，工作学生支付的社会保障金比普通工人少。超过 475 小时，社会保障缴款金额将提高。[①]

工作学生制度对于促进学生的就业技能训练、经济独立和接触社会发挥了重

---

① FAQ: About-Student@work.be (mysocialsecurity.be).

要的作用。它不仅是顺利实现学生向就业者身份转换的一种重要通道，同时也是劳动教育的重要组成部分。学生雇用合同作为受到法律保护的合同，有效维护了学生的权益。

第四节

工程教育研究与学科建设

一、关注人才培养成效

近年来，比利时高等工程教育集中关注特定专业的人才培养项目、课程教学策略和效果，研究者对鲁汶大学、布鲁塞尔自由大学等的工程教育案例进行了分析。其中最广泛的研究对象是鲁汶大学（KU Leuven）的工程人才培养实践。例如，从目标、课程组成、课程内容等方面出发，具体介绍鲁汶大学的特色培养项目—安全工程理学硕士学位培养项目的方案设计[①]；以鲁汶大学工程技术学院为例，研究者讨论了欧洲 PREFER 项目（未来工程师的专业角色和就业能力）的能力框架以及基于框架的课程改革和评估问题。[②]比利时和荷兰的一年级学生工程师未来角色认知水平的比较研究表明，工科一年级学生对未来没有清晰认知，可能是导致辍学率高的原因之一[③]。除了面向大学工程教育实践的研究外，少数研究从青少年 STEM 教育出发，验证了比利时 STEM@school 项目的课程设计和积极影响[④]。一项比较德国、法国、比利时和卢森堡STEM领域研究现状的文章指出，比利时 STEM 领域科研主力军来自几所老牌研究型大学，大学外的研究机构或

---

① Degrève J, Berghmans J. Master of science in safety engineering at KU Leuven, Belgium [J]. Procedia Engineering, 2012, 45: 276–280.

② Craps S, Langie G. Professional competencies in engineering education: the PREFERed-way [J]. INFORMÁCIÓS TÁRSADALOM: TÁRSADALOMTUDOMÁNYI FOLYÓIRAT, 2020, 20 (2).

③ Pinxten M, Saunders-Smits G N, Langie G. Comparison of 1st year student conceptions on their future roles as engineers between Belgium and The Netherlands [C]//Proceedings of the 46th SEFI annual conference 2018: creativity, innovation and entrepreneurship for engineering education excellence. 2018: 365–374.

④ De Meester J, Boeve-de Pauw J, Buyse M, et al. Bridging the Gap between Secondary and Higher STEM Education–the Case of STEM@school [J]. European Review, 2020, 28 (S1), S135–S157.

研究所数量较少，且比利时在 4 个欧盟成员国中，科学研究论文的人均发表数量处于领先地位并仍在迅速增长，该现象一定程度体现出比利时高等工程教育及工程研究的高质量和强大冲劲[①]。

二、鲜明的国际化特征

许多比利时一流综合大学与欧洲、美洲及亚洲的各类高校合作，开展了跨校、跨国的工程教育改革项目。还有一类工程教育研究是以跨国合作的特色课程、教学方法或培养方案为研究对象，对来自包括比利时大学工科生在内的各国项目参与学生进行访谈调研，从而评估或对比改革项目的有效性及国别差异[②③]。针对比利时教育体系的"双轨制"特征，部分工程教育研究者对通过不同求学轨迹（专业学士学位或学术学士学位）进入硕士阶段的学生差异进行了分析，发现两者在实践能力方面并没有显著差异，但经历过学术型本科学习的硕士生往往具有更高的学业成绩和论文表现[④]。从专业技术本科毕业的学生在硕士入学前往往需要增加一项衔接课程的学习，用来补充部分缺失的能力，但这一过程学生的流失率高达 50%，亟须有效的诊断测试帮助学生和学校进行早期评估、定位和干预，因此工程教育中测试的预测有效性及内容改进，也成为比利时工程教育研究的热点之一[⑤]。

三、工程教育研究机构

目前，比利时还未建设起专门的工程教育学科或学位点，但通过对比利时工程教育研究文献作者所属机构的梳理可以发现，除了各研究型大学工程与技术相

① Powell J J, Dusdal J. Science Production in Germany, France, Belgium, and Luxembourg: Comparing the Contributions of Research Universities and Institutes to Science, Technology, Engineering, Mathematics, and Health [J]. Minerva: 55, 2017, 413–434.

② Pinxten M, Laet T D, Soom C V, et al. Fighting increasing drop-out rates in the STEM field: The European readySTEMgo Project [C]// Annual Conference of the European Society for Engineering Education. 2015.

③ FRIESEL A, COJOCARU D, AVRAMIDES K. Identifying how PELARS-project can support the development of new curriculum structures in engineering education [C/OL]//2015 3rd Experiment International Conference (exp.at'15). IEEE, 2015: 219–223. DOI: 10.1109/EXPAT.2015.7463269.

④ Langie G, Valkeneers G. Study track dependent values and exam results for master students in Engineering Technology [C]// SEFI 2012. 2012.

⑤ Lynn V, Laet T D, Lacante M, et al. Creating an optimized diagnostic test for students bridging to Engineering Technology [C]// 2015.

关学院的教师对教学实践的直接反思和分析外，大学内部还建立了一些专门的教育中心，承担教学研究工作。例如，隶属于鲁汶工程与科学教育中心（Leuven Engineering and Science Education Center，LESEC）的研究者对鲁汶大学的工程教育开展了广泛的研究。LESEC 于 2009 年在鲁汶大学科学、工程和技术集团（SET Group）内成立，该集团由鲁汶大学科学、工程科学、生物科学工程、工程技术和建筑 5 个学院的 14 个研究部门组成，为这些学院教学和研究的开展提供合作支持。LESEC 则依托鲁汶大学工程教育平台，对科学、工程的教育过程进行研究和咨询，推动大学的人才培养质量评估和课程改革[①]。LESEC 将其研究和创新组织为 4 个活跃主题：特定学科概念理解、主题推理以及基于身份的学习；STEAM 学生学习就业指导；Z 世代学生（数字原住民）的 STEAM 教育；STEAM 教育的质量保障和专业化。在各主题下，由研究者和博士研究生开展课题项目或完成学位论文的研究。除此之外，LESEC 还创办了 *Vision2* 杂志（荷兰语），每半年一刊，对中心的活动进行总结并发表近半年的研究热点和研究成果。

第五节

政府作用：政策与环境

一、资源统筹与政策调控

比利时联邦政府对工程教育的影响主要体现为在全国范围内的教育资源调控、教育政策制定和教育战略部署。OECD 在对比利时弗拉芒语区学校资源的评论中提到，政府的财政拨款是高等教育经费的主要来源，其中以大区政府拨款为主导，2017 年高等教育在整个教育预算的份额占到 20% 左右[②]，为当地高等教育发展提供了外部财政保障。在法语区，社区政府通过设立各类项目及措施，鼓励向中学教育及高等教育领域增加工程实践相关学习时间及要求，提高大中小贯通

---

① https://set.kuleuven.be/LESEC/about-lesec.

② Changes in tertiary education budget. Flemish Education in Figures 2016—2017 [EB/OL]. [2018-05-07]. VONC_1617_EN_Integral_version.pdf.

的工程教育，以培养学生更强和更广泛的技能，指导他们有准备地进入劳动力市场。例如，2016 年的一项法案要求在中学教育的第 3 年有不同的工作经验，帮助学生获得社会专业领域的信息、培训和经验，以增强他们对职业道路选择的知识。另一个 2016 年的法案规定了在特定领域（科学、信息技术、城市规划等）的高等教育认证中，基于专业实践的教学不少于 40%，目的是缓解学生在教育和工作之间的过渡，允许学生在教育期间发展工作所需的实际技能。①

有研究统计，在高等教育公共支出方面，比利时联邦政府负担比例约是25%，语区政府负担比例约是 75%，这说明比利时高等教育公共支出主要由语区政府负责，但近年来联邦负担的经费比例呈增加趋势②。除直接对工程教育进行资源投入外，语区和联邦政府还通过完善法律体系来调节政府与大学的关系，一方面依据法律给予大学足够的办学自主权，另一方面明确了政府对高等教育的宏观调控和方向定位。例如，弗拉芒语区政府于 1991 年颁布的《特别法案》对大学课程的长度、课程分隔的周期及缩短课程周期的资格等进行了规定，而课程内容完全可以由大学自主决定③；2009 年出台的本土《劳动力素养框架》则将教育培训和产业就业连接起来，以此引导各级教育面向工业需求，调整和优化工程教育内容及方式④。

二、质量保障体系

比利时高等教育质量保障系统主要根据欧洲统一的标准及互认要求（博洛尼亚进程）发展而来。其中，弗拉芒语区在 2013 年成立了独立的外部质量保障机构弗拉芒大学和大学学院质量保障理事会（Flemish Council of Universities and University Colleges Quality Assurance Unit，VLUHR QAU）。2003 年建立了独立的项目认证机构德语—弗拉芒语认证组织（Dutch-Flemish Accreditation Organization，NVAO）。在法语区，高等教育质量保障由高等教育质量保障署（Agency for Quality Assurance in Higher Education，AEQES）负责。其职责主要

① https://www.oecd.org/education/Education-Policy-Outlook-Country-Profile-Belgium.pdf.

② 赵永辉. 分权化国家政府间高等教育支出责任的划分——以欧洲四国为例 [J]. 复旦教育论坛，2014，12（6）：95–101.DOI:10.13397/j.cnki.fef.2014.06.016.

③ 刘路，刘志民. 政府与大学关系变革：芬兰、瑞典及比利时三国建设世界一流大学的经验 [J]. 外国教育研究，2017，44（9）：13–25.

④ 李莎莎、李思思. 制度理论视阈下比利时弗拉芒大区高等教育治理权的特点及启示 [J]. 复旦教育论坛，2020，18（1）：105–112.DOI:10.13397/j.cnki.fef.2020.01.017.

包含：定期评估由各高等教育机构组织的课程；确保所有高等教育领域之间的合作；通过鼓励实施标准做法提高高等教育质量；向政府和其他行动者报告高等教育的质量；代表法语区与相关国家和国际机构保持联系；制定提高高等教育质量的政策建议等。

第六节

工程教育认证与工程师制度

一、欧洲资历框架

比利时的工程教育和职业资格认证遵循欧洲普遍适用资历认证框架。其中，学历认证主要参考欧洲资历框架（European Qualifications Framework，EQF），工程师认证和管理则主要遵循欧洲工程师协会联盟（FEANI）及欧洲工程教育认证网络（ENAEE）的相关规定。相关介绍在丹麦、瑞典部分已述及，此处略。

二、工程教育和工程师资格互认

比利时是欧洲工程师协会联盟（FEANI）的 7 个创始国家之一。FEANI 成立于 1951 年，如今已联合了来自 33 个欧洲高等教育区（EHEA）国家的 350 多个国家工程师协会，代表着欧洲约 600 万专业工程师的利益，其总部设在比利时布鲁塞尔。FEANI 也是世界工程组织联合会（WFEO）的创始成员，并与许多其他与工程技术、工程教育相关的组织合作。其使命和目标是促进欧洲工程资格的互认，阐明工程师的社会地位、作用和责任，维护和促进工程师在欧洲和世界范围内的流动。

为了建立全欧洲的工程教育互认体系，FEANI、欧洲工程教育学会等组织发起成立了欧洲工程教育认证网络（ENAEE）。该认证网络于 2004 年启动了欧洲工程教育认证体系（EUR-ACE），工程教育项目经授权的认证机构考察后，由监管委员会（European Monitoring Committee，EMC）审核，通过者可授予 EUR-

ACE 认证标签。截至 2022 年，比利时获得 EUR-ACE 认证的工程教育项目共 26 个，包含鲁汶大学、布鲁塞尔自由大学、列日大学等多所高校及工程学院。自 2005 年以来，比利时还成立了技能认证联盟（A Skills Validation Consortium），使 18 岁以上人的工作经验或技能得到认证。通过验证测试的学生，将获得技能证书，这将表明他们已经掌握了某一职业的全部或部分要求。

FEANI 规定了获得"欧洲工程师"（EUR ING）专业头衔的相关要求。个人要获得"欧洲工程师"头衔，其最低标准为 7 年的专业教育和训练。具体包含以下方面的工程教育要求：B+3U+2E+2X。这一要求被称为"FEANI 公式"。公式中，数字表示年份，B 表示高水平的中学教育，U 表示经认证大学或机构的全日制教育，E 表示经认证的专业实践经历，X 为补齐 7 年要求的任意受认可的工程经历——U、E 或 T（工程训练）。FEANI 还详细规定了"欧洲工程师"应当具备的 6 类基本能力：工程知识和理解、工程分析、调查、工程设计、工程实践和可迁移技能[①]。截至 2021 年 11 月，已有约 34 000 名欧洲工程师被列入 EUR ING 头衔名册。此外，个人还可以通过申请工程卡（Engineering Card）来表明自身的工程师专业身份，帮助工程师在国际范围内流动。同时，FEANI 还强调欧洲工程师持续职业发展（Continuing Professional Development，CPD）的要求，鼓励各国成员组织制定专门政策支持工程师终身学习，并积极推进能力认可、流动性、就业能力的框架制定和认证过程，其中 IABSE 电子学习平台是一个提供工程师继续教育的案例。

三、比利时工程师学会

比利时工程师委员会（CIBIC）是 FEANI 联盟中的一员，目前包含工程师 54 000 人，获得认证的"欧洲工程师"头衔的工程师 327 个，其中最有代表性的成员包括比利时土木工程师、农业工程师和生物工程师协会联合会。

---

① https://www.feani.org/sites/default/files/Guide_to_the_Register_FINAL_approved_GA_2013.pdf.

特色及案例

目前中国教育部认证的比利时大学（不包括高等专业学院）有 10 所[①]：弗拉芒语区（荷语区）：鲁汶大学、根特大学、布鲁塞尔自由大学、安特卫普大学、哈瑟尔特大学；法语区：鲁汶大学、列日大学、布鲁塞尔自由大学、蒙斯大学、那慕尔大学；德语区：暂无。其中鲁汶大学、根特大学和布鲁塞尔自由大学在 UNNEWS 最佳工科大学排名中均榜上有名，以下对这 3 所大学的工程教育进行介绍。

一、鲁汶大学研究驱动的工程教育

鲁汶大学（KU Leuven）是欧洲最久负盛名的研究型综合大学之一，拥有"比利时国家大学"的美誉。1425 年，鲁汶大学在马丁五世授权下建立，距今已有近 600 年的历史，是现存世界上最古老的天主教大学，同时也是低地国家中最古老的大学。由于比利时有几个不同的语言社区，鲁汶大学在 1968 年一分为二，变为一所以荷兰语为主、留在鲁汶市的 KU Leuven（本文所指的鲁汶大学）以及一所以法语为主、搬迁至奥蒂尼（Ottignies）的 UC Louvain。2002 年，鲁汶大学与 14 所弗拉芒语区的大学和学院签订了合并协议，在 11 个校园提供学位课程。

鲁汶大学高水平的科研成果得到广泛认可，在 2022 泰晤士高等教育世界大学排名中，位列世界 42 名；2021 年 QS 大学排名中位列 84 名，被路透社誉为"欧洲最创新的大学"。同时，鲁汶大学还是欧洲研究型大学联盟、Europaeum、欧洲大学协会等多个高校联盟的成员。鲁汶大学是一所规模巨大的大学，截至 2021 年，全校共有 60 057 名学生（其中 12 421 名为国际学生），7 637 名研究人员或教授。鲁汶大学将 15 个学院归为三大学科群：人文与社会科学学科群；科学、工程与技术（SET）学科群及生物医学学科群。各学科群均提供本科、硕士、博士的学位。

（一）培养理念与目标

鲁汶大学定位为"一个在研究、教育和提供社会服务方面具有丰富传统的

---

① http://jsj.moe.gov.cn/n1/12050.shtml.

教育中心"（an Educational Centre with a Rich Tradition in Research，Education and Service Provision）。大学使命陈述清晰地展现了鲁汶大学在研究、教育、社会服务三个领域的成就及发展方向。而在具体的使命任务方面，鲁汶大学还提及了自身对天主教会、社会、学科教育、学术研究、人类生命健康等多领域的责任。

在《2014—2017年愿景与政策规划：教育与学生》中[①]，鲁汶大学阐述了自身特色、愿景及实现愿景计划的策略和方案。它关于教育和学生的愿景以社会建构理论作为理论基础，主要包含3个层次：首先是通过不断建立和挑战学生的未来学科自我（Disciplinary Future Selves），激励学生进行深度学习；其次是将塑造一个完整的人作为教育和学习的重要目标；最后是学校的研究和教育应当为社会做出贡献。在大学官网最新的宣传片中，鲁汶大学将其愿景的核心内容总结为研究驱动、社会导向、以人为中心。

除此之外，鲁汶大学还为应对当前发展所面临的"十字路口"，提出了五大战略计划，促进自身发展成为一所"雄心勃勃、面向国际的研究密集型大学"。这五项计划的主题分别为：真正的国际化（Truly international）、面向未来的教育（Future-oriented education）、走向数字化（Going digital）、跨学科（Interdisciplinarity）、可持续性（Sustainability）。针对每一项主题，鲁汶大学均提出了10条具体建议来落实，推动目标的实现。

（二）课程体系及教学方法

鲁汶大学2021—2022学年提供工程学位项目的院系主要有：工程科学学院（Faculty of Engineering Science）；工程科技学院（Faculty of Engineering Technology）以及生物工程学院（Faculty of Bioscience Engineering）。其中，工程科学学院和生物科学工程学院仅提供硕士、高级硕士、博士学位，只有工程技术学院提供一个学术学士学位项目——工程技术学士学位（Bachelor of Engineering Technology）。

工程技术学士学位培养的目标被分解为知识与理解（K）、工程技能与个人态度（I）、实践技能与态度（P）、通用技能与态度（G）四个方面[②]。这些目标被融入整个培养方案的各类课程中，整个培养方案包括180学分的课程。工程技术学士学位首先基于四大支柱课程组，分别是包含数学、物理、化学、计算机等基础课的"工程师与科学"、涉及生物、材料、统计等通用技术的"工程师与技术"、

---

① Vision and policy plan: education and students (2014—2017).

② https://onderwijsaanbod.kuleuven.be/opleidingen/e/CQ_51601481.htm#activetab=doelstellingen.

包括伦理道德、宗教、经济学、可持续发展等课程的"工程师与世界",以及综合训练工程能力的"工程经验"课程。这四部分课程共 60 学分,课程的完成顺序根据学生的发展循序渐进,贯穿整个 3 年的培养过程。本科生培养的所有课程包含 3 个阶段,如图 8–9 所示。第一阶段首先在工程和基础科学领域打好基础;第二阶段开始学生可以在化学(或生物化学)工程、机电工程、电子工程三个专业中选择一个,进行特定领域的核心课程和技术的学习;第三阶段学生则需要在专业中锚定方向进行探索和研究。所有专业的本科课程均为未来的硕士、博士学位的发展奠定了基础,学生在获得学士学位后可以选择在本专业进一步修读硕士学位。

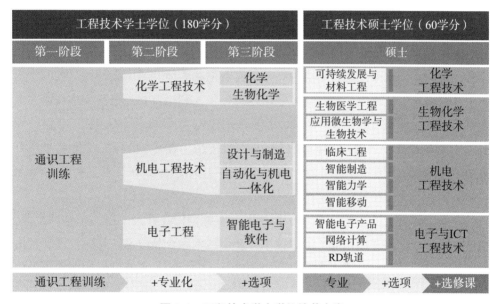

图 8–9　工程技术学士学位培养方案

　　除上述唯一一个本科学位之外,工程技术学院和工程科学学院都可以提供硕士及博士学位。在硕士阶段,学生可选择生物医学工程、能源、电子等多种不同专业进行学习,但博士阶段,两个学院都仅授予工程科学(Doctor of Engineering Science)或工程技术(Doctor of Engineering Technology)的博士学位。

　　另外,一个较为特殊的学院是生物工程学院,主要关注人类健康、生命科学、食品与资源、可持续发展等各领域工程问题,仅提供硕士和博士学位。其中,博士学位为生物科学工程博士学位(Doctor of Bioscience Engineering)。

（三）产学研结合

鲁汶大学十分重视创新和知识成果的社会转化。鲁汶大学技术转让办公室（KU Leuven Research & Development，LRD）是欧洲最早的大学技术转让专门机构之一，其主要负责管理研究成果的经济转化和社会服务。LRD 拥有多学科的技术团队，为大学内的所有研究人员提供研究成果的经济价值转化和服务功能实现的支持。除了长期有效的技术授权传统，LRD 也与行业广泛合作，创建了众多的衍生公司。鲁汶大学认为，之所以能够成为世界十大最具创新性的大学，离不开院校论文、专利文件等出版物的发表和应用引用等。

二、根特大学多样化工程教育

根特大学（Ghent University，UGent）由荷兰国王威廉一世于 1817 年创办，位于比利时王国东弗兰德省省会根特市，官方语言为荷兰语。根特大学校友中诞生了 4 位诺贝尔奖得主，同时该校还培养出多位比利时首相。根特大学在诸多大学排行榜中位列前 100，其中在 2022 年 USNEWS 大学排名中位列第 92 位，在泰晤士高等教育（THE）大学排名中位列第 96 位，在 QS 世界大学排名中位列第 141 位。根特大学是比利时最大的大学之一，共有 49 000 名学生和 15 000 名教职员工[①]。

除了比利时主校区外，2014 年根特大学在韩国松岛开设了第一个全球校区，提供 3 个学士学位课程：分子生物技术、环境技术和食品技术。韩国校区课程由长聘教师授课，并由根特大学安排教师（Flying Faculty）定期讲授为期四周的模块化课程。

根特大学目前共 11 个学院，由 85 个系组成。在 11 个学院中，以"工程"直接命名的包括工程与建筑学院（Faculty of Engineering and Architecture）、生物科学工程学院（Faculty of Bioscience Engineering）。其中，工程与建筑学院是根特大学最大的学院之一，提供了高水平的特色学科和专业。

（一）培养理念与目标

"敢于思考"（荷兰语"Durf Denken"）多年来一直是根特大学的座右铭（Credo）[②]，也是其培养的核心理念。在根特大学学习、研究和工作，应当拥有批

---

① https://www.ugent.be/en/ghentuniv/principles/history.htm.

② https://www.ugent.be/en/ghentuniv/principles/dare-to-think.

判性和独立的大脑（Critical and Independent Brains Study，Do Research and Work at Ghent University）。学习和教育的愿景（Vision）对根特大学信条"敢于思考"进行了诠释：根特大学的目标是培养搜索者（研究者），他们既脚踏实地又能勇敢地超越藩篱进行思考。为了实现这一愿景，根特大学设置了六大教育战略目标，这些目标构成了其高质量教育的框架[①]。

（1）广泛思考（Think Broadly）。这是根特大学的第一个战略目标，也是其他五个目标的基础。敢于广泛思考要求学生价值观应包括以下关键点：批判性思维、思想开放性、视角转换、多元性、对不同意见的包容。

（2）持续研究（Keep Researching）。根特大学的学术性教育首先要保证教学与研究的动态发展一致性；其次是激发学生的学术创造力，特别是从不同角度看待问题的能力以及以创新方式组织已有数据的能力。除此之外，根特大学还致力于投资创新教学方法和技术、将创新研究融入教学、开发创新概念和工具应对社会问题。

（3）培养人才（Cultivate Talent）。为学生和教职工提供充足的发展机会（课程、指导、研究等），也致力于为不同群体提供平等发展的机会，帮助其扫清成长障碍。

（4）服务和贡献（Contribute）。利益相关者的参与推动了根特大学的教育，与此同时，大学也力求在独立性和社会相关性之间取得教学和研究的平衡。

（5）拓展视野（Extend Horizons）。作为广泛国际网络的合作伙伴，根特大学将国际化融入教育，国际化本身不是目标而是提高教育质量的手段。

（6）质量保证（Opt for Quality）。根特大学非常重视教育质量保证，认为这是健全的教育政策的重要组成部分。因此，实现必要的质量保证本身就是一个战略目标。质量保证体系的基本原则包括：数据支持和驱动；定期在国内国际上进行基准测试；建立与所有利益相关者对话的永久质量文化；向利益相关者公布教育计划的质量[②]。

根特大学还指出未来几年将着重关注的六大挑战：社会认同、多样性、校友活动、可持续性、人才管理和主动学习策略[③]。以及 8 个教育项目（APOLLO 8）[④]：

---

① https://www.ugent.be/en/ghentuniv/mission/educational-strategy/education-vision.

② https://www.ugent.be/en/ghentuniv/principles/educational-strategy/quality-assurance#AnnexestotheQualityConduct2.0.

③ https://www.ugent.be/en/ghentuniv/principles/universitywidepolicychoices.htm.

④ https://www.ugent.be/en/ghentuniv/principles/educational-strategy/projectsapollo8.htm.

学习项目的创新；加强与应用科技大学的合作；面向未来的学习计划；学院作为终身学习的动力；未来校园；实现创新的第二代数字学习环境；虚拟科学实验室；面向可持续的性的混合学习。其中，与应用型科技大学及外部产业的合作以及学习环境、科学实验室等的建设，都将对工程教育的发展提供直接支持。

（二）课程体系及教学方法

根特大学可授予的学位包括学士、硕士、博士。在工程与建筑学院中，学士学位课程均由荷兰语授课，包括工程学理学学士、工程技术理学学士两种，共15 个专业项目。而硕士项目则有英文授课和荷兰语授课之分，根据主修专业有多种不同的培养方案；另外还有 25 个博士学位点和 4 个证书课程项目。①

以化学工程专业为例，其培养项目包含工程科学理学学位和工程技术学学位两种不同的培养方案。其中，主修为化学工程与材料科学的工程理学学士学位项目，共 3 年 180 学分，由荷兰语教授，在第一年中学生在学习数学、物理、化学等工程通识课的基础上，接触简单的工程任务，理解工程项目实现的过程；第二年学生则可在 7 个专业：生物医学工程、建筑、化学技术与材料科学、计算机科学、电气工程、应用物理或机械电气工程中选择一个进一步学习。一般来说，工程科学理学学士学位（3 年），将与特定专业的工程科学硕士学位（2 年），共同形成工程师培养的 5 年周期②。而主修化学工程专业的工程技术学士学位同样是3 年 180 学分，由荷兰语教授，但其通常衔接的硕士学位为 1 年制，专业方向也限制在建筑、化学、机电、电子及信息学 5 个方向中。工程技术的学士和硕士课程内容围绕 5 个学习方向展开：数学与科学；技术；工程；项目和研究；沟通和商业管理。其中数学与科学是后续课程的基础，其他的内容在所有课程中持续推进，并不断增加深度和复杂性。值得注意的是，无论是工程科学还是技术学，培养方案中均着重强调"可持续"思想在整个培养过程中的贯穿性③。但在学习成果（Learning Outcomes）方面，两类学士学位培养方案有着明显差异。工程科学学士学位对学生提出了 6 点能力要求，包括：一个 / 多个科学学科的能力；科学能力；智力能力；沟通合作能力；社会能力；专业能力。其中学科能力的具体内容，不仅要求有对学科的基础认知，还反复提及要能"创造性"地运用知识和材料，科学能力和智力能力中也都对批判性方法、综合思考和决策有所要求。相比之下，

---

① https://www.ugent.be/ea/en/education/study-programmes/programmes.htm.

② https://studiekiezer.ugent.be/en/afstudeerrichting/EBIRWECM/programma/2023.

③ https://studiekiezer.ugent.be/en/afstudeerrichting/EB7INWCH/programma/2023.

工程技术学学士学位的毕业要求相对较低，只提出了与科学学士学位相同的前5点能力领域，并不对学生"专业能力"方面的系统观有所要求。且每个能力领域的具体要求也有所降低，主要强调解决具体工程问题过程中的知识、技能、操作及实践。由此可见，根特大学不同学位项目的培养定位，突出体现了比利时高等工程教育的差异性的特征。

（三）产学研结合

终身学习（Lifelong Learning）是根特大学绝对优先事项之一，其与安特卫普大学、布鲁塞尔自由大学一同合作开设了"Nova Academy"平台，用于整合三所学校终身学习的课程、讲座、培训计划等，提供跨校的信息共享平台。Nova Academy 的座右铭为"将学习带入生活"（Bringing Learning to Life）。其中，根特大学开设了终身学习学院[①]，是一个协调和提供一系列终身学习计划的（跨）学院机构，包含了多个学科方向的终身学习平台。其中，与两个工程学院直接对接和扩展的是 UGAIN—UGENT 工程师学院[②]。

为响应工业界对提供终身学习机构和支持毕业生职业生涯的巨大需求，根特大学工程与建筑学院（FEA）于1995年成立了"继续教育所"（IVPV），而后2000年生物工程与科学学院（FBW）也加入 IVPV，2017年2月 IVPV 正式更名为 UGAIN。UGAIN 的使命是认识到职业生涯培训的必要性，设计和实施适应性的研究生培训计划。UGAIN 提供广泛的培训和进修课程，可能包括一次性活动、讲座、学习日和短期模块，也包括持续一年甚至更长的长期培训计划以及研究生课程。学院经常与公司或专业组织合作，为中小企业的员工提供培训券，可最高节省其培训课程费用的30%。完成至少一门平台课程后，学生可以获得根特大学研究生项目的微证书。在与外部的联络方面，根特大学与根特市、弗拉芒地区、欧洲和国际社会的教育界、中介组织、校友和雇主、各种政府机构等建立了广泛的合作关系。

根特大学的凯特莱学院天才项目及各学科的天才项目，也是比利时工程资优学生专门培养的经典案例。凯特莱学院天才项目成立于2013年，所有本科一年级学生均可提出申请，而后基于成绩、申请信以及最终的面试情况进行选拔。申请成功的学生将参加贯穿大二和大三的四个模块内容，其中模块一的主题为"什么是科学"；模块二围绕"科学和社会"主题展开；模块三探讨"21世纪的

---

① https://www.ugent.be/en/programmes/lifelong-learning/academies-lifelonglearning.htm.

② https://www.ugain.ugent.be/overugain.htm.

改革"；模块四聚焦"21 世纪 10 个科学或社会的重大难题"。每个模块共 10 个专题讲座，每周主题不同，学生需要参与所有讲座、发表演讲并参与讨论，最终针对每个模块撰写两篇小论文。除全校的天才项目外，生命科学领域的跨系天才项目及科学研究项目中的天才奖励计划，也都为特定专业的资优学生提供了拓展知识、参与科研项目的资源和机会。

三、布鲁塞尔自由大学教学、研究与服务相统一的工程教育

布鲁塞尔自由大学建校于 1834 年，坐落于布鲁塞尔东南部，是一座拥有悠久历史的著名大学。1970 年，因比利时语言纷争，布鲁塞尔自由大学被拆分为法语布鲁塞尔自由大学（Universite Libre de Bruxelles，ULB）和荷语布鲁塞尔自由大学（Vrije Universiteit Brussel，VUB），分别以法语和荷兰语作为主要授课语言。两校共用"布鲁塞尔自由大学"这一名称，但实际上为各自独立的办学实体，均为欧洲著名的综合性、研究型大学，具有一流的教学和科研水平。以下主要是对法语布鲁塞尔自由大学（ULB）的介绍。

法语布鲁塞尔自由大学包括 3 个校区，其中主校区 Campus du Solbosch 位于布鲁塞尔城区与伊克塞勒（IXELLES）交界处，全校大部分教学设施都坐落于此；Campus la Plaine 校区主要是医学院的所在地；Campus Erasme 校区是药学院的所在地。2022 年，ULB 获得 USNEWS 大学排名第 216 名，QS 大学排名 207 名。因处于世界各大组织总部汇聚的布鲁塞尔，ULB 一直以多元化、国际化的学生组成著称。目前全校共 3 万余名学生，其中 32% 为国际学生，而在 2 000 名博士研究生中，国际学生比例更是高达 50%，这些学生来自超过 140 个国家和地区。目前 ULB 共 12 个学院，涵盖人文、自然科学、社会科学、工程、医学等所有学科，提供近 40 个本科项目和 250 个研究生项目（其中 23 个硕士项目为全英文授课）。作为公认的比利时杰出的研究型大学，ULB 共获得 4 项诺贝尔科学奖及 1 项菲尔茨奖，在所有比利时大学中名列前茅。

（一）培养理念与目标

在《面向 2030 的 ULB 策略计划》中，ULB 首先将自身定位在 7 个方面：①受洪堡大学理念影响的以研究为核心；②低学费、非选择性入学的开放式教育；③联盟中央管理和学术自治结合的组织模式；④不受权威和教条束缚的自由探索传统；⑤包容和民主模式下的参与性治理；⑥强有力的社区参与；⑦跨大区的合作。

ULB 阐述了在当前高等教育大众化、知识和信息爆炸、学生多元化、科技竞争加剧、国际合作扩大加深、大学期望转变的大背景下，ULB 面临着自身定位、研究、教学、社会服务、机构管理、可持续发展、数字化转型等多方面的挑战，因此，需要重新理解大学的使命和愿景，为构建 2030 年更开放自由的 ULB 提供支持。

ULB 将其使命定位为：教学、科研和为社会服务。延续洪堡大学的理念，ULB 认为教学与科学应当统一，可以通过研究促进学生学习。这种教学科研的统一关系促进了 ULB 科研产出和教学项目的一贯高水准。但是，这并未削弱 ULB 的社区参与程度及对社会、政治、文化和经济环境的开放程度。教学、科研及社会服务的统一性在工程学科中的体现尤为突出。

在愿景方面，ULB 进一步强调了从建校以来的世俗主义、民主和自由探索传统，其中不受任何形式支配和控制的自由探索和平等参与是其科学研究、教学和社会参与的基础。ULB 致力于在 2030 年发挥优势，成为一所学术卓越、国际公认的研究型大学，一所提供开放、包容和解放教育的大学，一所以其环境为基础并致力于进步的公民大学。

（二）课程体系及教学方法

ULB 共包括 12 个学院，分别为哲学与社会科学学院、文学翻译与传播学院、法律与犯罪学学院、经济与管理学院、心理与教育科学学院、建筑学院、理学院、工程学院、医学院、药学院、运动科学学院及公共卫生学院。其中，直接对应工程教育的为布鲁塞尔工程学院，提供 24 个学位项目。只有建筑、生物工程、工程科学提供学士学位课程，其余均为硕士或特殊学位课程。值得注意的是，ULB 的多个工程学位项目会在理学院与工程学院同时开设，例如，生物工程学士学位及化学和生物工业硕士学位，其中最有代表性的是 ULB 特色培养项目遗产保护和修复专业硕士学位项目，该学位项目由工程学院、哲学与社会科学学院、建筑学院以及合作的鲁汶大学、列日大学、蒙斯大学等共同开设。

ULB 的工程科学学士学位项目又可选择单独由 ULB 开设或 ULB 与蒙斯大学共同开设两类，其中由 ULB 工程学院单独开设的本科项目为期 3 年，以法语教学为主，其目标是为学生打牢工程不同方面的基础，培养学生的创造、设计、生产、优化和保护等工程能力，获得从严谨的科学到实际工作的各种技能以及专业知识、人际交往能力。其课程被分为 3 个单元（UNIT），分别对应不同学年：第一单元共 11 门必修课，60 学分，包含数学（3 门）、物理（2 门）、跨学科课程（2 门）、化学（1 门）、信息学（1 门）、语言（1 门）、机械（1 门）；第二单元共 11

门必修课，60 学分，在第一单元各学科组成基础上又增加了电力和结构方向各 1 门课程；第三单元则为 6 门必修课（数学、机械、电力及跨学科课程）与 6~7 门选修课程，总学分同样需达到 60 学分。选修课程包括广泛的专业方向，如自动化、生物医学、环境、电子电力、土木工程、地质等，如图 8-10 所示。最终，完成 180 学分课程后，学生能够获得工程科学学士学位，而后可以从事与工程师相关的职业或在某一专业领域继续攻读硕士学位。①

硕士学位项目以化学和工业硕士项目为例。该项目为期 2 年，需获得 120 学分，主要教学语言为法语，项目获得 EUR-ACE 认证。教学目标为培养学生设计创新的科技解决方案的能力，认识到管理和承担化学和生物工业领域的科学研究责任，能够在复杂工程问题的框架内测量、分析和诊断，从而实施可操作和可持续的解决方案，并促进学生个性（道德承诺）发展和成为负责任的公民。其项目同样根据学年被分为两个单元：第一年主要通过必修和选修课程（共 60 学分），从"科学与技术"和"工程科学"两方面培养学生专业能力，具体涉及生物工程、生物学、化学、数学等学科；第二年则关注专业化训练，学生可以从 22 门课中选修 10 门（共 50 学分），并必修 15 学分的企业实习和 25 学分的硕士学位论文研究。最终完成学位的学生被授予生物工程师职业头衔，在工业部门、技术中心或学术实验室担任研究员、专家顾问等。

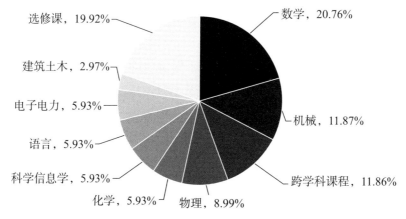

选修课，19.92%
建筑土木，2.97%
电子电力，5.93%
语言，5.93%
科学信息学，5.93%
化学，5.93%
物理，8.99%
数学，20.76%
机械，11.87%
跨学科课程，11.86%

图 8-10　ULB 工程科学学士总体培养方案课程分布

资料来源：ULB 官网

---

① https://www.ulb.be/en/programme/ba-ircib#programme.

（三）产学研结合

ULB 鼓励博士研究生将研究与工业和社会需要结合，为所在行政大区的经济社会发展提供支持。大学设立了科研成果转化办公室（ULB-TTO）、企业孵化器（iTechIncubator）和生物技术培训中心（Biopark Formation），发挥着将科研成果与商业项目联通的作用。ULB 与其他机构、企业或商业组织的合作可分为三类：①共同研究的项目合作，基于各类基金资助项目，ULB 可与各类参与者开展合作研究；②技术、设备等支持合作，企业、公共实体和协会可选择 ULB 研究团体并表达需求，从而获取相关技术平台、咨询或课程等资源；③技术转移和实现合作，基于知识产权保护法，企业可使用或优化 ULB 所申请的专利技术和软件等。

除此之外，ULB 还依托科研项目或平台实现与企业、政府的合作研究。例如，瓦隆大区与 ULB 合作构建了布鲁塞尔南部沙勒罗瓦生物产业园（Biopark Charleroi Brussels South），其中包含多个高校、学术研究机构、技术平台和公司企业，为学术研究向生物技术产品生产转化提供了完整的产业链条和一站式服务[①]。葛兰素史克疫苗公司（GSK-Biologicals）与 ULB 则达成公共伙伴关系（the Private-Public Partnerships，PPPs），一方面公司依托 ULB 校内医学免疫学研究所（IMI）开展研究项目；另一方面公司为项目开展提供资金，ULB 的博士研究生可依托项目完成科研训练。除企业合作外，联邦政府每年会提供 1 800 万欧元帮助 ULB 建立"BRAIN-be"跨学科研究计划，由校内研究所和研究生完成亟须领域的科研项目，通过大量的经费资助发挥 ULB 作为联邦政府的智库作用。

第八节

总结与展望

一、总结

总体而言，比利时工程教育外部环境体现出两个关键特征：一是由于布鲁塞

---

① 郭瑞. 比利时研究型大学博士生协同培养路径研究 [D]. 天津：天津大学，2020.

尔一直是多个欧盟组织和机构的总部所在地，是欧洲各国政治经济文化交流的帮头堡，因此比利时的高等教育国际化水平显著高于其他国家，研究型大学的国际学生数量多、国际合作频繁；二是由于历史原因，比利时产生了分隔且复杂的政治区划和文化教育区划，这导致其工程教育发展不仅受到联邦政府的整体管理，也在不同地区呈现出相异的特征，主要表现在教学语言、特定教育政策以及资金拨款等方面。

在工程教育学历和职业资格认证方面，比利时作为欧盟核心成员国，一直积极推动并参与各国学历互认、工程师资格认证及工程教育合作进程。比利时的工程研究主要依托几所卓越的老牌研究型大学。尤其是以鲁汶大学为代表的综合性大学，不仅在工程人才培养方面有着显著成果，还不断改进设立科学和工程教育中心，开展工程教育学科研究。在对鲁汶大学、根特大学和布鲁塞尔自由大学的工科人才培养案例的研究中可发现，比利时的综合型大学均以教学、研究、社会服务为使命，在工程学士学位的培养中，强调数理化生等基础课程的通识学习，而在工程硕士学位的培养中融入大量企业实习、合作研究的训练，并积极与企业、其他高校、政府等联系，通过"产学研"合作，兼顾工程人才实践能力培养及工程研究成果的应用转化。

二、展望

比利时工程教育的持续发展得益于得天独厚的地理位置、独具特色的联邦管理、持续提高的教育投入、贯通多元的教育体系及丰富优质的生源等。这些优势将在比利时未来工程教育的发展中进一步发挥和拓展，推动其工程教育、科学研究及产业创新的质量提升。基于比利时工程教育特点及相关规划文本，本章对比利时工程教育的未来发展趋势做出展望。

优化治理模式，协调政产学研关系。复杂的政治和文化分区形成了比利时独特的高等教育治理大环境，工业发展的实际需要则是比利时工程教育的科学研究和人才培养的指挥棒。3 所案例大学都十分重视教育和研究对产业、社会服务的重要意义，因此未来创新治理模式、优化资源配置、加速成果转化，将依然是比利时高等工程教育发展的重要议题。

加强 K12 教育中的 STEM 教育。例如，AI4 报告中专门提及了要向小学课堂增加算法思维、数字技能的培养内容，并通过在教学中融入人工智能技术，为儿童与技术互动创造机会。此类改革举措，不仅将提高 STEM 学科对学生的吸引力，促进女性及不同族裔学生进入工程领域、融入工程共同体、成为工程人才，也将从基础教育方面增强全社会对工程和技术的认识，形成尊重科学、重视技术、关注工程的社会风气。

进一步完善各级各类教育的贯通流动。作为"双轨制"教育体系的代表国家之一，比利时已经拥有了较为完善的工程人才学历上升及系统流动的基本框架。但相关研究指出，不同层级和类型的工程教育之间，仍存在着学生知识、能力等方面的差异和断层，需提供更加准确科学的诊断测试，并面向不同的学生需求提供针对性的、有效的衔接课程和补偿课程，从而降低学生在流动过程中的压力，避免工程人才的过度流失。

着力培养国际化工程人才。作为"欧洲首都"，布鲁塞尔拥有着丰富的国际交流资源，也吸引了不同国家的大量留学生涌入比利时的高校学习，这为比利时培养具有多元化背景和国际化视野的 21 世纪工程师提供了丰富资源。例如，充分利用举办各类国际会议的契机，为学生提供组织和协调大型科学活动和学术会议的实践平台；通过建立与跨国企业、机构的稳定合作，为学生提供国际前沿的科研项目及就业机会等。

关注工程人才的人格塑造和认同发展。比利时的工程教育研究领域以及各高校的人才培养使命中，尤其关注作为一个"人"的工程师成长过程。例如，鲁汶大学强调"将塑造一个完整的人作为教育和学习的重要目标"，研究者提出了未来工程师的专业角色模型（PRMFE）来调查学生对自身工程师角色的认同情况。这使得引导比利时工程教育不仅注重工程师素养和能力的培养，还"以人为中心"塑造具有完整人格和丰富内涵的未来工程师。

建立终身学习体系，发展智能化教育。政策报告和案例学校的战略规划中，都频繁提及"终身学习"和"数字化、智能化"，这体现了比利时高等工程教育未来改革将更加重视这些议题。无论是比利时政府、教育系统还是其他利益相关方，都将在未来通力合作，通过硬件、软件、平台等的迭代更新，为不同年龄、不同类型的学习者提供更便捷、更持续、更个性化的教育情境，助力工程领域人才的终身学习和可持续发展。

执笔人：李曼丽　乔伟峰　党漾　杨艺冰